U0224875

国家出版基金项目
NATIONAL PUBLICATION FOUNDATION

高端锻压制造装备及其智能化

赵升吨 等著

机械工业出版社
CHINA MACHINE PRESS

本书以近20年来我国高端锻压制造装备新研究成果为主线，介绍了20多种大型、应用新传动原理、满足新材料与新工艺的智能化锻压制造装备及生产线。全书共分24章，在概述了高端智能化锻压制造装备工作原理、特点及应用领域的同时，详细阐述了相关装备的主要结构、主要研究与开发的内容，指出其发展趋势，并对智能制造重点发展的五大领域、智能制造的十项关键技术、智能工厂的三个维度、智能机器的三个基本要素以及智能机器实施的三个途径进行了简单介绍，最后通过举例对几种典型智能机器的基本原理与特点进行了剖析。

本书可作为锻压装备研发、生产及应用的企业、研究所的工程技术人员以及高等院校相关专业师生参考。

图书在版编目（CIP）数据

高端锻压制造装备及其智能化/赵升吨等著. —北京：机械工业出版社，2019.3

ISBN 978-7-111-62142-3

Ⅰ.①高… Ⅱ.①赵… Ⅲ.①锻压设备-机械制造-工艺装备

Ⅳ.①TH16

中国版本图书馆 CIP 数据核字（2019）第 037388 号

机械工业出版社（北京市百万庄大街22号 邮政编码100037）

策划编辑：孔 劲 责任编辑：孔 劲 王彦青 李含杨

责任校对：肖 琳 封面设计：鞠 杨

责任印制：李 昂

北京瑞禾彩色印刷有限公司印刷

2019年4月第1版第1次印刷

184mm×260mm·27 印张·2 插页·666 千字

0001—1500 册

标准书号：ISBN 978-7-111-62142-3

定价：198.00 元

高端锻压制造装备及其智能化

世界工业化经历了蒸汽一代的工业 1.0、电气一代的工业 2.0、数控一代的工业 3.0，正朝着智能一代的工业 4.0 发展。制造业也已从以工厂化、规模化、自动化为特征的工业制造文化，转向了多样化、个性化、定制式、更加注重用户体验的协同创新、全球网络智能制造服务。制造业作为我国实体经济的主体、国民经济的支柱，是我们的立国之本、兴国之器、强国之基。我国改革开放 40 年来所取得的辉煌成绩，充分体现了装备制造业对我国的国民经济、社会进步、人民富裕，以及国家安全起到的至关重要的作用。当前，中国制造业面临前所未有的挑战；高端制造业向发达国家回流；低端制造业向低成本国家转移；新科技革命与产业变革给中国带来新的挑战和机遇。新一轮科技革命和产业变革正在孕育兴起，一方面将重塑全球经济结构和竞争格局，另一方面与我国加快建设制造强国形成历史性交汇，为我们实施创新驱动发展战略提供了难得的重大机遇。

先进而智能的高端装备，是先进制造技术、信息技术和智能技术的集成和融合，通常是具有感知、分析、推理、决策和控制功能的装备的统称，体现了制造业的智能化、数字化和网络化的发展要求。机械制造装备主要分为切削加工装备与成形装备两大类。锻压工艺用来改变材料的形状、尺寸和性能，兼备成形与成性两个方面，是材料加工首选的工艺方法，而锻压装备则是主要的成形装备。随着新材料产业、高端制造业、新能源产业、交通、电力、电器工业，以及先进锻压工艺的迅猛发展，对锻压装备提出了越来越高的要求。特别是从"高档数控机床专项"实施以来，我国在先进锻压装备领域取得了长足进步。

而目前国内关于锻压装备的教材、手册及专著多是基于传统的锻压装备，亟需更先进的锻压装备知识，并研发、推广和应用新技术。针对这一情况，本书以"哪家单位在哪类锻压装备的研发、生产、制造方面为国内最好，就请该单位的相关人员撰写"为原则，例如中国重型机械研究院在万吨级卧式挤压机方面曾获得"国家科学技术进步奖"一等奖，其研制出的世界最大的 3000kN/7500kN·m 超大型锻造操作机曾获得"中国机械工业集团公司"特等奖，那么就请中国重型机械研究院撰写本书中"挤压机"与"锻造操作机"的相关内容；清华大学研制出了世界最大吨位的钢丝缠绕 400MN 模锻液压机，就请清华大学撰写"重型模锻及多向模锻设备"的内容；吉林大学在多点成形工艺及装备方面的研究成果国内外知名，就请吉林大学撰写"多点成形设备"的内容；西安交通大学在锻压装备的智能化、典型高端锻压装备与精密下料等方面具备坚实的基础和较高的理论水平，就请西安交通大学撰写了相关内容。荟萃了我国不同类型锻压装备研究水平名列前茅的高校、研究所、企业一线的顶级专家、学者，结合各单位最新且重大的研究成果著作而成，体现了 20 多年来大型、应用新的传动原理、满足新材料与新工艺的高端锻压装备及其智能化。

本书首先介绍了锻压装备概述、智能化及其实施途径（第1、2章），然后分别阐述了机械压力机（第3~5章）、液压机（第6~11章）、能量锻造装备（第12、13章）等具有行程限定、压力限定、能量限定这三类特征的锻压装备，又对回转成形设备（第14~19章）、柔性成形设备或生产线（第20、21章）等特殊类型装备进行了论述，最后介绍了备料辅助装备（第22~24章）。

本书由西安交通大学赵升吨统稿。全书共分24章，第1章由西安交通大学赵升吨执笔；第2章由西安交通大学赵升吨、张鹏执笔；第3章由西安交通大学赵升吨、陈超、张大伟执笔；第4章由扬州精善达伺服成形装备有限公司张新国执笔；第5章由西安交通大学范淑琴、赵升吨、陈超执笔；第6章由西安交通大学赵升吨、陈超、范淑琴执笔；第7章由太原重工股份有限公司张亦工、赵国栋执笔；第8章由中国重型机械研究院股份公司成先飚执笔；第9章由清华大学林峰执笔；第10章由中国重型机械研究院股份公司权晓惠执笔；第11章由哈尔滨工业大学刘钢执笔；第12章由安阳锻压机械工业有限公司王卫东执笔；第13章由青岛青锻锻压机械有限公司朱元胜执笔；第14章由西安交通大学赵升吨、李靖祥、张超执笔；第15章由西安交通大学张琦、张大伟执笔；第16章由济南铸造锻压机械研究所有限公司单宝德执笔；第17章由西安航天动力机械厂韩冬、杨延涛执笔；第18章由首钢长钢锻压机械制造有限公司邢伟荣、原加强、赵晓卫执笔；第19章由西安交通大学张大伟、赵升吨执笔；第20章由济南铸造锻压机械研究所有限公司赵加蓉执笔；第21章由吉林大学付文智执笔；第22章由西安交通大学赵升吨、范淑琴、任芊见、董渊哲执笔；第23章由济南铸造锻压机械研究所有限公司徐济声、张波执笔；第24章由中国重型机械研究院股份公司张营杰执笔。

赵升吨

目录 CONTENTS

目录
CONTENTS

目录
CONTENTS

XIV

第 1 章 CHAPTER 1

绪论

西安交通大学　赵升吨

1.1 概　　述

机械装备主要具备能量的传输与分配、运动及力的变换与控制功能，实现基于规定生产率的、稳定安全的工业化生产任务。机床作为机械装备的一种，主要分为切削加工机床与成形机床两大类，而锻压装备作为塑性成形设备，是最主要的成形机床，是针对具体材料，在强大的压力作用下，实施规定的工艺，在一定的成形温度、应变速率及生产率下，进行工业化、批量化生产的机械装备。材料——工艺——装备的一体化是锻压装备有别于其他机械装备的显著特点。

锻压装备主要经历了蒸汽一代（蒸汽-空气锤时代）、电气一代（交流异步电动机驱动时代）。人们为了制造工具，最初是用人力、畜力转动轮子来举起重锤锻打工件的，这是最古老的锻压机械。14 世纪出现了水力落锤。15~16 世纪航海业蓬勃发展，为了锻造铁锚等，出现了水力驱动的杠杆锤。18 世纪出现了蒸汽机和火车，因而需要更大的锻件。1842 年，英国工程师内史密斯创制第一台蒸汽锤，开始了蒸汽动力锻压机械的时代。1795 年，英国的布拉默发明水压机，但直到 19 世纪中叶，由于大锻件的需要水压机才应用于锻造。随着交流异步电动机的发明，相继诞生了机械压力机、液压机、螺旋压力机、液压仿形旋压机、冷镦自动机等锻压装备。19 世纪末出现了以电为动力的机械压力机和空气锤，并获得迅速发展。第二次世界大战（简称二战）前后，锻压装备呈现出了向重型和大型方向发展的趋势，大型模锻液压机是机械制造业不可或缺的重要装备，也是一个国家科技水平、综合国力的重要标志，更是维护国家安全的战略装备。德国于 1934 年制造了 70MN 模锻液压机，1938—1944 年又先后制造了 300MN 模锻液压机 1 台、150MN 模锻液压机 3 台。英国于 1937 年制造了 120MN 模锻液压机 1 台，其他国家都没有万吨模锻液压机。

大型模锻液压机是发展航空、航天工业必不可少的装备，其他重要工业部门也需要大型锻件，如燃气轮机用大型轮盘锻件、各类发动机叶片、大型船用模锻件、电站用大型模锻件、压力容器锻件，以及其他类型民用品模锻件的生产，都离不开大型压力机。750MN 模锻水压机、1500kJ 对击锤、66MN 板料冲压压力机、160MN 热模锻机械压力机，我国在近 10 多年来相继研发成功的 185MN 自由锻造液压机、360MN 立式挤压机、220MN 卧式挤压机、400MN 模锻水压机、800MN 模锻水压机、355MN 离合器式高能螺旋压力机等重型锻压机械，莱菲尔德（LEIFELD）公司设计制造了世界上最大强力旋压机 ST650H9100（该机可强旋 13m 长的高精密管），等等，形成了门类齐全的锻压机械体系。

锻压装备就是各种压力机，而压力机的作用是将一个或者多个力和运动施加到模具上，从而对工件进行塑性加工。锻压装备技术主要以实现塑性加工中的材料及变形条件、负载、传动与驱动的最佳能量和运动匹配为目的，研究固体、流体、气体物质及电、磁、温度、光等物理场的相互作用机理，以及驱动、传动、负载之间的运动、动力等特性变换和调控方法。

根据所采用的生产工艺锻压设备可分为成形用的锻锤、机械压力机、液压机 3 类主要的锻压设备，以及开卷机、矫正机、剪板机、剪切机、锻造操作机等辅助设备。

若按金属毛坯变形区域的大小，可将锻压设备分为整体成形设备与局部成形设备两大类。

整体成形设备是指对整个毛坯进行一次或多次打击（压制）而形成工件的成形设备，其滑块锤头的运动形式多为直线往复运动，故又称为直线成形设备。整体成形设备可根据加工毛坯的几何形态分为三类：体积成形设备、板料成形设备和粉末成形设备。体积成形设备加工的毛坯为块料、厚板料或棒料，整体成形时整个毛坯产生较大的塑性变形，形状与横截面积都有较大变化，制后毛坯的表面积与体积之比显著增大，相应的工艺有模锻、挤压等，相应的设备有热模锻压力机、挤压压力机等。板料成形设备加工的毛坯为板料、条料或带料。压制时局部材料产生较大的塑性变形，压制后整个毛坯的形状产生显著的变化，而厚度一般变化很小。这类变形往往伴随有弹性回复现象，相应的工艺如弯曲、拉深，相应的设备有板料折弯机、拉深压力机等。粉末成形设备加工的毛坯为粉料，压制时不仅有塑性变形，而且产生压实，压实可减少粉料间的孔隙，提高相对密度。相应的工艺有粉末锻造、粉末挤压等，相应的设备有螺旋压力机、机械压力机及液压机等。

局部连续成形设备是指连续对毛坯的局部顺序压制而最终形成工件的成形设备。这类设备连续地使毛坯局部产生塑性变形，最终使整个坯料都经历了变形阶段，从而获得要求的工件。相应的设备有辊锻机、楔横轧机、摆辗机和旋压机等。在用这类设备加工工件的过程中，或工模具旋转而坯料做直线运动，或坯料旋转而工模具做直线运动，或工模具及坯料均作旋转运动，故该类设备又统称为回转成形设备，如摆辗机和辊锻机。

若按锻压设备的机械传动特性（同时也反映了传动介质种类），可将锻压设备分为以下三类：液压传动设备、气压传动设备和电动机拖动设备。

但在工业实际中，锻压设备常按载荷、能量、行程方面的特点进行分类，锻压设备分为以下三类：

（1）载荷限定设备　设备的最大作用力是确定的，完成工艺的能力主要受最大载荷的限制，其传动介质通常为液体，如液压机。

（2）能量限定设备　设备每次打击输出的能量是事先调定的，完成工艺的能力取决于打击时执行机构释放的能量，其传动介质通常为蒸汽或空气，如锻锤。

（3）行程限定设备　设备滑块的行程是确定的，完成工艺的能力因行程位置而异，其传动介质通常为皮带或齿轮等机械零部件，如机械压力机（俗称曲柄压力机）。

1.2 锻压装备在国民经济、社会发展和科学发展中所起的作用

锻压装备制造的零件具备高生产率、高性能和精确性的优势，在国民经济、社会发展和科学发展中起着举足轻重的作用。

1.2.1 新材料产业发展的需要

新材料涉及领域广泛，一般指新出现的具有优异性能和特殊功能的材料，或是传统材料改进后性能明显提高和产生新功能的材料，其范围随着经济发展、科技进步、产业升级不断发生变化。我国新材料产业"十二五"发展规划中将"高端金属结构材料"作为一个重要的发展领域。主要包括高品质特殊钢、新型轻合金材料等。这些材料大多需要用锻压设备加工来实现对原材料性能的显著改善，如高品质特殊钢中的耐高温、耐高压、耐腐蚀电站用钢、节镍型高性能不锈钢、高标准轴承钢、齿轮钢、模具、高强度紧固件用特种钢。新型合金材料中以轻质、高强、大规格、耐高温、耐腐蚀、耐疲劳的高性能铝合金、镁合金和钛合

金为代表,主要应用于航空航天、高速铁路、汽车零部件、轨道列车等领域。

1.2.2 高端制造业的要求

高端装备制造业是以高新技术为引领,处于价值链高端和产业链核心环节,决定着整个产业链综合竞争力的战略性新兴产业,是现代产业体系的脊梁,是推动我国工业转型升级的引擎。在调整产业结构的背景下,高端装备制造业被认为是七大新兴产业中资金最密集、产业链最完备、见效最快的产业之一。高端装备主要包括传统产业转型升级和战略性新兴产业发展所需的高技术、高附加值装备。《国务院关于加快培育和发展战略性新兴产业的决定》明确的重点领域和方向包括航空装备、卫星及应用、轨道交通装备、海洋工程装备等。

目前航空、航天、兵器等国防工业的零部件都朝着大型化、整体化、精密化的方向发展,例如俄罗斯的安-22运输机机身采用750MN模锻水压机生产的投影面积达 $3.5m^2$ 的B95合金大型隔框整体模锻件共20个,共减少了800个零件,减轻飞机机体质量1000kg,减少机械加工工时 $15\% \sim 20\%$ 。再如某飞机的主要承力框,在原设计中采用分体锻造、整体焊接的结构,使用和试验结果表明,焊缝处疲劳寿命比母体约低30%,因此飞机设计目标寿命较低,仅2000飞行小时。由于承力框采用三部分焊接制造工艺,包含多个焊缝,焊接工序多、焊缝质量控制难度大,一个整框零件的生产周期长达 $6 \sim 7$ 个月,成为制约飞机生产进度的瓶颈,中国第二重型机械集团有限公司(简称二重)万航模锻有限公司在2006年进行了大型钛框的锻件设计、研制和生产,并首次在国内成功研制出整体钛合金框模锻件。其中整框模锻件产品的加工周期由原来的 $6 \sim 7$ 个月减少至3个月,机械加工工时节约45%。这些零件中很多为难变形材料诸如钛合金、高温合金,其变形抗力大、组织性能要求高,锻压时的工艺控制困难。特别随着现代航空装备对高性能、高减重、长寿命、高可靠性及低成本制造技术等需求的不断提高,现代飞机和发动机进一步向结构整体化、零件大型化的方向发展。大型模锻件的应用水平已成为先进飞机的标志之一。

美国波音 $747 \sim 787$ 、 $A320 \sim 380$ 客机的钛合金起落架,F-16战斗机钛合金机身隔框,D-10飞机的后支承环,915发动机机座,苏 $27 \sim 33$ 战斗机钛合金大型结构件,GT25000舰用燃气轮机直径1.2m涡轮盘等都是在上述大型模锻水压机上模锻成形的。当今世界上航空制造业强国都拥有4.5万t以上的重型模锻液压机。美国拥有两台4.5万t模锻液压机,俄罗斯拥有两台7.5万t模锻液压机,法国拥有一台6.5万t模锻液压机。空中客车公司生产的A380客机起落架的成形,就是在俄罗斯7.5万t压力机上完成的。美国第四代战斗机F-22机身采用了4个长约4m、投影面积达 $5m^2$ 以上的TC4钛合金整体式隔框模锻件,大型钛合金模锻件的采用,大幅度提高了飞机结构效益水平,并且实现了高性能军机的制造。模锻件的大型化和整体化是航空锻压技术的发展方向,是实现飞机主承力结构整体化的重要条件。大型航空模锻件的制造离不开大型锻压设备,近年来中国相继成功研发了用于航空大飞机的400MN、800MN大型航空模锻液压机生产线、用于兵器炮管制造的360MN立式管材热挤压生产线、用于固体导弹发动机筒体旋压的100t立式数控强力旋压机,满足了中国国防工业的急需。用于航空航天以及卫星的零部件使用的材料多为轻质、耐高温、难变形合金,航空发动机涡轮盘需要挤压机开坯才能满足其性能要求,美国在350MN立式钢挤压机上为其开坯;美国将125MN卧式挤压机(德国在二战期间为制造军用飞机所需的大型铝合金及镁合金挤压材料而建造的大型挤压机)改造为145MN正反向双动挤压机,也用于大型飞机的铝合金、镁合金材料挤压,可生产长为32m、单位质量为134kg/m、宽为1016mm的型材。

船舶工业是为水上交通、海洋开发及国防建设提供技术装备的现代综合性产业，是军民结合的战略性产业。进一步发展壮大船舶工业，是提升我国综合国力的必然要求。海洋工程装备是人类在开发、利用和保护海洋活动中使用的各类装备的总称，是海洋经济发展的前提和基础，处于海洋产业价值链的核心环节。海洋工程装备制造业是战略性新兴产业的重要组成部分，也是高端装备制造业的重要方向，具有知识技术密集、物资资源消耗少、成长潜力大、综合效益好等特点，是发展海洋经济的先导性产业。船舶及海洋工程同样也离不开挤压机，如舰艇、船舶、汽艇等的船身结构件和甲板；潜艇潜望镜用大口径厚壁超长管；舰船用耐压、耐腐蚀不锈管；石油运输管等均需用挤压产品。

发展"技术先进、安全可靠、经济适用、节能环保"的轨道交通装备，是提升交通运输效率的保证，是实现资源节约和环境友好的有效途径，对国民经济和社会发展有较强的带动作用。随着我国轨道交通特别是高铁的高速发展，轨道交通装备业对节能、环保、安全性、可靠性的需求进一步增强，高速列车以及地铁车厢的覆盖件、集装箱和厢式货车大都采用挤压型材。

1.2.3 新能源产业要求

《国民经济和社会发展十二五规划纲要》指出："新能源产业重点发展新一代核能、太阳能热利用和光伏光热发电、风电技术装备、智能电网、生物质能。开发利用、支持新能源产业发展，为在"十二五"时期继续促进能源发展方式转变，加快资源节约型和环境友好型国家建设，确保能源与经济、社会、环境的协调发展具有重要意义。"挤压机是新能源产业不可或缺的关键设备之一，如中国重型机械研究院的 40MN 锆管挤压机专为核电挤压核原料容器用高管而建设，500MN 立式钢管挤压机采用镦挤技术为核电站生产主管道而建设。

新能源汽车是新能源产业的重要分支之一，节能与新能源汽车已成为国际汽车产业的发展方向，而轻量化则是实现新能源汽车的重要环节。铝合金材料以其质量轻、强度刚度高成为汽车轻量化的最佳使用材料。日本本田 NSX 全车用铝材达到 31.3%。据杜克公司（Duker）调查，2009 年有 67 款汽车（欧洲 49 款、日本 18 款）的铝合金用量达到 182kg/辆。欧洲小汽车用铝量 2010 年不足 100kg/辆，2012 年已达到 140kg/辆，预计 2020 年将增至 200kg/辆；福特提出要在 2020 年前实现铝合金和钢在车身上的用量大致相等的目标；我国也提出单车用铝量目标 2020 年为 190kg/辆，2030 年达到 350kg/辆。这些铝材大部分使用的是挤压产品，如保险杠、车窗、座椅等，复合板箱式车和冷藏式箱式车，其前顶轨、侧顶轨、前底轨等产品均为铝合金挤压型材。

1.2.4 汽车、铁路及船舶工业

2009 年中国汽车产销量分别达 1379.10 万辆和 1364.48 万辆，至此中国成为世界汽车产销第一的国家。随着我国汽车工业一直保持快速发展的步伐，汽车中 70% 以上的零部件是依靠板料制作的，在汽车制造的冲压、焊装、涂装、总装四大工艺中，板料、模具、设备是覆盖件生产必不可少的三大硬件或三大要素。冲压是第一道工艺，相应的冲压设备也是四大工艺中投资最大、技术水平要求最高的，对汽车制造规模与质量保障极为重要。

目前中国的铁路装备制造业已带给世界更多、更快、更先进的高铁工程。中国铁路制造业制造的机车、车辆、钢轨、道岔、通信信号设备、大型施工机械，基本满足了中国铁路建设和发展的需要。目前中国的飞机、汽车制造装备还主要依赖进口，中国的铁路运输所采用的技术装备基本是由中国制造的。因为对铁路运输装备中零部件的力学性能要求高，因此超

过一半以上的零部件是依靠锻压工艺制作的。这些零部件的制造，锻压设备是关键保障设备。例如西安轨道交通装备有限责任公司与天津市天锻压力机有限公司签订并实施了拉深滑块公称压力为 85MN、压边滑块公称力 40MN 的铁路罐体封头制造用双动厚板拉深液压机，确保了大型罐体的国产化。

目前汽车、铁路等行业所需要的大型锻件，特别是重载汽车的曲轴大型锻件，采用锤锻的方式来生产，或只能采用铸件来代替锻件的方式。重型曲轴热模锻生产线的研制能大规模提高生产效率，降低锻件毛坯的锻造成本，提高锻件的锻造性能，满足汽车、铁路、造船等方面的发展需要。

国内从 20 世纪 70 年代开始制造热模锻压力机，同时开展锻造的自动化连线工作。目前，大量使用锤锻、摩擦压力机等的锻造厂都在更新设备，采用技术更优的热模锻压力机。热模锻自动生产线在锻造行业占据的份额越来越大，热模锻自动生产线设计也就越来越重要。目前，国外仅有两条 160MN 热模锻生产线，全球能够设计、制造的只有两家公司，都是外国公司，国内在该领域是空白的。随着我国汽车、铁路、造船等重要领域技术装备的快速发展，对大型锻件需求越来越旺盛，对大型热模锻生产线需求巨大。国内 80MN 以上的大型热模锻生产线的制造，均由二重设计、完成，该公司已经具备生产研发重型曲轴热模锻生产线的能力。根据国内外锻造行业的发展趋势，大型热模锻生产线的需求量巨大，有着广阔的市场前景。

二重制造的 125MN 热模锻压力机生产线，为我国的汽车和铁路的发展起到了良好的保障作用，现在世界上已有两台 160MN 热模锻压力机。我国目前拟研制重型曲轴热模锻生产线：配置 φ1000 辊锻机、160MN 热模锻压力机、16MN 切边机、2.5MN 扭转机、20MN 校正机、6400kW 中频加热炉以及后续热处理工艺设备，这些设备在国内都是全新的，需要根据该生产线的要求进行新的设计，重型曲轴热模锻生产线的研制同时也带动了国内设备的制造业水平。

1.2.5　电器与家电工业

早在 1996 年，我国主要家电产品的产量已进入世界前列，如电冰箱、电视机、洗衣机、电熨斗、电风扇、电饭锅产量已居世界首位。电器与家电设备中的绝大多数零部件的加工，通常是采用冲压工艺分别成形出几个工件后，再采用焊接的方法制成。巨大的产量迫使高速压力机的滑块每分钟的行程次数已高达 4000 次。国内目前已研发出 1500 次/min、125MN的大型高速压力机。例如利用三滚轮旋压机床来生产薄壁不锈钢锅、铝锅等普通锅或高压锅类产品。用这种方法生产出来的零件不但具有良好的内外表面质量，且能节省多达 50%的材料。采用变薄旋压的方法可以生产一般家庭、餐馆或医院常用的不锈钢器皿，例如碗、大口杯、桶、过滤器、水壶、量具、调味瓶等。采用普通旋压的方法可以生产铝壶、点心盒、勺、平底锅、真空保温容器等用品。对某些经过冲压或变薄旋压成形后的工件有时还需要进行缩颈旋压成形，例如茶壶、咖啡壶、糖罐、花瓶等。而这些锻压工艺的实施，锻压设备是必不可少的关键的设备。

1.2.6　电力工业

中国对电力的需求量极大，从而迫使我们要加大发电设备的制造步伐。目前传统的发电机、汽轮机、锅炉三大动力设备的成套总产量已达到全球的 2/3。如此大的电力市场要求国内装备制造业不断进取、创新。例如中国一重集团有限公司（简称一重）1.50 万 t、二重1.6 万 t、上海重型机器厂有限公司（简称上重）1.65 万 t、中信重工机械股份有限公司

（简称洛矿）1.85 万 t 的大型自由锻液压机相继投入使用，满足了电力装备大型自由锻件锻造的迫切要求。

1.3　锻压装备技术的发展目标

目前，制造业已从工厂化、规模化、自动化为特征的工业制造化，转向了多样化、个性化、定制式，更加注重用户体验的协同创新、全球网络智能制造服务。"制造强国战略研究"重大咨询项目提出实施"中国制造 2025"的核心是实施制造业的数字化、网络化、智能化。先进而智能的高端装备，是先进制造技术、信息技术和智能技术的集成和融合，通常是具有感知、分析、推理、决策和控制功能的装备的统称，体现了制造业的智能化、数字化和网络化的发展要求。

所规定的材料的塑性成形工艺必须依赖锻压设备来完成工业化生产，而锻压设备必须要满足塑性变形工艺对运动、能量与控制的要求。金属塑性成形是利用材料的塑性，在外力、能量和相应的工模具的约束下，使金属产生永久变形以获得所需形状和性能的一种加工方法。经塑性成形加工的工件有着优良的材料流动纤维、理想的材料强度特性、最少的材料和能量消耗，以及较高的精确度和表面质量。金属塑性成形用来改变材料的形状，尺寸与性能，兼备成形与成性两个方面，因此越来越成为材料加工首选的工艺方法。随着新材料、先进塑性成形工艺的迅猛发展，对锻压设备提出了越来越高的要求。

锻压设备目前正处于"数控一代"（交流伺服电动机驱动的时代）迅猛发展的时期，并将朝着"智能一代"的方向发展。依据制造业的发展趋势，迫切需要锻压设备朝着高效、节能、高可靠、高精度、智能化的方向发展，为新材料、航空航天、机器人、低碳、新能源等高新技术领域装备，汽车、铁路及电力装备的设计制造提供技术支撑。

针对国外先进锻压设备的现状，并充分考虑到我国锻压设备的实际情况，我国锻压设备未来 5~10 年的发展目标主要体现在以下几个方面。

1.3.1　重型锻压装备的自动控制与工艺、模具一体化的数据库

美国 1955 年投产的两台 4.5 万 t 模锻液压机，苏联 1961—1964 年投产的两台 7.5 万 t 模锻液压机，法国 1976 年投产的一台 6.5 万 t 模锻液压机，经过几十年的工业化生产，其能力得到了充分的发挥，例如空客 A380 大型客机的锻件已在俄罗斯的 7.5 万 t 模锻液压机上实现了稳定高质量的生产。1962 年我国自行设计制造了 3 万 t 模锻液压机之后又设计制造了 1 万 t 多向模锻液压机，此后重型锻压设备的研发停滞不前。直到 2012 年，4 万 t、8 万 t 模锻液压机先后在西安、德阳市投产；2011 年 3.6 万 t 的黑色金属垂直挤压机在包头市投产；太原重型机械集团有限公司（简称太重）生产的 1.5 万 t 卧式挤压机 2013 年投产，2.25 万 t 卧式挤压机 2016 年在辽宁忠旺公司投产，8000t 快锻液压机 2007 年投产，1.25 万 t 的快锻液压机 2012 年投产；中国重型机械研究院研制的 7m 轧环机 2011 年已在青岛成功应用；青岛锻压机械有限公司（简称青锻）研制的 8000t 电动螺旋压力机 2012 年投产；2007—2010 年，一重、二重、上重、洛阳中重分别新增 150MN、160MN、165MN、185MN 自由锻液压机，而其中 185MN 自由锻液压机，配备 750t·m 的锻造操作机，使我国的大锻件能力从 190t 提高到 400t，最大钢锭生产能力从 360t 提高到 600t。有效地缓解了我国航空、航天、国防、船舶、电力及机械制造等行业急需大型锻压产品制造能力不足的局面。目前世

界上知名的重型锻压设备还未真正批量化应用于工业中，与该类设备最大能力发挥的相关模具、工艺与控制一体化的数据化研发还远远不够，已造成这些重型设备优质资源的浪费。例如西安三角公司的 4 万 t 模锻压力机的满负荷工作压制的最大速度可达 20mm/s，而目前我国在大型高质量的航空与航海发动机用模锻件的实际工业化生产的工作速度仅为 5mm/s，同时滑块的每分钟行程次数也未能满负荷得到发挥。

自 2007 年以来，中国在重型锻压设备的研发与投产情况已在世界名列前茅，但仔细考究这些投资巨大的设备，其中的油压控制系统硬件与电气控制硬软件不少都是花巨资委托国外厂商（如美国 oilgear towler 公司）定制。特别是其中的高压、大流量、高精度的液压元件（泵、阀等）与电气控制器件，几乎全部采用国外进口。造成这些关系到国家安全与国计民生的关键设备的心脏部件及其神经控制系统完全依赖国外，因此，急需要开发出具有自主知识产权的高压、大流量、高精度的液压元件与电气控制硬件，并研发出相应的系列化、标准化、智能化、网络化控制软件，既可使这些重型设备的能力得到充分发挥，又可为后续的重型锻压设备的研发奠定坚实的基础。

1.3.2　大中型伺服压力机及其控制系统

目前我国的机械装备正处于"数控一代"蓬勃发展的时期，锻压装备朝着分散多动力、近零传动（近直驱）的全数控方向发展。而这一先进理念在锻压装备中就表现为伺服压力机。鉴于目前小规格伺服压力机的技术水平已趋于成熟，今后主要应在大中型伺服压力机的传动方式、工作机构及其大规格伺服电动机方面进行研究。尤其在公称压力为 630t、800t、1000t、1250t、1600t、2000t、2500t、3000t、3500t、4000t、4500t 机械式伺服压力机，公称压力为 3500t、4000t、4500t、5000t、6300t、8000t 液压式伺服压力机，横向旋压力为 10t、20t、30t、40t、60t 全数控强力旋压机及其各自的数控系统等方面。

1.3.3　高效、高性能精确成形数控压力机

为了进一步降低生产成本，提高劳动生产率，应加大型高速压力机、覆盖件拉深设备、径向锻机、高速落料机的研发力度。尤其要研发出公称压力为 100t、125t、160t、200t 和滑块行程次数为 1000~1250 的闭式高速机械压力机，公称压力为 1000t、1250t、1600t、2000t、2400t 和滑块行程次数为 16~20 次/min 的覆盖件拉深机械压力机，公称压力为 630t、800t、1000t 和 40~60 次/min 的闭式单动板材落料机械压力机，可锻棒料直径为 100mm、130mm、160mm、250mm 和锤头打击次数为 500~1200 次/min 的机械式径向锻造操作机，公称压力为 20t、30t 和冲头次数为 1000~1500 次/min 的回转头机械压力机。

1.3.4　适用于新材料、新工艺的特种压力机

随着像高强度钢板、轻质的铝镁合金板材、轻质多孔材料、光伏玻璃基板覆铜板材、纤维增强复合材料等新型材料，以及诸如板材的锁铆焊、管材的压力复合、对轮旋压、双辊夹持旋压、板材的热成形、多点模成形、内高压成形、半固态成形、电磁成形、爆炸成形、增量式轴向推进滚轧成形等新塑性成形工艺的大量涌现，要满足其工业化生产的要求，急需研发相应的特种设备以适应新的材料、满足新的工艺条件。

1.3.5　行业与国家重大需求的核心关键塑性加工装备

我国近年来的高铁运输装备、核电设备、汽车、船舶、航空航天、发电装备、兵器、家电、通信等领域，需要的核心关键设备无法从国外进口，大大制约了这些领域的发展。锻压装备尤其要强化与海洋与航空领域密切相关的研发，例如核潜艇壳体的环轧与胀形塑性成形

设备。考虑到冲压是汽车制造 4 大工艺之首，应加大适用于汽车节能减排的先进制造装备的研发，以达到节能、降耗、提高生产率、降低成本、改善质量的共同目标，为我国汽车工业可持续发展奠定良好的基础。

1.4　锻压装备未来的发展趋势

1.4.1　伺服数字化与智能化

数控锻压机械已从最初的回转头压力机、折板机向其他类别、组别的锻压机械扩展，如数控板料直线剪切机，数控激光切割、等离子和火焰切割机，数控板料弯曲机，数控型材弯曲机，数控板料折压机，数控旋压机，数控辗环机，数控液压机，数控螺旋压力机等。交流伺服电动机在锻压设备中得到了广泛应用，加快了锻压设备的伺服数字化，并推动其进一步向智能化的方向发展。

1.4.2　定制式与个性化

由于资源、环境的压力，传统的通用型锻压设备的市场竞争会越来越惨烈，更多的是包含工人血汗的价格战。作为锻压设备的制造商，急需进行产品升级转型，务必要考虑到中国的制造业已从以工厂化、规模化、自动化为特征的工业制造化，转向了多样化、个性化、定制式，更加注重用户体验的系统创新。锻压设备正从目前的通用型向适用于轻质、高强、耐腐蚀、耐高温、低塑性的新材料、新工艺及特殊形状结构产品的非标设备方向发展。

1.4.3　高性能与精密化

大飞机、新一代战机、高推重比发动机、大型运载火箭、长寿命卫星和节能型汽车的发展，要求使用高比强、耐高温、高比模的轻质高强的难变形材料，其对塑性变形后工件的内部微观组织、力学性能提出了极高的要求，相应的需要高性能的锻压设备来满足其苛刻的工件性能要求；另一方面，具有复杂曲面、薄壁、空心变截面、整体和带筋等轻量化的结构工件，经过锻压设备的塑性加工后形状及尺寸精度要求极高，往往要求实现后续的少、无屑加工。这就要求锻压设备从传统的"傻大黑粗"的毛坯加工，向可生产高性能与精密的零件发展。

1.4.4　网络化

全球宽带、云计算机、云储存为制造文明进化提供了创新技术驱动和全新信息网络物理环境。目前已从后工业时代注重单机简约的数字制造转变为依托大数据、云服务的协同，共享分享网络协同的运营服务。现代工业、工业产品和服务的全面交叉渗透，借助软件，通过在互联网和其他网络上实现产品及服务的网络化，新的产品和服务将伴随这一变化而产生。软件不再仅仅是为了控制一起或者执行某步具体的工作程序而编写，也不仅仅是为了被嵌入产品和生产系统里。传统的机电一体化是指机械部件与电子期间有机结合，并嵌入了软件，而无线网络使得全新的产品功能和特性成为可能，而这些新事物是传统的机电一体化的定义所不能包含的。电子器件微型化、计算机及存储介质的性能飞跃使得现在的小体积和无线功能成为可能。互联网提供了个人之间联系的一种新可能。网络智能制造是中国制造的未来，它是信息网络与制造技术高度融合的产物。锻压设备的局域网生产管理、自动控制、远程故障诊断与维修服务是必然的趋势。

1.4.5　高速化

随着工业的飞速发展，对高速机械压力机及快锻液压机的需求量日益增加，锻压设备的高速化乃至超高速化对机器本身和外围设备都提出了苛刻的要求：运动部件结构合理，质量轻，机架需有极好的刚性，运动部件需实现最佳平衡，高速冲压运动惯性、温度变化对精度的影响，运动部件抗磨损，轴承质地必须优良，导向系统必须精确，模具需有高的寿命，送料装置必须精度高、速度快、性能可靠，必须解决高速冲压振动问题，减小振动对精度的影响。大中型快锻液压机在汽车及航空航天领域的应用越来越广，其中的大规格伺服电动机，高压大排量泵、阀及其液压传动方式与控制系统等难题急需解决。

第 2 章 CHAPTER 2
智能机器及其实施途径

西安交通大学　　赵升吨　张鹏

2.1　智能制造及关键技术

2.1.1　智能制造体系

智能制造产业已成为各国占领制造技术制高点的重点研发与产业化领域。发达国家将智能制造列为支撑未来可持续发展的重要智能技术。我国也将智能制造作为当前和今后一个时期推进两化深度融合的主攻方向和抢占新一轮产业竞争制高点的重要手段。2016 年 12 月 8 日工业和信息化部、财政部联合制定了《智能制造发展规划（2016—2020 年）》智能制造体系如图 2-1 所示。

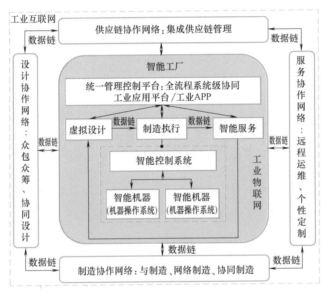

图 2-1　智能制造体系

智能制造基于新一代信息技术，贯穿设计、生产、管理、服务等制造活动各个环节，是先进制造过程、系统与模式的总称。智能产品通过独特的形式加以识别，可以在任何时候被定位，并能知道它们自己的历史、当前状态和为了实现其目标状态的替代路线。

智能制造的基本思路是以促进制造业创新发展为主题，以加快新一代信息技术与制造业深度融合为主线，以推进智能制造为主攻方向，强化工业基础能力，提高综合集成水平，完善多层次人才体系，从而达到增强综合国力，提升国际竞争力，保障国家安全，坚持走中国特色新型工业化道路。

2.1.2　智能制造的内涵

智能制造，就是面向产品全生命周期，实现泛在感知条件下的信息化制造。智能制造技术是在现代传感技术、网络技术、自动化技术、拟人化智能技术等先进技术的基础上，通过智能化的感知、人机交互、决策和执行技术，实现设计过程、制造过程和制造装备智能化，是信息技术、智能技术与装备制造技术的深度融合与集成。智能制造，是信息化与工业化深度融合的大趋势。

智能制造技术是世界制造业未来发展的重要方向，依靠技术创新，实现由制造大国到制造强国的历史性跨越，是我国制造业发展的战略选择，为了实现制造强国的战略目标，加快制造业转型升级，全面提高发展质量和核心竞争力，需要瞄准新一代信息技术、高端装备、新材料、生物医药等战略重点，引导社会各类资源集聚，推动优势和战略产业快速发展。

智能制造并非只是一个横空出世的概念，而是制造业依据其内在发展逻辑，经过长时间的演变和整合逐步形成的。

关于智能制造的研究大致经历了以下三个阶段：

1. 20 世纪 80 年代智能制造概念的提出源于人工智能在制造领域的应用

美国赖特（Paul Kenneth Wright）、伯恩（David Alan Bourne）正式出版了智能制造研究领域的首本专著《制造智能》，就智能制造的内涵与前景进行了系统描述，将智能制造定义为通过集成知识工程、制造软件系统、机器人视觉和机器人控制来对制造技工们的技能与专家知识进行建模，以使智能机器能够在没有人工干预的情况下进行小批量生产。在此基础上，英国技术大学威廉姆斯（Williams）教授对上述定义做了更为广泛的补充，认为集成范围还应包括贯穿制造组织内部的智能决策支持系统。麦格劳-希尔科技词典将智能制造界定为，采用自适应环境和工艺要求的生产技术，最大限度地减少监督和操作、制造物品的活动。

2. 20 世纪 90 年代提出智能制造技术、 智能制造系统

在智能制造概念提出后不久，智能制造的研究获得工业化发达国家的普遍重视，开始围绕智能制造技术（IMT）与智能制造系统（IMS）开展国际合作研究。日本、美国、欧洲共同发起实施的智能制造国际合作研究计划中提出：智能制造系统是一种在整个制造过程中贯穿智能活动，并将这种智能活动与智能机器有机融合，将整个制造过程从订货、产品设计、生产到市场销售等各个环节以柔性方式集成起来的能发挥最大生产力的先进生产系统。

3. 21 世纪以来新一代信息技术的快速发展及应用

21 世纪以来，随着物联网、大数据、云计算等新一代信息技术的快速发展及应用，智能制造被赋予了新的内涵，即新一代信息技术条件下的智能制造。

（1）美国工业互联网中的智能制造　工业互联网的概念最早由通用公司于 2012 年提出，随后美国 5 家行业领头企业联手组建了工业互联网联盟，通用电气（GE）在工业互联网（Industrial Internet）概念中，更是明确了希望通过生产设备与 IT 相融合，目标是通过高性能设备、低成本传感器、互联网、大数据收集及分析技术等的组合，大幅提高现有产业的效率并创造新产业。

（2）德国推出工业 4.0 中的智能制造　德国工业 4.0 的概念包含了由集中式控制向分散式增强型控制的基本模式转变，目标是建立一个高度灵活的个性化和数字化的产品与服务的生产模式。在这种模式中，传统的行业界限将消失。核心内容可以总结为：建设一个网络（信息物理系统），研究两大主题（智能工厂、智能生产），实现三大集成（纵向集成、横向集成、端到端集成），推进三大转变（生产由集中向分散转变、产品由趋同向个性转变、用户由部分参与向全程参与转变）。

（3）中国制造 2025 中的智能制造　《智能制造发展规划（2016—2020 年）》给出了一个比较全面的描述性定义：智能制造是基于新一代信息通信技术与先进制造技术深度融合，贯穿于设计、生产、管理、服务等制造活动的各个环节，具有自感知、自学习、自决策、自执行、自适应等功能的新型生产方式。推动智能制造，能够有效缩短产品研制周期、提高生

产效率和产品质量、降低运营成本和资源能源消耗，并促进基于互联网的众创、众包、众筹等新业态、新模式的孕育发展。智能制造具有以智能工厂为载体，以关键制造环节智能化为核心，以端到端数据流为基础，以网络互联为支撑等特征，这实际上指出了智能制造的核心技术、管理要求、主要功能和经济目标，体现了智能制造对于我国工业转型升级和国民经济持续发展的重要作用。

综上所述，智能制造是将物联网、大数据、云计算等新一代信息技术与先进自动化技术、传感技术、控制技术、数字制造技术结合，实现工厂和企业内部、企业之间和产品全生命周期的实时管理和优化的新型制造系统。

2.1.3 智能制造重点发展的五大领域

1. 高档数控机床与工业机器人

数控双主轴车铣磨复合加工机床；高速高效精密五轴加工中心；复杂结构件机器人数控加工中心；螺旋内齿圈拉床；高效高精数控蜗杆砂轮磨齿机；蒙皮镜像铣数控装备；高效率、低重量、长期免维护的系列化减速器；高功率大力矩直驱及盘式中空电动机；高性能多关节伺服控制器；机器人用位置、力矩、触觉传感器；6~500kg级系列化点焊、弧焊、激光及复合焊接机器人；关节型喷涂机器人；切割、打磨抛光、钻孔攻螺纹、铣削加工机器人；缝制机械、家电等行业专用机器人；精密及重载装配机器人；六轴关节型、平面关节（SCARA）型搬运机器人；在线测量及质量监控机器人；洁净及防爆环境特种工业机器人；具备人机协调、自然交互、自主学习功能的新一代工业机器人。

2. 增材制造装备

高功率光纤激光器、扫描振镜、动态聚焦镜及高品质电子枪、光束整形、高速扫描、阵列式高精度喷嘴、喷头；激光/电子束高效选区熔化、大型整体构件激光及电子束送粉/送丝熔化沉积等金属增材制造装备；光固化成形、熔融沉积成形、激光选区烧结成形、无模铸型、喷射成形等非金属增材制造装备；生物及医疗个性化增材制造装备。

3. 智能传感与控制装备

高性能光纤传感器、微机电系统（MEMS）传感器、多传感器元件芯片集成的微控制单元（MCU）芯片、视觉传感器及智能测量仪表、电子标签、条码等采集系统装备；分散式控制系统（DCS）、可编程逻辑控制器（PLC）、数据采集系统（ScadA）、高性能高可靠嵌入式控制系统装备；高端调速装置、伺服系统、液压与气动系统等传动系统装备。

4. 智能检测与装配装备

数字化非接触精密测量、在线无损检测系统装备；可视化柔性装配装备；激光跟踪测量、柔性可重构工装的对接与装配装备；智能化高效率强度及疲劳寿命测试与分析装备；设备全生命周期健康检测诊断装备；基于大数据的在线故障诊断与分析装备。

5. 智能物流与仓储装备

轻型高速堆垛机；超高超重型堆垛机；高速智能分拣机；智能多层穿梭车；智能化高密度存储穿梭板；高速托盘输送机；高参数自动化立体仓库；高速大容量输送与分拣成套装备；车间物流智能化成套装备。

可以看出，当前国家针对智能制造装备产业推出的多项政策，将从智能化、精密化、绿色化和集成化等方面提升我国装备制造产业走向智能高端领域。

2.1.4　智能制造的十项关键技术

智能制造的最终目的是实现智能决策，其主要实施途径包括：开发和研制智能产品；加大智能装备的应用；按照自底向上的层次顺序，建立智能生产线，构建智能车间，打造智能工厂；践行和开展智能研发；形成智能物流和供应链体系；开展实施环节的智能管理；推进整体性智能服务。

目前，智能制造的"智能"还处于以实现相应功能为目的（Smart）的层次，智能制造系统具有数据采集、数据处理、数据分析的功能，能够准确执行控制指令，能够实现闭环反馈；而智能制造的趋势是真正实现智能化（Intelligent），即智能制造系统能够实现自主学习、自主决策、不断优化。

在智能制造的关键技术当中，智能产品与智能服务可以帮助企业带来商业模式的创新；智能装备、智能生产线、智能车间和智能工厂可以帮助企业实现生产模式的创新；智能研发、智能管理、智能物流与供应链则可以帮助企业实现运营模式的创新；而智能决策则可以帮助企业实现科学决策。智能制造的十项关键技术分别为：智能产品（Smart Product）、智能服务（Smart Service）、智能装备（Smart Equipment）、智能产线（Smart Production line）、智能车间（Smart Workshop）、智能工厂（Smart Factory）、智能研发（Smart R & D）、智能管理（Smart Management）、智能物流与供应链（Smart Logistics and SCM）、智能决策（Smart Decision Making），如图 2-2 所示，这十项技术之间是息息相关的，制造企业应当渐进式、理性地推进这十项智能技术的应用。

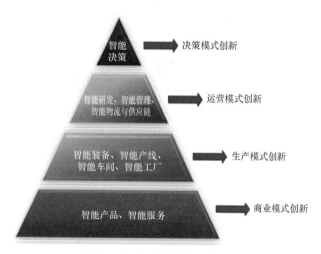

图 2-2　智能制造的十项关键技术

2.2　智能工厂及智能机器

2.2.1　智能工厂及其三个维度

第四次工业革命将要来临，只有对工业 4.0 与工业互联网进行深入分析，掌握以德国美国为代表的发达国家在本轮产业变革中的施政路径、方向和重点，才能进一步完善我国两化融合战略，真正做到知己知彼，才能不断缩小我国与发达国家间的差距，甚至在某些领域进一步赶超。未来的趋势是互联网与制造业紧密联合，21 世纪无处不在的互联网平台与其他先进计算机科技都将推动制造业的发展，工业 4.0 的重点是创造智能产品、程序和过程。工业 4.0 的一个关键特征是智能工厂，如图 2-3 所示。

智能工厂是在制造过程中能以一种高度柔性与集成度高的方式，借助计算机模拟人类专家的智能活动进行分析、推理、判断、构思和决策等，从而取代或者延伸制造环境中人的部

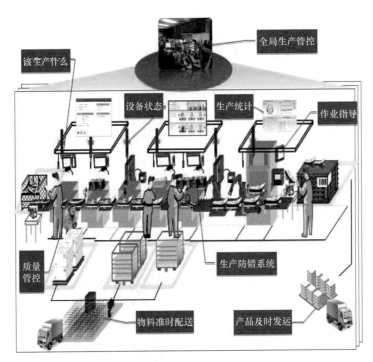

图 2-3 智能工厂

分脑力劳动。同时，收集、存贮、完善、共享、集成和发展人类专家的智能。智能工厂支持产品全生命周期的 3 个重要架构领域，包括产品和系统架构（研发与制造）、增值和企业架构（全生命周期）、数据和信息等组成的 IT 架构（网络平台）。

在智能工厂中，数字世界与物理世界无缝融合，工厂中的产品包含有全部必需的生产信息、产品的识别、产品定位、生产工艺方案、实际运行状况、达到目标状态的可选路径等，智能工厂也是实现去中心化的重要一步，实体的物理数据将通过传感器的方式获得。联网将通过数字化通信技术实现，而实体世界中的运营将由人类或者机器人来实现。智能工厂的目标是根据终端客户，以特定方式来提供定制化服务。只有通过阶层性较弱的网络来互相配合，才能让这种服务在经济上取得成功。

在未来智能工厂中的核心系统就是网络-物理生产系统（Cyber-Physical Production Systems，CPPS）。它包括 3 个层面：在应用层面，信息从生产控制和运营中获取；在平台层面，负责各种 IT 服务的整合；在元器件层面，提供了传感器、促动器、机器、订单、员工和产品。将所有层面集成在一起，就有了数字化制造。在智能工厂里，人、机器和资源如同在一个社交网络里一般自然地相互沟通协作。智能机器是具有感知、分析、推理、决策和控制功能的装备的统称。

智能产品通过独特的形式加以识别，可以在任何时候被定位，并能知道它们自己的历史、当前状态和为了实现其目标状态的替代路线。

生产现场集中控制管理系统（Shop Floor Control，SFC）、制造执行系统（Manufacturing Execution System，MES）和制造资源计划管理系统（Enterprise Resource Planning，ERP），分别处于工厂生产底层（控制层）、制造过程（执行层）和制造资源（计划层）。通过采用这三套系统，企业能够充分利用信息技术、物联网技术和设备监控技术，加强生产信息管理和服务，清楚掌握产销流程、提高生产过程的可控性、减少生产线上人工的干预，同时，还能及时正确地采集生产线数据，合理编排生产计划与生产进度，打造三维智能工厂。

三维智能工厂是集绿色、智能等新兴技术于一体，构建一个高效节能、绿色环保、环境舒适的生产制造管理控制系统，其核心是将生产系统及过程用网络化分布式生产设施来实现。同时，企业管理包括生产物流管理、人机互动管理，以及信息技术在产品生产过程中的应用，形成新产品研发生产制造管理一体化。

结合中国工业现状，未来 5 年，中国很多制造型企业将搭建 3 层架构模式（SFC-MES-ERP）的智能工厂，从三个维度对企业资源计划、制造过程执行和生产底层进行严密监控，实时跟踪生产计划、产品的状态，可视化、透明化地展现生产现场状况，推进企业改善生产流程、提高生产效率，实现智能化、网络化、柔性化、精益化以及绿色生产。

2.2.2　智能机器的三个基本要素

机器由机械本体系统和电气控制系统两大系统组成。机械本体系统由动力装置、传动部件和工作机构三大部分组成。常见的动力装置包括电动机、内燃机等；传动部件是机器的一个中间环节，它把原动机输出的能量和运动经过转换后提供给工作机构，以满足其工作要求，主要有机械、电力、液压、液力、气压等传动方式；工作机构是执行机器规定功能的装置，如直线运动缸、摆动缸、旋转轮、曲柄连杆滑块机构等。电气控制系统是依据对工作机构的动作要求，对机器的关键零部件进行检测（传感）、显示、调节与控制的装置，如开关、阀门、继电器、计算机、按钮等。

智能机器是全生命周期内机电软一体化，智能机器的三个基本要素为：信息深度自感知（全面传感），准确感知企业、车间、系统、设备、产品的运行状态；智慧优化自决策（优化决策），对实时运行状态数据进行识别、分析、处理，自动做出判断与选择；精准控制自执行（安全执行），执行决策，对设备状态、车间和生产线的计划做出调整。

装备智能化包括产品信息化。产品信息化是指越来越多的制造信息被录制、被物化在产品中；产品中的信息含量逐渐增高，一直到其在产品中占据主导地位。产品信息化是信息化的基础，含两层意思：一是产品所含各类信息比重日益增大、物质比重日益降低，产品日益由物质产品的特征向信息产品的特征迈进；二是越来越多的产品中嵌入了智能化元器件（交流伺服压力机），使产品具有越来越强的信息处理功能。智能化装备是具有感知、分析、推理、决策和控制功能的装备的统称，体现了制造业的智能化、数字化和网络化的发展要求。

智能制造的特征包括智能工厂（载体）、关键环节智能化（核心）、端到端数据流（基础）和网络互连（支撑）。智能制造的核心信息设备主要包括 4 大部分：传感器、自动控制系统、工业机器人、伺服和执行部件等为代表的关键基础零部件与元器件及通用部件。智能制造的任务之一就是在这些智能装备上实现突破并达到国际先进水平，重大成套装备及生产线系统集成水平大幅度提升。

传感器：重点发展智能化压力、温度、转矩、流量、物位、成分、材料、力学性能、位置、速度、加速度、流量的检测。

自动控制系统：最有代表的就是国际上著名的西门子与发那科数控系统、国内的广州数控与华中数控系统。

伺服和执行部件：主要包括交直流伺服电动机、伺服电动缸、液压与气动比例及伺服阀、变频器、伺服驱动器等。

2.3　智能机器的实施途径

发展智能机器有三大实施途径：分散多动力、伺服电直驱和集成一体化，其目标是数字高节能、节材高效化和简洁高可靠。

2.3.1　分散多动力

分散多动力，狭义上是指机器采用单独的动力源来驱动每个自由度动作的方式，即每个自由度使用各自独立的动力源，每个自由度全面深度地传感机器内部信息，每个自由度均可柔性地实现控制。广义上来讲就是机器的每个自由度的运动零部件可采用一个或者多个独立的动力源来驱动。可供采用的动力源类型包括机械、液压、气动等，多个传动零部件同时带动下一级的同一零部件，例如双边齿轮传动、多根三角带传动、行星齿轮传动、多点机械压力机以及多液压缸的液压机等，图 2-4 所示为典型的分散多动力锻压设备。也就是说机器的每一个自由度的动作依靠动力源、传动机构和各类传感器之间构成的控制回路来完成。分散多动力的思想使机器实现了全面传感——信息深度自感知的基本功能，智能化装备准确感知企业、车间、系统、设备、产品的运行状态，从而实现动力源、传动机构的数字化控制，机器的高效、节能运行。

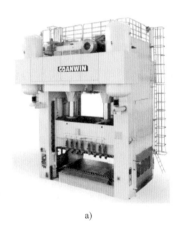

a)　　　　　　　　　　　　　　　　　　　　b)

图 2-4　典型的分散多动力锻压设备

a）多点机械压力机　b）多液压缸液压机

大吨位锻压设备若采用集中动力源则存在输出特性单一、动力特性固定、可调节性差等缺点，完成不同工件加工时的实际负荷差异大，往往会造成严重的能量浪费。智能型的集中动力源的规格大、造价高、能量利用率低，甚至目前还没有制造出来的产品；传统的集中动力源，动力特性单一，动力源的能量与运动的传递路线长，机械整体传动系统结构复杂且庞大；传动系统中摩擦与间隙等非线性因素多，机器工作可靠性差。因此，集中动力源无法满足智能化锻压设备生产过程高效、柔性、节能、高质量的要求，无法实现对机器内各个环节的能量与运动特性的实时监控。

伺服压力机在工作中受到的负载是典型的冲击负载，只是在模具接触工件并进行加工时承受较高的工作负荷，而其他较长的时间段内只受运动部件的摩擦力和重力的影响，这段工作基本没有负载要求。如果按照短时的冲击负载情况来选择单个伺服电动机直驱压力机运转，势必会造成电动机容量的增大，成本过高。因此，现有的伺服压力机驱动经常采用多电动机及增力机构，如图 2-5 所示。

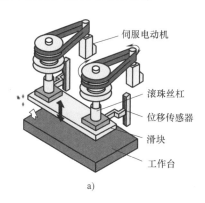
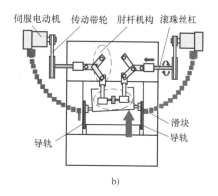

a)　　　　　　　　　　　　　　　　　　b)

图 2-5　典型的伺服压力机驱动与传动方式

a）日本小松 HCP3000 伺服压力机驱动结构　b）日本小松 H2F 和 H4F 系列伺服压力机驱动结构

1. 多电动机驱动

多电动机驱动即采用多台电动机分别驱动多套传动系统带动同一个滑块完成锻压工作。大吨位的伺服式热模锻压力机需要大功率的伺服电动机，但受限于伺服电动机技术的发展，伺服电动机的功率很难做得非常大。即便是那些大功率的伺服电动机，价格也非常高。为了降低单个电动机的功率，可以采用多边布局，采用多电动机进行驱动的方案，这将显著降低伺服式热模锻压力机的成本。图 2-6 所示的 SE4-2000 伺服压力机

图 2-6　SE4-2000 多电动机驱动伺服压力机

采用了 4 台电动机进行驱动的方案，能够同时运转驱动滑块运动。

2. 多齿轮分散传动

大中型机械压力机所需的减速比高达 30～90，甚至上百，当采用普通的齿轮减速方式（一级齿轮减速比最多 7～9 级）时，需要将齿轮做得很大，导致减速的齿轮传动系统体积庞大，质量大，惯性大，动作灵敏性差，生产成本高，大尺寸的齿轮切削加工费用高，传动效率低，消耗材料多，不利于装配和运输等。多齿轮分散传动方案具有低惯量轻量化的特点，可以提高压力机的承载力，降低转动部分的转动惯量，减小压力机传动部分的尺寸。

采用多齿轮分散传动方案，可以大大降低传动部分的质量，降低传动机构在工作时的转动惯量。以 400t 热模锻压力机为例，根据计算，采用多齿轮传动方案的质量仅为普通齿轮减速方式质量的 30% 左右，转动惯量为普通齿轮减速方式的 20%。图 2-7 所示传动方案，采用 4 个齿轮分散驱动中心齿轮，有利于实现传动过程中的多齿啮合，提高传递转矩和传动平稳性，降低质量和转动惯量。

3. 多套传动机构同步传动

为了实现多套传动机构的同步，可以在传动齿轮间加过桥齿轮，从而使传动机构能够实现同步工作，保证滑块在运动过程中不产生偏转和倾覆。图 2-8 所示为在两套/多套传动机构间安装的过桥齿轮。

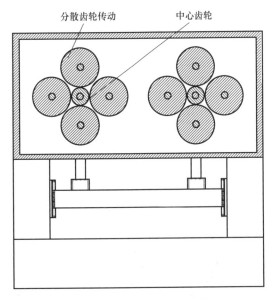

图 2-7　多齿轮分散传动方案

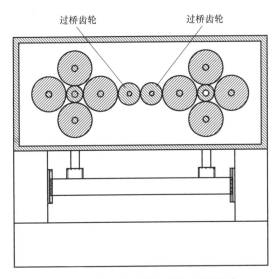

图 2-8　两套/多套传动机构同步传动

4. 行星齿轮传动

图 2-9 所示的行星齿轮传动具有传动效率高，承载能力强，传递功率大，传动比大，结构紧凑，传动平稳等优点，非常适合应用于伺服式热模锻压力机。采用了行星齿轮后可以明显减小压力机的体积，使布局更为紧凑，同时也有利于提高热模锻压力机的锻压能力，提高传动平稳性。

5. 典型设备

捷克专家拉瓦克杰（Hlaváč J）和泽克勒姆（Čechura M）设计了一种 25MN 直驱式压力机，采用双边电动机进行驱动，行星

图 2-9　行星齿轮传动机构

齿轮机构传动。图 2-10 所示为株式会社放电精密加工研究所（Hoden Seimitsu Kako，HSK）研发的一种滚珠丝杆型同步伺服压力机，其公称压力为 5000kN，压力机创新性地采用 4 个交流伺服电动机作为动力源，4 套滚柱丝杠副作为传动机构来驱动滑块，此种结构可以随时调整滑块平行度，而且偏心负载时，滑块平行度误差可以控制在 0.03mm/m 以内，很好地解决了机床偏载问题。德国惠特（Heitkamp & Tumann）公司和希尔文罗压力机（Synchro Press）公司也研发了类似的滚珠丝杠直驱型伺服压力机，如图 2-11 所示。

米克森蒂申克（Mitsantisuk C）等研究了一种机器人机械臂，采用模态空间的方法建立

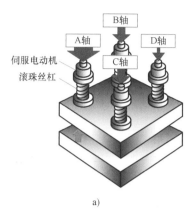

图 2-10　株式会社放电精密加工研究所（HSK）研发的滚珠丝杠型同步伺服压力机

a）四轴驱动结构　b）5000kN 滚珠丝杠同步伺服压力机

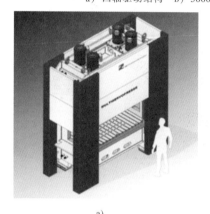

图 2-11　滚珠丝杠直驱型伺服压力机

a）惠特（Heitkamp & Tumann）公司研发的压力机　b）希尔文罗压力机（Synchro Press）公司研发的压力机

了该系统的两电动机驱动模型并进行了仿真研究。伊藤（Itoh M）等提出了一种应用于两电动机驱动系统的振动抑制方法，并对模型中的位置环控制影响进行了仿真研究。奥巴（Ohba Y）等研究了系统的共振频率，并基于两电动机驱动系统建立了一种新型具有摩擦的可逆模型。德国通快公司设计了一种新型双电动机螺旋副伺服直驱式回转头压力机，该压力机采用两个交流伺服同步电动机作为动力源，且两个电动机的转子分别与两个螺母固定连接，通过两个伺服电动机的转动实现滑块的上下往复运动。西安交通大学赵升吨等人研发的新型对轮旋压设备如图 2-12 所示，该旋压设备的各旋轮均采用单独

图 2-12　新型对轮旋压设备

动力驱动的方式，各旋轮纵向各有一台伺服电动机驱动，横向分组驱动。有效地降低了对动力源的要求，并简化了传动结构，提高了系统的可靠性。而且，该设备除主轴采用变频电动机外，其余装置均由伺服电动机驱动，并采取直驱方式构建运动系统。这种方式有效地利用了伺服电动机可控性好、功率密度大等优点，并缩短传动链，提高了设备的精度。

刘福才等通过仿真实例研究了多电动机同步协调运转控制方法，指出了电气同步控制系统中需要解决的实际问题。李耿轶等讨论了普通机床和数控机床双轴与多轴交流电动机的同步控制方法。西安交通大学研发的1600kN 两电动机双肘杆伺服压力机如图2-13所示，采用自主研制的由内环主从控制方式、外环带有误差偏置补偿的双闭环控制策略的伺服压力机控制系统，实现滑块位移精度为 0.1 mm，并使得两电动机的输出转矩瞬时差控制在额定转矩的 0.3% 以内。

多电动机驱动方式可以有效分散电动机动力，避免出现单个大容量电动机及其驱动器设计制造成本过大的问题。同时，多电动机驱动有时也可以更好地平衡压力机传动结构的受力。通过设计合理的增力机构可以使压力机滑块运动具备低速锻冲、快速空程的

图 2-13　1600kN 两电动机双肘杆伺服压力机

运动特性。压力机中常用的增力机构包括曲柄连杆增力机构、肘杆增力机构、多连杆增力机构、螺旋增力机构、混合输入增力机构等。

6. 分散多动力需要解决的关键科技问题

分散多动力需要解决的关键科技问题包括：

1）不同类型、形式的动力源及其组合下，智能型分散多动力设计理论的建立。

2）以重量最轻、体积最小、能量利用率最高、经济性最好等为优化目标的分散多动力优化模型的建立与求解算法的研究。

3）新原理的不同类型智能型动力源的研发。

4）机器常用智能型分散多动力源的数据库的建立与完善。

5）新原理的分散多动力的标准化传动部件的研发。

6）新原理的分散动力机械传动方案的数据库的建立与完善。

7）标准化、系列化、模块化、信息化的高性能和高可靠性的机器常用的智能型分散多动力的功能部件的研发。

8）工业实际中量大面广的典型机器的分散多动力技术方案的确定及其推广。

9）智能型分散多动力部件的全生命周期的全面传感、优化决策与可靠执行的远程服务网络的构建与合理布局方案研发。

2.3.2　伺服电直驱

直接驱动与零传动是由电动机直接驱动执行机构、驱动工作部件（被控对象）完成相

应的动作，取消了系统动力装置与被控对象或执行机构之间的所有机械传动环节，缩短了系统动力源与工作部件、执行机构之间的传动距离。直驱系统是真正意义上的机电一体化。直接驱动的 3 个层次为：直驱被控对象；直驱执行元件，精简传动环节；短流程工艺与直驱设备一体化。结合交流伺服电气控制系统，进行机器实时运行状态数据的实时检测和识别，并对所采集的实时运行参数进行相应的分析和实时处理，从而可以使系统根据机器的实时运行状态自动做出判断与选择，系统更加简洁，机器工作效率可以得到大幅度提高。

在传统机械装备中，从动力源到工作部件之间的动力传动，需要通过一整套复杂的运动转换和机械传动机构来实现，这些运动转换和机械传动机构在实现动力传动的同时会带来一系列的问题，如造成较大的转动惯量、弹性变形、反向间隙、运动滞后等，使得机械装备的加工精度、运行可靠性降低；传动环节存在机械摩擦，产生机械振动、噪声及磨损等必定会增加维护、维修的时间和成本；复杂的传动环节会造成锻压装备的工作效率下降、工作成本升高。传统机械设备多采用交流异步电动机驱动，其启动电流是额定电流的 5~7 倍，且不能频繁启动，不能满足每分钟需启停十几次或几十次的生产工艺要求，必须带有离合器和制动器。长期以来，针对机械传动环节的传动性能开展了很多研究和改进，虽取得了一定的节能效果，传动性能得到了优化，但并未从根本上解决问题。

目前机械设备上可以采用的电动机有交流异步电动机、变频调速电动机、开关磁阻电动机和交流伺服电动机等。

1）交流异步电动机是目前工业设备上应用最广泛的电动机。交流异步电动机具有结构简单、价格便宜、牢固耐用和维护方便等优点，但也有电动机频繁启停时发热严重、启动电流过大等缺点。目前国内常见的传统机械设备都是采用交流异步电动机作为驱动源，这种热模锻压力机需要离合器和制动器等，能量利用率低。将交流异步电动机直接应用热模锻压力机会带来很多问题，由于不能实现频繁启动，严重影响了热模锻压力机的控制性能。

2）变频调速电动机是利用变频器驱动的电动机的总称。变频器主要通过控制半导体元件的通断把电压和频率不变的交流电变成电压和频率可变化的交流电源。变频调速电动机具有调速效率高、噪声低、调速范围宽、适应不同工况下的频繁变速等优点，非常适合应用于需要频繁启停或变速的场合。但是，目前变频调速电动机技术也有很多的问题。我国发电厂的电动机供电电压高于功率开关器件的耐压水平，造成电压上的不匹配。变频调速系统由于大量使用了电子元器件，造价较高。由于目前变频调速电动机主要应用于小功率场合，因此变频调速电动机在热模锻压力机上的应用受到了限制，但随着变频调速电动机的发展及相关电子元器件价格的降低，变频调速系统在热模锻压力机伺服驱动上将会得到更多的应用。

3）开关磁阻电动机是一种新型的调速电动机。开关磁阻电动机具有结构简单、可靠性高、成本低、动态响应好等优点，但也具有转矩脉动大、振动和噪声大等缺点。西安交通大学的赵升吨教授等在将开关磁阻电动机应用于热模锻压力机方面做了很多研究工作。由开关磁阻电动机驱动的伺服式热模锻压力机与传统热模锻压力机最大的区别是没有离合器和飞轮等。开关磁阻电动机通过一级或多级齿轮减速驱动工作机构运动，由工作机构带动滑块做上下往复直线运动，完成工件的锻压工作。

4）交流伺服电动机的控制速度和位置精度非常准确，通过控制电压信号来控制电动机的转矩和转速。伺服电动机的抗过载能力强，非常适合应用于有转矩波动或快速起动的场合。伺服电动机的响应速度快、发热少、噪声低、工作稳定。但伺服电动机目前也存在价格高等缺点，尤其是大功率的伺服电动机，造价非常高。目前的伺服压力机多采用交流伺服电动机作为动力源,在伺服压力机领域,日本的小松、天田和会田,德国的舒勒等公司生产的伺服压力机处于世界领先水平。

1. 典型的伺服电直驱锻压设备

现有的交流伺服电动机直接驱动的机械压力机的传动机构主要有四种:

1) 由伺服电动机带动丝杠旋转,使多杆机构推动滑块完成冲压工作。

2) 由伺服电动机带动曲柄旋转,使多杆机构推动滑块完成冲压工作。

3) 由直线电动机直接驱动滑块完成冲压工作。

4) 由直线电动机经一级增力肘杆机构驱动滑块完成冲压工作。

工业4.0的锻压设备采用伺服电动机直接驱动与零传动,锻压过程采用智能化伺服控制,可以实现智能化、数控化、信息化加工。锻压时的工作曲线可以根据需求进行设置,对打击能量进行伺服控制,可以有效拓宽锻压设备的工艺范围,提高锻压设备的工艺性能。在工作时,实时监测记录设备的锻压参数,对伺服式锻压设备进行信息化管理,实现真正意义上的机电软一体化。

1997年,世界上第1台800kN伺服压力机HCP3000由日本小松公司生产问世。从那以后,日本、德国、西班牙和中国纷纷开始研制伺服压力机,相继生产出各种类型的伺服压力机。日本会田和小松公司将传统机械压力机驱动部分更换为伺服电动机驱动,开发出小型伺服压力机。德国舒勒公司将偏心驱动与伺服驱动技术相结合,开发了新型伺服压力机。西班牙法格公司开发了伺服电动机直接驱动的曲柄压力机。日本网野公司推出了大型机械连杆式伺服压力机和液压式伺服压力机。液压式伺服压力机及其驱动原理如图2-14所示,采用交流伺服电动机通过减速器和特殊驱动螺杆驱动液压缸进行直线运动,不使用液压泵和伺服阀等,电能消耗是普通压力机的1/3、发热少、75dB以下的低噪声和低振动且工作用油少。德国舒勒公司研发了一种新型直线锻锤,如图2-15所示,其摒弃了传统的动力源,使用直线电动机提供能量,将直线电动机的动子和锻锤的锤头直接相连,并利用锤头自身的重力势能使得锤头高速运动,从而实现对锻件的打击。

a)

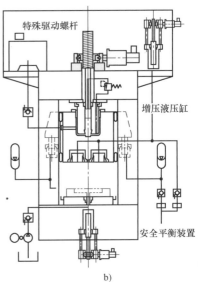

b)

图2-14　日本网野液压式伺服压力机

a) 12000kN液压式伺服压力机　b) 驱动原理

日本会田（AIDA）工程技术公司研发了一种采用直线电动机为动力源、传动方式为直接驱动、主要用于小型精密零件加工的新型成形压力机（见图 2-16），其最大工作压力为 5kN，对制品加压压力小，成形过程中几乎没有噪声，进一步实现了高精度化成形。该压力机甚至可以在对环境条件要求较高的半导体制造工程等生产线上使用。此外，该成形机操作简便，对模具不需要机械限位装置，容易实现质量控制。

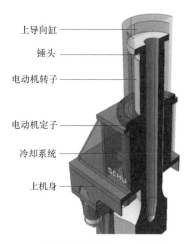

图 2-15 新型直线电动机驱动锻锤原理图

图 2-16 L-SF 型新型成形压力机

山田多比（DOBBY）公司与发那科（FANUC）公司联合开发了一种智能型高精度直线电动机驱动压力机，压力机采用示教式数控技术，下死点精度可控制在 $5\mu m$ 之内，驱动直线电动机为下置式结构，这种下传动方式使机床具备良好的、便捷的操作性，改善了生产加工环境，如图 2-17 所示。

华中科技大学研发了一种新型同步直驱式伺服压力机，公称压力为 1000kN，率先采用低速大转矩新型伺服电动机直接驱动，如图 2-18 所示。提出了适用于伺服压力机的高性能曲线规划方法，能够实现滑块运动曲线的高精度控制。

图 2-17 智能型高精度压力机

a)

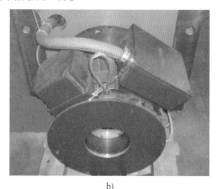

b)

图 2-18 同步直驱式伺服压力机

a) 1000kN 伺服压力机 b) 转矩电动机

开展了多电动机同步控制策略研究，采用电子虚拟主轴控制策略，实现了多电动机位置同步精确控制，将两电动机最小偏差控制在 0.18°以内。

西安交通大学和广东锻压机床厂有限公司共同设计了一种新型双电动机直驱式伺服压力机，主工作机构如图 2-19 所示。以分散多动力、伺服电直驱的思想为主导，运用两个开关磁通永磁电动机作为动力源，电动机直接与曲轴连接实现零传动，取消了复杂的飞轮、离合器与制动器传动机构，提高了传动效率；控制系统采用速度环+电流环双闭环控制策略，可以控制滑块实现快速空行程-慢速冲压-快速回程的动作，运动控制精度高，大大提高了生产效率。

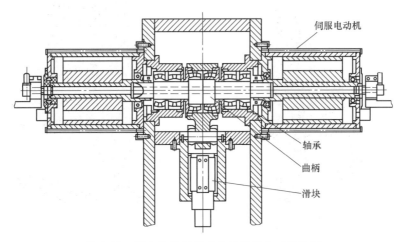

图 2-19 双电动机直驱式曲柄连杆主工作机构

张瑞等认为电动螺旋压力机的综合刚度是影响锻压成形工艺效率的重要因素之一，对六种电动螺旋压力机的结构、成形工艺效率和综合刚度进行了定性分析，阐明了双端轴承伺服直驱型电动螺旋压力机具有高刚度的机理。

苏州大学的王金娥等提出一种直线电动机驱动式肘杆-杠杆二次增力数控压力机，如图 2-20 所示，由下置直线伺服电动机提供驱动力，传动机构对称布置，采用肘杆-杠杆二次增力机构，弥补了目前直线电动机驱动式压力机重心偏高、动力学性能不好、动态稳定性差和噪声大等不足。

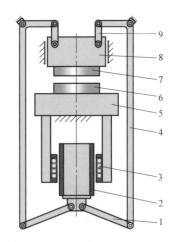

图 2-20 直线电动机驱动式肘杆-杠杆二次增力数控压力机

1—肘杆 2、3—直线伺服电动机次数 4—L 形杠杆 5—工作台器 6—下模 7—上模 8—滑块 9—连杆

2017 年，扬力集团在机床展览会上展出了 GM-315K 数控门式万能液压机，通过取消压力控制、速度控制等液压回路简化了液压传动系统，采用伺服电动机直接驱动液压泵，实现滑块运动的高精度控制，且滑块运动速度控制更加平稳，解决了传统液压机滑块运动过程中存在的振动、冲击等问题。采用伺服电动机直接驱动，系统噪声低、发热量小、工作效率高、重复定位精度高，不需要额外安装空调等设备进行液压系统冷却，能耗大大降低。液压机采用伺服电动机驱动液压泵、液压系统与液压缸，可以不再使用节流阀和溢流阀等，通过实时监测数字压力表和电动机泵转数、转速反馈值，实时监控液压机运动和压力。可根据速度与位置的预设

值、压力表实时反馈值来控制电动机转数和转速，实现对液压缸的无级调速和调压，实现液压系统由阀控向智能数控的转化。

2. 伺服电动机直接驱动关键科技问题

伺服电动机直接驱动关键科技问题包括：

1）不同机器的直接驱动或近直驱的动力学理论的研究。

2）适合不同使用机器的高性能新原理的伺服电动机的研发。

3）典型机器的伺服电动机直驱或近直驱的方案的研究。

4）不同行业的标准化、系列化的直驱与近直驱的功能部件的研发。

5）大功率伺服电动机用驱动器与控制器的研发。

6）大功率伺服电动机的储能方式与器件的研发。

7）伺服电动机与机械减速器合理匹配理论的研究。

8）伺服电动机与机械减速器、液压泵、气泵一体化产品的研发。

9）典型机器直驱与近直驱系统的能量与运动转换过程的计算机仿真软件的研制。

10）典型工业行业或领域的整体直驱与近直驱技术的规划。

2.3.3　集成一体化

集成一体化是基于全生命周期理念，在机器功能及其关键零部件结构两个层面，进行机械、电气与软件的全面与深度的融合，实现机器的智能、高效、精密、低能耗的可靠运行。机器实现精准控制自执行，系统具备高可靠性，也就是系统安全执行各项决策，实时对设备状态、车间和生产线的计划自行做出优化、调整。

集成一体化是基于智能机器的 3 个基本要素，进行机械传动、液压传动、气压传动、电气传动使各自内部零部件相互融合，研发出资源利用率高的环境友好型产品。

集成一体化有 6 个层次：复杂与大型的高性能机械零件的整体化，传动系统的零件一体化，机器的每个自由度的动力源与传动系统的一体化，机器每个自由度的动力源与传动、工作机构的一体化，智能激振器与全面传感器嵌入机械零部件的一体化，智能材料、工艺与设备的一体化。

1. 典型的集成一体化锻压设备

20 世纪 90 年代末期，美国国家宇航局（NASA）已经将自行研制的飞轮储能系统应用于低地球轨道卫星，飞轮储能系统同时具备电源和调姿调控功能。1998 年夏，美国进一步开展复合材料在飞轮储能系统的应用研究，并开始进入试制阶段。日本交通公害研究院对一款混合动力汽车采用蓄电池和超级电容组合储能方式，并对整车制动能量回收系统进行了仿真和台架试验研究。拉瓦克杰（Hlaváč J）和泽克勒姆（Čechura M）研讨了直驱式压力机的能量回收与储存方法。安东尼（Gee A M）等人分析了电池、超级电容、飞轮等几种能量储存方式。易布拉欣（Ibrahim H）等人提出了一种利用压缩气体进行电能储存的技术。

舒勒（Servoline）伺服冲压生产线（见图 2-21）采用伺服直接驱动技术，冲压线配备装载机、横杆机械手和尾线系统，可用于大规模批量生产和小批量生产，很好地解决了多品种生产问题。针对热冲压零部件的生产，舒勒提出并开发了一种高效热成形技术，该技术是实现汽车轻量化生产的关键技术之一。建立完善的售后服务 APP 系统，也是舒勒智能冲压车间的理念之一。据报道，舒勒的伺服冲压生产线目前在中国有 10 条，欧洲有 16 条。图 2-22 所示为舒勒横杆机器人 4.0，它具备超强的灵活性，弥补了原机器人无法定义速度和运动曲线的不足，极大地提高了生产速度和产出率,是装载、卸料以及现有生产线改造的理想之选。

图 2-21　舒勒伺服冲压生产线

图 2-22　舒勒横杆机器人 4.0

德国舒勒公司研制的一种交流伺服直线电动机驱动的新型直线锻锤,如图 2-23 所示,将动力源、传动系统与工作机构三者有机地集成复合在一起。利用交流伺服直线电动机取代传统的气缸或液压缸,将锤头直接与电动机动子相连,无中间传动机构。由于直线电动机取代了气缸或是液压缸,这也省去了较多的管路系统及各种密封零部件,大大降低了结构的复杂性,增强了系统的集成化。在一定程度上降低了系统的故障率。由于电动机的运动和所通电流的大小、方向、相位有着直接关系,而现阶段,对于电流的控制系统已十分发达,所以相对于控制气压或是油压,控制电动机就显得方便很多。

纪锋等设计了由异步电动机、飞轮和双向变流器三大模块组成的直流并联型飞轮储能装置,以空间矢量脉宽调制技术为基础,提出了飞轮调节阶段和保持阶段的双模式双闭环控制策略,设计并研制了直流并联型飞轮电池用的控制器,通过负载试验验证了控制策略的可行性并进行了控制器参数优化等。余俊等为自主研发的 2000kN 曲柄连杆伺服压力机设计了一套电容储能系统。韦统振等提出制动能量综合回收利用方法以及超级电容器储能单元储能量和充放电变流器功率优化设计方法。西安交通大学研究了压力机减速制动过程中能量储存的方式,并研制了外转子开关磁通永磁电动机和飞轮一体式储能系统。电子飞轮集成结构如图 2-24 所示,

图 2-23　德国舒勒公司研制的新型直线锻锤

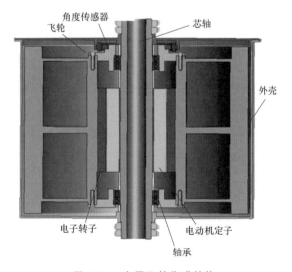

图 2-24　电子飞轮集成结构

将电动机转子与飞轮集成为一体。

图 2-25 所示为扬力集团自主研发的 HFP 2500t 热模锻压力机全自动生产线，高度集成了主电动机变频驱动、现代化智能控制等先进技术，产品稳定性好，可靠性和生产效率高。

图 2-25 热模锻压力机全自动生产线

赵国栋等基于虚拟现实制作软件（Virtools）的渲染引擎和 C++语言编写的可视化集成仿真引擎，开发了锻造液压机成套设备可视化集成平台，实现了对成套设备组成、基本运动、工艺过程和工作性能的可视化仿真。

图 2-26 所示为西安交通大学赵升吨等人研制的交流伺服驱动轴向推进滚轧成形设备，该设备是根据工艺与装备一体化的研究思路，为开展花键轴的轴向推进增量式成形工艺而设计并研制的新型特种成形设备。它主要由实现滚轧模具旋转功能和径向位置调整功能的滚轧系统、实现花键轴坯料前后夹紧及轴向推进的推进系统、实现对花键轴坯料快速加热的感应加热系统、实现对装置中动作执行元件进行精确控制的伺服控制系统构成。

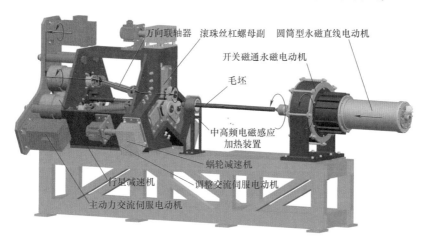

图 2-26 交流伺服驱动轴向推进滚轧成形设备

2. 集成一体化的关键科技问题

集成一体化的关键科技问题包括：

1）不同机器集成一体化的动力学设计理论的研究。

2）适用类型机器的高性能新原理的交流伺服电动机的研发。

3）典型机器的一体化驱动与传动方案的研究。

4）不同行业的标准化、系列化、信息化与网络化的一体化的功能部件的研发。

5）大功率伺服电动机用驱动器与智能控制器的研发。

6）大功率伺服电动机的储能方式与器件的研发。

7）伺服电动机与机械减速器合理匹配理论的研究。

8）伺服电动机与机械减速器、液压泵、气泵的一体化产品的研发。

9）典型机器的集成一体化的能量与运动转换过程的计算机仿真软件的研制。

10）典型工业行业或领域智能机器的集成一体化的规划。

11）典型材料、工艺与设备一体化。

第 3 章 CHAPTER 3

伺服压力机

西安交通大学 赵升吨 陈超 张大伟

3.1 伺服压力机的工作原理、特点及应用领域

3.1.1 伺服压力机的发展简介

随着我国钢铁、有色冶金、航空航天、铁路高速机车、船舶、核电、风电和军工等行业的快速发展，对高性能锻件的需求量越来越大，同时对模锻设备的节能化、伺服化、精密化要求越来越高。

锻压设备共分为三代：蒸汽锤（蒸汽作为动力），机械压力机（交流异步电动机作为动力），伺服压力机（交流永磁同步伺服电动机作为动力）。图 3-1 所示为蒸汽锤，它是以蒸汽作为动力，这种锻压设备已经基本上被淘汰。第二代机械压力机也称为曲柄压力机，是一种依靠电动机作为原动机直接拖动的机械传动式设备，如图 3-2 所示。

图 3-1　蒸汽锤

图 3-2　传统的机械压力机

第二代机械压力机是现代主流的锻压设备，占整个锻压设备的 80% 左右，它采用交流异步电动机、离合器、制动器、齿轮减速系统和曲柄滑块机构等组成的机械传动方式。因为交流异步电动机启动电流是额定电流的 5~7 倍，并且交流异步电动机启停困难、耗时较长，无法满足每分钟启停十几次或几十次冲压工件的要求，因此必须带有离合器和制动器。传统的机械压力机中的离合器和制动器常常被认为是机械压力机的心脏部件，但因为有离合器和制动器，第二代机械压力机要多消耗 20% 左右的离合与制动能量。此外，离合器和制动器还需要更换磨损过度的摩擦材料，导致使用和维护费用比较高。

何德誉在《曲柄压力机》一书中将机械压力机在工作行程内的能量消耗分为 7 种，其中滑块停顿飞轮空转时电动机所消耗的功率约为机械压力机额定功率的 6%~30%。第二代机械压力机采用了离合器等，存在飞轮空转时消耗的能量，造成严重的能量损耗。

以交流伺服压力机为代表的第三代锻压设备所采用的交流伺服电动机启动电流是不会超过额定电流的，并且交流伺服电动机又允许频繁启停，因此交流伺服压力机的传动系统中不需要离合器和制动器，从而大大简化了结构，节约了离合器与制动器动作时的能量。

目前伺服压力机根据工作方式可分为机械伺服压力机、液压伺服压力机和螺旋伺服压力机等。伺服驱动技术在锻压设备上应用广泛，目前国内外已研发出多种伺服驱动的锻压设备，如伺服式热模锻压力机、机械与液压混合型伺服压力机、交流伺服电动机直驱式回转头

压力机、交流伺服式直线电动机驱动压力机、交流伺服电动机驱动的全数控旋压机、交流伺服电动机驱动的全数控式折弯机和伺服式数控卷板机等。

3.1.2　伺服压力机的工作原理

伺服压力机通常指采用伺服电动机进行驱动控制的压力机。伺服压力机通过伺服电动机驱动工作机构运动，来实现滑块的往复运动过程。通过复杂的电气化控制，伺服压力机可以任意编程滑块的行程、速度、压力等，甚至在低速运转时也可以达到压力机的公称吨位。

伺服压力机工作一个循环所消耗的能量 A 可表示为：

$$A = A_1 + A_2 + A_3 + A_4 + A_5$$

式中　A_1——工件发生变形所需要的能量（J）；

A_2——伺服压力机进行拉延工艺时消耗的能量（如果设计的伺服压力机无拉延工艺，则不考虑该能量消耗）（J）；

A_3——锻压过程中工作机构由于摩擦所引起的能量消耗（J）；

A_4——锻压过程中由于伺服压力机整体的弹性变形所引起的能量消耗（J）；

A_5——伺服压力机空程运转所引起的能量消耗（J）。

3.1.3　伺服压力机的特点

交流伺服压力机不同于普通的机械压力机，它具有很多普通机械压力机无法具有的特点。

（1）锻压过程伺服控制，可以实现智能化、数控化、信息化加工　针对不同的加工材料和加工工艺，可以采用不同的工作曲线。锻压能量可以实现伺服控制，可以在需要的范围内数字设定滑块的工作曲线，有效提高压力机的工艺范围和加工性能。锻压参数可以实现实时记录，易于实现压力机的信息化管理。交流伺服压力机操作简单可靠，伺服控制性能好。

（2）节能效果显著　在工作状态下，交流伺服压力机本身的耗能就比普通机械压力机低。交流伺服压力机可以去除离合器等装置，没有了离合器结合耗能。在滑块停止时，伺服电动机停止转动。相比于普通机械压力机，其消除了飞轮空转消耗的能量，有效节省能源。在压力机低速运行时，伺服压力机相对于普通机械压力机的节能效果将更为突出。

（3）滑块运动数控伺服　滑块的运动曲线可以根据需求进行设定。在锻压阶段，可以调节降低滑块的运动速度，实现低速锻压的工作要求。在回程阶段，可以调节提高滑块的运动速度，实现滑块对急回的工作要求。通过伺服控制滑块的运动曲线，有利于提高锻件精度，延长模具寿命。

（4）压力机整体结构得到简化　交流伺服压力机去掉了传统机械压力机中的核心部件——气动摩擦离合器，传动系统简单，同时，交流伺服压力机也不需要大飞轮等，结构得到简化，维修量减少。

（5）提高生产率　由于滑块的运动曲线可以根据需求进行设置，所以可以根据需求调节滑块的运动速度和滑块行程次数。交流伺服压力机的行程可调，行程次数相应可以提高；在保证行程次数不变的情况下，可以提高非工作阶段行程速度，降低冲压阶段的锻冲速度，提高工件的加工质量。相比于普通机械压力机，交流伺服压力机的生产率得到了大幅提高。

（6）超柔性、高精度　图 3-3 所示为超柔性加工各种工艺滑块速度曲线，交流伺服压力机具有自由运动功能，滑块运动速度和行程大小可以根据成形工艺要求而设定，因此对成形工艺要求具有较好的柔性。交流伺服压力机采用滑块位移传感器实现全闭环控制，提高下死点的精度，补偿机身的变形和其他影响加工精度的间隙。滑块的运动特性可以采取最优策略，例如，拉深、弯曲成形时，采取合理的滑块运动曲线可以减少回弹，提高制件质量和精度。

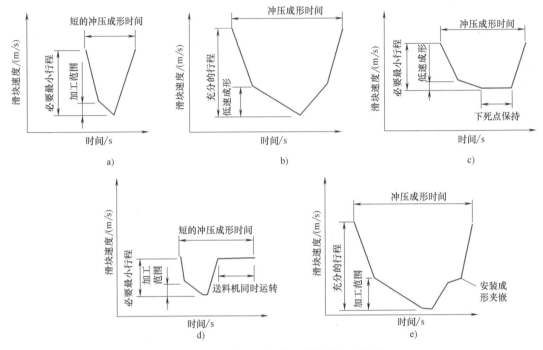

图 3-3　超柔性加工各种工艺滑块速度曲线

a）冲压成形加工　b）拉深成形加工　c）板料锻造加工　d）顺送加工　e）自动化加工

（7）降噪节能　去除传统压力机的离合器/制动器，滑块的运行完全由伺服电动机控制，在启动和制动过程中不会产生排气噪声和摩擦制动噪声，降噪环保；同时减少了摩擦材料的使用，节能省材。此外，减少了压力机工作时的振动，模具寿命可以提高 2~3 倍。

3.1.4　伺服压力机的应用领域

1. 汽车覆盖件生产线

日本网野公司研发生产了大型机械多连杆式伺服压力机，在中国得到较好的应用，目前已引入这种压力机的公司有东风汽车有限公司、天津汽车模具制造公司、成都飞机制造公司、广州日野汽车公司和湖北先锋模具公司等。其中东风汽车公司于 2007 年引进的是由一台 10000kN、四台 6000kN 的机械多连杆式伺服压力机组成的覆盖件生产线。该生产线承担了东风小霸王系列、东风之星系列、东风梦卡系列等车型白车身中小型冲压件的生产任务。主要工艺有下料、拉延、修边、冲孔、斜切、校正和弯边等。经过实际加工生产验证，该系列的伺服压力机显著提高了生产线的生产效率，实现了重大突破，并且具有节省能源、噪声低、生产率高和生产过程管理可控等优点。

2. 镁合金挤压成形

在普通的曲柄压力机上很难成形镁合金材料。日本小松公司在其研发的 HCP3000 伺服压力机上成功实现了镁合金杯形件的反挤压成形（见图 3-4）。首先将坯料放入凹模中，凸模慢速下降，将毛坯压在凸模和顶料器之间，在下降过程中毛坯被加热到 300℃；当顶料器到下极限位置时，滑块以恒压力低速度下行，开始挤压过程，直至完成反挤压过程；然后滑块快速回程。滑块在一个循环内经历了四种不同的速度，并且恒压控制挤压过程。这一工艺对速度的控制提出了很高的要求，在普通的曲柄压力机上是很难实现的。

3. 低噪声冲裁

在普通机械压力机上进行冲裁工艺时，由于材料突然断裂会产生较大的振动和噪声，不仅会影响制件的加工质量，还会形成噪声污染，危害工人健康。如果能够有效地控制滑块运动速度，使制件在变形过程中所储存的变性能在材料完全断裂之前就基本释放完毕，这将有可能大大降低振动，降低噪声，如图 3-5 所示。

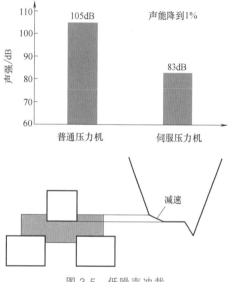

图 3-4　镁合金杯形件反挤压成形

图 3-5　低噪声冲裁

4. 精密冲裁

日本小松公司在普通机械压力机和 HAF 伺服压力机上进行了精密冲裁对比试验，工件为空调机凸轮，尺寸为 40mm×13mm，负荷为 80t，材料为 SPC。冲裁的速度越低，冲裁断面剪切带厚度就越大，断面质量就越好，如图 3-6 所示。普通压力机在 2000～3000 件后表面会出现裂纹，但伺服压力机在 3000 件后断面仍然保持完好。

v/(mm/s)	H/mm	$H/t×100(\%)$
30	4.0	31
20	3.0	23
10	2.2	17
5	1.5	12
2	0.5	4

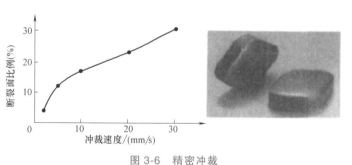

图 3-6　精密冲裁

5. 轴承垫块压制成形

图 3-7 所示的轴承垫块，原来在机械压力机上压制成形，压力为 110t，工件公差为 0.02mm，由于滑块下死点位置漂移，常常周期性地超差；采用伺服压力机后，由于可以严

格控制滑块速度和位移，控制滑块在下死点的位置，工件实际偏差可以控制在 0.01mm 以内，而载荷反而可以减少一半，仅为 48t。

6. 最优速度冲裁

对于 SPCC 钢板冲裁件，其最佳冲裁速度约为 9mm/s。通过设定曲柄、六连杆和八连杆压力机滑块行程为 1200mm，连续行程次数为 18 次/min，分析其运动特性可以看出，不同传动杆系压力机的工作速度也各不相同，以距离下死点 3mm 处为冲裁开始点，其工作速度分别为 133.7mm/s、118.5 mm/s、95.6 mm/s，远远高于最佳冲裁速度（见图 3-8），即采用传统机械压力机，在保证生产节拍的前提下难以实现最佳冲裁速度。而采用伺服压力机，在预达到冲裁点前通过急速降低伺服电动机转速可以达到最佳冲裁速度。

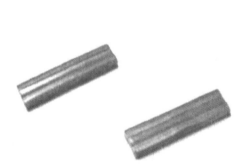

图 3-7　轴承垫块压制

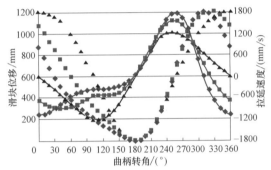

图 3-8　曲柄、六连杆、八连杆机械压力机运动特性曲线

3.2　交流伺服压力机的研究现状

3.2.1　交流伺服压力机的国外研究现状

交流伺服压力机的关键部件之一就是伺服电动机，伺服电动机的性能直接影响着交流伺服压力机的工作状况。伺服电动机的关键技术是计算机技术和伺服控制技术，谁率先掌握了这些技术，谁就能研制出性能优越的交流伺服压力机。由于日本、美国等工业强国的计算机技术、伺服控制技术发展的比较早，这些国家在 20 世纪就研制开发了一些伺服压力机。

液压压力机率先使用了伺服控制技术，但它的伺服控制作用并不是直接体现在传动系统上，而是主要通过操纵辅助系统来实现伺服控制。日本的会田公司与日清纺公司、瑞士的拉斯金公司和美国的魏德曼公司等都曾经生产过利用液压驱动的伺服压力机。这些伺服压力机在工作过程中都显示出了传统压力机所无法具有的优越性能。

随着伺服电动机技术的发展，国外的研究学者和压力机制造公司开始将伺服电动机直接用于压力机传动系统的伺服控制。通过控制伺服电动机的运转情况，可以根据加工情况实时控制压力机的滑块工作曲线。新型的伺服压力机用交流伺服电动机代替了传统的交流异步电动机，是压力机发展历史上的重大进步。普通交流伺服压力机的飞轮空转和离合器结合会消耗大量的能量。交流伺服压力机由于采用了伺服控制技术，可以省掉传统压力机所必需的离合器和大飞轮等部件。

目前，国外现有研发的交流伺服压力机产品类型有：机械连杆伺服压力机、曲柄多连杆伺服压力机、直动式伺服压力机和液压-机械式伺服压力机等多种类型，公称压力为 40～25000kN。在 2008 年的欧洲金属板材展览会上，展出伺服驱动压力机的企业主要有日本会田、小松、天田、山田等亚洲企业，欧洲的压力机企业如舒勒、法格塞达、布鲁德（BRU-DERER）、阿库（ARKU）等企业也展示了这方面的应用。

日本网野（AMINO）公司成功研制了 25000kN 的伺服压力机，是当时最大的交流伺服压力机。该伺服压力机在 2005 年 3 月获得了日本"第 17 届中小企业优秀新技术奖"、"新制品奖"、"优秀奖"、"技术经营特别奖"等大奖。该机械连杆伺服压力机采用交流伺服电动机作为驱动源，通过减速器驱动特殊螺杆和对称连杆等带动滑块运动，其结构如图 3-9 所示。2007 年该伺服压力机引入东风汽车公司，组成了汽车覆盖件生产线。

日本的天田（AMADA）公司先后开发了伺服压力机 SDE2025 和 SDEW3025（见图 3-10），其公称压力分别为 2000kN 和 3000kN。两种机型均具备曲柄、连杆、软件、程序、振子、整形和重复这 7 种运动模式，可以根据加工对象选择运动模式，进行高精度、稳定的加工。

图 3-9　25000kN 机械连杆伺服压力机

图 3-10　SDE2025 伺服压力机

日本会田（AIDA）公司成功研制了 NS1-D、NS2-D 和 NC1-D 等系列数控伺服压力机，能达到 3000kN 的公称压力，主要特点是高转矩、低噪声、低振动等。图 3-11 所示为 NS1-D 型号的产品和伺服压力机的主传动系统结构。伺服电动机取代了传统的主驱动电动机、飞轮、离合器和制动器，可直接驱动传动轴来控制滑块行程。

日本小松公司生产的伺服压力机在业内一直享有盛誉。小松公司先后推出了几款数控伺服压力机：2001 年，推出了 H2F（见图 3-12）、H4F 系列交流伺服压力机，公称压力为 2000～10000kN；2002 年，推出了 H1F 系列混合型伺服压力机（见图 3-13），公称压力为 350～2000kN。尽管小松的交流伺服压力机的价格高出传统压力机约 50%，市场销售却异常活跃，每年销售量达数百台。

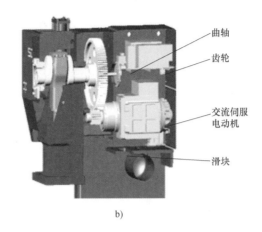

曲轴

齿轮

交流伺服
电动机

滑块

a)　　　　　　　　　　　　　b)

图 3-11　NS1-D 伺服压力机

a）产品图　b）主传动系统结构

图 3-12　小松 H2F 系列交流伺服压力机

图 3-13　小松 H1F 系列交流伺服压力机

舒勒公司生产的伺服压力机以性能好、质量高闻名业内，如图 3-14 所示。2008 年舒勒公司为比利时的佩恩（Penne）公司提供了 PSE2-315 型的伺服压力机。这台压力机是舒勒公司出口到比利时的第一台伺服压力机，是专为零部件生产商的柔性生产线研制。2009 年 2 月，这台压力机正式在比利时佩恩公司的生产车间里投产，用于生产汽车前窗刮水器的部件。

a)　　　　　　　　　　b)

图 3-14　舒勒的伺服压力机

a）2007 年开发的新型伺服压力机　b）PSE2-315 型产品

3.2.2　交流伺服压力机的国内研究现状

随着国内锻压技术的发展，国内对伺服压力机的研制状况也随之展开。济南二机床集团有限公司是目前中国规模最大的重型数控锻压设备和大型数控金切机床研发制造基地，于

2007 年研发出内地首台 10000kN 伺服压力机，如图 3-15 所示。该公司生产的 10000kN 伺服压力机是由双电动机驱动的，但传动系统仍包含有飞轮和制动器等，所配的伺服电动机和驱动装置由 ABB 公司提供。2012 年 11 月 19 日，济南二机床集团对外公布，国内首台 25000kN 大型伺服压力机研制成功，这标志着我国汽车覆盖件冲压装备与世界最新技术全面接轨。

合肥合锻机床股份有限公司于 2010 年研发出 SHPH27-200 型伺服液压机用于试验研究，并于 2012 年将其推向市场，开创了液压机伺服驱动技术的新纪元。广东广锻机床厂有限公司也开发了多种结构的伺服压力机，该公司于 2005 年推出了 GP2S 系列伺服控制闭式双点精密压力机，于 2007 年研制了 GDKS 系列伺服控制肘杆精密压力机。在伺服压力机飞速发展的浪潮下，浙江锻压机械集团有限公司开发了 JS21-60 型数控伺服开式压力机，齐齐哈尔二机床（集团）有限责任公司与上海交通大学联合开发了 2000kN 的对称肘杆伺服压力机，徐州锻压机床厂集团有限公司研发了 DP 系列伺服压力机，江苏中兴西田数控科技有限公司（简称 "CPTEK-兴锻" 或 "兴锻"）研发了 ZXS1 和 ZXS2 系列伺服压力机等。国内众多企业纷纷投入资金进行交流伺服压力机的研制和开发。

在台湾，由于计算机技术、机械工程设备和电子行业的发展需求，锻压机床行业发展迅速，以价廉物美的优势在市场上赢得了良好声誉，每年有 80% 的锻压设备出口，并造就了一批优秀的锻压设备制造企业。金丰、协易（SEYI）机械两家公司先后跻身世界锻压企业前十名。其中协易（SEYI）公司已成为亚洲第一大冲压机床供应商，市场占有率超过 30%。金丰公司率先推出 CM1 型数控伺服驱动自由运动压力机，如图 3-16 所示。该伺服压力机除了利用伺服电动机驱动曲轴机构外，还可驱动通过回转摩擦套筒所带动的齿轮以达到无级变速与正反转的目的。

图 3-15　10000kN 的混合伺服压力机

图 3-16　台湾金丰 CM1 型伺服压力机

由于技术水平的限制，国内生产的交流伺服压力机普遍具有以下特点：功能较完善的数控压力机大多数为仿制国外的产品，数控系统的关键部件，如全套硬件及软件、伺服驱动电动机和高精度大导程滚珠丝杠及直线滚动导轨，都是从日本或德国进口；而功能简单的经济型数控压力机则操作不方便、加工精度低、适用面窄、达不到高的性价比，尚需进一步改进和完善。

3.2.3　伺服压力机典型产品的技术参数

图 3-17 所示为日本天田（AMADA）集团推出的 SDEW 系列伺服压力机，其技术参数见

表 3-1。该系列伺服压力机由控制缜密加工作业的数字伺服电动机直接驱动,采用高刚性一体双柱框架,可以最大限度发挥两点加工的能力。

表 3-1　SDEW 系列伺服压力机技术参数

SDEW 系列	加压能力/kN	行程长/mm	行程次数/(次/min)	装模高度/mm
SDEW2025	2000	250	≈40	500
SDEW3025	3000	250	≈30	550

图 3-18 所示为日本小松公司生产的 H1F 系列伺服压力机。复合 AC 伺服压力机 H1F 是利用 CNC 控制与复合驱动机构的组合,实现了其超高性能。该系列压力机采用了伺服效果显现化系统,该系统利用外部的微型计算机对内置在压力机中的传感器的信息和运动数据进行显示和管理。仅 H1F 能够同时显示滑块位置和负载的实际测量值。由于滑块位置通过线性传感器进行实际测量,所以,能够显示正确的数值。H1F 系列伺服压力机和以往的机型相比,行程数量最大提高到 1.5 倍,实现了高速化;利用标准配置的高精度线性传感器,能够长时间地维持非常高的装模高度精度。能够在薄板冲压和精密成形中发挥卓越的性能;由于没有离合器,维护费用可大幅度减小,新开发的复合驱动机构,实现了小马达出大力,而且电费成本大大降低。表 3-2 为小松公司生产的 H1F 系列伺服压力机的主要技术参数。

图 3-17　SDEW 系列伺服压力机

图 3-18　H1F 系列伺服压力机

表 3-2　小松公司生产的 H1F 系列伺服压力机的主要技术参数

机床型号与技术参数		H1F35		H1F45			H1F60			H1F80			
		CS	CH	CS	CH	OH	CS	CH	OH	CS	CH	OS	OH
机身形状		C 形机身		C 形机身		O 形机身	C 形机身		O 形机身	C 形机身		O 形机身	
公称能力	kN	350		450			600			800			
能力发生位置	mm	4.5	3	5.5	3		6.0	3.5		5			
滑块行程	mm	80	40	100	50		120	60		130	100	130	100

（续）

机床型号与技术参数		H1F35		H1F45			H1F60			H1F80			
		CS	CH	CS	CH	OH	CS	CH	OH	CS	CH	OS	OH
机身形状		C 形机身		C 形机身		O 形机身	C 形机身		O 形机身	C 形机身		O 形机身	
最大行程次数	次/min	120	240	100	200		85	150		75	110	75	110
最大闭合高度	mm	210		250			300			320			
滑块高度调节量	mm	55		60			65			80			
滑块尺寸	左右 mm	350		400			500			550			
	前后 mm	300		350			400			450			
模柄孔尺寸	mm	φ38.5		φ50.5			φ38.5			φ38.5			
工作台尺寸	左右 mm	700		800		600	900		750	1000		800	
	前后 mm	400		450			550			600			
	厚度 mm	86		110			130			140			
主(伺服)电动机	kW	7		7			11			15	22	15	22
允许上模质量	kg	50		80			130			190			

机床型号与技术参数		H1F110				H1F150				H1F80			
		CS	CH	OS	OH	CS	CH	OS	OH	CS	CH	OS	OH
机身形状		C 形机身		O 形机身		C 形机身		O 形机身		C 形机身		O 形机身	
公称能力	kN	1100				1500				2000			
能力发生位置	mm	5				6				6			
滑块行程	mm	150	110	150	110	200	130	200	130	250	160	250	160
最大行程次数	次/min	65	100	65	100	55	85	55	85	50	70	50	70
最大闭合高度	mm	350				420				450			
滑块高度调节量	mm	100				100				120			
滑块尺寸	左右 mm	620				700				850			
	前后 mm	530				550				650			
模柄孔尺寸	mm	φ50.5				φ50.5				φ50.5			
工作台尺寸	左右 mm	1100		900		1250		1050		1450		1200	
	前后 mm	680				760				840			
	厚度 mm	150				165				190			
主(伺服)电动机	kW	22	30	22	30	30	52	30	52	52			
允许上模质量	kg	350				500				650			

图 3-19 所示为日本天田（AMADA）集团推出的 SDE 系列数字电动伺服冲压机，该系列伺服压力机的技术参数见表 3-3。SDE 系列伺服压力机可以对加工用途进行最合适的运动行程条件设定，使原来的生产方式进一步实现进化。

表 3-3　SDE 系列伺服压力机技术参数

SDE	加压能力/kN	行程长/mm	行程次数/（次/min）	装模高度/mm
SDE-4514C/BI	450	140	≈70	290
SDE-6016C/BO	600	160	≈70	335
SDE-8018/BO	800	180	≈75	350
SDE-1522C/SF	1500	225	≈50	430
SDE-2025C/SF	2000	250	≈50	460
SDE-3030SF	3000	300	≈30	550

　　作为江苏省重大科技成果转化资金项目，徐州锻压机床厂集团有限公司目前已经研制了 DP 系列伺服压力机、NCPH 系列数控厚板大梁压力机、NCP 系列平台式数控压力机和 NTP 系列数控转塔压力机等。DP21-63 采用伺服电动机经过一级齿轮传动直接驱动曲柄滑块机构工作。DP 系列伺服压力机由于采用了进口伺服电动机和 CNC 控制系统，能够在不降低生产效率的情况下，实现低噪声、低振动工作。通过对不同材质设定最合适的滑块运动曲线，即使是高难加工的材料也可对其实现高精度、高效率的加工。DP 系列的伺服压力机的伺服电机与曲轴直接连接，结构简单，维护保养方便。NTP 系列数控转塔压力机是用于钣金加工的高效精密设备，采用进口伺服电动机和驱动器，西班牙专用数控系统，丝杠、导轨、气动润滑系统均采用名牌优质进口件。厚转塔使模具的对中性好、导向精度高、抗偏载能力强，大大提高模具使用寿命，国际标准长导向模具、气动浮动式夹钳保证零件加工精度。NTP 系列数控转塔压力机广泛应用于各行业金属板材加工，能完成各种孔型、轮廓步冲，以及百叶窗、压窝等各浅拉深工艺，特别适用于多品种小批量的钣金件加工。DP 系列伺服压力机和 NTP 系列数控转塔压力机分别如图 3-20 和图 3-21 所示，其技术参数分别见表 3-4 和表 3-5。

图 3-19　SDE 系列伺服压力机

a)　　　　　　　　　　　　　b)

图 3-20　DP 系列伺服压力机

a）DP21-63 伺服压力机　b）DP31-80 伺服压力机

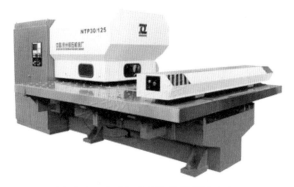

图 3-21　NTP 系列数控转塔压力机

表 3-4　DP 系列伺服压力机技术参数

项目名称		单位	DP21-63	DP31-80
公称力		kN	630	800
公称力行程		mm	4	5
滑块行程	正反转模式	mm	40/70/100	60/100/130
	正常模式	mm	120	160
无负荷连续行程次数	正反转模式	次/min	100/80/70	100/80/70
	正常模式	次/min	60	60
最大封闭高度		mm	300	320
封闭高度调节量		mm	50	80
工作台板尺寸		mm	850×500	900×600
滑块底面尺寸		mm	480×400	700×460
主电动机		kW	20	30
模柄孔尺寸		mm	φ50×60	φ50×60
立柱间距离		mm	560	780

表 3-5　NTP 系列数控转塔压力机技术参数

项目名称	单位	NTP255	NTP255A
传动方式	—	机械	机械
冲压能力	kN	250	250
最大冲压厚度	mm	6	
加工板材尺寸	mm	1250×2500	
加工精度	mm	±0.10	
冲压速度	次/min	230	200
XY 轴进给速度	m/min	60	
模位数	工位	16/20/24/32	16/20/24/32
控制轴数	个	3	
主电动机功率	kW	11	11
数控系统	—	FAGOR	
质量	kg	10800	8800

广东锻压机床厂有限公司研发了 GP2S 系列伺服控制闭式双点压力机，见图 3-22。该系列伺服压力机具有以下特点：①通用性和柔性化、智能化水平高，可以伺服控制滑块的运动曲线；②精度高，采用了线性光栅尺检测滑块位置，使滑块在整个压力机工作全程都具有高的运动控制精度；③生产率高；④节省能源，无离合器结合消耗的能量，较普通压力机节能 20% 以上；⑤噪声小、振动小、模具寿命长；⑥因为无离合器、飞轮、大齿轮等消耗保养部件，润滑油的用量大大减少，是生态环保型压力机，其结构也更简洁，维护保养成本大大降低，其技术参数见表 3-6。

表 3-6　GP2S 系列伺服控制闭式双点压力机技术参数

项目名称	单　位	参　　数
公称力	kN	3000
滑块行程(无级可调)	mm	30～250
工作能量	J	35000
装模高度调节量	mm	120
公称力行程	mm	6
最大装模高度	mm	550
工作台面长×宽	mm	2400×900
滑块底面长×宽	mm	2100×700
主电动机(AC 伺服)	kW	102
工作台上平面距地面高度	mm	1220
滑块调整电动机	kW	3.0
空气压力(不少于)	MPa	0.55
机器外形尺寸(长×宽×高)	mm×mm×mm	3500×2150×5000
机身侧孔尺寸	mm	820×550

浙江锻压机械集团有限公司研发了 JS21 系列数控伺服开式压力机，如图 3-23 所示。该系列数控伺服压力机具有以下特点：① 结构先进，采用伺服电动机进行驱动，没有了离合

图 3-22　GP2S 系列伺服控制闭式双点压力机

图 3-23　JS21 系列数控伺服开式压力机

器和飞轮等结构；②性能优良，成形慢速均匀，而滑块空行程运动速度快，提高了压力机的工作效率；③安全可靠，采用数控系统内外运行调节综合判别、液压过载保护等措施，工作安全；④绿色压力机，提高模具使用寿命，降低生产成本，显著节约电能，改善作业环境。JS21 系列数控伺服开式压力机的技术参数见表 3-7。

　　兴锻公司采用先进的伺服电动机和控制技术研发了新型的伺服压力机，不仅可以根据客户所持有的要求进行定制开发，而且有效降低了整机成本。滑块速度可以自由调节，系统中设置了多种不同的运行模式可供客户根据加工产品的不同需求进行选择。目前兴锻公司已经开发出了 ZXS1 系列、ZXS2 系列、ZXM1 系列和 ZXM2 系列等伺服压力机。图 3-24 所示为兴锻公司研发的 ZXS2 系列伺服压力机。ZXS2 系列伺服压力机的技术参数见表 3-8。

图 3-24　ZXS2 系列伺服压力机

表 3-7　JS21 系列数控伺服开式压力机技术参数

基本参数		单位	JS21-60	JS21-110	JS21-160
公称力		kN	600	1100	1600
公称力行程		mm	6	5	6
滑块行程		mm	120	150	200
滑块行程次数		次/min	60	65	55
最大装模高度		mm	300	350	400
装模高度调节量		mm	70	90	100
滑块中心线到机身距离		mm	285	350	390
工作台尺寸	左右	mm	975	1140	1240
	前后	mm	550	680	760
工作台孔	直径	mm	150	150	180
滑块底面尺寸	左右	mm	475	620	700
	前后	mm	400	520	580
模柄孔尺寸	直径	mm	50	70	70
	深度	mm	75	85	80
立柱间距离		mm	660	760	860
空气压力		MPa	0.5	0.5	0.5
伺服电动机	功率	kW	11	22	35
外形尺寸	前后	mm	1882	2155	2523
	左右	mm	1160	1411	1380
	高	mm	3038	3610	3953
机身质量		kg	7200	13000	17300

表 3-8　ZXS2 系列伺服压力机的技术参数

名称		ZXS2 伺服闭式双点精密压力机					薄板用精密压力机
型号		ZXS2-1600	ZXS2-2000	ZXS2-2500	ZXS2-3000	ZXS2-4000	ZXSH-1100
加压能力	kN	1600	2000	2500	3000	4000	1100
能力发生位置	mm	6	7	7	7	7	3
行程长度	mm	200	280	290	300	350	60
无负荷连续行程次数	次/min	≈60	≈50	≈45	≈40	≈40	60~200
最大闭模高度	mm	450	550	600	650	650	350
滑块调整量	mm	100	120	120	130	130	70
滑块尺寸（左右×前后）	mm×mm	1600×650	2000×700	2200×800	2200×800	2400×1000	1300×600
工作台尺寸（左右×前后）	mm×mm	1900×800	2200×900	2400×1000	2400×1000	2600×1200	1300×600
工作台厚度	mm	165	170	180	200	220	145
允许上模最大质量	kg	950	1500	1600	2000	2800	500
侧面开口尺寸（前后×高度）	mm×mm	780×600	940×740	1000×800	1250×900	1500×910	350×450
供给空气压力	MPa	0.5	0.5	0.5	0.5	0.5	0.5

3.3　伺服压力机的主要结构和伺服控制技术

3.3.1　伺服压力机的结构简介

伺服压力机的结构主要由主传动、执行机构和辅助机构等组成。伺服压力机主传动机构的主要作用是将锻压所需的能量从伺服电动机传到执行机构，常见的传动方式有齿轮传动、带传动、螺杆传动和液压传动等。执行机构的主要作用是带动滑块做往复运动，完成锻压过程，常见的执行机构有曲柄-滑块机构和曲柄楔块机构等。辅助机构的主要作用是提高交流伺服压力机工作的可靠性、扩大伺服压力机的工艺用途等，常见的辅助机构有平衡缸、制动器、顶料装置、位置检测装置等。

由于伺服压力机一般指采用伺服电动机驱动工作机构工作的压力机，而工作机构又有很多种选择，因此伺服压力机在结构形式的选择上具有多样性。目前国内外已经开放和生产的伺服压力机按传动方式可分为以下几种：

（1）伺服电动机直接驱动滑块　多采用直线伺服电动机，直接输出直线运动。

（2）伺服电动机直接驱动曲轴　低速大转矩伺服电动机直接与曲轴相连，不需要减速机构和离合器等，结构简单。

（3）伺服电动机+螺母螺杆机构　行程长，在行程内任何位置都可以承受载荷。

（4）伺服电动机+带轮+螺母螺杆机构　锻压能力强，在行程内任何位置都可以承受载荷。

（5）伺服电动机+螺杆+肘杆　具有增力效果，但只能在下死点附近达到公称压力。

（6）伺服电动机+蜗轮蜗杆+肘杆　行程长度一定且行程速度受限。

（7）伺服电动机+齿轮减速+曲柄轴+肘杆　增力效果好，且滑块速度可控。

（8）伺服电动机+齿轮轴+齿轮+曲轴　和传统的曲柄压力机结构相似，但没有飞轮和离合器等。

3.3.2　伺服压力机的典型产品结构

日本小松的 HCP3000 型交流伺服压力机的两台伺服电动机布置在机身两侧，该交流伺服压力机省掉了离合器与制动器以及复杂的减速传动系统，如图 3-25 所示。通过调速皮带与滚珠丝杠的螺母相连，滚珠丝杠的下端安装在滑块上。伺服压力机工作时，伺服电动机通过调速皮带驱动滚珠丝杠旋转，再通过滚柱丝杠将螺母的旋转运动转化为丝杠的直线运动，从而带动滑块做上下往复直线运动。

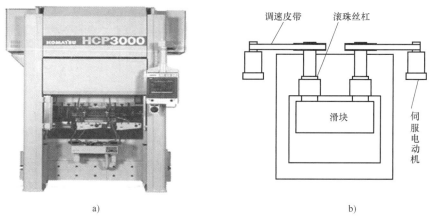

图 3-25　小松 HCP3000 型交流伺服压力机

a）HCP3000 型产品　b）HCP3000 型产品结构示意图

小松公司生产的 H2F、H4F 系列交流伺服压力机整体采用双边布局，两台伺服电动机安装在机身两侧，通过皮带与滚珠丝杠的螺母相连，滚柱丝杠的末端与连杆机构连接，连杆机构的下端与滑块相连，如图 3-26 所示。伺服压力机工作时，伺服电动机通过调速皮带驱动滚珠丝杠旋转，再通过滚柱丝杠将螺母的旋转运动转化为丝杠的直线运动，从而带动连杆

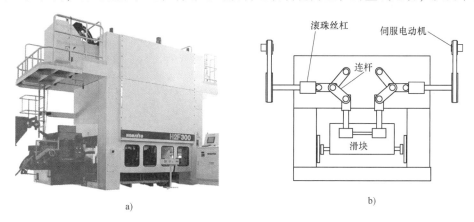

图 3-26　小松 H2F、H4F 系列交流伺服压力机

a）H2F 型产品　b）H2F、H4F 系列产品结构示意图

机构工作，使连杆机构下端带动滑块做上下往复直线运动。

　　日本小松公司生产的 H1F 系列伺服压力机采用的工作机构为肘杆机构，如图 3-27 所示。伺服电动机通过一级皮带传动和一级齿轮传动与肘杆机构相连，肘杆机构下端通过导向柱塞式连杆与滑块相连。伺服压力机工作时，伺服电动机通过一级皮带传动和一级齿轮传动实现减速增力，带动肘杆机构做往复摆动，从而通过肘杆机构下端的导向柱塞式连杆带动滑块做上下往复直线运动，完成锻压工作。

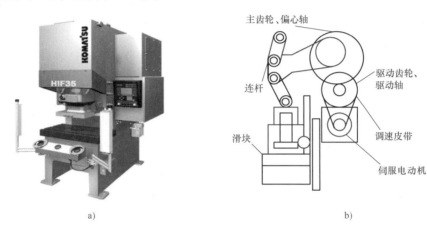

a)　　　　　　　　　　　　　　　　　　　b)

图 3-27　小松 H1F 系列交流伺服压力机

a）H1F 型产品　b）H1F 系列产品结构示意图

　　日本网野公司（AMINO）研制的 25000kN 机械连杆伺服压力机整体采用了双边布局，该交流伺服压力机省掉了离合器与制动器以及复杂的减速传动系统，如图 3-28 所示。通过伺服电动机驱动螺母旋转，又通过螺母螺杆运动副将螺母的旋转运动转化为螺杆的上下直线运动。螺杆的下端与具有增力效果的连杆机构相连，连杆机构的下端与滑块相连。上下运动的螺杆带动连杆机构做往复摆动，从而带动滑块做上下往复直线运动，完成锻压工作。

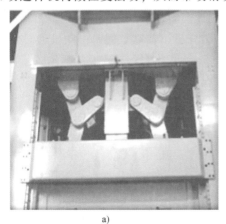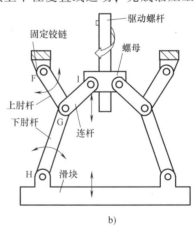

a)　　　　　　　　　　　　　　　　　　　b)

图 3-28　25000kN 机械连杆伺服压力机

a）产品图　b）原理结构

3.3.3　伺服控制技术

　　伺服压力机所采用的交流伺服电动机有强耦合、时变、非线性等特点，为了能够实现高性能的交流伺服系统，使系统具备快速的动态响应和优良的动、静态性能，且对参数的变化和外界扰动具有不敏感性，控制策略的正确选择发挥着至关重要的作用。优良的控制策略不但可以弥补硬件设计上的不足，而且能进一步提高系统的综合性能。从交流电动机控制技术和系统控制策略来看，目前交流传动系统的控制策略主要有以下几种：

1. 矢量变换控制

矢量变换控制采用了矢量变换的方法，通过把交流电动机的磁通与转矩的控制解耦，将交流电动机的控制过程等效为直流电动机的控制过程，使交流调速系统的动态性能得到了显著改善和提高，从而使交流调速取代直流调速成为可能。实践证明，采用矢量变换控制的交流调速系统的优越性高于直流调速系统。但是矢量变换控制的缺点是：系统结构复杂、运算量大，而且对电动机的参数依赖性很大，难以保证完全解耦，影响系统性能。该技术一般适用于同步电动机的控制，尤其是对于交流永磁同步电动机的控制。

2. 直接转矩控制

直接转矩控制（Direct Torque Control，简称 DTC）是将矢量变换控制中以转子磁通定向更换为以定子磁通定向，通过转矩偏差和定子磁通偏差来确定电压矢量，没有复杂的坐标变换，在线计算量比较小，实时性较强。但它会引起转矩脉动，带积分环节的电压型磁链模型在低速时误差大，这都影响系统的低速性能。该技术一般用于异步电动机的控制中，但近几年也开始探讨用于开关磁阻电动机（SRM）的控制。

3. 反馈线性化控制

反馈线性化控制是研究非线性控制系统的一种有效方法，它通过非线性状态反馈和非线性变换，实现系统的动态解耦和全局线性化，从而从线性控制理论来设计，以使系统达到预期的性能指标。反馈线性化控制一般分为两大类：①微分几何反馈线性化方法，问题变换抽象，不利用工程应用；②动态逆控制，它采用非线性逆系统理论来设计控制律，有人也称它为直接反馈线性化方法，该方法物理概念明确，数学关系简单。

4. 自适应控制

自适应控制能在系统运行过程中不断提取有关模型的信息，使模型逐渐完善，所以是克服参数变化影响的有力手段，在交流电动机参数估计和提高系统动态特性方面有着广泛的应用。常见的自适应控制方法主要有：模型参考自适应、参数辨识自校正控制以及新发展的各种非线性自适应控制。其中，在实际中应用较多的是模型参考自适应控制。

5. 鲁棒控制

鲁棒控制是针对系统中存在一定范围的不确定性，设计一个鲁棒控制器，使得闭环系统在保持稳定的同时，保证一定的动态性能品质。它主要包括两方面的内容：一是加拿大学者赞姆斯（G. Zames）在 20 世纪 80 年代初提出的 H∞ 控制理论；二是以分析系统的鲁棒稳定性和鲁棒性能为基础的系统鲁棒性分析和设计，其中在控制系统中应用较多的是 H∞ 控制。

6. 智能控制

智能控制不依赖于或不完全依赖于控制对象的数学模型，能够使系统中的不精确性和不确定性问题获得可处理性、鲁棒性。因此，近年来，交流传动系统智能控制策略的研究受到控制界的重视。智能控制包括：模糊控制、神经控制、遗传算法等，这些方法已在交流传动系统等不同场合获得了实际应用。

虽然将智能控制用于交流传动系统的研究已取得了一些成果，但是有许多问题尚待解决,如智能控制器主要凭经验设计,对系统性能(如稳定性和鲁棒性)缺少客观的理论预见性,且设计一个系统需获取大量数据,设计出的系统容易产生振荡;另外,交流传动智能控制系统非常复杂,它的实现依赖于数字信号处理器(DSP)、现场可编程门阵列(FPGA)等电子器件的高速化。

根据对交流传动系统一些新型控制策略实际应用情况的分析和论述,可以看出,每一种控制方法都是为了提高系统的静态性能或动态性能或者两者兼顾,每一种控制策略都有其特长但又都存在一些问题。因此,各种控制策略应当互相渗透和复合,克服单一策略的不足,结合形成复合控制策略,提高控制性能,更好地满足各种应用的需要。复合控制策略的类型很多,有模糊神经网络控制、模糊变结构控制、直接转矩滑模变结构控制、自适应模糊控制等。随着应用研究的发展,复合控制策略的类型必将不断地衍生和发展,复合控制策略的优势也将越来越明显。今后在很长一段时间内主要是把各种控制理论加以综合,走交叉学科复合控制的道路来解决实际问题。因此,为了使系统具有较高的动静态性能及其鲁棒性,寻找更合适更简单的控制方法或改进现有的控制策略,是未来一段时间的研究重点。

3.4　今后主要研究与开发的内容

交流伺服电动机直接驱动的压力机作为一种新型压力机,被称为第三代压力机,在国际上只有10年左右的发展历史,针对它的研发方兴未艾。根据作者对多种型号伺服压力机的分析和研究,总结出如需成功研制出一台性能完善、市场竞争力强的交流伺服压力机,必须解决交流伺服压力机涉及的关键技术问题。

1. 交流伺服压力机高效性与交流伺服电动机转速范围的矛盾

在工业实际中,为了提高压力机的行程次数,提高生产率,必然降低行程时间;同时,在不影响工件加工质量的前提下,必然要提高压力机非冲压阶段的速度,降低冲压阶段的速度,那就要求交流伺服电动机的转速范围足够大,在使用滚珠丝杠这类线性速度传动装置时,这个问题特别明显。

2. 交流伺服电动机额定转矩与阻力矩大小匹配矛盾

压力机冲压阶段具有非常高的冲击力,转换到电动机主轴上的阻力矩比较大,而在成本合理的前提下,交流伺服电动机提供的转矩一般不能满足要求。对规格较小的J23-63型公称压力为630kN的通用机械压力机,曲柄上所需传递的转矩为22500N·m,而通常这种机械压力机滑块行程次数为70次/min左右,在其传动系统中常采用交流异步电动机驱动,一级皮带和一级齿轮传动,这样总的传动比将会大于100,即这种简单计算需要电动机输出转矩高达22500/100=225N·m,而国内外仅有极少数的公司可生产具有较大转矩和功率的交流伺服电动机,为满足630kN机械压力机工作时对电动机要求的225N·m的转矩,必须选用堵转转矩为280N·m、功率为37kW的交流伺服电动机,而目前国内外市场上1kW的交流伺服电动机价格大致为1万元人民币,这样仅37kW的交流伺服电动机的售价就上十万元,但工业生产中普通交流异步电动机驱动的J23-63型机械压力机总售价才13万元,因此采用交流伺服电动机直接驱动而不采用增力机构的机械压力机,经济性太差,无市场推广前景。

3. 交流伺服压力机柔性化、高精度的实现

要体现交流伺服压力机加工高精度的特点，必须建立适当的闭环控制系统，能及时根据实际情况调整滑块行程和滑块下死点位置；交流伺服压力机柔性化生产必然要求滑块针对不同的工艺具有相应的速度曲线，所以需要根据不同的工艺编制相应的交流伺服电动机转速控制程序。

4. 无飞轮无离合器压力机传动系统的设计开发

伺服压力机不需要飞轮和离合器等，工作形式也和传统的机械压力机有很大区别，伺服压力机采用新的设计理论和设计方法。采用大导程滚珠丝杠直驱，还是采用一级皮带或一级齿轮传动后驱动，或是采用具有增力效果的连杆工作机构等，这些都有必要进行深入的研究和分析。

5. 大功率大转矩交流伺服电动机及其控制技术

伺服压力机要求伺服电动机必须满足转动惯量小，动态性能好，大转矩，大功率和控制性能优良等要求。交流伺服电动机是伺服压力机中的核心部件，但是目前的交流伺服电动机只能满足小型或中型伺服压力机的需求。由于功率和转矩受限，伺服电动机还无法满足大型压力机的需求。因此，目前还没有公司能够生产大型的伺服压力机。为了满足伺服压力机的柔性可控，伺服电动机的控制驱动技术也是未来需要研究的重点内容。此外，交流伺服电动机驱动控制单元的价格一般要高于伺服电动机本身，因此，推动电子电力器件等硬件技术的进步也有助于促进伺服压力机的发展。

6. 高效重载的螺旋传动技术和方法

很多伺服压力机采用了伺服电动机驱动螺旋传动的方式将旋转运动转换为直线运动，从而带动工作机构或滑块做往复直线运动。目前在伺服压力机上常见的螺旋传动方式为螺母螺杆机构和滚珠丝杠机构。但螺母螺杆机构存在摩擦大、工作效率低等缺点，而滚珠丝杠又存在承载能力低、价格高等缺点。因此，研发低成本高承载能力的螺旋传动方式就成了伺服压力机亟须解决的问题之一。目前，很多公司投入资金研发生产行星滚柱丝杠，行星滚柱丝杠具有承载能力强、运动平稳等优点，将成为未来螺旋传动方式的重要发展方向之一。此外，开发新的耐磨减摩材料，研发新的复合材料，改善润滑条件，也成了螺旋传动技术重要的研究内容。

7. 适用于伺服压力机的成形工艺

普通机械压力机的运动特性是固定不变的，工艺参数的设定也是固定的，无法根据实际需求进行配置和优化。但是伺服压力机针对不同的加工材料和加工工艺，可以采用不同的工作曲线。锻压能量可以实现伺服控制，可以在需要的范围内数字设定滑块的工作曲线，有效提高压力机的工艺范围和加工性能。伺服压力机的锻压参数可以实现实时记录，能够实现压力机的信息化管理。研究各种材料和工艺的成形机理和规律，探讨适用于伺服压力机的成形工艺的优化参数，对于提高制件质量和生产效率具有重要意义。不同的材料和制件可以按照不同的优化目标合理选择工艺参数，实现最优加工。

3.5　伺服压力机的发展趋势

未来交流伺服压力机的发展方向将会集中在以下几个方面：

（1）交流伺服压力机大型化，具有更强的加工能力 由于交流伺服电动机的限制，目前的交流伺服压力机主要应用在一些小型或中型的压力机上。随着伺服电动机技术的发展，一些大功率、大转矩的伺服电动机将会被逐渐应用到压力机领域，推动交流伺服压力机向大型化的方向迈进。

（2）更好的能量回收措施 由于采用了交流伺服电动机，交流伺服压力机可以根据工作要求改变速度，减速时可以采用电磁制动，使运动部件的动能转化为电能，回收能量。对于频繁正反转的电动程控螺旋压力机，如果能够实现能量有效回收，将会节省大量的电能。

（3）更好的成形工艺 交流伺服压力机滑块的运动曲线可以根据需求进行设定。因此，对多种加工材料进行加工工艺的曲线优化并将其与交流伺服压力机结合将是交流伺服压力机领域的一个重要的发展方向。

（4）混合伺服驱动技术 单一的驱动方式很难满足伺服压力机对多种加工工艺的需求，因此在未来的交流伺服压力机上采用混合伺服驱动方式具有重要意义。混合伺服驱动技术有助于提高伺服压力机的生产效率，提高能源利用率。

（5）采用增力效果更好的增力机构 交流伺服压力机的发展受限于交流伺服电动机的发展，但是交流伺服电动机的发展比较缓慢。在交流伺服压力机上采用增力效果更显著的工作机构，可以弥补交流伺服电动机输出转矩不足的缺点。采用增力效果更好的工作机构，对于促进伺服压力机的发展具有重要意义。

第 4 章 CHAPTER 4
多连杆压力机

扬州精善达伺服成形装备有限公司　张新国

4.1　多连杆压力机的工作原理、特点及主要应用领域

4.1.1　多连杆压力机的工作原理

　　严格地说，多连杆压力机并不能算是一项新技术的设备，其原理是利用多杆系在运动过程中各节点的速度曲线并非恒定，据此可以根据需要进行优化设计，达到慢速接近工件、快速实现返程的效果。

　　早在 20 世纪 20 年代，第一次在文献中出现的该技术被称为"专利快返压机驱动"技术。1950 年美国布利斯（BLISS）公司制造的称为"均匀行程"的压机被介绍为"可以提供比较慢的拉深速度、较快的上返行程，从而提高生产率的压力机"，这就是我们今天熟知的多连杆压力机。

　　冲压生产中，提高生产效率是锻压设备用户和锻压设备制造商一个共同的目标，一个简单的方法就是提高压机工作速度。但是由于要冲压成形的工件受材料力学性能等条件的限制，成形速度提高也有一个极限。而使用多连杆驱动技术的机械压力机，压机的工作行程速度可以根据材料的性能曲线要求不必过多提高，却可以达到提高生产率的目的，其所采用的方式就是优化工作行程速度，加快空行程速度，以此来达到提高整机生产效率的目的。同时由于压力机滑块在工作行程段的运行速度降低，上下模具合模瞬间的速度也得以大大降低，这使得压力机工作时的冲击现象得到改善，在大幅延长模具寿命的同时，也有效降低了冲压工作时的冲击噪声。

　　多连杆压力机从诞生至今已有近一个世纪，但是多连杆压力机的真正普及和应用距今仅有二三十年的时间。其中一个重要原因就是计算机技术发展带来的影响。计算机技术快速发展使得多连杆杆系的优化成为可能，而这在手工绘图阶段是一项不可思议的浩大工程。多连杆压力机设计的关键就是多杆系的优化与杆系参数的确定，良好的杆系优化效果，可以获取拟合度良好的材料成形工艺曲线，这种拟合是一种反复试算的过程，这也就是在计算机技术普及前多连杆压力机应用受限的一个重要原因。尽管多连杆压力机的优势明显、优点突出，但是其繁杂的设计和漫长的设计周期制约了其应用和发展的速度。而今，多连杆压力机发展的各种条件都已具备和成熟，多连杆压力机的应用和发展也由此进入了它的黄金期。

4.1.2　多连杆压力机的特点

　　多连杆结构压力机的特点主要有：

　　1）与普通压力机比较，多连杆机构传动的压力机只是驱动部分的设计不一样，压力机的其他部分仍然是标准的，因此可大大降低成本。

　　2）与技术参数相同的曲柄滑块机构传动的压力机相比，曲柄半径和曲柄转矩较小，从而使压力机结构紧凑，总体尺寸减小，减轻了机器的质量，对大型压力机的制造具有重要意义。

　　3）多连杆压力机在同样公称压力的情况下，能在较长的工作区域承受较大的负荷，而不必要靠增加压力机的吨位来满足拉深工艺的特殊要求。

　　4）多连杆压力机具有慢进急回的特性，提速只是提高滑块在非工作区域的运行速度，所以可以在满足拉深速度要求的情况下，尽可能地提高压力机滑块的行程次数，从而提高冲

压的生产效率。

5）多连杆传动压力机滑块能以更慢的速度接触板料，降低了材料撕裂的可能性，提高了冲压零件的质量，降低了模具的冲击载荷，延长了模具寿命。

6）由于多连杆压力机的主传动采用杆系，滑块运行平稳，主机的工作噪声与普通曲柄连杆压力机相比噪声大大地降低，从而改善了压力机生产线上操作工人的工作环境。

7）多连杆压力机主要零部件的受力状态比普通曲柄连杆压力机的受力状态好。在拉深区域内，主传动系统的杆系负荷几乎处于直线状态，从而使力矩负荷比曲柄连杆压力机降低，多连杆压力机的每一个驱动元件负载都比较低，因此其加速和制动的惯量低，从而大大地节约了能源。

尽管多连杆压力机具有众多优点，但它的一些缺陷也十分明显，最主要就是多连杆压力机的结构复杂，制造精度要求很高，这使得多连杆压力机制造成本很高，维护维修成本也较高，在产量不太大时，使用多连杆压力机的性价比并不高。

4.1.3　多连杆压力机的主要应用领域

多连杆压力机既具有液压机的一些性能优点，又拥有机械压力机高效的特点，是集合液压机与机械压力机优点于一身的另类锻压装备。

多连杆压力机问世时计算机技术还不发达，这给其开发优化与应用带来了不小的困难；多连杆压力机问世后市场需求也是不温不火，致使其高效性能找不到用武之地。优良的性能无处发挥，高昂的价格就拉低了它的性价比，多连杆压力机的优势就此被埋没，没有一个令人信服的理由可以让用户选择它。

如今经济繁荣、市场需求旺盛，液压机生产和普通机械压力机的一些性能、缺点暴露无遗。人们在生产中更需要一种既有液压机能慢速接近工件从而可进行大行程拉延，同时又能像机械压力机那样快速高效的快节拍锻压装备，以满足市场快速生产的需要。当人们收回目光，才发现原来这种锻压设备早已存在，已经问世多年的多连杆压力机就可以满足人们的愿望，多连杆压力机也欣喜地迎来了属于它的时代。

利用多连杆压力机完成薄板的深拉深工艺比利用液压机的效率更高，而且，由于机械压力机的冲压行程必须通过其行程的下死点，这个工作特性使其比用液压机拉深大型薄板覆盖件更加容易拉深到位，拉深件的局部成形也更加彻底。

多连杆压力机的主要应用领域还是在板料拉延成形领域：

1）多连杆压力机特别适用于大型薄板的深拉深工艺，普通的用于拉深的钢板即可满足拉深性能的需要，而不必要研制新型材质的钢板。

2）拉深工作开始时，由于多连杆压力机的滑块速度几乎降低为恒速运行，其速度的变化平稳，滑块的冲击减弱，使得主机、模具的使用寿命得到提高，没必要为满足拉深工艺的需要而改变模具的结构。

3）多连杆压力机的工作区域比普通曲柄连杆压力机的工作区域长，在整个工作区域内能够实现满负荷冲压工作，故多杆压力机特别适用于深拉深工艺工作，而不必采用多次拉深的工艺方法。

4）多连杆压力机可用于高强度钢板的成形制造。

5）多连杆压力机可应用于含有深拉深工艺成形的多工位生产制造中，从而可替代压力机制造生产线，节约场地、人工、成本，高度的集成化与自动化还可实现高于生产线节拍的生产制造。

4.2　多连杆压力机的主要结构

现有的多连杆机构按照连杆数量划分，主要包括三大类，分别是六连杆机构、八连杆机构和十连杆机构。

4.2.1　六杆机构多连杆压力机

六连杆结构的压力机可用于较厚钢板的冲孔、落料、成形等冲压工艺，一般用于大工艺力的冲压工作，如在一次冲压工作中完成重型货车大梁的落料、成形、冲孔等。其主要特点是机身机构紧凑、刚性强，冲压和工艺力比同类型的曲柄连杆机构的机械压力机大，满负荷的工作区域较长，下死点附近速度小，工作效率高。曲柄肘杆机构如图 4-1 所示，六连杆传动机构如图 4-2 所示。

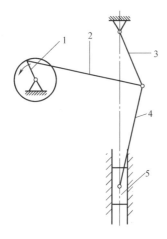

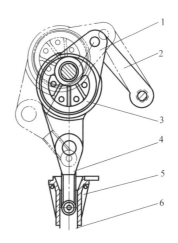

图 4-1　曲柄肘杆机构

1—曲柄　2—连杆

3、4—肘杆　5—滑块

图 4-2　六连杆传动机构

1—调速杆　2—摆杆　3—偏心轴

4—连杆　5—导轨　6—滑块

由于六连杆传动机构设计变量较多，运动复杂，目前采用优化设计方法，多是通过建立优化数学模型，编制优化计算程序，实现最优传动机构方案设计。但是在板料拉延成形过程中，为提高拉延件成形质量，一方面要求压力机在负载工作阶段具有均匀的冲压速度，另一方面却又要求滑块接触板料时速度较低。而上述研究都没有将滑块接触板料速度作为优化目标；同时，上述研究均未考虑由传动机构结构设计带来的运动干涉问题，这也就导致相应的优化结果难以应用到实际工程中。

4.2.2　八杆机构多连杆压力机

目前国内外机床行业主要应用的八杆机构如图 4-3 和图 4-4 所示。整个传动结构由偏心轴、摇架、上连杆、下连杆、角架及导柱组成。这种结构的压力机适用于薄板冲压成形、深拉深等工艺工作，多用于大型薄板覆盖件的大批量生产。八连杆结构的压力机，其模具在深拉深工作区域的冲击力很小，满负荷的工作区域长，但由于传动系统结构复杂，要求加工调试的精度高，使得制造周期长，因此成本高。

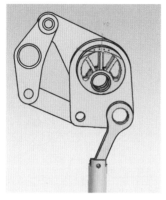

图 4-3　八杆机构的三维模型

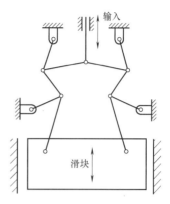

图 4-4　对称八杆结构

除此种八杆机构外，还有一种对称八杆机构和一种双肘杆机构在压力机上也时有应用，其结构形式如图 4-5 和图 4-6 所示。

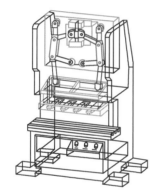

图 4-5　另一种对称八杆结构

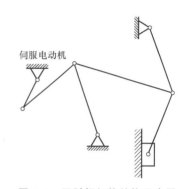

图 4-6　双肘杆机构结构示意图

对图 4-4 所示结构的分析表明，在给定杆系结构参数的情况下，滑块的冲压行程占整个工作周期较短，其他行程时间较长，因此冲压工作利用效率低，冲压行程滑块的位置变化大，未能起到很好的保压作用，但是滑块的加速度相对较小，避免工件承受突变力作用，有利于提高冲压产品的质量。

对于此种结构而言，可以将其改进方向重点放在杆系结构参数的调整优化上，提升其在保压时间、滑块工作行程位置保持等方面的性能。

八杆机构的杆系原理如图 4-7 所示。

总体而言，八杆机构的特点主要表现在以下几个方面：①工作行程较长且在行程中基本都是满载荷，因此特别适合比较细长零件的加工；②滑块带动的模具工作时所受到的冲击力比较小且平缓；③它的传动系统结构比较复杂，在对杆件进行加工和装配时的精度要求很高；④它的

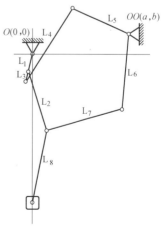

图 4-7　八杆式压力机杆系原理

设计制造周期一般都很长，这就造成了加工制造成本较高。

4.2.3　十杆机构多连杆压力机

十杆机构主要应用于双动压力机外滑块主驱动，其原理如图 4-8 所示。

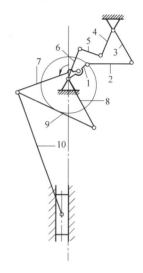

十杆机构常用于闭式双动机械压力机外滑块主传动驱动上。其主要特点是能保证滑块在拉深区域工作时，外滑块能够按要求压边并保证压边力在内滑块的整个拉深过程中不变化，达到拉深件不拉裂、不起皱的要求，从而保证拉深件的质量。

但相对于前面的六杆机构与八杆机构而言，十杆机构的适用范围并没有得到最大范围的扩展。之所以造成此种情形，一是因为现有的六杆机构和八杆机构已经能够满足大多数的加工工艺要求，因此对于新的结构并没有太过旺盛的需求。二是因为虽然多连杆式压力机出现的时间已经不短，但前期的研究主要在六杆机构与八杆机构的开发应用上，行业内并未对十杆机构的研究投入太多的精力。但是随着社会的发展，加工行业对于高精度、高质量、高稳定性、高可控性的机床的需求会越来越旺盛，现有的装备技术也将越来越难以满足其工艺要求，这就要求对于除六杆机构和八杆机构之外的其他结构进行更加深入的研究。

图 4-8　十杆机构结构简图

从上面的分析可以看出，相对于一般的曲柄连杆式压力机而言，多连杆机械式压力机拉延时速度低且均匀，而空行程速度快，生产率高。多连杆压机拉深深度大，在允许的速度内，多连杆压机拉延深度可达 320mm，而一般曲柄压机只有 70mm 左右。多连杆压机能以较小的偏心距实现大的滑块行程长度，更好地满足拉深工艺需要和自动化上下料的需要；而且在工作过程中多连杆机械压力机能有效减小对模具的冲击，提高了模具的使用寿命。

多连杆机械式压力机的滑块在工作过程中速度较低且近似为匀速运动，低速运动能有效地降低材料的变形，符合板料冲压过程对速度的要求，可以有效提高成形件的质量。与此同时，由于减少了系统的动态载荷，从而提高了模具的使用寿命，降低了整个机械系统的振动和冲击产生的噪声，优化了工作环境。此外，滑块空行程时运动速度较高，具有急回的特性，滑块运行的循环时间大大缩短，压力机的行程次数大大提高。

而将六杆机构、八杆机构和十杆机构综合比较的话就会发现，六杆机构压力机在下死点附近的速度较小；八杆机构在其负荷工作区域内的速度几乎为恒速；十杆机构驱动的双动压力机外滑块在其下死点时，行程在较长时间内处于几乎停止的状态，以保证内滑块完成整个拉深工作行程。

4.2.4　其他结构多连杆压力机

除常用的六杆机构、八杆机构及十杆机构外，国内外目前还在进行其他传动结构的研究，如可控六杆机构、混合驱动七杆机构、混合驱动九杆机构等。

1. 可控六杆机构

可控六杆机构的传动如图 4-9 所示，从图中可以看出此机构为二自由度机构，这一点与类四杆五杆机构相似，因此当机构的两输入运动都由常规电动机提供时，将此机构称为类五杆六杆机构。类五杆六杆机构通过改变或修正五杆机构的结构形式，使机构在常规电动机的

驱动下减小运动补偿量，所输出的轨迹更接近要
实现的轨迹，从而降低对伺服电动机的要求，既
能很好地实现给定运动又具有较好的动力学性
能。此机构在原五杆机构的基础上引入了调节杆
2，在机构的机械部分加入了可调环节（由杆 1、
杆 2 以及齿轮构成），这样构造的混合驱动可控
机构系统有机械可调部分和可控电动机（杆 5）
两个柔性环节，其机构特性仍然具有混合驱动可
控机构的优点，且系统结构相对简单、柔性大大
增加。

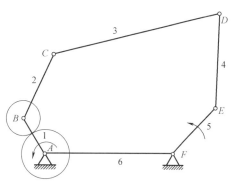

图 4-9　可控六杆机构结构简图

　　此类五杆六杆机构不但具备了原混合驱动五
杆机构和类四杆五杆机构的优点，而且与上述两机构相比，此机构的运动输出轨迹更为丰
富，输出运动特性更易于调整，能够很好地实现上述想法。在实现给定轨迹时可大大减小伺
服电动机的运动补偿量，使机构获得良好的动力学性能成为可能。

　　2. 混合驱动的七杆机构

　　混合驱动七杆机构的传动
结构如图 4-10 所示。多杆压力
机结构复杂，它要求的制造精
度和装配精度很高，最关键的
是一旦它的结构确定下来，滑
块的输出加工曲线也就定了下

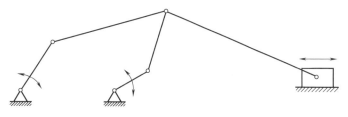

图 4-10　混合驱动的七杆机构示意图

来，只能在一定程度上改善压力机的性能，完全没有柔性。因此，它并不能满足现代制造中
柔性制造的要求。混合驱动七杆结构压力机就是为了解决多连杆压力机的此种问题而研
制的。

　　用于混合驱动的七杆机构必须要有三个活动构件通过运动副连接到机架上，其中两个作
为输入，一个作为输出。而且每一个节点轴的运动要求不完全依赖于其他某一个轴的运动，
而是依赖于另外两个轴的组合运动。

　　现有设计过程是从分析混合驱动七杆机构的奇异性入手，对混合驱动七杆机构的可动性
条件进行了分析，讨论了避免奇异位形的条件，给出了可动性条件。然后，从正运动和逆运
动学两方面对该混合驱动可控压力机进行运动学分析。计算出了七杆机构各个构件的位置、
速度、加速度。正运动学分析就是已知常速电动机和伺服电动机的运动学参数求滑块的运动
学参数。逆运动学就是已知常速电动机和滑块的运动学参数求伺服电动机的运动学参数，从
而达到控制伺服电动机的目的。从实际的应用来看，逆运动学分析的意义更大。

　　3. 六杆机构伺服压力机

　　现有的六杆机构主要包含三类，一类是基本的曲轴-肘杆机构。此种结构的压力机主要
根据上下两个连杆的长度是否相等分为等长肘杆机构与不等长肘杆机构。两种机构的滑块行
程和工作行程都不大，增力效果根据两连杆的长度可以进行调节。

　　还有一类是三角肘杆机构，其结构如图 4-11 ~ 图 4-13 所示。其中图 4-11 所示为上三角
肘杆机构，图 4-12 所示为中央三角肘杆机构，图 4-13 所示为下三角肘杆机构。这三种结构

中，上三角肘杆机构相对于普通肘杆机构而言，最大速度偏高，但是平均速度略低于普通肘杆机构，加工效率偏低。同时最大加速度明显大于普通肘杆结构。而过大的加速度会增加机构的惯性力，从而增加电动机的负载。工作行程内上三角肘杆机构同普通肘杆机构所能提供的压力相比相差不大。所以上三角肘杆机构的主要优化方向为减小机构的加速度的同时提升其在增力比方面的优势。

图 4-12 所示的中间三角肘杆式传动机构和肘杆机构的速度及加速度和位移的关系曲线基本相似。二者速度-位移曲线几乎重合。前者的滑块加速度在上死点附近有剧烈的变化，后者则比较平稳。但中央三角肘杆机构在距下死点 150mm 的距离内的增力比都保持在 4 以上，这是普通的肘杆机构所不能比拟的。相对于上三角肘杆机构与中央三角肘杆机构而言，下三角肘杆机构的性能同普通的曲轴-肘杆相比并没有什么特别突出的地方。

除了上述提到的两大类六杆机构外，还有包括对称六杆机构等其他机构，其传动结构如图 4-14 所示。

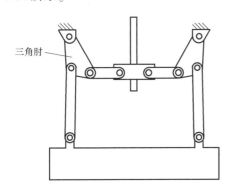

图 4-11　上三角肘杆机构

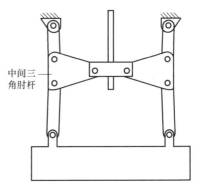

图 4-12　中央三角肘杆机构

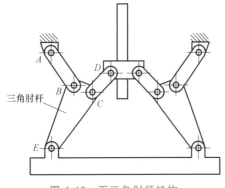

图 4-13　下三角肘杆机构

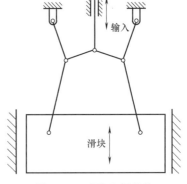

图 4-14　对称六杆机构

4.3　今后主要研究与开发的内容

4.3.1　多连杆杆系的优化

多连杆压力机的杆系优化是多连杆设计的关键内容之一，多连杆自问世以来制约其快速发展的原因之一就是之前的技术难以实现杆系优化这一庞杂的工作，此外优化时的目标函数的设定也还在探讨发展中。

设计方面的优化主要体现在原理误差的修正方面。从误差来源上来分，原理误差主要分为方案、理论和机构原理误差等。选择不同的方案所产生的误差称为方案误差；由于应用的理论不成熟或者采用近似理论（后者的可能性较大）所产生的误差称为理论误差；由于实际机构的平衡力的方程和理论方程有差别或者在计算时采取一些舍入法而产生的误差称为机构原理误差。

现有的针对上述误差的优化设计方法有很多，包括求解无约束优化问题的一维搜索法、坐标轮换法、Powell 法、牛顿法和变尺度法等；有求解约束优化问题的随机方向搜索法、复合形法、优选法、可行方向法以及约束变尺度法等直接解法和罚函数法等间接解法。工程机械设计优化问题大多数是有约束非线性的复杂优化设计问题，最常用的优化设计方法是复合形法、优选法、罚函数法和约束变尺度法等。相关优化软件包括 ADAMS、ANSYS、MATLAB 等。在相关的优化设计过程中需要根据不同的工艺要求，选定不同的优化目标，比如说滑块行程运动曲线、工作行程时间占滑块全行程的比重、滑块工作行程内的能量消耗等。

目前国内外的很多高校很多专家也都在继续研究探讨中，在这个过程也取得了一批成果，发展了多种优化体系，但是多连杆系的优化理论和方法探讨并未结束，这也将是未来多连杆需要继续研究的重要内容之一。

4.3.2　中大型多连杆杆系的润滑优化

多连杆压力机的工作原理就是利用多杆系传动，多杆系运动的特点是传动节点多，因此多连杆压力机可靠工作的一项重要保证就是多杆系的各节点能够可靠正常的工作，而这很大程度上依赖于节点润滑状态的良好保证。

由于多连杆压力机运动过程中各杆系均在动态状态，如何在动态状态下为杆系各节点提供良好的润滑保证，这是在多连杆压力机的设计之初就要认真考虑的。同时由于压力机的载荷特点是短时工作瞬间冲击，这也给压力机的润滑保证提出了很高的要求，特别是对多连杆压力机而言，良好的润滑保障更显得尤为重要。

压力机的润滑是压力机设计研究的一项重要工作，在多连杆压力机上同样是如此，随着传动润滑方式从早期的浓油润滑，到现代广为采用的稀油润滑，现在一些产品上已逐步开始尝试油雾润滑、气雾润滑的方式，新的润滑方式的出现，也为多连杆压力机的可靠性保障增添了更多的支持。

4.3.3　中大型多连杆杆系的制造保障与精度保障

相比于普通压力机，多连杆机构压力机由于构件多、传动系统复杂，在对杆件进行加工和装配时，产生误差的可能性要大得多，怎样保证多连杆机构在工作过程中滑块的运动精度和位置精度，是设计人员在设计压力机时，需要攻破的一个关键课题。此外多连杆压力机的杆长误差也会直接影响多连杆压力机性能曲线的实现。

多连杆压力机的杆长误差主要体现在制造误差和运行误差两方面。

在机构构件的制造加工过程中，由于设备的加工精度等问题，不可避免地存在尺寸、形状等的误差，这些误差统称为制造误差。制造误差主要有形状误差、尺寸误差、偏心距误差、运动副的间隙误差和运动副轴线的偏斜误差。它们是引起机构误差的主要来源。

减少杆长误差，一般从加工和装配这两方面入手。在加工方面：对多连杆机构的关键件，譬如偏心轮、导柱，采用先进的加工设备和加工工艺，尽量提高各杆件的加工精度，尽量避免单根杆独立加工，尽可能的多根连杆一起加工，这样可以用来保证孔中心距，减少加工误差。在装配方面，一是采取面向设计的装配偏差控制，主要指的是多连杆机构装配过程与连杆设计进行并行一体化的设计，以并行的工程完成对连杆的设计，提高连杆的设计质量。将连杆制造偏差信息反馈给多连杆机构设计的初始阶段，通过设计的初始阶段，预设装配间隙，从而实现对装配过程中装配偏差的自动补偿。利用装配偏差定量评价的多连杆机构的装配设计，比较有利于连杆制造过程中的偏差控制。二是建立多连杆机构装配偏差分析控制系统。主要包括在对连杆的加工过程中，对夹具的优化和设计、对零部件加工时的误差自适应补偿及对多连杆机构装配的顺序进行优化设计。

机构在实际运行中，由于温度引起机构构件的变形、机构构件受力后的弹性变形、运动副的摩擦和磨损及机构在干扰力作用下产生的振动误差等称为运行误差。减小运行误差要从引起运行误差的根源做起，如提高杆系构件的刚性，提高运动副的强度尤其要提高压力机执行机构的运动副强度等，此外减小运动副的摩擦磨损，也有助于减小运行误差的影响。

除了以上介绍的三种误差之外，还有其他的误差也会对多连杆压力机的精度造成影响。这些误差主要包括：

1）相位误差。解决相位误差可以在工装上对已经啮合的齿轮进行对齿，校正啮合齿轮的接触情况，然后工装上检查四点的同步精度。

2）滑块与连杆结点偏差的影响。通过调整上横梁的定位精度及与滑块结点位置使其均匀平衡分布，从而用来消除滑块倾斜带来的滑块位移误差。

3）运动副间隙。运动副间隙误差的消除主要从以下两个方面着手，一是减小运动副之间的配合间隙，在保障运转使用正常的前提下，尽可能减小相对运动件间的工作间隙，也可采用一些性能优良稳定的材料做运动配合件；二是降低曲柄的运动速度（减少滑块的行程次数），可以有效地减小压力机的动态响应引入的误差。

4.3.4　大中型多连杆压力机高效节能的传动方式

压力机生产的高效、高利用率特点，使得锻压制造越来越得到人们的重视，未来的应用领域将更为广大，但是锻压生产的能耗一直是人们关注的一个焦点。锻压装备未来在向着智能化、精密化、柔性化方向发展的同时，低能耗、高环保也越来越得到重视。

实现多连杆压力机的高效节能效果，一种途径是通过设计优化方式，在设计阶段就充分考虑多连杆压力机的工作特点，运用已有的技术分析手段，合理设定目标函数，早年曾有专家就以电动机驱动功率最小化为目标而进行多连杆杆系优化的尝试，今后我们同样可以以包含电动机功率最小化为目标的多目标进行优化，以期取得既有良好的工艺曲线拟合性能，又能实现低能耗的复合优良性能的多连杆压力机。

实现多连杆压力机的高效节能效果的另一种途径是考虑材料运用和功能配套件的开发，例如可以考虑采用高强性能的材料制作杆系的构件，以新型复合材料制造杆系节点的运动轴套，这些领域还都有大量的课题需要研究，有大量的新技术和方案可以进行尝试。

近年来随着伺服压力机研究的深入，伺服驱动控制技术也同步有了很大的提升，这些技术同样也都可以为多连杆压力机所应用，例如大功率伺服驱动电动机的成熟化和产业化，同样可以应用在多连杆压力机上，那时伺服驱动与传动的高效、柔性、节能的优点也会被同步加载在多连杆压力机的身上。

4.4　多连杆压力机的发展趋势

4.4.1　多连杆式多工位压力机

多工位压力机也是未来压力机的发展方向之一，相比于传统的单机组连成线的压力机生产线，多工位压力机凭借其高度的集成和自动化、占地面积小、工序间传输距离短、高效率、高度自动化等优势，必将成为未来锻压生产的一个重要发展方向。但是采用传统四杆机构的曲柄压力机由于其行程曲线的限制，使得采用传统曲柄四杆机构的压力机所能实现和完成的工艺也受到诸多限制，采用多连杆机构的多工位压力机，完全传承了多连杆压力机的优点，这也使得多连杆式的多工位压力机的工艺用途得到极大扩展，所能完成和实现的工艺范围也更为宽广。

4.4.2　数字伺服化

随着近年来伺服驱动技术的发展，锻压成形技术也进入了一个全新的时代，把伺服驱动技术引入到锻压成形领域后，古老的锻压技术再一次焕发出新的活力。

伺服驱动压力机以其传动结构简单、工艺曲线灵活、显著的节能效果等优点很快得到了人们的认可并快速地走向了实际应用。

国际发达国家开展伺服压力机的研究在 20 世纪 80 年代就已开始，代表国家如日本、德国等，其产品在 20 世纪 90 年代就已投入到了实际的生产应用。

我们国家开展伺服压力机的研究也很早，在 20 世纪 90 年代就有一批国内高校开展对伺服压力机的研究，并取得了一定的成果和进展，企业开展伺服压力机的研究约在 21 世纪初。

纵观国内伺服压力机的研究发展史，可以说成果很多，但尚未走入大规模的应用阶段。这其中一个重要的原因就是大功率的伺服驱动与控制技术我们还处于发展阶段，国内在大功率的伺服驱动与控制技术方面的不成熟与国外成熟产品高昂的价格影响到了采用此项技术的伺服压力机的发展。但是可喜的是近年来已经有一批成熟技术和产品登陆市场，这也为伺服压力机的未来发展创造了良好的条件。

目前国际、国内的伺服压力机普遍采用的传动机构依然多为多连杆机构，其应用和优化将和伺服压力机的发展息息相关。多连杆压力机可以不采用伺服驱动，但伺服驱动压力机几乎离不开多连杆。综合了多连杆压力机与伺服压力机二者优点的伺服驱动的多连杆压力机在制造市场上已经显现出超凡脱俗的优势，这也将使其应用领域将会得到更大的扩展，因此未来采用伺服驱动的多连杆压力机将是伺服压力机的一个发展方向，也是多连杆压力机的一个重要方向。

同国外锻压装备制造行业相比，从生产产品的质量看，高、中、低档锻压机在我国压力机市场的构成比约为 1∶19∶80，按此数据看，我国生产的锻压机床明显成金字塔分布，即低档产品占到 80%，中档产品占到 19%，高档产品仅仅占到 1% 左右。国外发达国家生产锻压机床的低、中、高档的构成占比分别约为 25%、65%、10%，呈橄榄球状分布。由此对比，我国设计生产锻压机床的水平仍远远落后于发达国家。

而在金属成形加工领域，根据冲压加工工艺不同，加工材料的厚度和材料本身的不同，要求机械式压力机应具有不同的运动输出特性。这就要求现代压力机不仅要能够高速度、高精度、大负载地运转，而且应具有更大的柔性，能快速、方便地改变输出运动规律。所以伺服电动机驱动的压力机随之产生了。但目前国内由于相关技术力量薄弱及国外先进技术的封锁等原因，市场上所能买到的国产伺服电动机的功率很小，国外大功率伺服电动机成本太高。

针对目前国内锻压机床装备制造业的情况，企业直接研发大功率的伺服压力机不仅成本高昂，而且未来研究成果的产业化时间也难以确定，投入与产出的风险较高。而多连杆压力机已经面世几十年，一些相关的设计图样对国内厂家来说并不少见，而借助诸如 ADAMS、MATLAB、ANSYS 等相关设计软件，企业完全有能力实现对多连杆压力机的结构优化。与此同时，企业在传统压力机制造上多年的工艺经验的积累对于多连杆压力机的制造也有一定的借鉴作用。

总体来讲，同先进伺服压力机相比，多连杆压力机具有极大的成本优势。相对于传统压力机来说，多连杆更适应新的加工工艺的要求，尤其是深拉深方面的工艺要求。可以预料，对于多连杆式压力机的研发与优化，将极大地助力企业摆脱国内锻压装备制造行业低端乱战，高端失守的局面。

第5章 CHAPTER 5
轻量化多层板连接冲铆设备

西安交通大学　范淑琴　赵升吨　陈超

5.1　工作原理、特点及主要应用领域

随着汽车工业的发展，大量轻质材料如铝合金、镁合金和高强度钢板等得到了广泛的应用，传统的板材连接方法已经不能完全满足工业工程领域内的使用要求，存在生产效率低、成本高、对板材表面质量要求高等缺点，而冲铆工艺能够满足钢材或铝等轻型材料的连接要求，铆接过程中无化学反应，其抗静拉力和抗疲劳性都要优于点焊工艺，且板材在铆接时不需要钻孔，工艺步骤简化，节约成本，并适用于汽车车身高效率的生产，有效地攻克了铝点焊产生的各种难题，近年来冲铆连接方式被越来越多的应用在车身生产制造中。目前，冲铆工艺包括锁铆连接和无铆连接两种方式。

5.1.1　锁铆连接的工作原理、特点及主要应用领域

锁铆连接是汽车工业、钣金、家用电器、工业电器和建筑五金等领域中广泛使用的板材连接工艺，具有连接质量好、成本低和连接效率高、质量好等优点。

1. 锁铆连接的工作原理

锁铆连接是指锁铆铆钉是在外力的作用下，通过穿透第一层材料和中间层材料，并在底层材料中进行流动和延展，形成一个相互镶嵌的永久塑性变形的铆钉连接过程。锁铆连接的过程如图 5-1 所示。

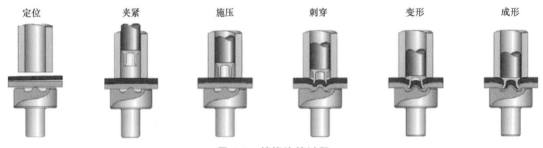

| 定位 | 夹紧 | 施压 | 刺穿 | 变形 | 成形 |

图 5-1　锁铆连接过程

一般情况下，锁铆连接工艺可以分为三个阶段：

1）板料准备压入阶段。首先将被连接的工件放在凹模上，固紧件向下运动至被连接工件上，被连接的工件被固定在固紧件和凹模之间。

2）成形初始阶段。随着凸模向下运动，铆钉冲切凸模侧的被连接件。

3）成形阶段。继续加压，铆钉切断穿过凸模侧的被连接材料，且铆钉本身张开，凹模侧的板材塑性变形产生了封闭端，封闭端的形状由凹模的形状所决定。

2. 锁铆连接的特点

与传统连接技术相比，锁铆连接具有如下优势：

1）连接质量好。锁铆连接的动态疲劳强度高、冲击能量吸收性能好、重复连接可靠性高、可无损伤检测连接质量。

2）综合成本低。锁铆连接无需连接前后的处理工序、单一工序、工作效率高、操作成本低、能耗低、无需额外的环保和劳保投资。

3）连接组合广。锁铆连接可连接不同材质、不同厚度组合，可连接不同硬度、不同强

度组合，可连接中间层有结构胶组合，可连接多层材料组合。

4）设备效率高。锁铆连接设备可实现铆接自动化，易于与生产过程自动化集成，铆接质量由设备决定。

3. 锁铆连接主要应用领域

1）汽车工业中的应用，如图 5-2 所示。

2）在运输工具中金属和复合材料的组合件零件。

3）白色电器物品。

4）建筑技术。

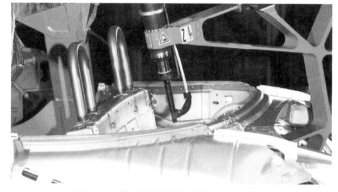

图 5-2　锁铆连接在汽车工业中的应用

5.1.2　无铆连接的工作原理、特点及主要应用领域

1. 无铆连接的工作原理

无铆连接（Clinching）是指专用的无铆连接模具在外力的作用下，迫使被连接的材料组合在连接点处产生材料流动，形成一个相互镶嵌的塑性变形的连接过程。图 5-3 所示为无铆连接的过程。

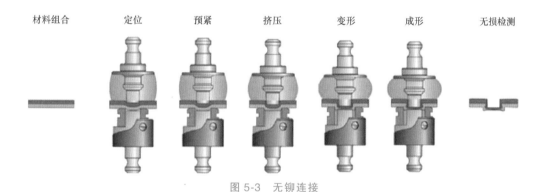

材料组合　　定位　　预紧　　挤压　　变形　　成形　　无损检测

图 5-3　无铆连接

一般情况下，可以根据冲头的位置确定无铆钉连接过程的四个阶段。

1）板料初压阶段：从冲头接触上侧板件开始，至下侧板件接触下模具底部平面为止。在这个过程中，上侧板件在冲头作用下弯曲并受挤压，局部发生塑性变形，下侧板件发生弯曲。

2）成形初始阶段：这一阶段从下侧板件接触下模具底部平面开始，至下侧板件和下模具底平面完全接触时为止。这一阶段开始时，冲头下行，下侧板件底部受到下模具底部平面的约束，此时，下侧板件变形后形成的侧表面尚未受到下模具内侧表面的约束，在此阶段，由于冲头的挤压作用，上侧板件在冲头的圆角处受挤压变薄，其颈部金相组织被强化。

3）成形阶段：冲头继续下行，由于下模具的环形凹槽对下侧板件的圆角处无约束，材料在力的作用下向凹槽处流动，填充下模具的环形凹槽。而上侧板件圆角处的材料也同时向凹槽处流动。颈部的组织被强化，上侧板件材料沿着最小阻力的方向流动，材料被挤向两边，挤入凹模侧的板件中，使上侧板件嵌入下部材料中，此时冲压连接圆点基本形成。

4）保压阶段：在这一阶段冲头继续下压。材料完全充满整个凹槽，冲压圆点完全形成，保压能够防止回弹。

无铆连接变形过程相对比较简单，但是在生产实际中，无铆连接点的质量会受到诸多因素的影响，主要包括连接设备、连接过程、材质组合和连接模具。连接设备主要包括连接设备的结构、连接设备的动力、静态变形特性和连接过程的控制对成形工艺的影响；连接过程包括空间定位、工作循环和周围环境的影响；材质组合包括被连接板材、板材厚度、板材强度、表面状况、几何形状和连接位置的可进入性的影响；连接模具包括上模的结构、下模的结构、脱模器、连接力和脱模力的影响。

2. 无铆连接的特点

无铆连接和其他传统连接技术相比，具有如下特点：

1）低成本优势：与焊接或铆钉连接相比，成本节约 30%~60%。

2）连接质量优势：动态疲劳强度远远高于点焊。

3）质量检测优势：连接点可无损检测，连接过程可自动监控，作业数据自动生成和存储。

4）生成简化优势：优化的连接工艺、无需铆接前后的处理工序，可实现多点同时连接，工作效率更高。

锁铆连接及无铆连接与传统连接方法的对比见表 5-1，从表中可以明显看出锁铆连接和无铆连接的优点。

表 5-1 锁铆连接及无铆连接与传统连接方法的对比

连接类型	无铆连接	锁铆连接	点焊	传统铆接	螺纹连接	胶接
动态连接强度	高	高	低	较低	低	较高
静态连接强度	高	较高	高	高	高	较高
连接镀层材料	能	能	通常不能	能	能	能
连接不同材料	能	能	困难	能	能	能
辅助材料	无	铆钉	焊条	铆钉	螺钉	胶黏剂
辅助工序	无	无	无	钻孔	钻孔	无
棱角、毛刺、铁屑	无	无	无	无	有棱角	无
能耗	很低	低	高	高	高	低
投资费用	低	较低	高	高	高	一般
工作环境	很好	很好	差	较差	好	较差
操作复杂程度	很简单	简单	简单	复杂	简单	简单
重复性	很好	好	好	可以	好	好
与黏接剂结合	很好	很好	差	一般	一般	很好

3. 无铆连接的主要应用领域

无铆连接几乎被应用于所有的技术领域，其应用实例如图 5-4 和图 5-5 所示。

1）汽车制造业：如轿车的车门部件、发动机盖板、加强件、转向装置及横梁部件等的固定。

2）通风和温度调节技术：通风装置系统、冷却设备壳体、风轮、过滤网等的固定。

3）白色电器物品：如壳体的固定。

4）建筑领域：管夹的连接和在屋檐的固定。

5）电子工业：电子组件的固定。

6）照明技术：顶板灯和霓虹灯的制造。

① 车门部件
② 挡泥板紧固元件
③ 发动机盖板
④ 加强件
⑤ 转向装置
⑥ 横梁部件
⑦ 滤清器壳体

图 5-4　用无铆钉塑性成形连接的白车身零件

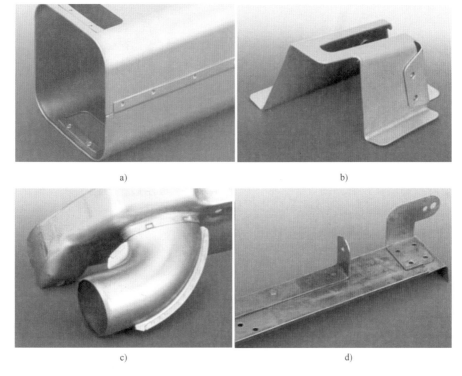

a)　　　　　　　　　　b)

c)　　　　　　　　　　d)

图 5-5　无铆连接在其他行业中的应用

a）废弃物容器/铝板　b）缓冲架/钢板　c）通风管接头/钢板铝板　d）固定带/铜板

7）医学技术：牙科仪器的壳体制造。

8）家用电器：抽油烟机盖的生产。

9）计算机技术：框架部分的连接等

10）家具工业：扶手在基板上的固定。

5.2　设备的主要结构

5.2.1　锁铆连接设备的主要结构

目前，锁铆连接设备主要包括手钳型、标准型和设备定制型。手钳型的设备装置如图5-6所示，主要用于大型固定件、试件车间原型样件生产，生产线连接设备的补充，现场安装和维修，手钳型的锁铆连接设备具有如下特点：

1）易于携带、操作简单。

2）连接力可调。

3）可匹配不同喉深的 C 形钳体。

4）标准喉深：35mm、140mm、200mm。

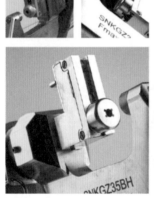

图 5-6　手钳型

标准型的锁铆连接设备如图 5-7 所示，应用于手工单机生产，通用工业规模化铆接生产中，标准型的锁铆连接设备具有如下特点：

1）柔性化设备，与带状铆钉匹配使用。

2）铆钉自动送料并定位。

3）铆接时间短（<3s）。

4）铆接质量由铆接力决定，铆接力可根据应用任意调整设定。

5）结构紧凑，易于维修。

客户定制型的锁铆连接设备如图 5-8 所示，适用于汽车工业、要求铆接过程监控的其他工业客户定制型的锁铆连接设备具有如下特点：

1）满足客户不同的生产要求。

2）模块化设计，系统结构紧凑可以柔性组合，节约空间。

3）铆接过程自动监控，保证铆接质量。

4）系统自诊断功能，易于维护。

5）生产参数、过程参数和结果数据可以存储，便于分析不良原因和工艺改进。

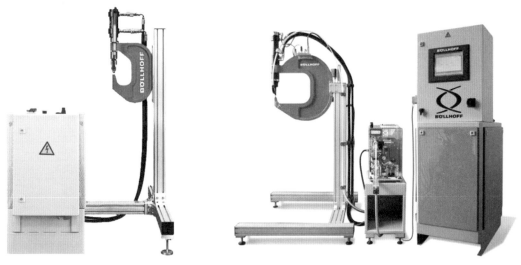

图 5-7　标准型　　　　　　　　　　　　　　图 5-8　客户定制型

武汉埃瑞特机械制造有限公司（简称埃瑞特公司）是国内第一家提供锁铆连接设备的厂家，IRIVET 锁铆连接设备如图 5-9 所示，主要包括手持式和台式两种，设备型号及相关参数见表 5-2。

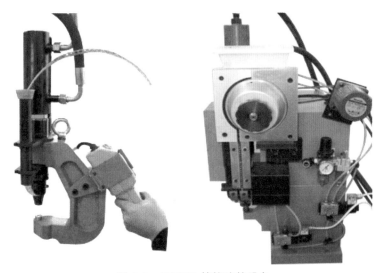

图 5-9　IRIVET 锁铆连接设备

表 5-2　IRIVET 锁铆连接设备参数

型号	手持式 ZCM-5	台式 ZCM-5T
结构形式	手持式	台式
公称力/kN	50	50
铆钉形式	料带式	散装

主机是否支持一拖二	支持	支持

（续）

型号	手持式 ZCM-5	台式 ZCM-5T
工作压力/MPa	31.5	31.5
铆接次数/min	14～25	14～25
钳口尺寸(开口)/mm 定制尺寸(喉深)/mm	最大60(可调) 80	30 80
额定流量/(L/min)	18	18
平衡装置	弹簧平衡装置	无
电控系统	有	有
数字显示控制系统	是	是
点动功能	有	有
控制方式	控制手柄	脚踏开关
电动机功率/kW	4	4
钳体质量/kg	18	—
机器含液压站总质量/kg	200	240
外形尺寸/(mm×mm×mm)	180×65×510	550×420×750
液压站外形尺寸/(mm×mm×mm)	650×450×720	650×450×720

　　料带式铆钉是为了配合手持式锁铆设备上料而专门设计的，料带上安装有铆钉，通过料带的移动，铆钉逐颗送到自冲铆接机枪室，从而完成铆接自动化的过程。散装铆钉是为了台式自冲铆接机而设计的，台式自冲铆接机安装有自动选钉盘、自动送料滑道，用户只需把散装铆钉导入自动选钉盘的铆钉储藏室即可，铆钉会全自动地送入铆接位置。

　　ZCW-5锁铆设备一般由铆接头、悬挂系统、液压系统、电控系统等部分组成，铆接头如图5-10所示，主要包括料带管、导向座、下基板活塞等。铆接头外形尺寸如图5-11所示。

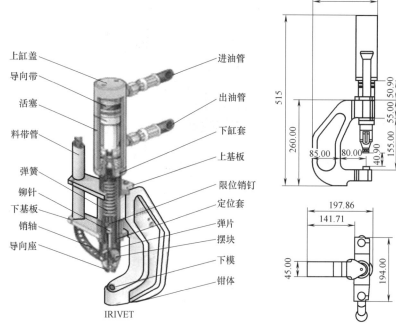

图5-10　ZCW-5铆接头

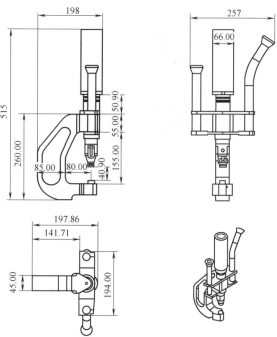

图5-11　ZCW-5铆接头外形尺寸

电控系统是锁铆设备的核心，手柄开关是枪头部分唯一的控制系统，由于在工作时需要控制的参数很多，因此控制功能要求较高。锁铆设备的电控系统必须具备以下功能：

1）手动功能，也可称为点动功能，在锁铆连接过程中通过控制手柄的上下键实现对冲头的控制，手动功能主要应用于安装铆钉、模具对中、试制和生产维护等场合。

2）半自动功能，根据设定的参数进行铆接，按下下按钮不松开，到达设定参数值后冲头自动返程，在工作过程中松开下按钮设备会停止铆接。该功能主要适用于小批量生产和新员工的培训期生产。

3）自动功能，按下下开关，设备按照参数设定自动完成铆接过程，主要使用于批量生产。埃瑞特公司专门为锁铆设备开发的专用电控，其参数设定非常方便，显示屏会即使显示参数的变化，同时还能对加工件数进行计数，这些创新的设计和功能目前进口的自冲铆接机都不具备。

5.2.2　无铆连接设备的主要结构

无铆连接装置是一种利用板料塑性实现机械连接的设备，广泛应用到汽车、飞机、家用电器等领域中，较大程度地实现节能环保。塑性成形连接装备和压力机的组成部件基本相同，主要包括三个部分：C 形框架、动力源和模具。目前市场上常见的冲压连接设备品牌有TOX、BTM、Attexor、Bollhoff 等，已开发出系列的模具产品和压力专用设备以及配套监控设备。压力设备分为 C 形、柱式和微型等结构类型，设备的动力可以是机械的、液压的、气压的或气液压。目前，TOX 无铆连接设备主要包括手钳型、模板化型和客户定制型。图5-12所示为手钳型无铆设备，其结构尺寸如图 5-13 所示，两种手钳型设备的型号参数见表 5-3。

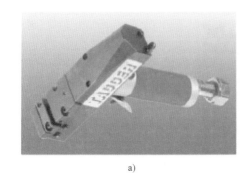

a)

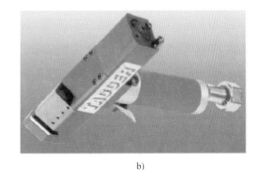

b)

图 5-12　手钳型无铆设备

a）TAGGER320　b）TAGGER320V1

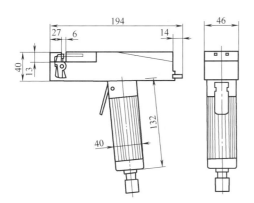

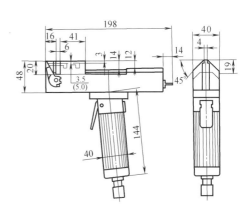

图 5-13　手钳型无铆设备外形结构

手钳型设备在板料连接时方便携带，主要用于钢板之间的连接。

表 5-3　TOX 手钳型无铆连接设备参数

型号	TAGGER320	TAGGER320V1
手钳质量/kg	2.1	2.1
系统总质量/kg	10.4	10.4
最小气压/bar	4	4
最大气压/bar	6	6
驱动油压/bar	365	365
驱动气压/bar	6	6
凸凹模开口高度/mm	6	6
循环时间/s	0.6	0.6
普通钢组合厚度/mm	2.0	1.8
不锈钢组合厚度/mm	1.4	1.2

注：$1bar = 10^5 Pa$。

　　机器人式无铆连接设备如图 5-14 和图 5-15 所示，设备参数见表 5-4。机器人模块化生产主要适合于大批量自动化生产，根据生产实际需要更换无铆连接模块，实现不同板材之间的连接，适用于铝板和铝板、铝板和钢板、钢板和钢板之间的连接。此外还可以根据客户的需求进行定制无铆连接设备。

图 5-14　机器人式无铆连接设备

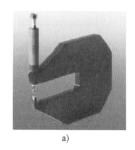 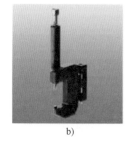 

a)　　　　　　　　　　b)　　　　　　　　　　c)

图 5-15　机器人模具模块化设备

a) P35S　b) P50S　c) P75S

表 5-4　机器人模具模块化设备参数

型号	P35S	P50S	P75S
压缩空气/bar	6	6	6
最大连接力/kN	35	55	105
工作循环时间/s	0.8~1.5	0.8~1.5	1.5
增力气缸	S20-60 型	S40-60 型	S80-60 型
铝板组合厚度(圆点模具)/mm	3	4	6
铝板组合厚度(矩形模具)/mm	3.5	4	6
钢板组合厚度(圆点模具)/mm	3.0	4	6
钢板组合厚度(矩形模具)/mm	3.5	4	6
适用的模具组合	圆点模具	矩形点/圆点	矩形点/圆点
行程/mm	10~15/25~50	10~15/25~50	10~15/25~50

　　博尔豪夫（Böllhoff）无铆连接设备主要包括驱动装置、IPC 显示器、控制单元和定位装置，如图 5-16 所示。该设备主要通过机械电子压力驱动，通过伺服电动机驱动曲柄连杆机构来实现无铆连接过程的控制。曲柄连 IPC 显示器可以实时监测设备运行曲线，确保无铆连接接头的质量符合设计要求。

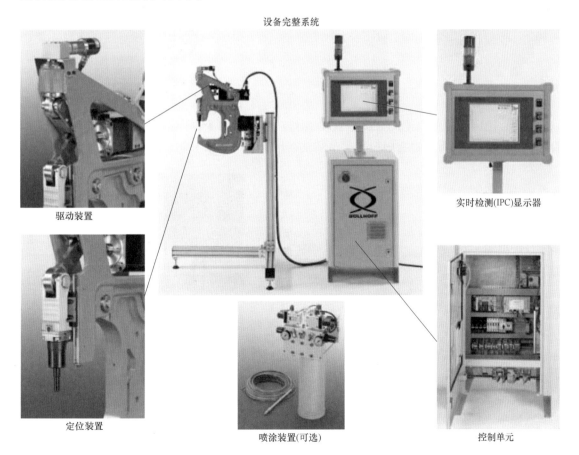

设备完整系统

驱动装置

定位装置

喷涂装置(可选)

实时检测(IPC)显示器

控制单元

图 5-16　博尔豪夫（Böllhoff）无铆连接设备

在无铆连接过程中，必须保证冲头和下模具的精确对中。为了保证冲头和模具完全对中，在肘杆和冲头基座之间设置一个调整块，调整块的原理如图 5-17 所示。调整块分上下两层，分别用螺母丝杠机构实现冲头在水平方向上左、右和前、后位置的调节，从而精确调整冲头位置与下模具对中。

从客户的需求角度来讲，一种最具柔性的铆接系统指的是一台设备能够制造多类型、大尺寸范围的铆接接头。因此，首次在设备上采用 RIVCLINCH ARC-E 控制系统，运动控制系统如图 5-18 所示，可实现对任意一个铆接点的底厚值的调整控制。这种绝对精确的控制使客户能够储存每一条铆接过程曲线及其相应的底厚值。

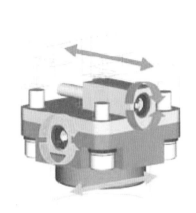

图 5-17　冲头调整装置

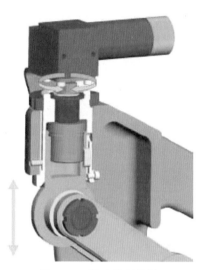

图 5-18　运动控制装置

目前，国内无铆连接设备主要是 TOX 连接设备，生产无铆设备的厂家主要包括武汉埃瑞特（IREVET）机械制造有限公司、一浦莱斯精密技术有限公司、无锡大禹气动铆接设备有限公司等。以一浦莱斯 FCE08-500 型无铆连接机为例，对无铆连接设备进行介绍。

一浦莱斯 FCE08-500 型无铆连接设备的总体框架，包括气液增力缸、数码压力开关、上下模具、电控箱、C 形框架、电磁阀、气源三联件和脚踏开关等，如图 5-19 所示。一浦莱斯无铆连接设备的核心是 TOX 气液增力缸。气液增力缸是一个内置液压油系统的气液增压动力装置，通过空气压缩机提供的气体实现设备能量的传递，采用 2~6bar 压缩空气驱动，可使冲头产生 2~2000kN 的冲压力。FCE08-500 型无铆连接设备的参数见表 5-5。

图 5-19　FCE08-500 型无铆连接设备

表 5-5　FCE08-500 型无铆连接设备的参数

设备名称	FCE08-500 无铆连接机	设备名称	FCE08-500 无铆连接机
设备型号	FCE08-500	力行程/mm	12
设备编号	E2012116	控制系统	STE-01-T-08
气液增力缸型号	QS8.30.100.12	电源	220V，50Hz
最大冲压力	74kN/6bar	气源	清洁干燥的压缩空气
额定最大气压/bar	6	环境温度/℃	0~60
总行程/mm	100	海拔高度/m	不超过 1000

TOX 气液增力缸工作示意图如图 5-20 所示，其运动过程可以分成四个阶段：

1）静止状态，如图 5-20a，所有 TOX 气液增力缸返回行程，空气接口 2 通压缩空气。配置空气弹簧的 TOX 气液增力缸，其气簧空气接口接入压缩空气，其他区域均无压力作用。此状态为静止状态，设备无任何操作。

2）快进行程，如图 5-20b，主控阀 A 启动后，压缩空气进入活塞腔 4，而此时活塞腔 2 排气。工作活塞 C 在快进启动压力作用下快速外伸。在快进行程中，储油活塞 G 在弹簧 H 的作用下，将储油腔 F 中的液压油挤压入高压油腔 D。当工作活塞 C 在某一位置碰到阻力，即待连接板料与冲头接触的瞬间，则力行程转换控制阀 B 即自动打开。调节节流控制阀，可改变力行程转换控制阀 B 的开启速度。

3）力行程，如图 5-20c，压缩空气进入增压活塞腔，增压活塞 I 穿过高压密封 E，将液压油腔分为工作油腔 D 及储油密封 F，并在工作油腔 D 内产生油压。由增压活塞 I 挤压产生的高压油作用在工作活塞 C 上，产生力行程。此时静载荷作用于板料，直到能量全部释放。

4）返回行程，如图 5-20d，主控制阀 A 转向后，力行程转换控制阀 B 自动换向，气腔 6 排气。工作活塞 C 及增压活塞 I 返回静止状态。

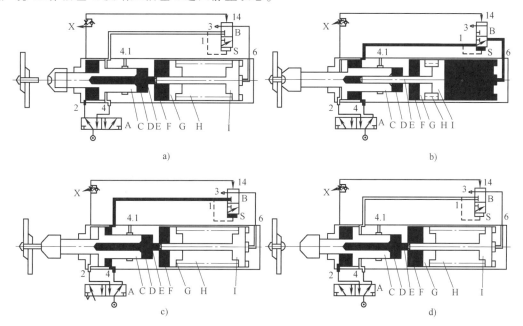

图 5-20　S 型 TOX 气液增力缸工作示意图

a）静止状态　b）快进行程　c）力行程　d）返回行程

FCE08-500 铆接机采用脚踏开关控制设备启动，压力开关控制设备返程，并通过调节压力开关的油压设置来控制加工质量。在工作状态下，踩下脚踏开关，设备启动。气液增力缸进入快进行程，上模具快速小力到位，与工件无冲击软接触。在快进行程中的任意时刻或位置，松开脚踏开关或单手按钮，上模具立即自动返程，以此保护操作者人身安全，也可以防止模具受到损坏。上模具接触到工件后，气液增力缸即自动转为力行程进行冲压加工，同时系统自锁，此时无论是否松开脚踏开关或单手按钮，上模具都不会返程。当冲压力达到设定值，则压力开关提供返程信号，控制上模具自动返程。若冲压力达不到设定值，上模具则不返程。

5.3 今后主要研究与开发的内容

5.3.1 铝合金在汽车中的应用

目前，铝合金件的冲铆工艺在国外已经广泛使用，各国使用情况见表 5-6。

表 5-6 各国使用情况

地区	轿车型号	零部件种类
欧洲	奔驰 S 级	发动机舱盖
	奥迪 A6	发动机舱盖
	奔驰 E 级	发动机舱盖、翼子板、行李箱盖
	奥迪 A8、A2	全铝汽车
	沃尔沃 S60	发动机舱盖
	沃尔沃 S70	后车门
	大众 Lupo	全铝汽车
	雷诺 Laguna	发动机舱盖
	标志 307	发动机舱盖
	雪铁龙 C5	发动机舱盖
	捷豹 XJ、XK	全铝汽车
北美	通用凯迪拉克 Seville	发动机舱盖
	通用 C/K Truck	发动机舱盖
	福特 Lincoln	发动机舱盖
	福特 Ranger	发动机舱盖
	福特 F150	发动机舱盖
	克莱斯勒 Jeep	发动机舱盖
日本	丰田 Soarer	发动机舱盖、车顶、行李箱盖
	丰田 Altezza Gita	后车门
	日产 Cedric	发动机舱盖
	日产 Cima	发动机舱盖、行李箱盖
	日产 Skyline	发动机舱盖
	本田 S2000	发动机舱盖
	本田 Insight	全铝汽车

（续）

地区	轿车型号	零部件种类
日本	马自达 RX7	发动机舱盖
	三菱 Lancer Evo	发动机舱盖、翼子板
	斯巴鲁 Legacy	发动机舱盖
	斯巴鲁 Imprezza	发动机舱盖
	大发 Copen	发动机舱盖、车顶、行李箱盖
韩国	现代 Motors Equus	发动机舱盖
	现代 Motors Genesis	发动机舱盖

　　在欧洲、美国、日本等主要汽车生产企业中，轿车的覆盖件已部分或全部采用铝合金材料。如亨利福特 Model-T 型汽车、福特 Prodigy、捷豹 newXJ、法拉利 360 赛车、Daimler-Chrysler Prowler、VW3L、Lupo、奥迪 A2、A8 及本田混合动力轿车、NSX 等车型的覆盖件全部为铝合金材料。福特 Ranger、丰田 Crown 等采用铝合金覆盖件的部位主要集中在轿车的发动机盖板。其他车型，如雪铁龙 C6、马自达 RX-8、宝马 5、7 系列等，均在车顶、行李箱盖内外板、车门、发动机盖板和翼子板等部位也采用铝合金材料。

　　近几年，随着国外车型被不断引入中国，冲铆连接技术也被大量的带入中国汽车行业中，如富康、奥迪 A6、帕萨特、宝来、广州本田等，尤其是上海大众 2002 年与世界同步推出的 POLO 轿车，首次在白车身上将 TOX 连接工艺大规模地带入中国。图 5-21 所示为 POLO 轿车的后行李箱，共 79 个 TOX 连接点。图 5-22 所示为无铆钉连接工艺在中国一汽大众汽车上的应用情况。图 5-22a 为行李箱内板，该部分的材料为 5052 铝合金，图 5-22b 为行李箱外板，使用了 6××× 系铝合金，即能够进行热处理强化、喷漆等处理的板料。图 5-22c 为

图 5-21　POLO 轿车后行李箱盖

翼子板，该部分材料为 6061 铝合金板料。图 5-22d 为前盖内板，使用 5052 铝合金板料。

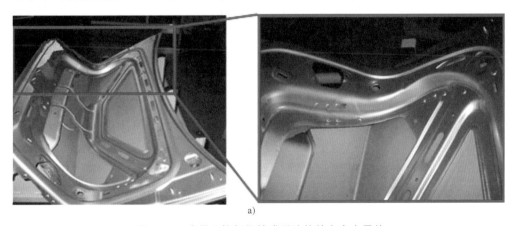

a)

图 5-22　应用无铆钉塑性成形连接的白车身零件

a）行李箱内板

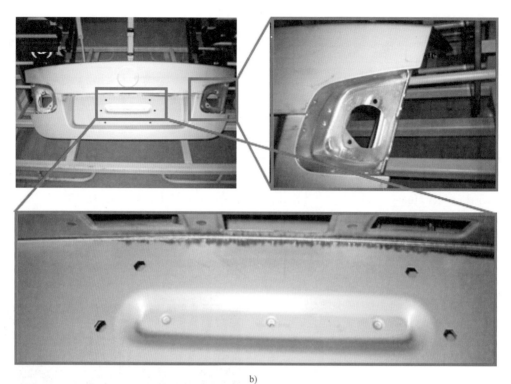

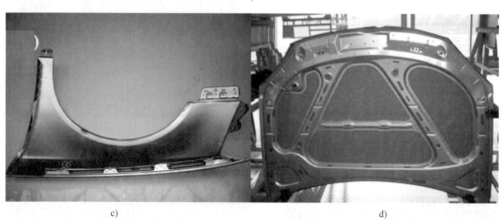

图 5-22　应用无铆钉塑性成形连接的白车身零件（续）

b）行李箱外板　c）翼子板　d）前盖内板

5.3.2　国内冲铆技术与发达国家的差距

早在 1897 年，无铆连接技术就已经申请了专利，但是直到 20 世纪 80 年代末，无铆连接技术才被广泛应用于工业生产，主要原因是德国托克斯（TOX PRESSOTECHNIK）研究开发的专利技术，解决了传统连接方法难于实现的板材连接问题，实现了异种板材、镀层板材以及多层板材等板材的连接，极大地促进了轻质材料等在汽车工业中的应用。

理论上讲，金属板材具有一定的塑性变形能力，均可以采用冲铆连接。实际应用中常用的材料主要包括钢、铝（铝合金）以及其他带有涂层的有色金属。由于冲铆连接技术在经济、环保以及性能可靠性等各方面的突出优点，目前在世界范围内得到了广泛的认可和接受，并广泛应用于汽车工业和家电制造等行业。国外的一些知名汽车厂商，如奔驰、宝马、奥迪、大众、通用等，早已在车身制造业中广泛采用冲铆连接技术。在国内，该技术的应用才刚刚开始，一些汽车零配件厂也开始采用冲铆连接技术对汽车上的个别零部件进行连接生产。与发达国家存在很大的差距，主要表现在以下几个方面：

（1）前沿技术落后于发达国家　近年来我国的冲铆技术虽然取得了进展，但是仍落后于发达国家。

（2）模具设计理论及方法　由于板材成形过程中受到多种因素的影响，至今并没有一套公认的理论体系来描述无铆连接的成形机理，导致了无铆连接技术的发展至今仍处在科学试验阶段。国外在模拟技术、虚拟设计及软件开发等方面取得较多创新，基本上实现零试模或可大大减少试模次数，而国内尚未建立完整的、大型的数据库和专家库，软件开发刚刚起步，差距较大。

（3）在模具结构创新和精密现代化加工方面有较大差距　国外已开创出多种新的先进结构模具，加工精度达到了很高水平，能大批量生产，产品质量十分稳定，而我国在这方面还处于起步阶段。

（4）自动化程度低　目前，国内的冲铆设备主要包括手钳式和台式，与发达国家相比，其可靠性、运行平稳程度、可操控性等方面仍然存在差距。

5.4　发展趋势

目前，汽车轻量化已成为降低油耗和提高燃油经济性的基本途径之一，汽车轻量化技术是目前汽车工业研究的热点问题。轻量化技术主要是通过优化汽车结构和采用轻质材料来实现。冲铆技术作为一种可实现轻质板材连接的新技术，目前迫切需要解决的问题如下：

（1）建立完整的冲铆连接理论体系　虽然冲铆连接技术已经成功运用于汽车工业及其他行业中，当前并没有完整的理论体系来描述冲铆连接成形过程，因此，在以后的发展过程中，需要通过数值模拟、理论研究和试验相结合的方法，建立一套完整的冲铆连接成形过程的理论体系。

（2）自动化发展趋势　开发智能化模具选型系统，减少试验次数和成本，提高企业的生产效率；建立冲铆连接过程的自动监控系统，对板材的连接厚度、连接质量控制参数、连接模具是否磨损进行在线监测。

（3）柔性制造系统　将冲铆连接与机械手集成，实现具有可重构性、可兼容性、可扩充性等特点的制造系统，实现标准化、模块化的生产线，不仅可以提高生产效率，而且可以减少生产成本。

（4）板材连接技术复合化　每一种板材连接技术都具有自己的优缺点，不能满足所有的板材之间的连接，如无铆连接技术不能在常温下实现镁合金板材的连接，镁合金连接技术一旦成熟，将会带来巨大的价值。在生产实际中，可根据板材的特性选用相关系列的板材连接方式，以实现板材连接点质量最优的效果。

第 6 章 CHAPTER 6
伺服液压机

西安交通大学　赵升吨　陈超　范淑琴

6.1 伺服液压机简介

伺服液压机是一种以液体为工作介质，应用伺服电动机驱动主传动液压泵，通过液压系统驱动滑块运动的一种液压机。伺服液压机采用伺服电动机进行驱动，可以减少控制阀回路。伺服液压机采用大功率交流伺服电动机取代普通交流异步电动机，通过交流伺服电动机带动液压泵作为能量源，通过控制交流伺服电动机的转速来控制泵的转速进而控制其流量和流速。大功率交流伺服电动机具有效率高、可控、可调、可靠性好的优点，从而可以简化液压机的液压系统结构，提高液压机的工作性能。

伺服液压机的主液压泵采用伺服电动机驱动，液压机滑块处安装位移传感器，液压机的主液压缸上腔安装有压力传感器，如图 6-1 所示。控制器根据压力信号、位置信号、速度信号等计算出伺服电动机的转速，从而控制液压泵的输出，实现压力、位置、速度的精准控制。伺服液压机不需要复杂的压力控制阀、流量控制阀等元件，简化了液压控制回路，依靠调节伺服电动机的转速，来控制液压机的压力、速度、位置等参数。

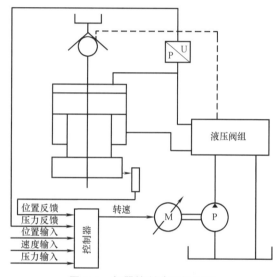

图 6-1　伺服控制液压机原理

伺服液压机充分利用伺服电动机可频繁启动、可变速的特性，实现伺服控制，从而减少液压机能耗，提高液压机工作性能。难变形材料如镁合金的塑性成形一直是金属成形加工的一个难题，高温下变形速率对镁合金成形性能和成形质量有着重要影响，采用普通的液压机很难成形这些材料，而伺服液压机由于具有优良的工作性能，很适合应用于加工这些材料。

伺服液压机具有高效性、高精度、高柔性、低噪环保性等特点，使得它的应用将越来越广泛，在成形工艺中的应用也将越发重要。伺服液压机在一些重要的制造领域，如电子产品、汽车等精密制造领域发挥着越来越重要的作用。

伺服液压机可用于拉深、冲裁、弯曲和冷锻等汽车零部件的生产制造。采用计算机控制，利用数字技术以及反馈控制方法达到高精度控制：既可对压机滑块位置进行控制（滑块的位置重复控制精度为 ±0.01mm），也可对滑块速度进行控制，同时，还可对滑块的输出力进行控制（控制精度可达滑块最大输出力的 1.6%），从而使汽车制造中采用高强度钢板、铝合金板材的大型覆盖件的成形成为可能。与此同时，改善了压机工作环境，降低了噪声和振动，为拓展新加工工艺和模具制造方法提供了广阔前景。

伺服液压机和普通液压机相比，具有以下优点：

1）柔性高，滑块运动数控伺服。普通液压机工作时的行程和速度都是通过手动调节的，控制精度低。采用了伺服阀和伺服泵控制的液压机可以通过数控方式实现液压机的控制，但也存在着控制精度低、可控范围窄和能量利用率低等缺点。伺服液压机采用伺服电动机作为主驱动源，通过调节伺服电动机的转速和方向，控制滑块的运动速度和位置，可以方便地实现滑块运动的数控伺服。伺服电动机具有响应速度快、调节精度高和调速范围宽等优点，不仅可以实现锻压能量的伺服控制，还可以在需要的范围内数字设定滑块的工作曲线，有效提高压力机的工艺范围和加工性能。在锻压阶段和回程阶段可以采用不同的运动速度，满足滑块对低速锻压和快速回程的工作需求。通过伺服控制滑块的运动曲线，有利于提高锻件精度，延长模具寿命。

2）结构紧凑，维护保养方便。普通的液压机需要复杂的液压控制回路，结构复杂，占用空间大，维护保养不便。伺服液压机采用伺服电动机实现伺服控制，可以省去部分复杂的回路系统，对液压机的液压回路进行简化，有利于液压机的维护保养。由于省去了部分复杂的液压回路，伺服液压机可以降低生产成本。

3）节能降噪，提高能源利用率，改善工作环境。普通的液压机在工作时噪声大，严重污染工业生产环境，影响操作人员的身体健康。伺服液压机比普通液压机平均可降低噪声3~20dB，有效改善工业生产环境。普通液压机在工作时耗能多，能源利用率低。伺服液压机与普通液压机相比平均可节约电能20%~60%，节能效果显著，能源利用率高。

4）生产率高。由于滑块的运动曲线可以根据需求进行设置，所以可以根据需求调节滑块的运动速度和滑块行程次数。伺服液压机的行程可调，行程次数相应可以提高；在保证行程次数不变的情况下，可以提高非工作阶段的行程速度，降低冲压阶段的锻冲速度，提高工件的加工质量。相比于普通液压机，伺服液压机的生产率得到了很大提高。

5）发热少，减少制冷成本和液压油成本。伺服液压机液压系统无溢流发热，在滑块静止时无流量流动，故无液压阻力发热，其液压系统发热量一般为传统液压机的10%~30%。由于系统发热量少，大多数伺服液压机可不设液压油冷却系统，部分发热量较大的可设置小功率的冷却系统。由于泵大多数时间为零转速和发热小的特点，伺服控制液压机的油箱可以比传统液压机油箱小，换油时间也可延长，故伺服液压机消耗的液压油一般只有传统液压机的 0.5 倍左右。

6.2　伺服液压机的国内外研究现状

1994 年，日本株式会社小松制造所（KOMATSU）成功开发出了液压伺服压力机，并提出了自由运动压力机（Free Motion Press）的概念。美国的维德曼（WIDEMANN）和惠特尼（W. A. WHITNEY）公司，德国的通快（TRUMPF）和 NIXOORF DARADORN 公司，日本的会田（AIDA）和日清纺（NISSHINBO）公司，以及瑞士的拉斯金（RASKIN）公司也都在投入资金研发液压伺服压力机、转塔压力机或多工位机械压力机。

2012 年 11 月德国汉诺威机床展上，德国福伊特（VOITH）液压公司展出 1 台 50t 伺服液压机样机，如图 6-2 所示，该样机采用了伺服电动机驱动内啮合齿轮泵，具有优良的工作性能。

近几十年来，直驱容积控制（DDVC）电液伺服系统得到了快速发展，它成功地将变频技术和交流伺服电动机技术应用于液压系统中，由于其液压系统不需要电液伺服阀，所以又称为无阀电液伺服系统。它具有电动机控制的灵活性和液压出力大的双重优点，而且与传统电液伺服系统相比，节能高效、小型集成化、环保、操作方便、价格经济，目前已经在多个领域的装置上得到应用并取得了很大的经济效益。世界上最早研究这种技术的国家是日本、德国和美国。日本第一电气株式会社研究无阀电液伺服系统已有十多年了，其产品也得到了广泛应用，并成功的将其应用在压力机上。日本的液压机生产公司成功将这种直驱容积控制方法应用于液压机，研发了泵控伺服液压机，这种液压机具有柔性高、节能降噪等众多优点，是液压机未来发展的一个重要方向。日本的伺服液压机技术一直处于领先地位。

图 6-2　福伊特（VOITH）公司的50t 伺服液压机样机

日本网野公司已经研发了 20000kN 和 6000kN 的伺服液压机，如图 6-3 和图 6-4 所示，并成功应用于工业生产。

图 6-3　网野的 20000kN 伺服液压机

图 6-4　网野的 6000kN 伺服液压机

很多液压元件生产公司如力士乐、穆格等用交流伺服驱动技术改造液压传动系统，组成了一种新型的交流伺服电动机驱动的液压系统，并成功应用于折弯机、液压机等产品，被称为第三代液压机。

在国内，也有很多的企业院校投入精力和资金进行伺服液压机的研制开发。合肥合锻机床股份有限公司成功研发了 SHPH 系列数控伺服液压机，并成功将该系列液压机投向市场。新一代的 SHPH 系列数控伺服液压机具有节能、降噪和工艺用途广等优点，适用于金属件的冲压、浅拉深、整形、折弯、挤压，以及非金属件如纤维板、玻璃钢和塑料制品的压制成形。

玉环方博机械有限公司是一家专业致力于中小型液压机、伺服液压机及各种非标压力机的设计开发、制造与技术服务的高新技术企业。近些年，玉环方博机械有限公司成功研发了 FBSY-SC 系列四柱式伺服液压机、FBSY-C 系列数控单柱伺服液压机和 BSY-C 系列数控单柱伺服液压机。这些伺服液压机均采用先进的泵控技术，采用伺服电动机直接驱动齿轮泵进行供油，压力稳定，主轴下行重复定位精度高。

西安交通大学赵升吨教授课题组提出了一种无液压泵交流伺服直驱式新型液压机的新原理传动方案，摒弃了传统的液压泵，巧妙地结合了机械压力机的飞轮传动与螺旋压力机的螺旋传动方式，采用交流伺服电动机直接驱动丝杠-螺母运动副的方式产生所需的油的压力势能，并采用液压增压缸原理，实现低速增力压制工作，回程采用刚性拉杆带动滑块的机械传动方式替代传统的液压回程方式，滑块空程与回程的速度显著提高。图 6-5 所示为该液压传动系统的原理图，滑块的工作流程如图 6-6 所示。

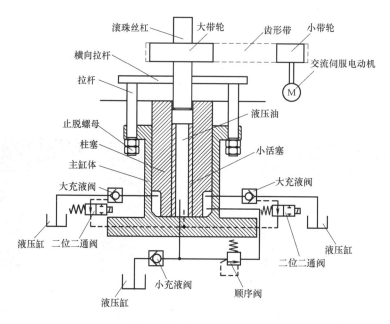

图 6-5　传动系统及其液压系统原理示意图

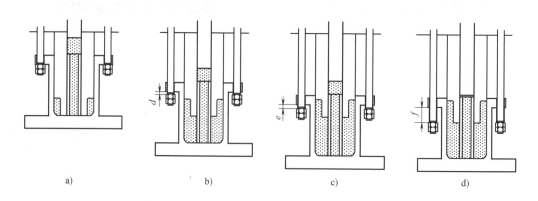

图 6-6　液压机滑块工作流程图

a）初始状态　b）快速下行 200mm　c）工作行程开始　d）工作行程结束

图 6-6a 为液压机的初始状态，滑块即主缸体的下端位于上死点的位置，此时交流伺服电动机正转，滚珠丝杠将下行，滚珠丝杠带动横向连杆、拉杆以及主缸体下行，滚珠丝杠的

下端相当于活塞，推动柱塞内腔油液、小柱塞和主缸体下行，此时大充液阀开启，同时对主缸充液，拉杆和主缸体的法兰分离，如图 6-6b 所示为主缸体快速下行 200mm 时的状态，拉杆和主缸体的法兰已分离，分离距离为 d mm；滑块即主缸体的下端接触到工作台上的负载，液压机开始低速压制状态，此时滚珠丝杠继续下行，副缸内压力将升高达到顺序阀预设开启压力，副缸中的液压油流入主缸中，由于增压作用，主缸内即可产生足够大的液压力，实现低速增力压制，拉杆和主缸体法兰分离距离增大，如图 6-6c 所示为液压机工作行程开始的状态即低速压制状态，拉杆和主缸体法兰分离距离为 e mm；滑块压制结束后即开始回程状态，此时拉杆和主缸体法兰分离距离达到最大 f mm，如图 6-6d 所示，此时交流伺服电动机反转，滚珠丝杠、横向连杆、拉杆组成的整体上行，小冲液阀开启对副缸充液，拉杆走完之前与主缸体法兰分离的距离 f mm 后，止脱螺母将主缸体与拉杆连接，主缸体将在拉杆的带动下以高速同步上行，此时小充液阀关闭，大充液阀反向开启，主缸向液压缸排液，同时顺序阀开启，使副缸中液压油排入主缸。

广东工业大学的孙友松教授等人探讨了节能型交流伺服液压机的工作原理，并对泵控伺服液压机的节能效果进行了分析。表 6-1 为泵控伺服液压机各节能环节。以拉深力 482.08kN，压边力 219.48kN，工件高度 100mm，手工送料，循环时间 33.1s 为试验条件，在两种液压机上进行盒形件拉伸试验，通过试验发现，泵控伺服液压机比普通液压机节能 26.5%。

表 6-1　泵控伺服液压机节能环节

项目	普通液压机		伺服液压机	
	方法	能耗	方法	能耗
待机	泵卸荷	$E_1 = QP_0$	电动机停转	0
主缸调速	节流	$E_2 = P\Delta Q$	电动机变速	→0
主缸调压	调压阀+溢流	$E_3 = Q\Delta P$	电动机变速	→0
主缸保压	溢流	$E_4 = QP$	电动机变速	→0
电动机消耗	感应电动机	20%	永磁同步	10%
冷却消耗	水冷	$\sum E_i$	—	→0

重庆大学的王勇勤教授等人针对现代驱动装置中重载大功率与高精度、快速响应之间矛盾难以协调的难题，提出了电-液混合驱动的新思路，如图 6-7 所示，该系统综合伺服电动机驱动与液压驱动的优点，提出伺服电动机-液压混合分级驱动的思路，将大行程的驱动与高精度的驱动进行集成，提高大功率的驱动速度和驱动精度，为现代重型装备提供大功率精度驱动基础件。

2010 年扬力集团旗下江苏国力锻压机床有限公司立项开发了 125t 混合伺服液压机，如图 6-8 所示，该 125t 混合伺服液压机样机已在 2013 年 4 月的北京国际机床展览会展出。该机的滑块重复定位精度可达到±0.01 mm，在全吨位范围内的定压精度可达±0.02MPa，同时最高速度运行下的噪声只有 72 dB，较欧洲标准的液压机噪声限值 85dB 还要小。该伺服液压机直接通过伺服电动机和定量齿轮泵为液压系统提供能量，只需控制伺服电动机转速就可以得到不同流量，结构简单。

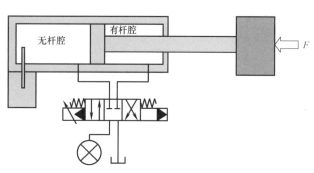

图 6-7 电-液混合驱动装置示意图

图 6-8 北京国际机床展上的
125t 混合伺服液压机

6.3 泵控电液伺服系统的研究

液压机发展趋势之一就是高精度液压机的发展，液压机的高精度要有可控性好、控制精度高的液压系统来保证。电液伺服系统可以充分发挥电子与液压两方面的优点，其具有力或力矩大、精度高、响应速度快及灵活性好等优点，因而得到广泛的应用。

6.3.1 电液伺服系统分类

电液伺服系统主要由电子电气元件、电液伺服阀、液压元件、反馈检测元件和控制对象等组成。根据液压控制元件的不同，电液伺服系统可以分为阀控式和泵控式两大类。

阀控式液压伺服系统是由伺服阀、执行元件、反馈元件、被控对象等组成，执行元件的流量或压力的变化是通过改变伺服阀的流量来实现的。阀控式液压伺服系统具有系统精度高、输出功率大、响应快等优点，因此阀控式液压伺服系统广泛应用于工业生产中。但是其也有固有的缺陷：

1）尽管阀控液压伺服系统具有控制精度高、直线性好及灵敏度高等优点，但污染的液压油容易造成伺服阀的磨损，进而影响伺服阀的控制精度，因此阀控液压伺服系统对油液的纯度要求非常高。该系统需要增加过滤技术以提高工作油的纯度，这样就提高了阀控电液伺服系统的成本。

2）在阀控式液压伺服系统中一般都是定量泵提供液体的压力及流量，因此在系统中存在溢流阀或节流阀，这必将使由节流损失而导致的油温升高。

3）由于伺服阀结构复杂、成本比较高，其价格是普通阀的几十倍甚至上百倍，因此增加了系统的成本。

4）在功率匹配的情况下，伺服阀提供的负载压力最大只有油源压力的 2/3，系统能量浪费严重。

泵控式液压伺服系统一般是由定量泵或变量泵、可调速电动机、执行液压元件等组成，控制执行元件的流量或压力的变化是通过改变泵的流量来实现的。泵控式液压伺服系统因没有节流损失，所以效率高、发热量小。但其也存在以下缺点：

1）该系统具有结构复杂、惯性大、稳定性不好等缺点，因此其控制系统的快速性不如阀控系统。

2）由于该系统速度或压力的变化是通过液压泵流量的改变来实现的，这就需要一套比较复杂的变排量控制机构，因此相应地增加了系统成本。

3）电动机效率随负载而变化，在小载荷时电动机效率低，能量浪费严重。

4）由于变量泵的斜盘倾角变化范围有限，因此液压泵流量变化范围有限，系统的调试范围有限。

6.3.2　泵控式液压伺服系统的研究

西安交通大学的赵升吨团队对伺服直驱泵控式液压传动方式进行了研究，对开关磁阻电动机直驱定量泵控式液压伺服系统和交流伺服电动机直驱变量泵的变量斜盘的闭式液压系统进行了仿真及试验研究。

1. 两类泵控式电液伺服系统的原理

直驱泵控式电液伺服系统就是利用调速电动机调速范围宽、可以频繁换向的优点来取代液压伺服阀的功能。这种电液伺服系统可以分为两种：一种是利用调速电动机通过改变定量泵的转速来改变泵的输出流量，达到调节执行元件速度的目的，这种泵称为直驱定量泵控式液压伺服系统，其原理如图6-9所示；另外一种是通过变量机构来改变变量泵的输出流量，来实现执行元件速度改变的目的，这种系统称为伺服电动机直驱变量泵的变量斜盘的电液伺

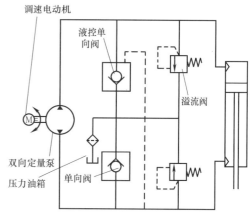

图 6-9　直驱定量泵控式液压伺服系统

服系统，其原理如图 6-10a 所示。变量泵的变量机构有很多种，但常见的是通过液压系统来改变液压泵的斜盘倾角，该方案具有控制精度低，液压泵的响应速度慢的缺点，为了提高变量泵的响应速度、控制精度以及便于实现伺服控制，西安交通大学的赵升吨教授课题组设计了通过交流伺服电动机驱动滚珠丝杠机构来调节液压泵的斜盘倾角，其原理如图6-10b 所示。

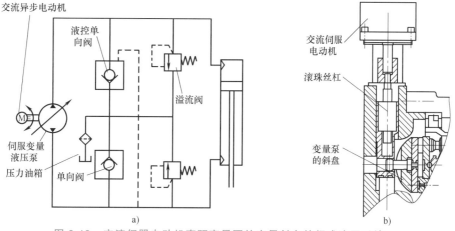

图 6-10　交流伺服电动机直驱变量泵的变量斜盘的闭式液压系统

a）伺服直驱变量泵的变量斜盘液压系统原理　b）伺服变量泵变量原理

2. 试验研究

赵升吨教授课题组分别搭建了前述的两类泵控液压系统的试验台，通过试验对比它们的动态响应特性的差异，并得出结论。

直驱定量泵控式液压系统性能试验：

1）实验台组成。图 6-11 所示为直驱定量泵控式液压伺服控制系统试验台。试验装置主要包括：SR 电动机、双向定量泵、流量传感器、压力传感器、位移传感器、采集卡等，具体元件的安装及位置如图 6-12 所示。

图 6-11　直驱定量泵控式液压伺服控制系统试验装置

图 6-12　试验用部分元件

2）硬件配置信息。数字采集卡、数字示波器、滑阻式位移传感器、液压缸和流量传感器等。

数字采集卡插在计算机主板 PCI 槽上，通过 PCI 通信实现对滑块位移及压力流量信号的采集。表 6-2 为所选 SR 电动机参数，SR 电动机控制器（见图 6-12），其主要作用是通过单片机、外存储扩展芯片和可编程器件 PLD 来实现控制和数据存储功能，内部组成结构如图

6-13 所示。通过 RS232 通信协议与上位计算机进行通信，实现人机交互远程控制，并且也可以通过控制器操作面板和模拟量进行控制。

表 6-2　试验用 SR 电动机参数

参数	数值	参数	数值
型号	SR 电动机 160L-15	转子转动惯量/kg·m²	0.0708676
额定功率/kW	15	对齐位置最大电感/mH	175.24
定子极数	12	非对齐位置最小电感/mH	16.94
转子极数	8	额定转矩调速范围/(r/min)	50~1500
直流电压/V	514	额定功率调速范围/(r/min)	1500~2000
相绕组电阻/Ω	0.95		

数字示波器主要采集试验过程中实时性较高和变化较快的数据或者不方便从控制器存储单元中读出的数据，同时可以检验数据采集卡采集的数据是否正确，从而一定程度上可以减少硬件电路开发的时间。

位移传感器安装在液压机的机身上，与液压机的滑块相连，主要功能为读取液压机滑块的输出位置。使用之前需进行位置标定。

为了加载方便和进行后续试验，本液压系统试验用的液压缸利用 Y41-63 液压机的液压缸进行试验。液压缸的最大行程为 500mm、直径为 180mm，活塞杆的直径为 140mm。

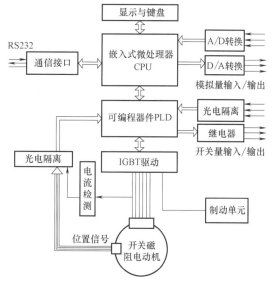

图 6-13　SR 驱动器及其控制器内部结构

流量传感器采用的是陕西大丰科技有限公司生产的流量计，流量计的量程为 180L/min，输出电压为 0~5V，在使用时需进行标定。

3）试验结果及分析。试验时，首先通过改变单向阀的弹簧刚度实现单向阀背压改变，进行了补油单向阀的背压对系统动态响应的试验，确定出合适的单向阀弹簧的刚度，接着对系统进行正弦信号输入的跟踪试验。图 6-14a 所示为系统的单向阀背压为 2N 时，系统对正弦信号的跟踪响应曲线。图 6-14b 所示为在无载荷状况下，为补油单向阀的不同背压对系统动态响应的影响。

从图 6-14 中可以看出，系统存在较大的延迟时间，通过试验得知产生这种现象的原因有三点：一是液压油的可压缩性导致系统响应时间的延迟；二是补油单向阀的背压阻力对液压泵的吸油产生一定阻力，导致液压泵的供油滞后，从而使整个系统产生时间的延迟；三是由 SR 电动机性能测试试验可知 SR 电动机存在一个速度死区，进而影响系统的动态响应性。

由图 6-14b 可知，补油单向阀对系统的动态响应影响较大，当单向阀的背压小于 5N，

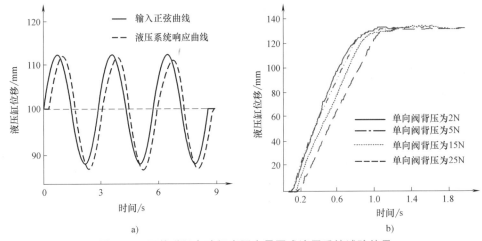

图 6-14　开关磁阻电动机直驱定量泵式液压系统试验结果

a）系统对正弦信号的跟踪响应曲线　b）单向阀的背压对系统动态响应曲线

对系统影响较小，在 5~25N 之间时，系统的响应时间会随单向阀的背压值增大而增大；而当单向阀的背压值大于 35N 时，系统将不能运动。产生这种现象的主要原因就是补油单向阀的背压影响了液压泵的供油，进而影响了系统的动态响应性。但补油单向阀的背压增大

时，液压泵的吸油阻力增大，这样影响了系统的供油，进而影响液压缸的动作。当单向阀的背压值大于 35N 时，液压泵的吸力不足以打开单向阀，液压泵不能吸油，所以液压缸没有运动。

伺服电动机直驱变量泵的变量斜盘的液压系统试验：

1）试验台组成。试验原理如图 6-10 所示，试验装置如图 6-15、图 6-16 所示，该试验是在 Y32-20 型液压机上进行的。试验装置主要包括：异步交流电动机、双向变量泵、单向阀、液控单向阀、溢流阀、计算机、数据采集卡、交流伺服电动机等。其硬件设备见表 6-3，试验用液压机的技术参数见表 6-4。

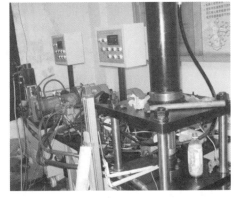

图 6-15　伺服电动机直驱变量泵的
变量斜盘的液压系统试验装置

图 6-16　试验用部分元件

表 6-3　伺服电动机直驱变量泵变量斜盘的液压系统试验硬件配置清单

名称	型号	规格	制造商
工控机	PC-610-H	2.4GHz/512M /80G	台湾研华
数字采集卡	PCI1712	12 位 A/D/1MHz 采样速率/16 路单端	台湾研华
异步交流电动机	Y132S-4	功率 5.5kW,额定转速 1440r/min	西安电机有限公司
数字示波器	TDS2012B	100MHz 带宽/1.0GHz 采样速率/2 通道	美国泰克
位移传感器	KTF550 直滑式	0.2m(±0.05%)	深圳米诺
压力传感器	HTP420	量程 0~15MPa	宝鸡航天华科机电 工业有限公司
流量传感器	—	量程 3L/s	陕西大丰科技有限公司
单向阀	—	通径 20mm	宁波东源液压元件有限公司
液控单向阀	—	通径 20mm	宁波东源液压元件有限公司
交流伺服电动机	110ST-M04030	转矩为 4N·m,额定转速 3000r/min	武汉华大电机
双向变量泵	YCY14-1B	80mL/r	启东液压元件厂

表 6-4　Y32-20 型液压机技术参数

项目	公称压力 /kN	滑块行程 /mm	回程力 /kN	电动机功率 /kW	液压缸的 直径/mm	活塞杆的 直径/mm
数值	200	500	100	5.5	200	100

2）控制算法。采用传统的 PID 控制方法。

3）试验结果。本试验的目的是针对开关磁阻电动机直驱定量泵控式液压系统进行对比试验，因此系统输入信号同开关磁阻电动机直驱式泵控式液压系统同样是阶跃信号，同时对伺服泵不同转角下系统的输出流量试验。图 6-17 所示为伺服变量泵在不同转角下系统的输出流量曲线，图 6-18 所示为系统对阶跃输入的响应曲线。

试验结果分析：由图 6-17 和图 6-18 比较可知，交流伺服电动机直驱变量泵的变量斜盘的液压系统相对于开关磁阻电动机直驱定量泵控式液压系统具有较好的动态响应性，但可控性较差。伺服电动机直驱变量泵的变量斜盘的液压系统进行跟踪控制很难实现，因为要实现位置跟踪控制必须实现两个闭环控制：一是位置的闭环控制；二是电动机正、反转时转角总和为零的控制。

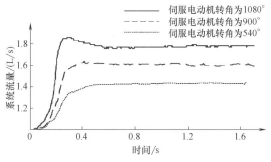

图 6-17　在伺服电动机不同转角下
液压系统的流量曲线

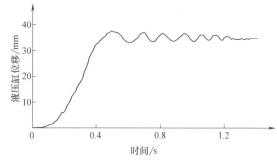

图 6-18　交流伺服电动机直驱变量泵的变量
斜盘的液压系统阶跃响应曲线

3. 总结

1）通过伺服电动机直驱变量泵的变量斜盘的液压系统试验可知，影响伺服变量泵的控制精度因素很多，不仅是伺服电动机的控制精度影响该液压系统的控制精度，而且变量泵斜盘的制造精度也同样影响该液压系统的控制精度。

2）分别进行了开关磁阻电动机直驱定量泵控式液压系统及交流伺服电动机直驱变量泵的变量斜盘的液压系统试验，试验结果表明，开关磁阻电动机直驱定量泵控式液压系统具有较好的可控性，但补油单向阀对系统的响应性影响很大；交流伺服电动机直驱变量泵的变量斜盘的液压系统具有较好的动态响应性，但其可控性相对于开关磁阻电动机直驱定量泵控式液压系统较差。

6.4　伺服液压机的典型产品样本

合肥合锻机床股份有限公司研制的 SHPH 系列数控伺服液压机采用伺服电动机直接驱动主液压泵，实现对滑块的驱动，速度转换平稳，振动及冲击小，如图 6-19 所示，SHPH 系列数控伺服液压机与普通液压机比较可节约电能 20%~60%，平均降低噪声 20dB，可减少 50%的液压油用量及消耗。该系列液压机通过检测传感器与伺服电动机形成闭环控制回路，简化了液压系统，取消了压力控制、速度控制等液压回路，维修保养方便。采用工业 PC 控制，具有高度柔性的工作方式，压力、位置、速度、时间等参数全数字控制。SHPH 系列数控伺服液压机的技术参数，见表 6-5。

玉环方博机械有限公司成功研发了 FBSY-SC 系列四柱式伺服液压机、FBSY-C 系列数控单柱伺服液压机和 BSY-C 系列数控单柱伺服液压机。生产的产品广泛用于汽车零配件、家电、五金、橡胶、粉末冶金等行业，如

图 6-19　SHPH 系列数控伺服液压机

图 6-20 所示，FBSY-SC 系列四柱式伺服液压机采用先进的泵控技术，技能环保，比普通压力机节能 30%~40%，噪声不超过 75dB。该系列伺服液压机采用伺服电动机直接驱动齿轮泵进行供油，压力稳定，主轴下行重复定位精度高。该系列伺服液压机的下压行程具有快进与工进两种速度，快进速度有助于提高工作效率，工进速度可任意调节，有助于保护模具，提高产品质量。表 6-6 为 FBSY-SC 系列四柱式伺服液压机的技术参数。

表 6-5　SHPH 系列数控伺服液压机主要技术参数

项　目		SHPH27-200	SHPH27-315	SHPH27-500	SHPH27-630	SHPH27-1000
公称力	kN	2000	3150	5000	6300	10000
开口	mm	1200	1250	1500	1600	1800
行程	mm	600	800	1000	1100	1200
工作台尺寸 （左右×前后）	mm×mm	1000×1000	1000×1000	1500×1200	1500×1200	2000×1600
		1500×1200	1500×1200	2000×1600	2000×1600	2500×1800
		2000×1600	2000×1600	2500×1800	2500×1800	3200×2000

（续）

项 目		SHPH27-200	SHPH27-315	SHPH27-500	SHPH27-630	SHPH27-1000
滑块速度	快降	400	400	400	400	400
	工作（50%公称力）	5～50	3～33	4～40	3～33	2～20
	工作（满负荷）	2.5～25	2～16	2～20	2～16	1～10
	回程	400	300	400	300	200

　　玉环方博机械有限公司研发的 FBSY-C 系列数控单柱伺服液压机的机身采用整体铸造，刚性好，性能稳定，如图 6-21 所示，设备采用先进的泵控技术，节能环保，比普通压力机节能 30%～40%，噪声不超过 55dB。由伺服电动机直接驱动齿轮泵进行供油，压力稳定，主轴下行重复定位精度高，±0.01mm。配有称重传感器，可显示实际压力。表 6-7 为 FBSY-C 系列数控单柱伺服液压机的技术参数。

　　无锡市蓝力机床有限公司生产的 YL71K 系列数字伺服液压机，具有独立的液压系统和电气系统，并采用上位机触摸屏加伺服电动机直接驱动液压泵的集中压力、速度的闭环控制，实现对滑块的驱动，速度转换平稳，无振动及冲击。与普通液压机相比，平均可节约电能达 70%，减少 30% 的液压油。平均可以降低噪声 15dB 以上，有效改善工作环境。图 6-22 所示为 YL71K 系列数字伺服液压机，它通过压力检测传感器与伺服电动机形成闭环控制回路。简化了液压系统，取消了压力控制、速度控制等液压回路，维修保养方便，压力、位置、速度、时间等参数全数字控制，配有优化的操作界面，实时检测各种参数及工作状态。表 6-8 为 YL71K 系列数字伺服液压机的技术参数。

图 6-20　FBSY-SC 系列
四柱式伺服液压机

图 6-21　FBSY-C 系列
数控单柱伺服液压机

图 6-22　YL71K 系列
数字伺服液压机

表 6-6　FBSY-SC 系列四柱式伺服液压机的技术参数

规格	单位	FBSY-SC50	FBSY-SC63	FBSY-SC100	FBSY-SC200	FBSY-SC300	FBSY-SC500	FBSY-SC650	FBSY-SC800	FBSY-SC1200
理论出力	kN	500	630	1000	2000	3000	5000	6500	8000	12000
压力精度	bar	±1.5	±1.5	±1.5	±2.5	±2.5	±2.5	±2.5	±2.5	±2.5
下行重复定位精度	mm	±0.05	±0.05	±0.05	±0.08	±0.08	±0.08	±0.1	±0.1	±0.1
额定油压	MPa	20	20	25	25	24	25	20	20	20
回程力	kN	55	60	70	—	—	—	100	100	150
最大行程	mm	260	300	400	300	300	400	200	200	200
最大开口高度	mm	400	500	600	600	650	800	700	850	1000
快进速度	mm/s	130	130	180	200	200	150	150	150	150
工进速度	mm/s	5~20	5~20	5~15	5~10	5~10	5~10	5~10	5~10	1~6
回程速度	mm/s	10~100	10~90	10~150	50~200	50~200	50~200	50~200	50~200	50~200
工作台尺寸（左右×前后）	mm×mm	600×450	600×450	600×450	700×600	800×700	800×800	900×900	1100×1100	1200×1200
工作台距地面高度	mm	800	800	800	800	800	800	800	800	800
电动机功率	kW	7.5	7.5	11	15	22	22×2	30×2	37×2	37×2
保压时间	s	0~100	0~100	0~100	0~100	0~100	0~100	0~100	0~100	0~100
质量	kg	2500	3000	3500	—	—	—	—	—	—

表 6-7　FBSY-C 系列数控单柱伺服液压机的技术参数

规格	单位	FBSY-C01	FBSY-C02	FBSY-C03	FBSY-C05	FBSY-C10	FBSY-C6.3	FBSY-C6.3L	FBSY-C15
理论压力	kN	10	20	30	50	100	63	63	150
压力精度	%	±0.03	±0.03	±0.03	±0.03	±0.03	±0.03	±0.03	±0.03
下行重复定位精度	mm	±0.01	±0.01	±0.01	±0.01	±0.01	±0.01	±0.01	±0.01
额定油压	MPa	4	8	10	10	12	12.5	12.5	14
最大行程	mm	170	170	170	225	200	185	280	250
最大开口高度	mm	395	395	380	400	345	300	440	310
喉深	mm	140	140	140	140	200	160	160	200
快进速度	mm/s	10~130	10~130	10~110	10~120	10~100	120	120	100
工进速度	mm/s	10~30	10~30	10~30	10~30	10~30	5~30	5~30	5~30
回程速度	mm/s	10~140	10~140	10~120	10~130	10~110	10~110	10~110	10~110
工作台尺寸（左右×前后）	mm×mm	400×275	400×275	400×275	500×275	500×395	520×315	520×315	640×400
工作台距地面高度	mm	890	890	890	880	880	720	720	760
电动机功率	kW	1.5	1.5	2.3	2.3	5.5	3.7	3.7	5.5
保压时间	s	0~100	0~100	0~100	0~100	0~100	0~100	0~100	0~100
模柄孔径	mm	φ22	φ22	φ22	φ32	φ32	φ32	φ32	φ32
电源	V	380	380	380	380	380	380	380	380
质量（约）	kg	470	490	500	540	1000	650	850	1350
油箱容量	L	35	35	35	55	55	35	40	85

表 6-8　YL71K 系列数字伺服液压机的技术参数

规格		单位	100T	200T	315T	500T	630T	800T	1000T	1600T	2000T	2500T
公称力		kN	1000	2000	3150	5000	6300	8000	10000	16000	20000	25000
回程力		kN	320	360	500	800	1600	2000	3200	3200	4000	5000
液体最大工作压力		MPa	26.3	25	25	25	25	25	25	25	25	25
滑块行程		mm	600	700	800	900	1000	1000	1100	1100	1200	1200
最大开口高度		mm	900	1100	1200	1300	1600	1600	1700	1700	1800	1800
滑块下行程速度	快降	mm/s	≥120	≥120	≥150	≥150	≥150	≥150	≥150	≥150	≥150	≥150
	慢压	mm/s	5~12	5~12	5~12	5~12	5~12	5~12	5~12	5~12	5~12	5~12
	微压	mm/s	公称力下1~6,其余在功率内数字可调	公称力下1~6,其余在功率内数字可调	公称力下1~5,其余在功率内数字可调	公称力下1~5,其余在功率内数字可调	公称力下1~5,其余在功率内数字可调	公称力下1~5,其余在功率内数字可调	公称力下1~5,其余在功率内数字可调	公称力下1~5,其余在功率内数字可调	公称力下1~5,其余在功率内数字可调	公称力下1~5,其余在功率内数字可调
滑块回程速度	慢回	mm/s	2~8数字可调	2~8数字可调	2~8数字可调	2~8数字可调	2~8数字可调	2~8数字可调	2~8数字可调	2~8数字可调	2~8数字可调	2~8数字可调
	快回	mm/s	≥100	≥100	≥100	≥100	≥100	≥100	≥100	≥100	≥100	≥100
工作台有效尺寸	左右×前后	mm×mm	800×600	900×900	1260×1200	1400×1400	1600×1400	1800×1400	2000×1600	2500×1600	3000×2000	3500×2000
电动机总功率		kW	15	18.5	22	30	45	55	75	90	134	180
主机质量		t	6.5	12	16.5	35	50	60	85	105	142	186
机器占地面积	左右	mm	1800	2710	3010	3210	3410	3610	4100	4500	5000	7400
	前后	mm	1750	2000	2300	2500	2500	2500	2895	3100	3300	4600
	地上高	mm	4110	4410	4510	4800	4650	5000	5725	6600	6800	7730
	地下深	mm	—	1000	1000	1000	1250	1250	1250	1500	1500	1800

6.5　伺服液压机的发展趋势

随着锻压技术的发展，伺服液压机将在工业各个领域得到更加广泛的应用，其未来的发展趋势如下：

1）高速化和高效化。为了满足工业生产的需求，伺服液压机必须具备高速高效运行的能力，大幅提高伺服液压机的工作效率，降低生产成本。

2）机电液一体化。随着科学技术的发展，液压技术与电子技术、制造技术紧密地融为一体。伺服液压系统的一体化有利于提高液压系统的稳定性和可控性，充分利用机械和电子方面的先进技术促进整个液压系统的完善。

3）自动化和智能化。微电子技术的高速发展为伺服液压机的自动化和智能化提供了充分的条件，自动化不仅仅体现在加工，应能够实现对系统的自动诊断和调整，具有故障预处理的功能。在伺服液压机中采用自适应控制技术和故障诊断技术，及时监控并自动处理相关信息，实现伺服液压机的自动化和智能化运行。

4）液压元件集成化、标准化。集成的伺服液压系统减少了管路连接，有效地防止泄漏和污染，标准化的元件可以方便机器的设计、组装和维修。

5）网络化。将伺服液压机及相关设备组成锻压生产线网络，操作人员可以方便地管理整套设备，并对生产过程进行实时控制和监控，大幅提高整个生产线的工作效率。此外，工作人员还可通过网络对伺服液压机生产线实现远程维护和故障诊断。

6）多工位和多用途。目前已经研制成功的伺服液压机生产用途较为单一，而很多锻压工艺需要多工位和多用途的伺服液压机。具有多工位的液压机，可以替代多台锻压设备完成多道工序的加工，有助于减少锻压设备台数、设备占用空间等，降低生产成本。

7）重型化。目前已有的伺服液压机多为中小型液压机，不能满足大锻件的需求。随着大功率大转矩伺服电动机技术的出现，伺服液压机将朝向重型化方向发展。

第 7 章 CHAPTER 7
大中型快锻液压机

太原重工股份有限公司　张亦工　赵国栋

7.1 快锻液压机的工作原理、特点及主要应用领域

7.1.1 快锻液压机的工作原理

快锻液压机是自由锻造液压机技术发展的主要方向，它不仅体现在快锻（精整）时的频次（60~100 次/min），更主要体现现代锻造液压机的快速性、功能和效率上，包括活动横梁（上砧）的工作速度（含空程和锻造速度）、锻造工件的尺寸精度、机械化程度高和节能效果显著等方面。在大型自由锻工艺中，占用工时最多的工序是镦粗和拔长，快速精整工序占用工时并不多。因此，应适当提高工作速度和具有一定的锻造频次和快速精整功能。

其次，如果以加工对象定义的话，快锻液压机更多地适用于锻造温度窄的高合金钢锻件、轴类、棒类锻件，如车轴、圆棒材等的专业化生产，而且大多为中小型吨位的单缸或多缸结构压机。锻造频次或精整频次常常以确定的压入深度和回程量来计算的。对于不同吨位的、不同工艺对象的自由锻液压机是不可能实现大压下量和满吨位快锻的。

现代的快锻液压机主要采用立式、液压泵直接传动方式，有上压式和下拉式两种结构（见图 7-1 和图 7-2），下拉式因其活动部分（整体机架）质量大，惯性大，在 10~30MN 快锻液压机或厂房高度受限制的情况下采用，本章主要介绍立式上压式快锻液压机。

图 7-1 185MN 上压式快锻液压机

图 7-2 下拉式快锻液压机

1. 快锻液压机的基本系列

快锻液压机的主参数（公称力）系列按 GB/T 321 规定的优先数 $R10$ 的圆整值作为公比，近似于等比数列排列，见表 7-1。

表 7-1 主参数（公称力）系列 （单位：MN）

公称力系列	5	6.3	8	10	12.5	16	20	25	31.5 30[1]	40 35[1]	50 45[1]	63 60[1]	80	100	125 120[1]	160 165[1]	200 185[1]

① 使用时，该数值作为相应公称力的可选择参数。

2. 主要技术参数及定义

（1）公称力 代表液压机规格名义上能产生的最大力，它反映了液压机的主要工作能力。单位为 MN，在数值上等于主（侧）缸柱塞的总面积（m²）与液压系统的最大工作压力（MPa）的乘积（取整数）。

（2）液压系统最大工作液压力 液压系统中液体的最大单位工作液压力，即液体的最大压强。工作液压力不宜过低，否则设备重量、占地面积增加，成本增高；反之，工作液压力过高，则密封、液压元件寿命会有影响。目前国内液压机所用的工作液压力为 25 ~ 50MPa，多数用 31.5~35MPa 的工作液压力。

（3）最大回程力 液压机活动横梁在回程时除了要克服各种阻力和运动部件的重力外，还要考虑满足快锻频次所需的加速度。

（4）开口高度 亦称净空高，指活动横梁或整体机架处于上极限位置时，上砧垫板下平面至移动工作台上平面的距离。

（5）立柱横向净空距 两个（四个）立柱内侧允许工件进出的净空距离。

（6）横向偏心距 锻件的受压中心至液压机移动工作台中心线之间的距离。一般指常锻工况最大锻造力下所允许的最大偏心距。

（7）最大行程 最大行程是指活动横梁能够移动的最大距离。

（8）工作速度 亦称加压速度，指在常锻工况下，上砧单位时间内的压下行程。

（9）空程速度 上砧在接触工件前单位时间内的下降行程。

（10）回程速度 上砧在加压锻造后向上单位时间内的行程。

（11）压下量 即压缩量，锻件被压缩前后高度方向的差值。

（12）行程控制精度 在自动锻造过程中，液压机的上砧行程设定位置与实际位置的差值。

7.1.2 快锻液压机的特点

快锻液压机适合于黑色金属直形和台阶形钢棒、转轴、环件、衬套、饼件和各类特定的自由锻件生产，是大型锻件镦粗开坯和自由锻件生产必不可少的压力加工设备，具有如下特点。

1. 预应力组合机架结构

基于现代锻造压机高精度和快速性的工艺要求，压机的整体结构刚性和导向精度非常关键，决定着压机的整体性能。压机本体由两个（四个）坚固的长方形空心立柱作为机架，拉杆置于空心立柱中，在拉杆全长上将上、下横梁和立柱预紧固成一个预应力结构组合机架，上下梁开档内侧之间不再需要设置和紧固螺母。承受工作负荷时能够达到很好的平衡和稳定性，结构紧凑，具有较高的整体结构刚性、抗疲劳强度、承载能力和安全可靠性。

2. 双球铰柱塞式工作缸结构

主工作液压缸为柱塞式，与上横梁组合构造，上传动方式，更换密封易接近。柱塞与活动横梁的联结均设计为双球铰节结构，允许偏心锻造范围大，偏心锻造所产生的偏载力可经立柱传递到上横梁，液压缸导套与密封处不会承受由于偏心锻造所产生的水平力，从而延长了密封寿命。

3. 全封闭立柱平面导向方式

活动横梁为特殊的五件组合式构造设计，将两个空心立柱四周封闭，在立柱外围四周多个平面上导向，上下导向面间距长，工作时自动贴合立柱，导向面压低，导向精度高，导板调整更换方便，抗偏载能力强，拉杆永无磨损。

4. "宜人化" 的锻造操作环境

配有工作台移动装置、型砧横向移动装置、上砧快速夹紧旋转装置以及钢锭旋转升降台等机械化设备，锻造工具配置与调配系统可按程序组合和调用上下砧具，缩短了辅助作业时间，减轻了繁重的体力劳动，有效地提高了生产效率。

5. 单人操作的控制系统

压机采用 PLC 与计算机两级控制，具有友好的单人操作人机交互操作系统与故障诊断系统，多层面、实时地向操作者提供生产工艺、设备状态技术信息。由 1 名操作工操作锻造压机、操作机以及辅助装备，实现协调联动操作控制，并按预先编好的锻造程序完成一根台阶轴的锻造。

6. 较高的行程速度和锻造频次

采用大流量定量泵、伺服变量泵双组合直接传动和高频响比例阀控制技术，以及三缸分级锻造，可实现液压机在规定条件下进行节能锻造和快速锻造；常锻工作速度可达 80～160mm/s，精整快速锻造频次为 60～100 次/min，缩短作业时间，提高效率和锻件品质，降低功率损耗，节约能源。

7. 锻造尺寸精度控制

采用两套绝对值编码器实时检测活动横梁的行程并进行闭环控制，针对快速锻造时连续锻打的工作特点，采用智能调节器自动补偿活动横梁的位移，使锻件的热态精整锻造控制精度达到 $\pm(1\sim2)$ mm。

8. 与操作机联机操作系统

锻造压机可与配套的全液压轨道式锻造操作机实现联机控制操作和实时监测。操作机采用比例伺服控制，可对夹持着锻件的钳头进行高精度的进退、翻转、提升和平移的自动控制，同时具有倾斜、侧摆功能，配合压机完成钢锭开坯、拔长、整圆等联动锻造工艺操作。

7.1.3　快锻液压机的主要应用领域

锻造行业作为国民经济中的一个重要基础工业，各类锻件在众多领域中都起着不可替代的作用。即使在计算机技术、信息技术高度发展和工业现代化的今天，锻造仍然是大到上天、下海、入地材料的加工，小到金银首饰制作，国计民生须臾不离的技术。只要有金属，只要有材料加工，就会有锻造。

20 世纪 50～90 年代制造的三梁四柱式水压机和自由锻锤在我国早期的工业发展中做出了很大的贡献。但由于高耗能、生产效率低、环保差、锻件精度低等方面原因，逐步被中小型快锻压机所取代。快锻压机具有锻造速度快、动作灵敏，锻造频次高、自动化程度高等特点，可自动控制进给量、压下量、打击频率，从而调节温降和变形温升，保证终锻温度、变形率、组织和性能，还能显著降低工人的劳动强度；锻造精度高，锻件厚度公差可达到 $\pm(1\sim2)$ mm。安全、节能、振动小、噪声低，显著改善生产工作环境。

由于新型合金材料不断出现，这些材料塑性差，变形抗力大，热加工温度范围窄，要求锻压设备能力大、速度快，一般的锻压水压机和气锤都不能兼具这两个条件，而快锻液压机却能够胜任，因此，快锻液压机得到现代锻造企业的广泛青睐，几乎代替了锻压水压机。对于特殊钢及钛合金生产中，为了扩大品种、提高质量，快锻液压机已成为现代化特殊钢厂的必备装备，对耐热合金、不锈钢、高速钢、模具钢等材料都能加工，它可生产较大规格的方、圆、扁坯锻材和盘件、环件、炮筒、炮尾座及各种自由锻件，宜于多品种小批量的生产；它与精密锻造机联合作业，还可生产大型管坯、车轴等产品。

随着国民经济的迅速发展，科技水平不断提高，我国国力的增强，机械基础设备逐渐向大型化、精密化、紧凑化、成套化、自动化方向发展。大型锻件生产，如百万千瓦级火电和超临界、超超临界核电用汽轮机转子、特大支承辊、大型高温高压厚壁筒体、船用大马力低速柴油机组合曲轴等锻件的质量控制需要高精度、高效率的锻造液压机。因此，新型的节能降耗低碳、精简连续、高速高效的产品将会不断地涌现。基于国内自主研发的价格优势、国家政策扶持优势以及产品本身技术性能的不断提高，基于我国大型运输机、航空航天业、船舶、导弹等军工国防工业、高速列车、城市轨道交通等现代化交通运输业的快速发展，自主研发研制的产品，均需大型化、整体化的锻件。因此，快速锻造液压机设备向大型化发展是必然的。

7.2　快锻液压机的主要结构

快锻液压机按机架结构和布置方式可分为四柱和双柱斜置式两种。四柱结构的快锻液压机采用传统三梁四柱预应力结构；双柱斜置式快锻液压机采用上下横梁和两根矩形立柱通过多根拉杆预紧组成受力框架，与锻造轴中心线成一定角度布置，与四柱快锻液压机相比较，机架有较大的截面惯性矩和抗弯刚度，允许偏心锻造范围大；还具有较大的操作空间和工艺适应性；易于接近中心、钢锭进出空间大的特点，以及良好的可操作性和可视性。因此，双柱式预应力机架结构已成为快速锻压机技术进步的一个标志。

快锻液压机是由压机本体、液压控制系统、电气控制系统、机械化辅助设备和不同种类的锻造工具等组成。图 7-3 所示为 125MN 双柱快锻液压机，图 7-4 所示为 165MN 四柱快锻液压机。

图 7-3　125MN 双柱快锻液压机

图 7-4　165MN 四柱快锻液压机

7.2.1　预应力组合受力机架

现代化的快速自由锻液压机的受力机架均采用预应力组合受力框架，预紧力设计和预紧方法有别于任何压机受力机架：预应力设计按最大锻造力和最大允许偏心距设计、调整和设定拉杆的预应力，上、下横梁与立柱接触部分的横截面尺寸相当，梁的高度方向受压缩后的变形不可忽略，计算的被压缩构件的尺寸应包括上、下横梁和立柱的相应高度尺寸。预应力组合受力框架分为双柱多拉杆和四柱多拉杆两种结构，见图 7-5、图 7-6。

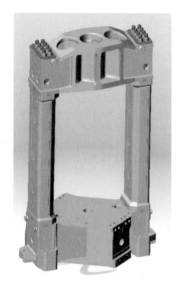

图 7-5　双柱多拉杆预应力组合机架

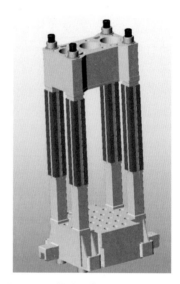

图 7-6　四柱单拉杆预应力组合机架

锻造液压机的机架整体刚性和稳定性决定了液压机适合于不同锻造工况的优异力学行为。预应力机架通过采用截面惯性矩较大的空心矩形立柱、增大拉杆预紧力，使上、下横梁与立柱形成一个坚固的整体。拉杆脉动应力幅值减小了 85% 左右，提高了液压机的抗偏载能力，显著增加了液压机的整体结构刚性、稳定性、抗疲劳强度、承载能力和安全可靠性。图 7-7 所示为预应力拉杆和立柱力-变形图。

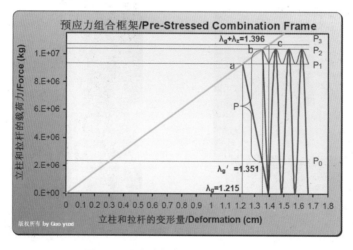

图 7-7　预应力拉杆和立柱力-变形图

7.2.2　主工作缸

除小吨位的锻造压机采用单缸结构外，一般的锻造压机采用三缸结构，可分为三个等径缸或三个不等径缸两种布置方式，无论采用哪种方式，都可以实现锻造压力的分级，满足在不同锻造压力下的锻造频次。

工作缸柱塞与活动横梁的连接均设计为双球铰节短摇杆结构。柱塞下部为空心体，内装有凸球面垫和双凹球短圆柱铰轴，通过一个安装在活动横梁中的凸球面垫，将力传递到活动横梁。凸球面垫上均开有润滑槽和连接孔，与干油集中润滑系统连接。球铰轴回转半径的设计将与活动横梁在偏心载荷的回转半径协调，减小偏心载荷对缸导套和密封处的水平力作用，从而提高密封和导向的寿命，见图 7-8。

7.2.3　活动横梁

活动横梁采用的是整体铸钢结构，上平面的圆孔内装有三个凸球面垫，支承主工作缸的双凹球短圆柱铰轴，借助于半开式压盖将短圆柱铰轴固定在凸球面垫上。

为了缩短更换上砧时间，减小劳动强度，活动横梁上安装四套上砧夹紧装置，布置成正方形，在更换上砧时，可以按下砧对齐或成 90°安装，满足长筒类锻件的生产工艺要求，见图 7-9。

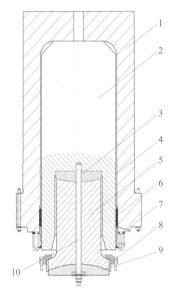

图 7-8　主工作缸结构

1—主缸体　2—柱塞　3—上球面垫　4—导套
5—短摇杆　6—密封　7—柱塞压盖　8—压法兰
9—下球面垫　10—连接螺柱

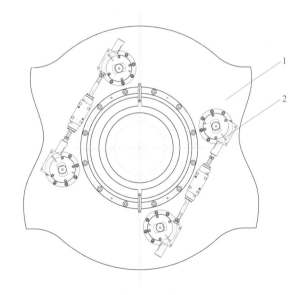

图 7-9　活动横梁夹紧装置

1—主活动横梁　2—上砧夹紧装置

7.2.4　高精度导向装置

特殊构造的具有超长导向结构、围绕立柱横截面四周的整体式活动横梁，以及双凹球铰接式短圆柱摇杆轴自适应式的加载系统，当液压机承载后，高刚度机架的立柱导向面变形减小，可有效减小立柱与活动横梁间的导向间隙；低接触应力的平面导向长度增加，消除了圆形张力柱点接触应力和偏磨损的导向现象；通过铰接式摇杆的自适应性转动，减小了主柱塞对活动横梁的刚性约束和对液压缸导套密封处的水平力作用，延长了密封和导向寿命；通过在线实时监测装置监控活动横梁运行水平度，获得了较高的运行精度，如图 7-10 所示。

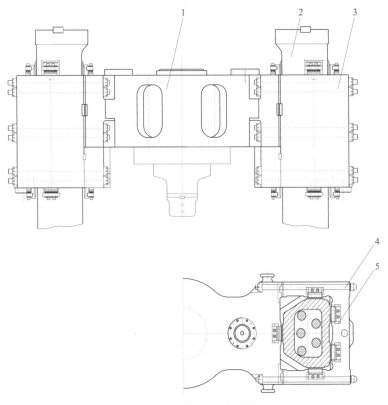

图 7-10　高精度导向装置

1—活动横梁　2—立柱　3—框架　4—连接螺杆　5—导向块

7.2.5　回程缸

回程缸均为柱塞缸倒装式结构，设置在立柱的外侧面，根据压机不同吨位，布置两个或四个。缸底和柱塞通过两组球铰座和螺钉分别与活动横梁和下横梁连接。回程缸的回程力大小，需要根据活动件质量和锻造频次等确定。回程蓄能器站和回程控制阀块靠近回程缸布置，缩短了回程缸控制管道，减少了管道油液附加质量，有利于提高系统液压固有频率和频响特性。

7.2.6　机械化系统

现代化的快速自由锻液压机为了缩短辅助作业时间，减轻繁重的体力劳动，有效地提高生产效率，从而实现自由锻生产的自动化和机械化操作，机械化系统都配

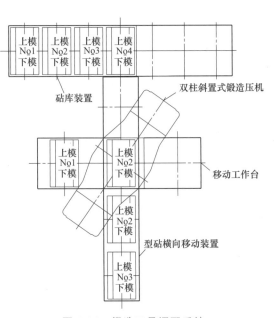

图 7-11　锻造工具调配系统

有工作台移动装置、型砧横向移动装置、上砧快速夹紧旋转装置，以及钢锭运输旋转小车等机械化设备，两砧锻造工作台、型砧横向移动装置和砧库之间的相互工作关系，以及工具配置与调配系统，如图 7-11 所示，可按程序组合和调用上下砧具。

移动工作台与型砧横向移动装置运动方向成正交布置，砧库正交布置于型砧横移装置的外端部，装有连续检测行程位置的编码器。移动工作台上可放置两套砧具，型砧横向移动装置可容纳三套型砧，砧库可容纳包含上下砧在内的四套砧模。上位机预先编制好每套型砧的上下砧的位置编号，屏幕上可随时显示出相应型砧的数据，以及它们的当前位置和调整位置。操作者点击屏幕上的任一套型砧，非常容易地识别型砧所处的位置，可得到该型砧的全部技术信息。

根据每种锻件的锻造程序对型砧的先后调动需要，当型砧随着工作台或型砧横移装置运动，进入压机中心后，上、下砧的数据信息则传递给控制系统，由快速夹紧/松开装置实现上砧自动快速更换。

在所有锻造工具中，旋转锻造工作台是一套独立的承载和传动装置，适用于某些特殊锻件的回转锻造和辗平作业。应用时，将其放置于移动工作台的镦粗模工位上。液压驱动油源已连接到移动工作台的快速接头上，将移动工作台一角的盖板打开，将安装在旋转锻造工作台内的接头软管与装在移动工作台内的快速接头连接，即可由操作台上电动控制，对旋转锻造工作台进行操作。

7.2.7　液压控制系统

快速自由锻液压机的液压系统能够以优化和节能方式适应锻造程序不断变化的要求，系统压力按照锻件材料的变形阻力大小而相应变化，使电能的消耗减少到最小，并可在最大工作压力下连续压下，特别适用于执行高压连续和间隙式压力工作程序。

液压系统的动力泵站集中设置在锻造车间内靠近锻造压机的封闭的泵房内。整个泵站由油箱装置、循环加热/冷却/过滤 （HCF） 系统、控制泵和保压泵系统、主泵供油增压和轴承冲洗系统、主泵组和电动机与泵头集成控制阀块、管路系统等组成。

循环加热/冷却/过滤 （HCF） 系统是保证设备正常运行的关键，系统的介质油的清洁度必须达到使用元件的要求，主系统 ≤ NAS8 级，控制系统 ≤ NAS6 级。热电偶温度变送器检测和采集主油箱油的温度。油箱油温通过温度信号进行控制，保证液压系统在正常的温度范围内进行工作，如图 7-12 所示。

主工作缸在快速下降和回程时，缸体内需要补充低压油或排出低压油，可以采用两种方式，高位上油箱或低压充液罐。高位上油箱控制比较简单方便，但会增加厂房的高度，存在一定的风险，常在中小型锻造液压机上采用。低压充液罐尽量布置在靠近压机的半地坑内，通过管道与主缸上的充液阀相连接，管内的液位和压力要满足系统正常运行的要求。

主、辅逻辑控制系统采用了集成设计和分布式控制技术，操纵系统集成阀块采用了二通插装式逻辑阀，分为各种功能组，分别设置于各个工作缸的附近，合理地规定了油流方向，能够实现维护工作的简易性。由不同功能的插件、控制盖板和先导控制球阀、快锻阀、安全阀、蓄能器、压力传感器和测压接头组成，控制油路中的油流方向、压力和流量，具有流阻小、响应快、内泄漏少、启闭特性好、主侧缸排气、安全联锁和行程极限过载保护等特点。按规定操作程序，实现系统柔性升压、升速，通过控制各阀启闭瞬时的动作时间，使工作缸柔性换向，运行平稳，降低了振动和噪声，并有助于对外泄漏的控制。图 7-13 所示为主工作缸液压系统原理。

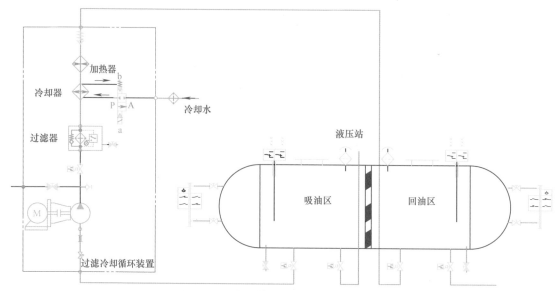

图 7-12　主油箱及 HCF 循环系统原理

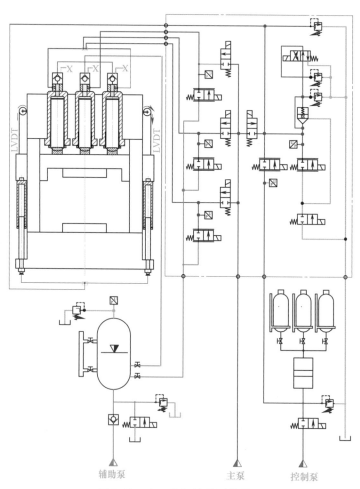

图 7-13　主工作缸液压系统原理

常锻加压工作时，根据需要可以预选择 1 个主缸工作方式，2 个侧缸工作方式或 3 个缸工作方式。当活动横梁快速下降或转慢速下降完成、上砧接触到锻件后，根据锻造压力分级，相应的充液阀和快锻阀关闭，来自泵站的高压油通过相应的进油插装阀进入主缸和/或侧缸，压机进行加压。加压速度取决于预选的泵的数量。采用绝对式光电编码器设定和检测活动横梁的行程。

当主、侧缸分别进行快速精整锻造时，相应主工作缸的充液阀处于关闭状态，进油阀处于常开状态，来自泵站的油进入主工作缸加压，同时将回程缸的油通过一个进油阀压回到蓄势站的蓄能器中；当压下行程达到设定位置时，主工作缸的高频响比例阀开启卸压和排油，蓄势站又将蓄能器的油压回到回程缸，推动活动横梁回程；当回程到设定位置时，高频响比例阀关闭，主工作缸进行下一个加压循环。锻造压机行程次数取决于所需的锻透深度、行程量、锻造速度和回程速度，当操作机优先操作方式时，也取决于操作机的行程步距。

另外，回程缸设有压力限制安全溢流阀和安全支承，活动横梁下降/提升调整回路，紧急安全手动提升（下降）回路，蓄能器加载、保压和压力限制回路。

7.2.8　液压系统快速锻造仿真计算

为确保液压控制系统的设计可靠、运行稳定，避免设备出现振动、噪声和气蚀等现象，需要对整个液压系统在不同吨位下的锻造频次进行仿真计算，完善液压系统原理设计，提供现场调试服务。

采用由回程缸常压蓄势站与主缸快速锻造阀构成的位置闭环快速锻造控制系统，满足了最大快速锻造频次和锻造尺寸精度要求，图 7-14 所示为液压系统快速锻造仿真计算模型，

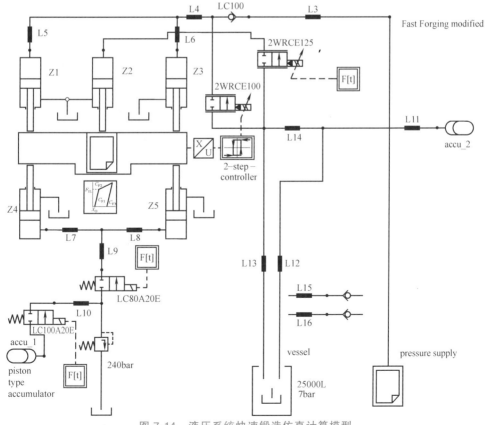

图 7-14　液压系统快速锻造仿真计算模型

图 7-15 所示为快速锻造液压缸位置和锻造频次。

7.2.9 电气控制系统

电气控制系统由上位工业控制计算机（IPC）和可编程序控制器（PLC）两级控制构成。通过计算机和 PLC 系统的协调工作，实现对压机工作过程的在线智能管理和控制。PLC 对锻造压机及其辅助设备进行精确过程控制，包括对锻造尺寸的控制，以及锻造压机与操作机联机操作。IPC 实现锻造压机设备的参数设置、人机对话操作和故障检测。U 形操作台具有良好的可视性和可操

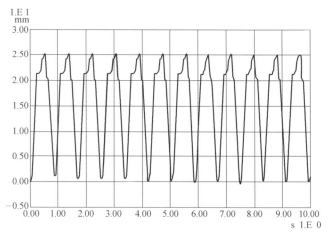

图 7-15 快速锻造液压缸位置和锻造频次

作性。锻造压机和操作机由一个人操作，工作制度分三种方式，即手动、半自动和联机自动控制三种工作制度，在操作台上通过转换开关进行选择，见图 7-16。

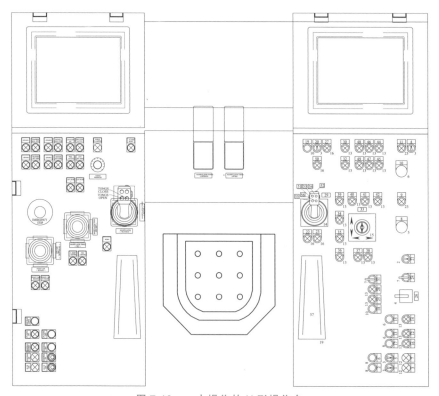

图 7-16 一人操作的 U 形操作台

主要特点如下：

1）清晰地再现所有控制。

2）监视所有工序过程。

3）能进行人机对话式操作。

4）能与辅助、多级计算机系统连接。

5）根据智能 IPC 可给出的故障指示和维修可采取的方法进行维护，容易进行修改或补充。

电气控制设备分别安装在高压与低压配电室、控制室、泵站和压机现场，包括动力柜和控制柜，1 个操作台，若干个总线控制箱和若干个接线盒。压机供电为高、低压两种供电方式，主泵为高压供电 10kVAC，辅助系统供电为 380V，三相四线制。为避免大电流冲击，系统连锁控制各台主泵电动机分别依次启动。

系统的可编程控制器 PLC 采用 Siemens SIMATIC S7-400 系列产品，CPU 程序存储容量大、运算速度高。PLC 编程软件采用 STEP 7，采用模块化结构程序设计，各模块之间可进行任意组合以满足各种工况要求。各种输入/输出模块使 PLC 直接同电气元件即电液阀线圈、按钮、接近开关、压力继电器、压力、温度、位置传感器、编码器、比例阀控制器连接，满足压机的位置、压力、速度及各主、辅助机构动作的可靠控制与安全联锁。由 PLC 处理锻造控制系统的所有输入数据和反馈信号（如编码器、传感器和限位开关等），并且实现所要求的过程控制。

整个 PLC 通过一个开放的标准化现场工业现场控制通信总线（PROFIBUS—DP）连接各个部件，分布式的内部总线允许 CPU 与 I/O 间进行快速通信，具有调整和扩展灵活的特点，见图 7-17。

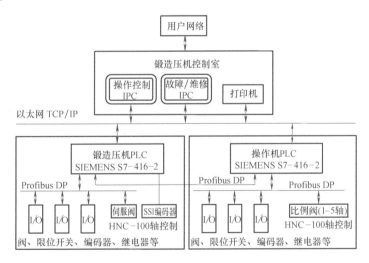

图 7-17　计算机操作网络系统

锻造尺寸控制其主要特点如下：

1）集成在 PLC 中。

2）全数字化的传感器系统。

3）通过补偿压机机架的延伸量对实际值进行自动纠正。

4）通过按钮开关键接受实际值。

5）按照前一次锻造行程进行实际值自动修正。

6）在上转换点对过运行进行补偿。

　　7）根据工件的上平面位置确定操作机动作。

　　8）根据锻件的上部边缘位置，自动进行压机快速下转慢速下切换操作。

　　9）分别显示设定尺寸和实际尺寸，在每个行程的下转换点可选择实际尺寸的连续显示或者实际储存值的显示。

　　10）压下和返回速度可无级控制。

　　可视化上位计算机可通过本地 TCP/IP 网络同压机控制系统连接。通过监视器、键盘提供人机对话操作。可将上位工业计算机系统连接到锻造压机和操作机的 PLC 系统，进行生产、工艺、控制信息的传输、数据交换和管理通信。上位机（IPC）监控界面（HMI）加 Siemens 视窗控制中心（Wincc）组态软件，使操作工获得下列功能信息：

　　1）帮助信息，例如，无响应、错误的开关设置、不正确的数据输入、没有设定初始位置等。

　　2）泵的选择和状态显示。

　　3）以文字形式显示故障信息。

　　4）压机设定数据和实际数据的补充显示。

　　还可使操作工获得下列功能信息：

　　执行机构的行程、速度、压力参数设定及实时显示，对设备状态数据显示和故障信息显示（包括故障报警显示和检测，极限参数报警，各动作时阀通断电检测及显示，各动作连锁条件检测及显示）进行监控，液压系统仿真显示。

　　工艺参数包括钢锭材质、锻造比、速度、位置、系统压力显示及工作曲线、钢锭温度设定和显示。

　　对控制、工艺、生产数据库中的数据进行处理。

7.3　快锻液压机领域今后重点研发的内容

7.3.1　开展数字化样机关键技术的研究与应用

　　对快锻液压机成套设备进行动静态特性分析，建立其机、电、液联合仿真模型，并实现多学科、多性能工程分析数据可视化集成，实现快锻液压机数字化样机产品，着重对液压机动态特性进行研究，对液压机本体三维设计造型、模态计算分析、机械固有频率分析、主要零部件疲劳寿命分析，目的是降低新产品开发成本，缩短开发周期，确保新产品的功能、性能或内在特性，以数字样机取代物理样机进行验证，使数字样机的仿真具有同物理样机相同的效果，在几何外观、物理特性以及行为特性上与产品机保持一致。

7.3.2　液压系统仿真

　　液压控制系统对快锻液压机工作的稳定性、异常噪声等具有很大的影响，单靠手工计算或简单的液压仿真是不够的，需要根据所用液压元件的特性、管道的布置方式、系统参数的优化等对快锻液压机在不同吨位、压下量和频次进行综合的液压仿真计算。

7.3.3　产品安全节能监测技术研究

　　1）建立远程监控及故障诊断系统。

　　2）光纤传感监测技术在液压机中的应用开发。

　　3）拉杆变形在机架预紧过程中监测。

4）拉杆变形长效在线检测与行程位置补偿。

5）液压机、泵站光纤传感防火报警技术应用。

6）生产线节能测试与环保技术研究。

7.3.4　液压机和操作机的联动

快锻液压机要提高生产效率，提高锻件的尺寸精度，必须要有相配套的辅助设备。现代化的大型自由锻车间的快锻液压机、操作机、锻造吊车实现了联动控制，全部机械化，并配有锻件尺寸自动测量装置，锻造压机与操作机数控联动，锻造加热炉自动控制。

7.4　快锻液压机的发展趋势

锻造技术和产业是一个国家的重要基础工业，大型锻造设备和大型自由锻件在能源、石化、冶金、造船、机械、交通、航空、军工装备制造等众多领域都起着不可替代的重要作用。

从 2006 年以来，国内一些锻造加工企业开始了旧设备淘汰或改造，新建的锻造加工企业投资配套新设备，对设备的性能有了更高的要求，低能耗、高效率、高精度的快锻液压机成为主流。控制方式也由传统水压传动改为油压传动。吨位为 20~185MN，压机采用双柱或四柱预应力机架结构、液压泵直接传动系统、计算机控制，最高工作速度达 160mm/s，锻造频次达 60~100 次/min，锻造精度达±(1~2)mm。

据不完全统计，目前，国内 60MN 以上级的快锻或自由锻液压机有 20 多台，除部分引进国外或国外技术国内制造外，国内的太原重工股份有限公司、兰石重工新技术有限公司等国内装备企业研制了不同规格的快速锻造液压机，改变了快速锻造液压机严重依赖进口的局面。太原重工股份有限公司也完成了国家工信部和标准化委员会下达的"液压泵直接传动双柱斜置式自由锻液压机"行业标准的制订。

虽然我国快速液压机的数量、等级、大锻件产量已位居世界之首，成为锻造大国，然而还远不是生产强国。一方面，拥有世界最多最大的自由锻液压机，但一些能源、石化、冶金和造船业所需高技术含量和高质量要求的重要大锻件质量仍不能满足使用要求，如百万千瓦级火电和核电用汽轮机转子（超临界、超超临界）、特大支承辊、大型高温高压厚壁筒体、船用大马力低速柴油机组合曲轴等锻件，尚处于生产能力低下或不能生产的状态。今后快锻压机的整体发展趋势：

1）行业的发展方向必然是基于对模拟仿真的数字化成形技术进一步深入研究，快锻液压机需要与锻造成形过程模拟仿真技术的紧密结合，实现节能、节材、低成本、注重保护环境、降低污染排放、生产过程科学化、企业文明现代化，以低消耗为载体，追求技术、经济效益和社会效益最大化。

2）技术的进步和市场需求，快锻液压机逐步向大型化、超大型化及多功能化方向发展。

表 7-2 为大型快锻机分布，表 7-3 为快锻液压机基本参数。

表 7-2　大型快锻机分布

序号	压机公称力/MN	用户名称	结构形式
1	185	中信重工机械股份有限公司	双柱
2	165	上海重型机器厂有限公司	四柱

（续）

序号	压机公称力/MN	用户名称	结构形式
3	140	江苏苏南重工机械科技有限公司	四柱
4	125	太原重工股份有限公司	双柱
5	125	通裕重工有限公司	四柱
6	100	西南铝业集团有限公司	双柱
7	80	中钢集团邢台机械轧辊有限公司	双柱
8	80	马鞍山钢铁股份有限公司	双柱
9	80	重庆焱炼重型机械设备有限公司	双柱
10	80	中冶京诚装备技术有限公司	双柱
11	80	中国第二重型机械集团公司	双柱
12	80	陕压重工设备有限公司	四柱
13	70	重庆长征重工有限责任公司	四柱
14	70	宁波通迪重型锻造有限公司	双柱
15	63	扬州诚德重工有限公司	双柱
16	63	无锡大昶重型环件有限公司	双柱
17	60	北方锻钢制造有限责任公司	双柱
18	60	山东南山铝业股份有限公司	双柱
19	60	沈阳有色金属加工有限公司	双柱

表 7-3　快锻液压机基本参数

公称力/MN		5	6.3	8	10	12.5	16	20	25	31.5
开口高度 H/mm		1800	2000	2200	2350	2600	2900	3200	3900	4000
最大行程 S/mm		800	850	1000	1100	1200	1400	1600	1800	2000
横向内侧净空距 L/mm		1300	1500	1700	1800	1900	2000	2200	2500	2800
移动工作台台面尺寸（长×宽）/(mm×mm)		2800×900	3000×1000	3200×1200	3350×1300	3500×1400	4000×1500	4500×1800	5000×2000	5200×2100
移动工作台行程/mm	向操作机侧	1100	1200	1500	1500	1750	2000	2000	2500	2500
	离操作机侧	400	400	500	500	750	1000	1000	1500	1500
	双向相等时	750	800	1000	1000	1300	1500	1500	2000	2000
横向偏心距 e/mm		100	100	120	130	140	160	180	200	250
空程速度/(mm/s)		≥250	≥250	≥250	≥250	≥250	≥250	≥250	≥250	≥250
回程速度/(mm/s)		≥250	≥250	≥250	≥250	≥250	≥250	≥250	≥250	≥250
工作速度/(mm/s)		≥100	≥95	≥95	≥90	≥90	≥90	≥90	≥90	≥90

第 8 章 CHAPTER 8
重型自由锻液压机

中国重型机械研究院股份公司　　成先飚

8.1　重型自由锻液压机的工作原理、特点及主要应用领域

进入 21 世纪以来，随着我国重型机械行业的迅速发展，在国防、电力、船舶、冶金、化工、航空和航天等行业急需的高品质特大型锻件，已成为制约我国大型装备制造业发展的瓶颈，各行业均将目光转向了发展万吨级自由锻液压机。据不完全统计，目前国内已投产万吨级自由锻液压机共 18 台，拥有量约占世界万吨级自由锻液压机总台数的四成，其中140~195MN 超大型压机 6 台。国内万吨级自由锻液压机基本情况见表 8-1。

表 8-1　国内万吨级自由锻液压机基本情况

序号	吨位/MN	安装地点	台数	设计	投产时间	结构特点
1	195	江苏国光重型机械有限公司	1	中国重型机械研究院股份公司	2014	四柱上压油压阀控
2	185	洛矿	1	威普克-潘克	2011	双柱上压油压泵控
3	165	上重	1	中国重型机械研究院股份公司	2008	四柱上压油压阀控
4	160	二重	1	二重	2008	四柱上压水压阀控
5	150	一重	1	一重	2006	四柱上压水压阀控
6	140	江苏苏南重工机械科技有限公司	1	斯柯达	2015	四柱上压油压阀控
7	125	一重	1	沈阳重型机械集团有限责任公司	1964	四柱上压水压阀控
8	125	太重	1	太重	2012	双柱上压油压阀控
9	125	辽宁北祥重工机械制造有限公司	1	清华大学	2013	钢丝缠绕三缸油压
10	120	通裕重工股份有限公司	1	通裕重工股份有限公司	2010	四柱上压油压阀控
11	120	二重	1	斯柯达	1968	四柱上压水压阀控
12	120	上重	1	联合设计组	1962	四柱上压水压阀控
13	100	吉林昊宇电气股份有限公司	1	威普克-潘克（沈阳）	2011	双柱上压油压泵控
14	100	宝钛集团有限公司	1	威普克-潘克	2014	双柱下拉油压泵控
15	100	山东三林集团森钛新材料有限公司	1	威普克-潘克	2011	双柱上压油压泵控
16	100	东北特殊钢集团股份有限公司	1	德国西马克集团（SMS）	2011	四柱上压油压阀控
17	100	烟台市台海集团有限公司	1	二重	2013	四柱上压水压阀控
18	100	西南铝业（集团）有限责任公司	1	一重	2015	四柱上压油压泵控

8.1.1　重型自由锻液压机的工作原理

液压机是以高压液体（油、乳化液等）传送工作压力的锻压机械。液压机从结构上易于得到较大的总压力、工作空间和行程，并能够在任意位置发出最大的工作力，易于得到较大的锻造深度，最适合于大锻件的锻造。液压机按所使用的动力装置分为泵直接传动和泵-蓄势器传动。按工作介质分主要有两种，采用乳化液的一般称为水压机，采用液压油的称为

油压机。在自由锻液压机中,水压机一般采用泵-蓄势器传动,油压机采用泵直接传动。

泵-蓄势站传动的自由锻水压机维持了近百年,其操纵系统,虽然几经改革,但仍然以手动操作为主,且无精度控制。进入 20 世纪 50 年代,随着工业革命的进一步发展,对锻压设备提出了新的要求,如自动化生产、高精密锻造次数和锻件厚度尺寸精确控制等,通过对自由锻压力机增加锻件尺寸控制,增加辅机,由计算机控制,使压机与操作机进行联动来提高劳动生产率,减轻工人劳动强度,是自由锻工艺的一大突破。但若采用传统的泵-蓄势站传动的水压机是难以实现的。此时,油系统液压技术已趋于成熟,油控基础元件品种规格齐全,加之,油压系统比水压系统有很多优势,于是,各国开始专注于油压机的研究开发,英国和德国首先在油压机上成功实现厚度控制和液压机与操作机联动,使泵直接传动自由锻油压机得到快速发展和应用。

为了满足压机自动化、高速度和高精度的生产需要,到 20 世纪 70 年代,欧美各国便开始对旧的泵-蓄势器传动水压机进行改造,努力使水压机达到或接近油压机的控制水平,第一种方式便是废弃旧的操纵系统和水泵蓄势站,留用压机的本体,重新配备油压系统,变为泵直接传动的油压机。第二种方式是保留原有的水泵蓄势站,依然利用《水压机零部件》标准中类似的分配器,采用油压伺服系统控制主分配器的摇杆轴摆动,并增加位置反馈;或者,采用油压伺服系统控制伺服液压缸完成压机进排水阀的启闭,实现快锻和锻件的尺寸精度控制。

8.1.2　重型自由锻液压机的特点

1. 油压系统逐步取代水压系统,为实现自由锻的数控化、高精度化和程序化创造条件

目前,世界万吨级的自由锻液压机 40 多台,泵-蓄势器传动水压机最大吨位为中国第二重型机械集团公司的 160MN 水压机,泵直接传动油压机最大吨位为江苏国光的 195MN 油压机。国内除 20 世纪 60 年代建成的三台旧的泵-蓄势器传动水压机外,新增水压机仅三台,其余均为油压机。

泵直接传动和泵-蓄势器传动系统两种动力装置技术分析比较见表 8-2。

表 8-2　泵直接传动和泵-蓄势器传动的技术分析

分项	泵直接传动系统	泵-蓄势器传动系统	影响因素
系统压力/MPa	0~31.5	31.5	实际消耗功率
工作速度	取决于泵的流量	取决于锻件的变形抗力	控制精度
控制精度/mm	±1~1.5	±5~10	锻件成本
比例控制	直接控制进排流量	控制液压缸流量、水阀杆开关量	响应、控制精度
工作介质	液压油	液压油和乳化液	维修、污染
泵的总流量	大	小	装机功率
气蚀	无	大	元件寿命
备品备件	易	难	维修成本
阀芯材料	20Cr	30Cr13	成本
卸压控制	比例阀	比例阀——缸的卸压阀	冲击振动
压力调整	泵头溢流阀	高压蓄势气罐	便利性
阀通用性	成品	自制	可靠性
主泵效率	90%	74%(泵 87%×减速器 85%)	运行成本
漏损	无	易	环境污染

（1）基本性能比较　由表 8-2 可知，泵直接传动与泵-蓄势器传动压机的主要差别在于，泵直接传动压机活动横梁的运动速度取决于泵的供液量，而与锻件变形阻力无关，利用恒定的速度及变化的压力作为操纵分配器的信号，易于实现压机的自动控制；泵-蓄势器传动压机的活动横梁的运动速度取决于锻件变形阻力，与泵的供液量无关，而锻件变形阻力在锻造中是变化的，实现压机的速度控制很难，另外，由于目前还没有成熟的水系统元件，必须借助油系统间接控制水阀门的流量。如对中小型水压机多采用油压伺服系统控制主分配器的摇杆轴（或凸轮轴），而对大型水压机多采用油伺服阀（或高性能比例阀）控制伺服接力缸来分别控制主分配器中的单个水压阀门。无论哪种油控水的改造方案，都是力求达到泵直接传动的控制水平，然而，由于泵-蓄势器传动压机锻造速度的非恒速性，即使进行了上述的油控水技术改造，泵-蓄势器传动压机锻件尺寸误差值仍为泵直接传动压机锻造尺寸误差值的 3~5 倍。

（2）运行效率比较　泵-蓄势器传动时泵的供液压力为蓄势器压力，仅在某一特定范围内波动，而与压机负荷无关；泵直接传动时泵出口压力是随液压机的负荷变化而变化，这样就引起了传动效率的差异。清华大学俞新陆教授主编的《液压机》中以 1500t 锻造液压机为例作了对比分析，见表 8-3。

表 8-3　泵直接传动和泵-蓄势器传动的液压性能比较

项　　目	泵直接传动			泵-蓄势器传动		
泵流量/（L/min）	1800			900		
泵效率	90%			74%（泵87%×减速器85%）		
回程量/mm	200			200		
压下量/mm	100			100		
锻造次数/（次/min）	15			15		
液压机出力/kN	15000	10000	5000	15000	10000	5000
MPa	30	20	10	30	20	10
最大功率/kW	1010	705	380	600		
电动机额定功率/kW	800（130%过载）			600		
平均功耗/kW	330	240	150	600		
全效率	86%	82%	70%	48%	32%	19%

从而可以看出，泵直接传动的泵流量配置比泵-蓄势器的高约一倍，但由于锻件大小不同，实际所需变形力各异，前者不总是在最大负荷下工作，由此造成泵直接传动平均功率消耗仅为泵-蓄势器传动平均功率消耗的 1/4~1/2，也就是说泵直接传动的实际功率消耗远远低于泵-蓄势器传动，对于大型自由锻压机泵直接传动会显示出更大的优势。

（3）投资分析比较　泵直接传动与泵-蓄势器传动压机的本体和电气的投资差异不是很大，主要表现在液压系统上的差别。以 60MN 自由锻压机为例，其主要配置见表 8-4。

表 8-4　60MN 自由锻压机主要技术参数

技术参数	单位	泵直接传动	泵-蓄势器传动
工作介质	—	抗磨液压油	乳化液
压力波动	—	锻件变形抗力	10%~15%蓄势器压力

（续）

技术参数	单位	泵直接传动	泵-蓄势器传动
主泵总台数	台	18	4
主泵压力	MPa	0~31.5	31.5
单台泵流量	L/min	500	1300
主泵总流量	L/min	8500	6500
主泵总功率	kW	5040	3600
主泵电动机电压	V	380	6000
装机功率	kW	≈6000	≈4000
高压水罐容积	m^3	无	2×4
高压气罐容积	m^3	无	9×4
空气压缩机	台	无	1~2
充液罐容积	m^3	32	32
低压补偿器容积	m^3	15	15
油（水）箱容积	m^3	60	60
辅助油箱	套	无	1
系统投资费用	万元	≈2000	≈4200

从目前了解的市场报价来看，泵-蓄势器传动仅国产主泵、蓄势水罐和气罐三项合计约1800万元（若选用进口水泵，则价格更高），泵直接传动选用进口液压泵总价仅约260万元；加之，泵-蓄势器传动系统阀门的加工成本较泵直接传动系统要高很多，阀体质量大。因此，泵直接传动系统购置成本约为泵-蓄势器传动系统的一半。另外，由于水系统阀门的寿命低、故障率高、冲击振动大等原因，必将造成设备运行的使用维修费用大大提高。

（4）结论　从以上的分析可知，泵直接传动系统的自由锻油压机具有以下优点：

1）符合国际上自由锻液压机的发展趋势，满足大型自由锻向数控化、高精度化和专业化发展的需要。

2）泵直接传动油压机控制精度比泵-蓄势器传动水压机高3~5倍，压机运行平稳，冲击振动小，设备寿命长。

3）采用进口液压泵及液压控制元件的泵直接传动系统购置成本约为采用国产水泵及元件的泵-蓄势器传动系统的一半，备品备件价格低廉、使用及维修费用小。

4）泵直接传动平均功率消耗仅为泵-蓄势器传动的1/4~1/2，可实现高效节能。

5）泵直接传动压机可控性好，控制阀反应灵敏，卸压快速平稳，可以实现快速锻造。

2. 高压大流量快速无冲击供排液系统，保证油压机动作的快速性和平稳性

由于万吨级液压机运动部分的质量很大，加之，高压力、大流量的液体在系统升压、卸压和主阀开关时会产生巨大的能量冲击，引起液压管道乃至整个压机的振动，如何实现高压大流量油液的快速平稳卸压是液压系统设计的关键。例如江苏国光 195MN 油压机，压机运动部分质量超 800t，在加压结束进行动作转换时，液压系统最高压力达 35MPa，主缸和管道内油的压缩容积超 500L，是同吨位水压机水的压缩容积的 1.5 倍，无冲击快速卸压难度极大。借助高压大流量快速供排液系统，完成高压或低压超大流量快速进排液和高压大流量压缩油液的无冲击快速卸压，是保证锻件尺寸精度、工作频次和平稳性的必要条件。

3. 全预应力组合机架结构，增加框架刚度，提高压机抗偏载能力

新型压机均采用全预应力框架结构，其结构特点是将在偏载下承受拉弯联合作用而处于复杂受力状态的立柱，改成由拉杆和压套分别近似单一承载，即高强拉杆承受近似单向拉伸力，大截面压套承受偏心锻造时产生的弯曲力，提高框架的疲劳寿命和整体刚度。

4. 大型铸锻件的极端制造和装配，严重制约重型锻造压机的发展

万吨级压机的制造首先受制于大型铸锻件的加工技术，压机的上横梁、下横梁、活动横梁、主柱塞、主缸体、工作台、压套和拉杆等超重和超大的零件，对制造厂的浇铸、锻造、运输、焊接、热处理和加工等提出严峻考验，极限加工甚至超限加工成为常态，这在超过150MN 四柱锻造压机的制造中表现尤为突出。其中，上横梁质量近 400t，铸件毛坯约 600t，直接挑战制造厂大型铸件的铸造、起重、运输、加工能力和技术水平；四根拉杆锻件长度超过 20m，给锻造、加工和热处理增加很多困难；每根压套质量近 150t，采用锻焊结构，焊接残余应力如何消除等；这类压机超过百吨的大零件约占总质量的 60%，施工现场的起重、运输、修配、安装和调试等是对技术水平和综合能力的考验。

5. 智能化电气控制系统，提高系统的可靠性，降低设备的故障率

电气控制系统以西门子可编程控制器（PLC）为主控器，以工控机作为人机监控界面，组建工业现场控制网络，利用位移、速度、压力、温度等传感器对压机和操作机进行在线实时检测，实现压机单机控制及压机与操作机的联动控制。

8.1.3 重型自由锻液压机的主要应用领域

大型铸锻件制造能力反映了国家在国民经济、国防军事等领域的高端综合实力。重型自由锻液压机是解决大型和超大型锻件制造能力和技术水平的核心装备，适用于钢锭的开坯和各种轴类、饼类、环类等锻件所对应的镦粗、拔长、滚圆、冲孔、扩孔等锻造，为国防、电力、船舶、冶金、化工、航空和航天等重大装备制造行业提供大型和特大型高品质锻件。产品包括大型曲轴，高、中、低压转子，船用舵杆，核电（筒体、封头、锥体等）和支承辊等。图 8-1 和图 8-2 所示为核电压力容器的锻件。

图 8-1   核电压力容器下筒体　　　　　　　图 8-2   核电压力容器一体化顶盖

8.2   重型自由锻液压机的主要结构

重型自由锻液压机的结构特点归纳如下：

1. 主机结构

压机按立柱的数量分为四柱和双柱两种形式，一般四柱压机为单拉杆，双柱压机为多拉杆。四柱压机为传统结构，可以满足各种锻件形状和锻造工艺的要求，结构稳定，安全可靠；双柱压机则具有视野开阔、操作空间大等优势，在中小型压机中占主流，而万吨级压机仍以四柱为主，国内压机占 12 台。已投产的四柱压机最大吨位为江苏国光的 195MN 自由锻油压机（见图 8-3），而双柱压机最大吨位为中信重工机械股份有限公司的 185MN 自由锻油压机（见图 8-4）。

图 8-3　最大吨位的四柱自由锻油压机　　　　　图 8-4　最大吨位的双柱自由锻油压机

所有新建的压机均采用全预应力框架结构，其结构特点是将在偏载下承受拉弯联合作用而处于复杂受力状态的立柱，改成由拉杆和压套分别近似单一承载，即高强拉杆承受近似单向拉伸力，大截面压套承受偏心锻造时产生的弯曲力，提高框架的疲劳寿命和整体刚度，这是新型压机本体框架的基本结构。

四柱压机按压套与上下横梁的接触方式，又分为压套插入式和压套平接式两种形式，如图 8-5 所示。

在偏心锻造时，平接式结构压套的最大弯矩可以简化为简支梁计算，而插入式结构压套的最大弯矩则简化为固定梁计算，其最大弯矩为简支梁的 1/2，也就是说，理论上讲，插入式结构压套在偏载时所承受的最大弯矩约为平接式结构的一半，如图 8-6 所示。有限元模拟分析计算结果表明，当预紧系数取 1.4 时，插入式较平接式压套的弯曲拉应力可降低约 19.6%，如图 8-7 所示，且插入式压套两端面与梁的接触面积可达 80%以上，而平接式压套两端面接触面积仅为 25%，如图 8-8 所示。因此，插入式较平接式压机框架刚度明显增强。近年来，压套插入式结构已广泛应用于四柱压机的框架结构。

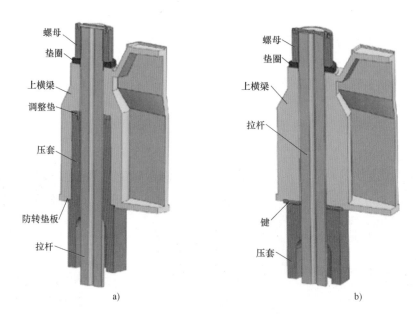

图 8-5　压套与横梁连接简图

a）压套插入式　b）压套平接式

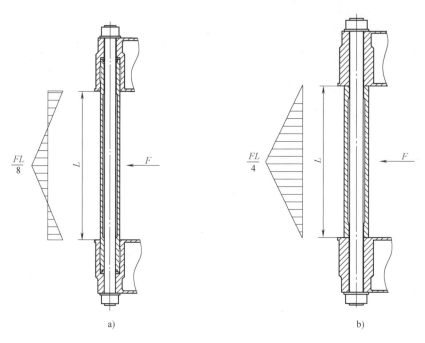

图 8-6　压套偏载受力简图

a）压套插入式结构　b）压套平接式结构

国内万吨级压机均采用等径三缸上压式，缸体倒装在上横梁，因此，防止缸体和管道油液的泄漏至关重要，国内已发生油压机顶部油液泄漏引起火灾的案例，应引起设计制造者和使用维护者的高度重视。

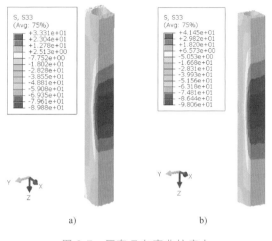

图 8-7　压套 Z 向弯曲拉应力
a) 插入式　b) 平接式

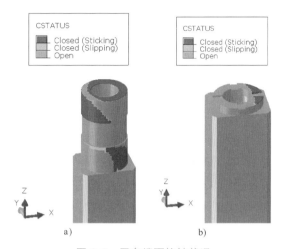

图 8-8　压套端面接触状况
a) 插入式　b) 平接式

　　下拉式结构缸体正装在下横梁，可以有效避免因泄漏引起火灾，广泛应用于中小型压机，但由于地下基础太深，造价高，在国外万吨级自由锻液压机中仅有 2～4 台采用下拉式结构。

　　工作缸一般都采用双球铰中间杆结构，可以有效减小偏载时缸内导套磨损，延长密封寿命，其结构如图 8-9 所示。

　　上横梁、下横梁和活动横梁是万吨级压机中质量和尺寸均超限的零部件，其中，上横梁除 195MN 压机采用两个铸钢件组合式结构外，其余均采用一个整体铸钢件，而下横梁由于制造厂能力不足，均采用 2～4 件组合式结构。

　　活动横梁分为整体式和组合式两种结构，组合式将导向座与梁体组合，可在压机框架

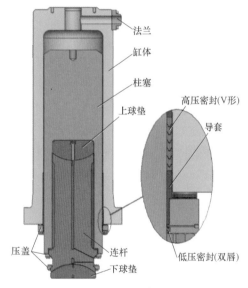

图 8-9　工作缸

不解体的情况下，把梁体取出，方便维护。活动横梁均采用环绕压套四周可调式平面导向装置，可以精确调整动梁与压套之间的导向间隙。一般在动梁上均设有上砧快换或上砧旋转装置，缩短换砧时间。

2. 液压系统

　　压机的液压动力装置分为泵-蓄势器传动和泵直接传动两种形式。泵-蓄势器传动近似为恒压力传动，压机工作速度与锻件变形抗力有关；而泵直接传动近似为恒流量传动，压机工作速度仅与投入主泵的数量有关，与锻件变形抗力无关，泵直接传动压机的恒速性，使锻件的尺寸控制精度可达到较高水平。

　　油压机具有低投入、低功耗、高精度和高寿命等显著特点，近年来，已成为国内外自由

锻液压机的主流方向,近年国内新投产的万吨级压机仅有三台为水压机,其余均为油压机。

油压机的电液控制系统分阀控系统和泵控系统两类。

阀控系统具有高精度和高频响的特点,被绝大多数压机所采用。阀控系统由高压泵供液,通过比例伺服阀控制工作缸的进排液和卸压,实现锻压和回程动作的转换;通过改变泵的供液流量,实现压机的速度控制,控制原理如图 8-10 所示。

泵控系统用于油品好、效率高、功率大的场合。泵控系统的代表公司为德国潘克(PAHNKE),它采用潘克改进型正弦驱动系统,工作缸直接由变量伺服泵控制进排液和卸压,通过调节可变动泵的流体速率可使压机无级变速;通过正弦运动方式变换流动方向,进行锻压和回程动作转换,在主油路中无需设方向控制阀,控制阀全被集成于泵装置中,控制原理如图 8-11 所示。本系统主泵仅限于选用潘克(PAHNKE)正弦改进型高压径向柱塞泵,其余高压泵不能在这样的系统中使用。

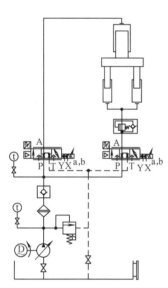

图 8-10　阀控系统原理

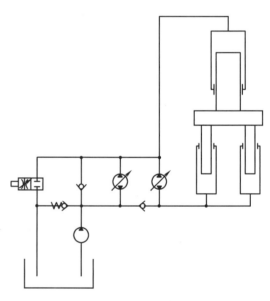

图 8-11　泵控系统原理

3. 电控系统

所有压机的电控系统均以可编程控制器(PLC)为主控器,以工控机作为人机监控界面,组建工业现场控制网络。操作机和锻造压机由独立的 PLC 单元控制,通过高速通信总线进行数据交换,实时采集相关数据(如位置、压力、温度、液位等),不仅可实现压机、操作机或辅助设备的单机程序控制,还可以对压机、操作机及辅助设备进行联机程序控制。一般压机和操作机共用一个操作台,由一名工人控制操作,在操作台可实时监控液压系统关键控制泵阀的工作状态,并完成锻件的工艺参数设定和生产报表管理等。

主泵驱动大多采用 6kV 或 10kV 的高压电动机。

4. 辅助设备

万吨级自由锻液压机均配有 2 ~ 3/4.5 ~ 7.5MN·m 有轨式全液压锻造操作机,以德国SMS、DDS 等著名公司设计,国内制造为主,整机引进的很少。中国重型院最新自主研发的世界最大的 3/7.5MN·m 有轨式全液压锻造操作机已经得到应用,结束了国外公司长期垄断国内大型有轨式全液压锻造操作机市场的局面。

一般用于钢锭转运和锻件掉头的回转升降台或运锭小车是压机的必配装置。在中小型压机得到广泛应用的其他辅助设备如顶出器、横向移砧台和砧库等，在万吨级自由锻液压机上配备不多。

8.3　今后主要研究与开发的内容

中国重型机械研究院（原西安重型机械研究所）作为长期从事重型锻压装备研发单位，技术水平和研发能力始终稳居国内锻压行业首位，自由锻液压机从 5～195MN 已形成系列化产品，其中，自由锻水压机和油压机主要产品规格和技术参数见表 8-5 和表 8-6。

无论从万吨级自由锻液压机的数量或规格来看，我国已成为世界拥有最多数量、最大吨位自由锻压设备的国家。国内万吨级自由锻液压机和全液压锻造操作机的设计成套能力已达国际先进水平。随着中国制造 2025 计划的全面展开，未来中国装备由大变强，高端引领必须选择突破的技术方向。新型自由锻液压机向智能化、精细化和程序化方向发展是必然趋势。我国现阶段的首要任务是：

1）从设计、制造、使用、维护和环境等方面全方位深入研究探讨，实现液压机的安全、节能、高效、环保，满足现代化工业设备的要求。

2）注重新材料和新工艺的开发，使国内国防、电力、船舶、冶金、化工、航空和航天等行业急需的高品质特大锻件全面国产化。

3）控制系统实现精细化控制，提高产品的精度和生产效率。

4）建立现场通信网络，相关设备进行联控，实现自动程序锻造。

表 8-5　自由锻水压机的主要参数

项目	单位	参数							
公称压力	MN	12.5	16	25	31.5	36	60	120	160
压力分级	MN	6.5/12.5	8/16	8/16/25	16/31.5	12/24/36	20/40/60	40/80/120	160/106/53
液体压力	MPa	31.5							35
净空距	mm	2680	2800	3500	3800	4200	6000	6500	7700
柱间距	mm	1800×600	1900×700	2710×910	2800×1100	2940×1540	4100×1200	5000×2150	8200×3700
立柱中心距离	mm	2400×1200	2400×1200	3400×1600	3500×1800	3800×2000	5200×2300	6300×3200	6500×2000
最大行程	mm	1250	1400	1800	2000	2000	2600	3000	4200
空程、回程速度	mm/s	300	300	300	300	301	250	250	250
工作速度	mm/s	≈100	≈150	≈150	≈150	≈100	≈75	≈100	≈150
最大横向偏心距	mm	100	120	200	200	200	200	250	300
工作台尺寸	mm×mm	3000×1500	4000×1500	5000×2100	6000×2000	6000×2600	9000×3400	12000×4000	12500×4500
工作台行程	mm	±1000	±1500	±2000	±2000	2000/4000	±6000	±6000	±6500
压机高度	mm	≈10360	≈11200	≈15300	≈16200	≈13300	≈22700	≈23650	≈25650
地面以上高度	mm	≈6720	≈8500	≈9810	≈11200	≈10300	≈15700	≈16700	≈18000
本体重量	kN	≈1300	≈2800	≈5000	≈6000	≈8000	≈18600	≈22000	≈38000

表 8-6　60MN 以上自由锻油压机的主要参数

项目	单位	参　　数						
公称压力	MN	72/80	80	100	120	126	165	195
压力分级	MN	30/42/72/80	20/40/80	33/67/100	40/80/120	42/84/126	55/110/165	57/114/170
液体压力	MPa	31.5/35	31.5	35	31.5		35	
净空距	mm	6200	6500	6500	7000	7000	8000	8200
柱间距	mm	4750	5000	5720	5600	5600	7500	7520
立柱中心距离	mm	5600×2500	5900×2400	6750×3150	6750×3050	6750×3050	8950×3550	8950×3550
最大行程	mm	2800	2800	3000	3500	3000	3500	3500
空程、回程速度	mm/s	200~300	200~300	200~300	200~300	200~300	200~300	200~300
工作速度	mm/s	75~100	75~100	75~100	75~100	75~100	75~100	75~100
最大横向偏心距	mm	250	200	250	200	250	300	300
工作台尺寸	mm×mm	9000×3500	10000×3800	10000×4000	11000×4000	10000×4800	12000×5000	12000×5000
工作台行程	mm	±3000	±3000	±3500	±4000	±3000	±4500	±4500
地面以下高度	mm	5500	5500	5850	5750	5850	7600	7600
地面以上高度	mm	15623	13070	15020	16290	15620	17430	17620
主机重量	kN	≈14000	≈14500	≈28000	≈24500	≈27000	≈36000	≈38000

　　近年来，随着人们环保意识的加强和排污成本的增大，国际上很多知名的生产液压机的大企业，如德国的威普克-潘克（Wepuko Pahnke）、梯芬巴赫（Tiefenbach），英国的芬乐（Fenner）和丹麦的丹夫斯（Danfoss）等公司已开始致力于纯水液压系统基础元件和控制技术的研究，虽然研发还局限于一些特定应用目标的需要，品种规格还十分有限，但发展势头却十分强劲。用纯水作单一介质的泵直接传动自由锻水压机，可以满足锻压设备高效、节能和环保的要求，是未来自由锻液压机的创新方向。

第 9 章 CHAPTER 9
重型模锻及多向模锻设备

清华大学　　林峰

重型模锻（close die forge）设备一般是指压制吨位大于 100MN 的，依靠成形模具进行锻件生产的设备，其特点是吨位大、压制能力强、锻件形状复杂（相对于自由锻件）、尺寸精度高、工艺稳定性好、生产效率高等。它主要应用于航空航天飞行器结构件、发动机/燃气轮机零件、大型高压高温阀体、油井防喷器、采油树以及大型齿轮等大型高性能关键零部件的生产上。重型模锻设备一般包括重型模锻液压机和多向模锻液压机。

9.1　模锻液压机

9.1.1　重型模锻液压机

自从 1893 年世界上第 1 台万吨级（126MN）自由锻水压机在美国建成后，重型液压机成为大型、高强度零件锻造加工的重要基础装备，尤其是航空高性能部件的制造，重型模锻液压机更是基础核心装备。

20 世纪初飞机的发明，特别是战争对高性能航空器的迫切需求，高精度、高强度的大型航空锻件的制造成为航空产业的关键。二战期间，德国秘密研制的 150MN 和 300MN 模锻液压机（见图 9-1）为德国战机提供了大型整体锻件，大大提高了德国战斗机的整体性能。开创了重型模锻液压机的先河。

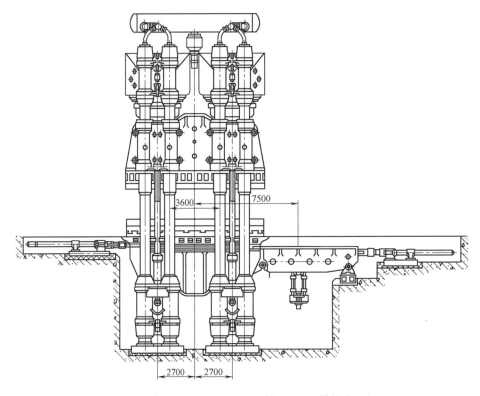

图 9-1　施罗曼（Schloemann）的 300MN 模锻水压机

二战后，受到德国的启示，美国、苏联开始大力发展各自的重型模锻液压机装备。1950年美国开始实施"空军重型压机计划（The Air Force Heavy Press Program）"，由联邦政府出资，在威曼高登（Wyman-Gordon）的格拉夫顿（Grafton）工厂和美国铝业公司（Alcoa）

在克利夫兰（Cleveland）的工厂各建造 1 台 315MN 和 450MN 模锻液压机（见图 9-2 和图 9-3）。这几台 20 世纪 50 年代的重型模锻液压机为美国后来的大型客机（如波音 747）、大型运输机（如 C-5A）、战略轰炸机（如 B-1B）和先进战斗机（如 F-22）提供了高质量的关键零部件，为美国航空工业的发展奠定了坚实的基础。在 20 世纪 90 年代，美国的舒尔茨钢铁公司（SHULTZ STEEL）和 Web 公司又各自建成了 1 台 400MN 模锻液压机。

苏联根据对德国重型模锻液压机的深入研究和技术准备，在 1959 年后也陆续建成 3 台 300MN 模锻水压机和 2 台世界最大吨位的 750MN 模锻水压机（除中国在 2012 年建成的 800MN 外）。750MN 模锻液压机（见图 9-4）锻造了世界上最大民航客机 A380 的起落架（Ti-10V-2Fe-3Al 合金，4255mm × 568mm×690mm，质量为 3210kg）。

图 9-2　美国梅斯塔 450MN 模锻水压机

欧洲德国的欧福控股有限公司（OTTO FUCHS）于 20 世纪 60 年代初建造了 1 台 300MN 单缸模锻液压机（见图 9-5），能锻造出非常精密的模锻件。法国于 1976 年从苏联引进了 1 台 650MN 模锻水压机（见图 9-6），安装于法国 AD 公司，使用至今。AD 公司于 2005 年又由德国的辛北尔康普（Siempelkamp）公司建造了 1 台 400MN 模锻液压机。

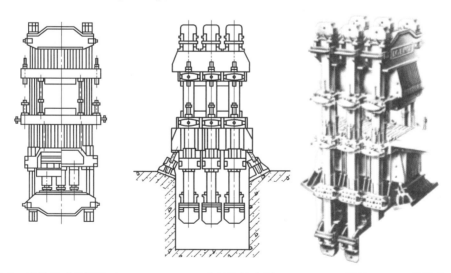

图 9-3　安装于威曼高登（Wyman-Gordon）公司格拉夫顿（Grafton）工厂的 450MN 模锻液压机

2012 年前，重型模锻液压机在中国甚至亚洲都是空白，因此亚洲的航空制造技术也远远落后于上述三个地区。而 2012 年，西安三角防务股份有限公司（简称西安三角航空）400MN 模锻液压机进行了首次热试车（见图 9-7），仅 1 天之后二重的 800MN 模锻液压机也成功进行了热试车（见图 9-8），标志着这台世界最大吨位的模锻液压机试生产成功。随后昆山 2013 年 300MN 也进行了热试车。这些模锻液压机的建成，使我国的重型模锻液压机的装备能力得到了迅速提升，我国的航空制造业具备了关键的大型、高性能模锻制造能力。

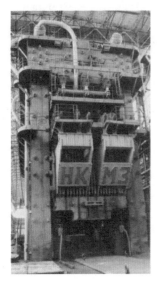

图 9-4　苏联 750MN
模锻液压机

图 9-5　德国 300MN 模
锻液压机

图 9-6　法国 650MN 模
锻液压机

图 9-7　西安三角航空的 400MN
模锻液压机

图 9-8　二重建造的
800MN 模锻液压机

重型模锻液压机是高性能航空飞行器中的重要承力构件关键成形装备。如飞机机体的承力框、梁、接头、起落架等，发动机的盘、轴、机匣壳体、叶片等。而随着航空飞行器的发展，其结构的整体性成为提高性能、减轻质量的关键手段。而采用重型模锻液压机所压制的高温合金、钛合金、超高强度钢和先进铝合金大型整体模锻件，无论在强度、韧性、疲劳和断裂性能方面都具有较大优势，表现出良好的综合技术经济效果，成为先进航空器性能提升和质量降低的关键技术。

例如美国 F-102 歼击机采用了 315MN 模锻水压机制造的 7075 铝合金整体大梁精密锻造件，长 3200mm，取代了原设计中的 272 种零件和 3200 个铆钉，使飞机减重 45.5～54.5kg，节约机械加工工时 50%；又例如俄罗斯安-22 运输机，采用 750MN 水压机模锻的投影面积约 3.5m² 的 B95 铝合金 20 个隔框锻件，减少了 800 个零件，使飞机机体减重 1000kg，减少机械加工工时 15%~20%。最新的波音 B-777 民航机起落架整体模锻件（质量为 1440kg）是用 Ti-10V-2Fe-3Al 钛合金在 450MN 水压机上压制的。

我国近年来在航空武器装备上取得了较大的发展，第三代飞机已经批量生产，并装备部队；第四代战机和大运等一批先进飞机也正在研制或即将定型。前述重型模锻液压机投产奠定了其中大型整体精化模锻件制造的生产基础。

9.1.2　重型多向模锻液压机

多向模锻技术（multi-way forge 或 multi-ram forge）是一种精密优质、节能省材的锻造技术。其特点是：模具闭合后，几个冲头自不同方向对毛坯进行穿孔/挤压，从而在一次加热和压机一次行程中完成复杂锻件，特别是带内空腔或凹凸外形锻件的成形（见图 9-9）。

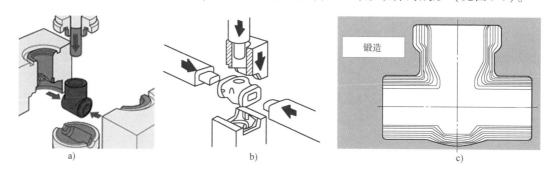

图 9-9　多向模锻工艺

a）多向模锻的垂直分模工艺　b）多向模锻的复合分模工艺　c）多向模锻成形的金属流线

多向模锻结合了上述普通模锻与挤压的特点，既具有挤压工艺在巨大三向压应力下塑性变形的优点，如材料塑性提高、变形均匀、组织致密、流线完整、易于消除缺陷、锻件的力学性能和耐蚀性好，又具有闭式模锻的优点，如制件形状复杂、成形精度高等。同时还具有坯料形状简单、制坯成本低，复杂零件可一次成形、工序少、火次少、有效降低能耗和材料烧损，是大型、高性能、高价值复杂锻件（如核电和超超临界电站高温高压阀门阀体、火箭和鱼雷壳体、导弹喷管、飞机起落架以及涡轮盘等）的理想锻造工艺。

由于多向模锻可以锻造出零件的内孔和侧向结构，可提高材料利用率近 1 倍，并减少约 70% 的后续切削加工工作量。仅提高材料利用率一项，每年就可以为一个年产 5 万 t 大中型多向精密锻件的生产企业，节省原材料 8.3 万 t。若按每吨锻件耗能 1.4t 标准煤计算，可节省 11.6 万 t 标准煤，相当于减少 CO_2 排放 22.5 万 t。可见，多向模锻技术是一种具有显著节能减排效果的锻造技术。

多向模锻技术最早由美国喀麦隆（Cameron）公司于 20 世纪 50 年代提出，并建造了 100MN、180MN 和 300MN 三台多向模锻液压机，使多向模锻技术迅速投入工业生产。到 20 世纪 60 年代末，美国先后装备了 36~300MN 多向模锻液压机 7 台。德国欧福控股有限公司（OTTO FUCHS）为其 300MN 液压机配置了 10MN 的水平侧缸。

苏联于 20 世纪 70 年代开始研制多向模锻液压机。在进行了 6.3~10MN 小型多向模锻液压机的研究后，开始研制 30~160MN 的大型多向模锻液压机。还曾计划建造 1 台 500MN 多向模锻液压机，并且研制了 5MN 和 37MN 试验样机，进行了结构和液压控制方面的研究。

我国在 1980~1990 年对多向模锻工艺及设备开展过不少研究。曾设计制造了 8MN 多向模锻液压机（1971 年，上重和西安重型机械研究所为开封高压阀门厂），建造了 100MN 多向模锻液压机（1974年，二重为西南铝，为我们目前最大多向模锻液压机），研制了10MN多向模锻液压机样机（1980年，清华大学与二重合作），开展了20MN多向模锻工业试验项目（1996年，一重和燕山大学），并且开展了火箭喷管、起落架套筒、球形接头、阀门阀体等零件的多向模锻工艺的探索和研究。

2000年后，中北大学和合肥工业大学分别研制了12.5MN和6.3MN多向模锻液压机，并开展了三通、履带板等典型多向模锻锻件的工艺研究。中南大学采用先进的计算机控制系统，对国内100MN多向模锻液压机的液压控制系统进行了改造。

多向模锻作为一种精密、优质锻件的生产技术，是生产核电和超超临界火电阀门阀体以及航空航天领域难变形、高强度、复杂零件的关键制造技术。例如：垄断全球核电阀门市场的Velan公司，其阀门阀体的锻造就是依托喀麦隆（Cameron）公司（1997年后与威曼高登合并）的100MN、180MN和300MN等三台多向模锻液压机的制造能力。若不掌握重型多向模锻液压机及多向模锻工艺，就无法解决大规格、高等级阀门的制造技术瓶颈，就无法实现核电、超超临界核电阀门的自主化生产。

而航空航天锻件是喀麦隆（Cameron）公司最重要的锻件产品，特别是钛合金、高温合金等贵重金属锻件，以及起落架、套筒、火箭喷管、涡轮盘等复杂锻件。喀麦隆（Cameron）公司利用其装备的300MN多向模锻液压机，生产的起落架锻件可节材50%，而力学性能大大提高；生产的压气机盘强度达1250~1650MPa，比标准的1200MPa高出4%~38%，而延伸率达20%，比标准的10%提高一倍。

1970年，美国空军及波音公司的对比研究证明：多向模锻制造的起落架锻件寿命可提高3~4倍，而制造成本可降低20%。因此，英美飞机起落架等筒形零件，多数是在多向模锻液压机上进行锻造的。

我国在20世纪80年代初对起落架外套进行多向模锻与普通模锻的对比研究，证明多向模锻锻件的组织致密，力学性能提高20%，而材料利用率则提高了1倍，由原来的9.3%提高到34.3%。

2010年清华大学和中国二十二冶集团有限公司联合研制的40MN/64MN多向模锻液压机热试成功，2012年联合研制的90MN/126MN多向模锻液压机热试车成功。经过几年的工艺摸索，该系列多向模锻液压机已形成了阀门等不同复杂锻件的生产能力，同时也验证了正交预紧机架结构能够有效解决多向模锻液压机多向承载结构设计的难题，为发展我国的多向模锻制造技术奠定了独立自主的技术基础。

9.2　液压机的主要结构

9.2.1　重型模锻液压机的主要结构

重型模锻液压机的巨大压制能力，相当于将一艘航空母舰的重量作用于一张双人床的面积上，因此重型模锻液压机的工作过程伴随着巨大的能量聚集、传递和释放，其建造的要求都处于加工制造、运输安装的极限状态，难度大。

重型模锻液压机作为代替大型自由锻液压机对零件进行整体锻造的先进装备，最初的设计大量借鉴了传统的自由锻液压机三梁四柱结构形式。而随着模锻件尺寸的增大，模锻液压机吨位逐渐增大，达到了大型自由锻压机的4~5倍以上。传统三梁四柱结构难以满足要求，新型结构和设计思想在重型模锻液压机上不断涌现，形成了独特的技术发展路线，从最初的三梁四柱非预应力结构，发展到钢板叠板非预应力结构，再发展到粗螺栓预紧的预应力，最近又发展到预应力钢丝缠绕结构。

下面通过对重型模锻液压机发展历史的简单回顾，来说明这条技术发展路线。

1. 非预应力结构

1938~1944 年德国建造了 2 台 150MN 和 1 台 300MN 模锻水压机。

二战结束后，美国拆走了德国的 150MN 模锻液压机并实施"空军重型压机计划"。在克利夫兰（Cleveland）的美国铝业公司（Alcoa）安装了由梅斯塔（Mesta）公司设计制造的 450MN 模锻液压机和犹纳切曼公司制造的 315MN 模锻液压机。

上述液压机的结构沿袭了自由锻水压机的三梁四柱结构，大量采用重型铸锻件——铸造的三梁，锻造的重型立柱。

与梅斯塔公司同时实施空军重型压机计划的美国列维建设公司（Loewy Construction Company），在为威曼高登（Wyman Gordon）锻造公司设计制造另一台 450MN 和 315MN 模锻液压机时，采用了厚钢板叠板的非预应力结构。其巨大的上梁、动梁均为厚板叠板结构。巨大的叠板立柱与铸造的小梁（约 250t）通过 T 形钩头形成三个牌坊，组成三牌坊承载机架。该设计突破了自由锻压机的三梁四柱传统模式。

在美国实施空军重型压机计划的同时，苏联对从德国缴获的 300MN 模锻液压机和美国、欧洲其他国家重型模锻液压机进行了仔细研究，于 20 世纪 60 年代开始建造 300MN 和 750MN 模锻液压机。其最大的特点是采用叠板结构替代铸造结构，6 块 200mm 厚的立柱、间隔夹在 7 块 180mm 厚的小梁钢板中，用多根 ϕ100mm 的螺栓坚固成整体（框架）。按此种设计，苏联共建造了两台非预应力结构的 750MN 重型模锻液压机。它们是 2012 年前世界上公称吨位最大的模锻液压机。

与威曼高登（Wayman-Gordon）公司的 450MN 压机相比，苏联的 750MN 液压机重型铸件的比例进一步降低，仅为整机质量的 7%，而钢板则占到 65%。该压机总高 34.7m，自重 26000 万 t。分别安装在古比雪夫（萨玛拉）铝厂和乌拉尔上萨而达冶金生产联合厂（BCMПO）。该压机的投产，标志着非预应力结构模锻液压机达到全盛时期。

此外，德国奥托福克斯（Otto-Fuchs）公司于 1964 年建造的单缸叠板 300MN 压机也是模锻压机中十分成功的典型。

2. 粗螺栓预应力结构

前述非预应力结构，上、下梁要承受巨大的弯矩，立柱承受巨大的拉弯联合作用。无论 T 形钩头，还是用螺栓夹固形成的叠板框架，大量的应力集中源难以避免。要进一步提高可靠性，就必须采用预应力结构才能改变这一状况。

液压机的承载机架可以想象为一 O 形，若将其沿中央垂直对称面剖分，就形成两个左右对称的 C 形。用水平的预紧螺栓将两个 C 形，在上下端夹紧，重新构成一个整体，即构成 C 形框架结构。C 形框架结构是一种以螺栓为预紧件的预应力结构，它部分地减小了上下梁上的弯曲应力。C 形框架结构的另一个好处是使整体板框机架实现了垂直剖分，减小框架板的宽度，降低了制造、运输的难度。

苏联为法国 AD 公司设计制造 650MN 模锻水压机时采用了这种结构。机架由前后左右四组 C 形叠板结构，中间夹十字形梁，用拉杆在上下两端水平预紧组成整体框架。框架的上下梁有水平方向的预紧，而在压机的主承载方向（垂直方向）没有预紧力保护，工作载荷完全由立柱承受，受力以拉应力为主。

于 2012 年建成的 800 MN 液压机也采用了 C 形板框组合式机架结构。整个机架由 4 组 C 形叠板，与上下十字形梁、夹紧梁和水平预紧拉杆组成含前后两个闭合框架的机架主体，为了增加前后纵向刚度，在机架主体的左右两侧与上下夹紧梁之间各设置了一副可自由伸长的抗弯侧机架。

C 形叠板是该组合机架的关键部件之一，800MN 压机的每张 C 形板由 9 块轧制钢板焊接而成，其中立柱部分是 3 段厚 320mm 的 20MnMo 钢板，上下横梁（含过渡圆角）各是 3 段厚 350mm 的 20MnNiMo 钢板。加工后的 C 形板高 36119mm、宽 4165mm，单重约 250t。

800MN 压机是目前全球吨位最大的模锻液压机，其结构制造难度是对我国重型机械制造能力的巨大挑战。压机总重达 22000t，除 C 形叠板及上下 8 根拉杆外，机架的其他主要构件都采用铸钢件，80t 以上的大型铸件有 32 件。充分体现了我国重型零部件制造技术上的进步。

在螺栓预应力的重型承载结构中，螺栓承受的载荷大、数量少、尺寸大。而尺寸效应限制了材料性能的发挥，加上螺纹的应力集中现象，使得螺栓强度难以提高，一般设计许用应力为 100~150MPa。而较低的许用应力又进一步增大了螺栓的结构尺寸，加大了制造的难度和成本。因此出现了没有尺寸效应、没有螺纹应力集中的预应力钢丝缠绕结构，并成功应用于设计制造重型模锻液压机。

3. 预应力钢丝缠绕结构

预应力钢丝缠绕技术自 1939 年由瑞典通用电器公司（ASEA）率先应用到世界上第一台 140MN 人造金刚石液压机后，得到了极大的发展。20 世纪 60 年代后，苏联采用该技术先后研制了 10~150MN 模锻液压机、60~600MN 板材成形液压机、10~160MN 人造金刚石液压机和 20~120MN 冷热等静压机等，均取得了良好的效果。

自 20 世纪 70 年代，我国开始了预应力钢丝缠绕技术的研究，研制了我国首台 15MN 热等静压机、200MN 橡皮囊板料成形压机等。1981 年为研制 650MN 航空模锻压机，设计制造了 10MN 全功能模拟样机。

自 20 世纪 80 年代后，预应力钢丝缠绕技术大量应用于板式换热器波纹板成形液压机和陶瓷砖成形液压机上。2003 年后，随着国家加大了重型锻造/挤压液压机的装备建设，预应力钢丝缠绕技术由于其抗疲劳强度高、质量轻、制造难度低等优点，在重型模锻、挤压等热成形压机上逐渐得到应用。

2009 年建成的 360MN 挤压机组包括 1 台 360MN 垂直挤压机和 1 台 150MN 穿孔制坯压机（见图 9-10），是当时世界上同类设备中吨位最大的。其机架、动梁、液压缸等重型承载结构都采用了预应力钢丝缠绕以及在此基础上提出的预应力剖分-坎合结构设计技术。所谓预应力剖分-坎合结构是利用预应力钢丝缠绕产生的巨大预紧力，将零部件分解成更小的子件，在子件间的连接结合面上，进行坎合表面处理，制作出凹凸相貌，并夹上软性板材，构成具有高抗剪切能力的预应力坎合面，坎合面上的抗剪系数（相当于静摩擦因数）可达 0.7。

采用预应力钢丝缠绕及剖分-坎合连接技术后，不仅可以能够使重型承载结构的整体质量大大减轻，抗疲劳性能大大提高，而且还能进一步减轻单个零件的质量，并有效解决大截

图 9-10　内蒙古北方重工 360MN 挤压机组及原位钢丝缠绕施工现场

面连接的技术难题。

360MN 垂直挤压机采用预应力钢丝缠绕双牌坊结构设计，预紧系数取 1.5，整个机架的预紧力为 540MN，预紧件（钢丝）的应力波动比：3.48% < 4%，说明钢丝的应力波动很小，接近于静力作用，不易发生疲劳破坏。而被预紧件（机架）在公称载荷 360MN 下，仍有 219MN 的预紧力。表明整个机架仍有较大的预紧力保护，抗疲劳破坏性能好。

150MN 穿孔制坯压机机架的预紧系数同样为 1.5，机架在公称 150MN 工作载荷下，仍有 91.4MN 预紧力的保护。

在 360MN 挤压机组的制造过程中，还开发了计算机控制的缠绕机器人装置和基于原位导轨的卫星式缠绕施工方法。在挤压机组的安装厂房内完成机架牌坊的原位缠绕施工，避免了重型部件的长途运输难题。

西安阎良的 400MN 模锻液压机于 2012 年建成，采用预应力钢丝缠绕及剖分-坎合单缸单牌坊结构，具有压制力集中、压制性能高等特点，是一台高精度、中台面、高比压的航空模锻液压机。400MN 模锻液压机主承载机架缠绕后的总质量达 2090t。基于预应力钢丝缠绕及剖分-坎合的设计思想，机架主体被剖分成 20 块质量在 55 ~ 85t 之间的子件，经坎合处理结合界面后，在压机地基旁进行原位卫星式机器人水平缠绕，组成整体机架结构。活动横梁重 530t，同样采用预应力钢丝缠绕及剖分-坎合结构，使每个子件的质量不超过 84t，保证了制造质量和周期。

400MN 液压缸的主缸为目前世界上最大的模锻液压缸，油压为 60MPa，内径为 2920mm，外径超过 4000mm，芯筒高 2600mm，质量为 400t。由厚 125mm 的内衬筒、四块厚 365mm 的伞形块及钢丝层组成。主缸的加工制造难度大大降低，而且强度得到了极大的增强（见图 9-11）。

由于在 400MN 压机的设计中广泛采用了先进的预应力钢丝缠绕及剖分-坎合结构，该压机的整体质量仅为 3324t，而且除平衡梁重 105t 外，单个零件的质量都低于 90t。

苏州昆山的 300MN 模锻液压机也是一台全面采用预应力钢丝缠绕及剖分-坎合结构设计的单缸、单牌坊模锻液压机（见图 9-12），而且油压达到了 90MPa。该压机的机架与 400MN 模锻液压机的类似，也是采用预应力钢丝缠绕及剖分-坎合结构设计，分解成 20 个分段。但在机架缠绕施工方法上，则采用了创新的卫星式机器人原位垂直缠绕，即各分段（20 段）在安装基础上、机架处于垂直状态进行组装并缠绕，开发的全周平衡、分散构形的缠绕机器人成功地完成了这一高难度的缠绕施工，为超大型机架（如 1000MN 压机机架）的缠绕施工难题提供了可靠的解决方案。

图 9-11　西安 400MN 主缸缠绕现场

图 9-12　昆山 300MN 单缸模锻液压机

9.2.2　重型多向模锻液压机的主要结构

不同于上述模锻液压机，多向模锻液压机在承受巨大垂直压制载荷时，还要承受巨大的水平压制载荷，因此结构设计制造更加困难。传统结构的多向模锻液压机主要采用整体机架结构和独立水平机架结构两种形式（见图 9-13）。整体机架结构是利用一个框架同时承受垂直方向压制载荷 F_v 和水平方向压制载荷 F_h 的结构形式。喀麦隆（Cameron）公司的 180MN 和 300MN 都采用该机架结构，其特点是结构简洁、垂直压制运动机构不受到水平压制机构或机架的影响。但在框架的立柱根部由于垂直载荷 F_v 和水平载荷 F_h 的联合作用，此处的应力会急剧增加。而且立柱内侧根部是典型的应力集中区域，又进一步加剧了此处的强度问题，导致机架的强度要求提高。因此，采用整体机架结构的多向模锻液压机都采用性能较好的厚钢板层叠结构。

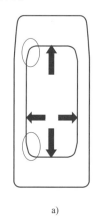

a)

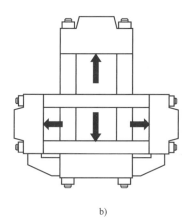

b)

图 9-13　多向模锻液压机的承载机架结构形式
a）整体机架结构　b）独立水平机架结构

独立水平机架结构（见图 9-13b）是在只承受垂直方向压制载荷 F_v 的垂直机架基础上，增加一个水平机架来独立地承受水平方向压制载荷 F_h。我国和 Cameron 公司的 100MN 都采用这一结构。其特点是水平载荷与垂直载荷分别由不同结构承载，不会造成应力的叠加，水平和垂直方向的压制能力可以非常接近。但由于工作区重叠，两个机架在工作区域（垂直压制的动梁与工作台之间）必须相互避让，水平机架的立柱需穿过或绕过垂直机架。尤其是当压机的垂直吨位增大，垂直机架和工作台也随之加大时，水平机架的设计难度会急剧增加。若水平机架绕过垂直机架，则水平机架的结构会变得非常庞大，而且会影响到垂直压制机构的布置和维护操作；若水平机架穿过垂直机架，则会严重削弱垂直机架（包括动梁和工作台），并影响水平机架的上下对称性，使水平机架处于严重的偏心受力状态。因此，采用独立水平机架结构的多向模锻液压机的吨位较小，一般在 100MN 左右；但其水平载荷 F_h 较大。

上述分析表明，重型多向模锻液压机的承载机架设计存在着受力合理性和结构合理性的矛盾。整体机架结构在垂直和水平压制结构上相互影响小，但垂直和水平压制载荷产生的应力会相互叠加。即满足了结构的独立性，但受力相互影响；独立水平机架结构则是垂直和水平压制载荷互不影响，但垂直和水平压制结构相互干涉、影响，即满足了受力的独立性，但结构相互干涉。

1. 预应力钢丝缠绕正交预紧机架

为了克服多向承载结构的设计难题，基于预应力钢丝缠绕技术，提出了预应力钢丝缠绕正交预紧机架结构。即利用高强度预应力钢丝缠绕在多段圆弧和直线组成的整体机架外轮廓上，产生与多向压制载荷方向对应的预紧力，平衡多向载荷产生的应力，进而消除应力叠加对机架的不利影响和强度要求。

普通预应力钢丝缠绕机架如图 9-14a 所示。机架由上下半圆梁和两根立柱组成，构成由上下两段 180°圆弧和两段直线组成的机架轮廓。预应力钢丝缠绕在机架外轮廓上，在圆弧段钢丝改变方向，对弧面产生压力，并随缠绕层的增多，压力逐渐增大。而圆弧上压力的合力就是钢丝缠绕产生的预紧力 p_v。对于普通预应力钢丝缠绕机架，其机架轮廓的圆弧集中在上下两端，因此钢丝缠绕的预紧力 p_v 也就集中在上下两个位置，与机架所承受的压制力重合，一般沿垂直方向。这是预应力钢丝缠绕压机机架的典型结构，已大量应用于重型模锻压机、挤压机等重型液压机上。

而预应力钢丝缠绕正交预紧机架则是在普通预应力钢丝缠绕机架的基础上，将机架轮廓的圆弧分成 4 个段，分别置于压机结构的上下和两侧，圆弧之间则用立柱的直线连接（见图 9-14b）。由于缠绕的钢丝在直线段不会产生预紧力，因此如图 9-14b 所示的机架轮廓可以将预应力钢丝缠绕产生的预紧力集中到上下和左右 4 个位置，构成垂直和水平两个正交方向的预紧力（p_v 和 p_h），与多向模锻需要的垂直和水平压制力（F_v 和 F_h）重合，并平衡压制载荷对机架的影响。

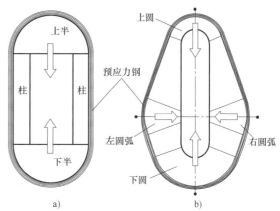

图 9-14　普通钢丝缠绕机架与正交预紧机架比较

a）普通预应力钢丝缠绕机架

b）预应力钢丝缠绕正交预紧机架

由于采用预应力钢丝缠绕技术，正交预紧机架在垂直和水平方向上产生的预紧力能够分别达到多向模锻在垂直和水平方向上最大压制吨位的 1.2~2 倍，甚至更高。可以有效地保证整体机架在承受多向载荷单独或联合作用时的安全性。即使是在多向压制载荷引起应力叠加的区域，钢丝缠绕产生的预应力也足够大，不会出现拉应力。

由于有效克服了整体机架多向载荷相互影响、危险应力相互叠加的问题，同时预紧力的施加没有产生新的结构干涉或强度要求，因此可以说预应力钢丝缠绕正交预紧方案很好地解决了重型多向模锻液压机机架设计中受力合理性和结构合理性的矛盾，为多向模锻液压机设计提供了新的结构形式。

首台采用预应力钢丝缠绕正交预紧机架结构的 40MN/64MN 多向模锻液压机由清华大学联合中国二十二冶集团有限公司共同研制（见图 9-15a），于 2010 年 7 月 31 日热试成功，2012 年投产一条高度自动化 40MN/64MN 多向模锻生产线。这 2 台设备规格相同，都采用 60MPa 泵直传液压系统。

a)　　　　　　　　　　　　　　b)

图 9-15　40MN/64MN 和 90MN/126MN 多向模锻液压机

a）40MN/64MN 多向模锻液压机　b）90MN/126MN 多向模锻液压机

2013 年清华大学与中国二十二冶集团中冶京唐精密锻造有限公司又联合研制成功 1 台 90MN/126MN 多向模锻液压机（见图 9-15b），并开始进行试生产。这是采用预应力钢丝缠绕正交预紧机架吨位最大的多向模锻液压机，为今后研制吨位更大的多向模锻液压机提供了非常重要的技术基础。

2. 预应力钢丝的性能

随着预应力钢丝缠绕技术在重型模锻和挤压液压机上应用的优势逐渐展现出来，温度对预应力钢丝影响的问题越来越重要。虽然重型模锻液压机和挤压机的锻件温度达上千度，但由于锻件质量较小，而压机的体积和质量巨大，压机的散热表面积巨大，因此压机本体，特别是机架的温升并不明显。现场测量的结果也证明了模锻件的热辐射和通过模具、垫板、动梁的传热，不足以使巨大承载机架的温度升高。但仍有必要对常用的 65Mn 预应力钢丝的低温蠕变性能进行测量并对蠕变引起的预应力进行预估，以掌握这种钢丝的蠕变特点，正确对待锻造环境下的钢丝设计要求。

截面规格为 1.5mm×5mm 的 65Mn 钢丝采用如图 9-16 所示的蠕变试验机进行测量。试验机的上、下钢丝卡具用于夹紧钢丝试件，下卡具固定在本体结构上，上卡具与加载装置相连实现加载。加载装置利用砝码通过杠杆对钢丝施加恒定张力，并有测力传感器测量精确的钢丝张力。采用一套引伸装置对钢丝中间段 800mm 标距进行相对位移量的测量，以减小卡具对钢丝位移量的影响，并且避免了卡具附近钢丝的不均匀变化段。为提高测量精度，钢丝伸长量由两路位移传感器同时检测。采用加热带对钢丝标距段进行加热，经 PT100 测温，通过 PID 反馈控制系统实现自动控温。采用数显仪及智能温控仪分别对力、位移量、温度进行处理显示，并实现数据的自动存储记录。

该试验机额定载荷为 1000kg，力传感器精度为 0.2kg；位移传感器量程为 10mm，精度为 0.005mm；温度波动控制在 ±0.5℃ 的偏差范围内。

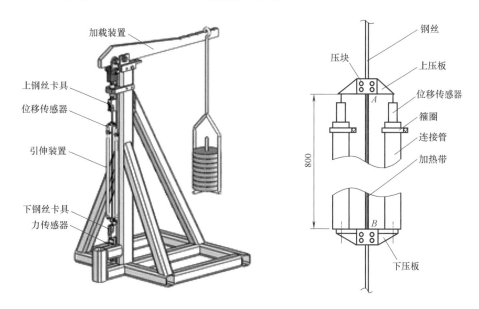

图 9-16　钢丝蠕变测量仪

预应力钢丝材料为 65Mn 冷轧回火态扁钢带，截面尺寸为 1.5mm×5mm，抗拉强度 R_m = 1620MPa。考虑压机机架通常的工作温度，钢丝蠕变的温度范围为 25~100℃。因 65Mn 材料的熔点温度 T_m 约为 1673K，本文探讨的钢丝蠕变温度 $T<373K<0.3T_m$，属于低温蠕变范畴。

3. 恒应力下的温度影响

首先对钢丝在 1044MPa 的恒定拉应力下，研究温度对钢丝蠕变的影响，以确定钢丝的温度拐点。

测试开始时，试验机处于室温环境（约 25℃）。待钢丝加载平稳后，维持载荷恒定，对位移传感器进行零点标定，开启钢丝加热电源同时开始记录。试验选取了 7 个温度水平，分别为常温、60℃、70℃、75℃、80℃、100℃、120℃。因钢丝加热达到温度稳定的时间很短，为消除钢丝热膨胀的影响，截取钢丝温度稳定达到试验温度的瞬时作为曲线起点，此后 140h 的钢丝伸长量如图 9-17a 所示。

由图 9-17a。可以看到，加热开始后约 20h 内，钢丝的蠕变量迅速增加，即进入不稳定蠕变阶段。约 100h 后，钢丝的蠕变量变化很小，即进入了稳定蠕变阶段。

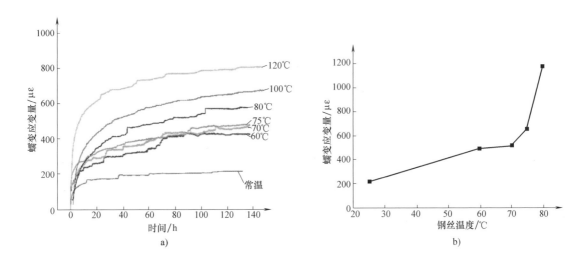

图 9-17　恒应力下温度对蠕变的影响曲线
a）不同温度下钢丝的蠕变应变量曲线　b）1044MPa 下蠕变量随温度的变化

钢丝进入稳态蠕变状态的总应变增量 $\Delta\varepsilon$（包含钢丝热膨胀）随钢丝温度的变化如图 9-17b 所示。由图可见，随温度升高，总应变增量 $\Delta\varepsilon$ 增大；当温度低于 75℃ 时，总应变量较小，小于 $500\mu\varepsilon$；而当温度超过 75℃ 时，应变量急剧增大，到 80℃ 时即达到了 $1200\mu\varepsilon$。因此，将 75℃ 作为预应力钢丝防蠕变的最佳工作温度上限。

4. 恒温下的应力影响

预应力钢丝上较高的应力是造成钢丝松弛或蠕变的重要原因。65Mn 钢丝的抗拉强度约为 1620MPa；钢丝缠绕张力的经验值约为 700MPa，工作时上升至 800MPa 左右，不超过 1000MPa。故试验取 1000MPa 附近区间的载荷水平进行研究，以确定钢丝的载荷拐点，为防蠕变设计提供依据。

选取对蠕变影响较大的 80℃ 进行测量。试验由室温开始，待钢丝加载平稳后，维持载荷恒定，对位移传感器进行零点标定，开启钢丝加热电源同时开始记录。同样截取钢丝温度平稳达到试验温度的瞬时作为曲线起点，记录此后 140h 的钢丝伸长量。

试验选取了 4 个应力水平，分别为 792MPa、900MPa、1044MPa、1188MPa，比较钢丝的蠕变应变量，如图 9-18 所示。由图 9-18b 可以看出，不同应力下，加热 120h 后，钢丝都进入了稳定蠕变状态。钢丝在小于 900MPa 载荷区间内蠕变量较小，而高于 900MPa 时蠕变量增大较快。故将钢丝 80℃ 下的防蠕变许用应力设为 900MPa。

5. 温度循环的钢丝蠕变积累研究

经过上述测量，掌握了 65Mn 预应力钢丝单次加载、加热的蠕变规律。但考虑到重型模

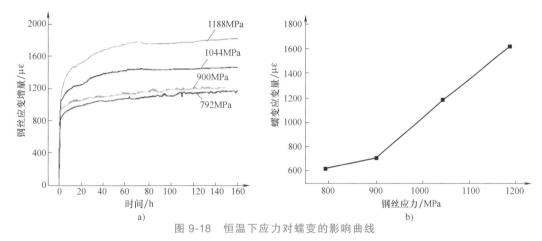

图 9-18　恒温下应力对蠕变的影响曲线

a) 不同应力下钢丝的蠕变应变量曲线　b) 80℃下蠕变量随应力的变化

锻锻造和挤压机的工作具有周期性，钢丝的实际温度可能处于不断的周期循环状态。而每次的温度升高，是否都会产生新的蠕变，65Mn 钢丝在不断的温度循环下蠕变量是否会累计，为了回答这些问题，有必要测量钢丝在循环温度下的蠕变应变量的变化规律，这对预应力钢丝缠绕结构的长期稳定十分重要。

首先测量在稳定蠕变阶段下的温度循环影响。图 9-19 记录了加热 180~700h 随温度升降

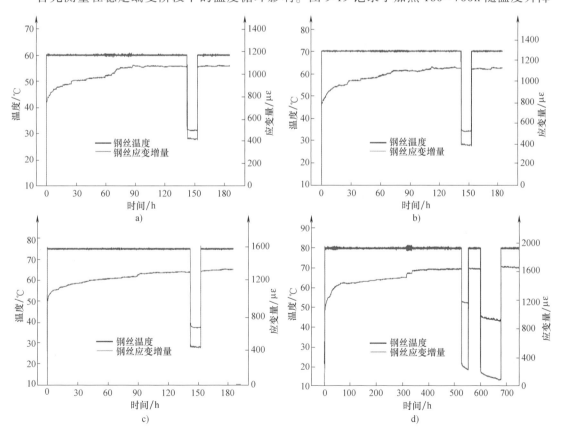

图 9-19　稳定蠕变阶段循环温度蠕变曲线

a) 60℃　b) 70℃　c) 75℃　d) 80℃

蠕变应变量的变化。试验选取了 4 个温度水平，分别为 60℃、70℃、75℃和 80℃，钢丝张力为 1044MPa。由图可以发现钢丝冷却至室温后再次升温，钢丝应变量回复至降温前的水平，并仍处于稳定蠕变阶段，而且蠕变温度持续时间和室温持续时间对钢丝的蠕变速率及应变值都没有影响。

图 9-20 则记录了在不稳定蠕变阶段，循环温度下的蠕变应变变化。钢丝温度由室温（约 25℃）升至 80℃，钢丝张力 1044MPa。由图可知，即使在蠕变的不稳定阶段，钢丝冷却至室温后若再次升温，钢丝应变量回复至降温前的水平，并继续蠕变过程，而且蠕变温度的持续时间和室温的持续时间，对蠕变速率没有影响。

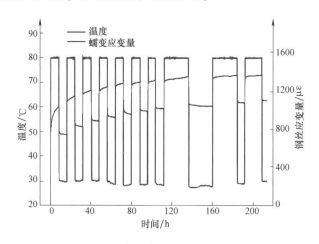

图 9-20　不稳定蠕变阶段循环温度蠕变曲线

试验数据表明，重型模锻液压机或挤压机的工作循环所引起的钢丝温度循环无论是发生在钢丝蠕变的初期（不稳定蠕变阶段）还是发生在钢丝蠕变的稳定期，都不会改变钢丝蠕变的应变量和进程，不会造成钢丝蠕变应变的累积。

65Mn 钢丝蠕变规律的测量说明预应力钢丝的蠕变主要发生在钢丝处于高温状态的初期（累计约 100h），此后钢丝蠕变进入稳定期，蠕变量极小。由于钢丝工作温度处于低温蠕变温度段，不会进入蠕变的破坏阶段。因此，只要预应力钢丝缠绕结构在最初的工作阶段不发生结构松弛或预紧力不足，此后即可安全地工作，并具有长期稳定性。

6. 钢丝蠕变对预应力结构的影响

钢丝蠕变后，预应力结构将丧失部分预紧力，其损失量与钢丝蠕变应变的变化量 K_{rw} 和预紧结构的刚度比 C 有关。利用预应力结构的载荷-变形图可以帮助分析钢丝蠕变的影响，如图 9-21 所示。

对于预应力结构的载荷-变形图，图中 A_1B_1 是蠕变发生前预紧件（钢丝）的载荷-变形轨迹，CB_1 是被预紧件（立柱）的载荷-变形轨迹，B_1 点是蠕变发生前的预紧状态平衡点，而 A_1B_1 与 CB_1 斜率的比值就是预紧结构的刚度比：

$$C = \frac{\tan\alpha_w}{\tan\alpha_c} \tag{9-1}$$

A_1E 为预紧件（钢丝层）的总伸长量，CE 为被预紧件（立柱）的总压缩量。

当钢丝发生蠕变后，被预紧件（立柱）的载荷-变形特性不发生改变，其状态仍然处于

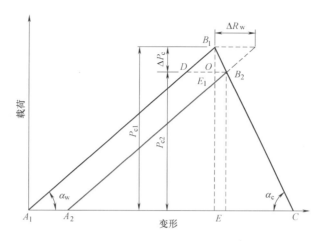

图 9-21　预应力结构的载荷-变形图

CB_1 线上；而缠绕钢丝层则发生了蠕变，其变形增加而应力降低了。可以假设蠕变前后钢丝的弹性模量仍然保持不变，而原处于线弹性的变形有部分转变为永久变形，不承受任何载荷。因此蠕变后钢丝层的载荷-变形轨迹是与 A_1B_1 平行的 A_2B_2，且 A_1A_2 为钢丝层的蠕变量 $\Delta R_{\rm w}$，其对应的预紧力下降为 B_1E_1，且有

$$B_1E_1 = B_1O + OE_1 = A_1A_2\tan\alpha_{\rm w} \tag{9-2}$$

但预紧结构中被预紧件（立柱）的预紧压缩量得到部分释放，钢丝层又被撑长，其预紧力增加至新的平衡点 B_2 点。B_2 点就是钢丝层蠕变后预紧结构新的预紧平衡点，而 B_1O 的高度就是预紧结构预紧力的损失 $\Delta P_{\rm c}$。由图 9-21 可知：

$$\frac{OE_1}{B_1O} = \frac{\tan\alpha_{\rm w}}{\tan\alpha_{\rm c}} = C \tag{9-3}$$

将式（9-2）代入式（9-3）得

$$\Delta P_{\rm c} = B_1O = \frac{1}{1+C}A_1A_2\tan\alpha_{\rm w} \tag{9-4}$$

则预紧结构的预紧损失相对量为

$$K_{\rm r} = \frac{\Delta P_{\rm c}}{P_{\rm c}} = \frac{1}{1+C}\frac{A_1A_2\tan\alpha_{\rm w}}{A_1E\tan\alpha_{\rm w}} = \frac{1}{1+C}\frac{A_1A_2}{A_1E} \tag{9-5}$$

不失一般性，设钢丝层沿周长各处的钢丝应力相同，则钢丝层的总伸长量 $A_1E = L\varepsilon_{\rm cw}$；而缠绕钢丝层中温度可能升至蠕变温度的只有在工作台与动梁之间立柱段，设其长度为 $L_{\rm r}$，与钢丝周长比值为 ξ，即 $L_{\rm r} = \xi L(\xi < 1)$。则钢丝层的稳定蠕变伸长量为 $A_1A_2 = L_{\rm r}\varepsilon_{\rm rw} = \xi L\varepsilon_{\rm rw}$。代入式（9-5），得预紧结构因钢丝蠕变引起的预紧力损失相对量为

$$K_{\rm r} = \frac{\Delta P_{\rm c}}{P_{\rm c}} = \frac{1}{1+C}\frac{\xi L\varepsilon_{\rm rw}}{L\varepsilon_{\rm c}} = \frac{\xi}{1+C}K_{\rm rw} \tag{9-6}$$

根据模锻锻造液压机和挤压机钢丝缠绕机架的结构特点，一般 $\xi \leqslant 0.25$，$C = 0.10 \sim 0.20$。则对于某压机 $\xi = 0.25$、$C = 0.126$，$K_{\rm rw} = 17.3\%$，则

$$K_{\rm r} = \frac{0.25}{1+0.126} \times 17.3\% = 3.8\% \tag{9-7}$$

　　由上面的计算可以看到，预应力钢丝缠绕结构因钢丝蠕变而造成的预应力损失一般小于4%。但前提是钢丝的温度不超过80℃，而且受模具和工件热影响的范围不超过压机的最大闭合高度，小于钢丝层周长的25%。对于一般的重型模锻液压机、挤压机和自由锻液压机，由于机架结构大和表面积大、散热条件好，这两个条件都能得到满足。因此，无需采取特殊措施。

　　但在压机设计时对本体进行工作状态的温度场计算，验证钢丝层的升温情况还是有必要的。对于重要的压机，还可在钢丝层靠近模具的部位，预先埋入温度传感器，实时监测钢丝温度。

　　而对于那些不能满足上述两个条件的钢丝缠绕预应力结构，可采取在钢丝层内侧增加隔热层，在立柱内侧设置热辐射防护罩或防护链等措施加以防范。另外，可以通过适当提高预紧系数来弥补蠕变引起的预应力损失。假设需保证的最小预紧系数为 η，蠕变引起的预应力损失量为 K_r，则考虑补偿的预紧系数应提高到：

$$\eta^* = \frac{1}{1-K_r}\eta \tag{9-8}$$

9.3　今后主要研究与开发的内容

　　经过80多年的发展，重型模锻液压机作为一个国家航空制造和重型装备设计与制造能力的体现，是当时重型承载结构最新设计理论和加工制造水平的集中应用。但随着航空、能源等领域对材料性能和零部件整体性的要求越来越高，重型模锻不但要求锻件成形，而且还要求保证其内部晶粒大小、分布和最终的组织性能。模锻工艺对设备的要求越来越高，在锻造能力提高的同时，还要求成形精度和过程的可控制性。欧美早期建造的重型模锻液压机在1990年后都进行了液压系统改造，将原来的水压系统改为油压，增加高精度的传感器和计算机控制系统，使动梁的平衡能力、速度控制精度提高，使这些50多年前的设备又焕发了青春。

　　当前我国建成的800MN、400MN 和300MN 模锻液压机，以及360MN 垂直挤压机，已经具备了世界顶级的设备能力，覆盖了我国航空、航天及能源建设所需大型模锻件的加工需求。而近年来不少企业又陆续上马了500~680MN 模锻液压机或挤压机，功能和产品基本相同。由于大型模锻件的市场需求有限，势必形成相互竞争。因此，对于我国刚刚建立起来的重型模锻加工行业来讲，今后的重点之一是不断提升模锻工艺水平、降低模具成本、挖掘设备潜力、提高竞争力。

　　而在设备方面，一方面为提高压制精度、扩大产品范围，液压系统的控制精度需要大幅提高，以适应等应变速率和热模锻工艺的要求。通过实行等应变速率（也称为等温锻）压制，可大大降低锻件的变形抗力，提高现有压机的锻造能力。

　　另一方面则发展精密、节材、绿色的重型多向模锻液压机。如前所述，多向模锻过程中材料在模腔内受到冲头的挤压，处于三向压应力下的塑性流动状态，塑性和成形性能大大提高，锻件变形均匀、组织致密、缺陷易于消除，锻件力学性能好，非常适于塑性较低的材料成形；同时多向模锻又具有闭式模锻的工艺特点，锻件外形复杂、成形精度高，成形后无飞边，无拔模斜度，金属流线连续完整且末端外露少，锻件的抗应力腐蚀和疲劳寿命可成倍提高。另外，由于可以一次锻造出零件的内孔，因此可以节省坯料重量，提高材料利用率，并减少后续切削加工量。

多向模锻工艺是火箭和鱼雷壳体、导弹喷管、起落架、涡轮盘等高性能锻件，以及核电、超超临界电站、石油石化等行业所需的高温高压阀门阀体的理想锻造工艺。以国民经济各行业广泛应用的阀门为例，我们阀门行业的年产值约 1000 亿元人民币。但每年仍需进口 30 亿美元（2007 年数据，约 200 亿元人民币）的阀门，主要是火电、核电及石油、石化需要的高温高压大型阀门，特别是口径大于 150mm、压力大于 25MPa 或工作温度高于 570℃ 的高端阀门。

高温高压大型阀体尺寸大、形状复杂，对于其组织、性能、缺陷的尺度和分布、尺寸精度及外观质量均有严格的要求。多向模锻是最佳的阀体锻件制造技术。国际著名阀门制造商威兰（Velan）公司就是依靠威曼高登（Wyman-Gordon）公司几台多向模锻液压机制造的阀门阀体垄断了全球 90% 核电阀门和 100% 核潜艇阀门的供应。而我国在重型多向模锻技术及其工艺装备，特别是 200MN 以上的多向模锻液压机方面仍处于空白。

此外，多向模锻技术还是难变形材料的理想制造技术。难变形材料是指高温合金、钛合金、耐热合金钢、铝合金、镁合金等塑性差、锻造温度区间窄、显微组织对变形量敏感的材料，这些材料的锻造成形工艺复杂、质量不稳定、技术难度大。但都是航空航天、火电核电的重要用材，尤其是高温合金、钛合金和耐热合金钢等难变形贵重金属更是航空发动机、燃气轮机、超超临界电站等的核心材料。而这些材料的最佳成形工艺是能够提供三向压应力的挤压或多向模锻工艺。据报道，威曼高登（Wyman-Gordon）公司和埃尔伍德（Ellwood）公司（拥有 110MN 多向模锻液压机）最主要的锻件产品是航空航天用的高温合金、钛合金锻件，如涡轮盘、压气机盘、火箭喷管、起落架等。

而我国由于缺乏重型多向模锻液压机，航空航天难变形材料的锻造主要依靠锤上模锻或液压机模锻，以及近年发展的等温锻造技术。在难变形贵重金属的多向模锻成形领域，我国一直处于空白。但随着我国航空航天产业的发展，特别是我国核电和超超临界火电建设的发展，急需发展我国自主的高效、优质、节材多向模锻技术，以提升我国难变形贵重材料的成形加工技术水平。

利用预应力钢丝缠绕技术，创新的正交预紧机架结构有效地解决了多向模锻液压机水平压制力承载结构设计的难题，并在已建成的 40MN/64MN 和 90MN/126MN 多向模锻液压机上得到了验证，为发展我国的多向模锻制造技术奠定了独立自主的技术基础。而计划中 400MN 多向模锻液压机已完成初步方案设计，其垂直最大合模力达 400MN，水平最大合模力达 100MN，将是世界上最大的多向模锻液压机。项目建成后，将打破美国英国公司在重型多向/精密锻造的垄断地位，建立我国此领域的自主化生产能力，并极大地促进我国锻造行业的绿色制造技术水平。

9.4　发展趋势

重型模锻液压机和多向模锻液压机的主要加工对象是航空航天、能源电力等领域所需的大型整体锻件。然而随着复合材料、陶瓷材料等先进非金属材料应用的比例不断增加，同时增材制造技术的完善和应用，重型模锻的需求将会受到冲击。而重型模锻液压机的发展也会随之受到挑战。

一个发展趋势是向更大吨位的超重型锻造能力发展。近年来，核电对整体锻件的要求逐渐增强，其中有些零件有可能用模锻、分步模锻或镦挤等特殊工艺替代自由锻，以提高锻件的复杂程度，减小钢锭重量和机加工量，保证锻件性能和组织性能。美国曾经设计过2000MN（2GN）的多向模锻液压机，但没有实施。而近年来意大利为新一代核电建设已建成了 1 台 1000MN（1GN）液压机。

随着预应力钢丝缠绕和剖分-砧合结构技术的掌握和应用，1GN 级别超重型模锻液压机的建造已成为可能。只要有产品需求，配合相应的锻造工艺和模具技术，我国完全有能力建造这一级别的超重型模锻液压机。

近 10 年来我国的重型模锻液压机取得了跨越式的发展，不但建立起了世界一流、吨位最大的模锻液压机，同时也产生了自主知识产权的重型结构设计与制造技术。虽然在重型液压机的使用、运行，特别是与之配套的液压系统和工艺、模具方面，仍然存在差距。但这些成果说明我国的重型模锻液压机、多向模锻液压机和重型承载结构的设计、制造，已经形成了中国特色能力，达到了世界领先水平。

第10章 CHAPTER 10
重型高性能挤压机

中国重型机械研究院股份公司　　权晓惠

挤压是用来生产诸如棒材、线材、管材、实心或空心型材、带材的一种加工方法。其原理是：用施加外力的手段，使处于耐压容器中承受三向压应力的金属产生塑性变形，并从特设的孔或间隙中被挤出，从而得到一定截面形状及尺寸的挤压制品。挤压方法适用于多种金属及其合金的生产加工，其产品广泛应用于航空航天、国防军工、电力电子、交通运输、建筑结构等国民经济的各个领域。

10.1　挤压机的工作原理、特点及主要应用领域

10.1.1　挤压机的工作原理

挤压机是实现挤压生产的设备，其种类繁多，但一般人们将其分为普通挤压机和特殊挤压机，普通挤压机用于挤压生产各种金属产品；而特殊挤压机则有特殊的用途，如铠装挤压机用于生产包覆线缆等。由于特殊挤压机应用范围小，领域特殊，此处不予讨论。

普通挤压机的挤压过程如图 10-1 所示。

进行挤压时，挤压杆 1 在挤压力的作用下，推动挤压垫 2 沿图示方向移动，使置于挤压筒 3 内的坯锭 4 处于三向压应力状态，金属产生塑性变形，并从模具 5 上的模孔挤出，形成挤压制品 7。

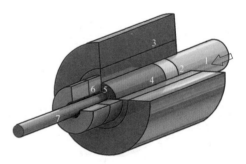

图 10-1　挤压过程

1—挤压杆　2—挤压垫　3—挤压筒
4—坯锭　5—模具　6—模垫
7—挤压制品

10.1.2　挤压技术的特点

挤压加工技术与其他生产加工方法相比，具有诸多优势，主要有以下四个方面：

1）挤压加工法可以生产截面形状复杂的产品，而这些产品用轧制等其他方法难以乃至根本无法生产。

2）在挤压过程中，金属材料处于三向受压的应力状态，金属可以发挥最大的塑性变形，因此，挤压加工不仅广泛适用于塑性较好的金属及其合金的生产，而且还适用于低塑性材料的加工制造。

3）挤压加工法有很大的灵活性，只要更换工模具便可生产不同形状和尺寸的产品，挤压法尤其适合于多品种小批量的特殊材料生产。

4）挤压加工法可以消除产品内部的微小缺陷，提高材料金相组织致密度，使制品具有较高的力学性能；并且挤压制品的力学性能在纵横方向基本相同，无曼内斯曼效应。

10.1.3　挤压机的主要应用领域

挤压制品的应用十分广泛，涉及航空航天、舰船、兵器、核能、石化、能源、交通运输、冶金、机械等国民经济和国防工业的各个领域。挤压机作为挤压过程的实施主体，其用途主要体现在以下三个方面：

（1）为深加工开坯　开坯是挤压机的主要功能之一。它不仅可为高精度管材提供荒管（如压缩机用的冷凝管荒管、精密钢管的荒管等），还可为高精板轧制提供板坯，也可为模锻件提供高质量的毛坯。而对于低塑性难变形材料来说，挤压开坯是不可或缺的关键工艺，如航空、航天工业广为使用的 lncone1718（GH4169）合金只有通过在三向压应力状态下的

挤压开坯，晶粒组织和综合性能才能得以最佳保证。

（2）为国防和国民经济各个领域提供高质量管材　国防工业以及国民经济的众多领域均需要挤压管材，如飞机起落架用超高强度厚壁钢管；潜艇潜望镜用大口径厚壁超长管；大型驱逐舰用耐压、耐蚀不锈管；高压锅炉管；核电站用主管道和蒸发器管等。

（3）生产用于军工、民用工程的型材和异形材　挤压机操作方便，换模快捷，尺寸组距宽广，生产数量可多可少，因而极有利于生产各种型材和异形材。如军工和民用先进飞机的钛合金结构件及管件；高速列车、轨道车辆、船舶、化工、建筑等用的合金钢型材和异形材；石油工业用厚壁管、阀体和喷雾器等。

10.1.4　挤压机对科学发展的作用

1. 新材料产业发展的需要

新材料涉及领域广泛，一般指新出现的具有优异性能和特殊功能的材料，或是传统材料改进后性能明显提高和产生新功能的材料，其范围随着经济发展、科技进步、产业升级不断发生变化。

我国新材料产业发展规划中将高端金属结构材料作为一个重要的发展领域，主要包括高品质特殊钢、新型轻合金材料等。这些材料的加工大多需要用挤压产品或者用挤压机来开坯；如高品质特殊钢中的耐高温、耐高压、耐蚀电站用钢、节镍型高性能不锈钢、高标准轴承钢、齿轮钢、模具、高强度紧固件用特种钢；新型合金材料中以轻质、高强、大规格、耐高温、耐腐蚀、耐疲劳的高性能铝合金、镁合金和钛合金为代表，主要应用于航空航天、高速铁路、汽车零部件、轨道列车等领域。

2. 高端制造业的要求

高端装备制造业是以高新技术为引领，处于价值链高端和产业链核心环节，决定着整个产业链综合竞争力的战略性新兴产业，是现代产业体系的脊梁，是推动工业转型升级的引擎。在调整产业结构的背景下，高端装备制造业被认为是七大新兴产业中资金最密集、产业链最完备、见效最快的产业之一。

高端装备主要包括传统产业转型升级和战略性新兴产业发展所需的高技术高附加值装备。《国务院关于加快培育和发展战略性新兴产业的决定》明确的重点领域和方向即航空装备、卫星及应用、轨道交通装备、海洋工程装备等。

（1）航天航空、卫星及应用　航天科技是当今世界最具代表性和综合性的高科技领域，并成为衡量一个国家科技实力、国防力量的重要标志。而航空工业是一个国家的战略性产业和大国崛起的标志，是博弈世界舞台和参与国际竞争的制高点。它巨大的高技术发展引擎，不仅推动了世界科技进步，更带动了全球经济的飞速发展，因此被称为工业之花。

航空航天以及卫星的零部件使用的材料多为轻质、耐高温、难变形合金，这些零部件或者由挤压机提供产品或者用挤压机开坯，如航空发动机涡轮盘需要挤压机开坯才能满足其性能要求。

（2）船舶及海洋工程　船舶工业是为水上交通、海洋开发及国防建设提供技术装备的现代综合性产业，是军民结合的战略性产业，是先进装备制造业的重要组成部分。进一步发展壮大船舶工业，是提升我国综合国力的必然要求，对维护国家海洋权益、加快海洋开发、保障战略运输安全、促进国民经济持续增长、增加劳动力就业具有重要意义。

海洋工程装备是人类开发、利用和保护海洋活动中使用的各类装备的总称，是海洋经济发展的前提和基础，处于海洋产业价值链的核心环节。海洋工程装备制造业是战略性新兴产业的重要组成部分，也是高端装备制造业的重要方向，具有知识技术密集、物资资源消耗少、成长潜力大、综合效益好等特点，是发展海洋经济的先导性产业。

船舶及海洋工程同样也离不开挤压机，如舰艇、船舶、汽艇、快艇的船身结构件；潜艇潜望镜用大口径厚壁超长管；舰船用耐压、耐蚀不锈管等均需用挤压产品。

（3）轨道交通运输   发展"技术先进、安全可靠、经济适用、节能环保"的轨道交通装备，是提升交通运输人流物流效率的保证，是实现资源节约和环境友好的有效途径，对国民经济和社会发展有较强的带动作用。随着我国轨道交通的高速发展，轨道交通装备业对节能、环保、安全性、可靠性的需求进一步增强，对挤压机的要求进一步提高。

挤压产品在轨道交通运输方面的应用是显而易见的，高速列车以及地铁车厢的覆盖件、集装箱和厢式货车大都采用挤压型材。

3. 新能源产业的要求

《国民经济和社会发展十二五规划纲要》指出，新能源产业重点发展新一代核能、太阳能热利用和光伏光热发电、风电技术装备、智能电网、生物质能。开发利用、支持新能源产业发展，对在"十二五"时期继续促进能源发展方式转变，加快资源节约型和环境友好型国家建设，确保能源与经济、社会、环境的协调发展具有重要意义。

挤压机是新能源产业不可或缺的关键设备之一。如中国重型机械研究院的 40MN 双动锆管挤压机（见图 10-2）专为核电挤压核原料容器用锆管而建设，主机结构形式为拉杆压套式组合预应力框架；公称挤压力为 40MN；挤压速度为 0.5~100mm/s；公称穿孔力为 5MN；系统工作压力为 28MPa。500MN 立式钢管挤压机采用镦挤技术为核电站生产主管道。

图 10-2 40MN 双动锆管挤压机

新能源汽车是新能源产业的重要分支之一，它是指采用新型动力系统，完全或主要依靠新型能源驱动的汽车，主要包括纯电动汽车、插电式混合动力汽车及燃料电池汽车。

发展节能与新能源汽车是降低汽车燃料消耗量，缓解燃油供求矛盾，减少尾气排放，改善大气环境，促进汽车产业技术进步和优化升级的重要途径。节能与新能源汽车已成为国际汽车产业的发展方向，而轻量化则是实现新能源汽车的重要环节。

铝合金材料以其重量轻、强度刚度高成为汽车轻量化的最佳使用材料。日本本田 NSX 全车用铝材达到 31.3%。据杜克公司（Duker）调查，2009 年有 67 款汽车（欧洲 49 款、日本 18 款）的铝合金用量达到 182kg/辆。福特提出要在 2020 年前实现铝合金和钢在车身上的用量大致相等的目标。这些铝材大部分使用的是挤压产品，如车窗、座椅架等，复合板箱式车和冷藏式箱式车，其前顶轨、侧顶轨、底轨、前底轨等均为铝合金挤压型材产品。

4. 绿色加工的要求

绿色加工、绿色工厂是国际加工制造业的发展趋势，其环保节能效果是显而易见的。众所周知，挤压生产是（近）净成形生产，其产品可以直接应用于国民经济的各个领域，也可为其他深加工、精加工提供少或无加工毛坯，因此挤压生产对于环保和节能的贡献是毋庸置疑的。

10.1.5　挤压机对社会发展的作用

正如蒸汽机的发明对工业生产和人类生活以及社会活动带来的影响一样，挤压机的出现也影响着工业生产以及人类的生活方式和社会活动。

1. 延伸了人类活动范围

挤压产品在船舶以及海洋工程上的应用，使人类活动从陆地上延伸至海洋；在航空航天上的应用使人类活动从地球延伸至太空和星际。

2. 改变了人类生活方式和条件

挤压产品在交通运输以及通信领域的应用，使世界变小了，人们之间的交流变得更加直接快速，通过运输工具，人们瞬间即可坐在一起进行交谈；通过一个 e-mail、一个视频电话，人们瞬间可以面对面交流或购物。人类的生活变得更加容易、简单、快捷。

3. 带动了上下游相关产业的发展

挤压产品的广泛应用，也带动了上下游产业的发展，如采矿、冶金、机械加工等，进而带动整个社会经济活动的繁荣和发展。

4. 促进生产力发展

挤压机的出现，使得某些加工生产更加快速和简单，解放了生产力，实现节能环保。如原来的核电主管道需要进行锻造和机械加工，不仅耗时长、材料利用率低（约 20%）、成本高，而且性能差，随着 500MN 立式钢管挤压机的建成，一次镦挤即可完成，不仅耗时短、材料利用率高（几近 100%）、成本低，而且性能极其优良。因此挤压机的发展也会推动生产力的进一步发展。

事物总有正反两方面，诺贝尔发明了炸药、克拉普罗特发现了铀，不仅给人类带来了福祉，也给人类带来了灾难；挤压机的发明在某种程度上改变了人类生活和人类活动，推动了社会的发展，促进了生产力的发展；同时也给环境带来了消极的影响，采矿破坏了自然环境，冶炼以及后续生产对环境造成污染并大量消耗能源，这些都是挤压生产的负面影响。随着科技的发展、法律法规的健全，这些负面影响正在控制和消除。就像人们和平的利用炸药和核能一样，挤压机积极的一面也将会得到充分的利用和发挥。

10.2　挤压机的主要结构

人们习惯将挤压机的组成分为：挤压机主机、液压传动和控制系统、电气控制系统，主要技术工作也多以这三方面为重点展开，而随着数字化技术应用的日趋广泛，各种计算、分析、优化以及模拟技术也已成为挤压机技术的主要组成部分。

10.2.1 挤压机主机

挤压机主机一般由主机框架、挤压系统、穿孔系统（管材挤压机）以及工模具系统组成。

1. 主机框架

（1）铸造整体框架 将挤压机的前梁、后梁以及四个立柱同时铸造成整体，这种结构简单，质量轻，对挤压机的安装基础要求较低，属无预应力框架，其整体刚性较差，多用于公称挤压力小于 20MN 的小型挤压机，目前已较少采用。

西马克为国内某公司提供的 8MN 双动卧式铜挤压机及中国重型机械研究院研制的 8MN、16MN 和 20MN 双动卧式铜挤压机均采用此结构。

（2）预应力组合框架 预应力机械结构早在 17 世纪就已产生（主要是大炮的预紧），19 世纪已有大量的工业应用。自 20 世纪以来，粗螺栓预应力技术（用粗螺栓将子件预紧形成组合件的技术）已发展到十分成熟的地步，为了提高结构的可靠性，20 世纪中叶细螺栓预应力技术逐步发展起来，形成了预应力组合框架。

大型挤压机的框架一般采用预应力组合框架，目前有两种方式：一种是采用拉杆、压套将前梁、后梁通过螺母连接在一起，经预紧（加热预紧、超压预紧或液压螺母预紧）使其形成一个刚性框架；另一种方式是采用锤头叠板（拉杆）、压套将挤压机的前梁、后梁连接起来，通过不同的预紧方式（超压或者专用液压缸）使其形成一个刚性框架。无论采用哪种形式组成预应力组合框架，这种结构均具有刚度高的优点。

西马克多以锤头叠板组合预应力框架为主，该结构是西马克公司于 1973 年首创，并申请了专利，其代表作是西马克为兖矿集团提供的 150MN 双动卧式铝挤压机，如图 10-3 所示，其主要技术参数如下：公称挤压力为 150MN；挤压速度为 0.2~20mm/s；公称穿孔力为 40MN；系统工作压力为 30MPa。

中国重型机械研究院、达涅利等公司多采用拉杆、压套的预应力组合框架，其代表作是中国重型机械研究院研制的 125MN 卧式铝挤压机，如图 10-4 所示。其主要技术参数如下：公称挤压力为 125MN；挤压筒锁紧力为 12MN；回程力为 8.3MN；挤压筒内径为 $\phi600mm$；挤压速度为 0.2~20mm/s；系统工作压力为 30MPa。

（3）板框式框架 对于超大型挤压机，由于其主要零件如前梁、后梁、主缸等体积和质量超过了目前全球的极限制造能力，因此板框式框架结构应运而生。这种框架结构紧凑，在挤压力相同时，其框架重量较轻。

图 10-3　150MN 双动卧式铝挤压机

图 10-4　125MN 卧式铝挤压机

西马克研制的 50MN 单动卧式铝挤压机、威曼高登的 350MN 立式钢管挤压机以及河北红润集团有限公司的 500MN 立式钢管挤压机均为板框式框架结构。这种结构也拓展到其他类型的锻压设备上，如中国第二重型机械集团有限公司被誉为国之重器的 800MN 模锻液压机，其主机框架也是板框式结构。

图 10-5 所示为河北红润集团有限公司的 500MN 立式钢管挤压机，主要技术参数如下：主机结构形式为横向预紧板框式机架；公称挤压力为 500MN；挤压速度为 62mm/s；工作台有效台面为 4000mm（左右）×6000mm（前后）；主功率为 6000kW；主系统工作压力为 100MPa。

（4）钢丝缠绕剖分-坎合预应力框架　预应力钢丝缠绕结构是通过在机架外侧缠绕钢丝产生预紧力，并可有效避免机架内部的运动结构干涉。预紧是通过柔性体在圆弧表面包裹的面压产生预紧力，无需穿过被预紧结构。20 世纪 60 年代到 70 年代，各种重型预应力钢丝缠绕结构在工业化国家相继研制成功。尤其是瑞典阿西亚公司（ASEA）和 A.B.Carbox 公司垄断了世界上全部重型预应力结构的市场。

国内的钢丝缠绕预应力结构由清华大学研制成功，目前主要用于模锻液压机。北方重工集团有限有司的 360MN 立式钢管挤压机以及在建的 680MN 立式钢管挤压机就采用了钢丝缠绕剖分-坎合预应力框架。

图 10-5　500MN 立式钢管挤压机

这种结构重量轻，结构紧凑，对于超大型挤压机来说，解决了特大铸锻件的加工能力限制问题。但是其需要的辅助设备复杂（如行星钢丝缠绕机器人），虽然框架的单个重量较轻，但缠绕后框架的总重量太大，为了解决运输困难的问题，需要安装前在工地现场进行钢丝缠绕，从而使得整体框架的起吊难度相当大；此外这种结构形式的挤压机工作台面一般较小。目前全球仅有清华大学仍在采用该结构，并为国内提供 300MN 以上的挤压机或锻造液压机。

图 10-6 所示为 360MN 立式钢管挤压机，主要技术参数如下：主机结构形式为钢丝缠绕坎合预应力框架；公称挤压力为 360MN；挤压速度为 62mm/s；主系统工作压力为 100MPa。

2. 挤压系统

挤压机的挤压系统主要包括挤压移动梁、挤压主工作缸（多为柱塞缸）、回程缸以及导向和挤压杆中心调节系统。

挤压移动梁有两种结构：单动挤压机多采用整体铸造结构；双动挤压机采用的结构形式视固定穿孔针挤压的形式而定：对于液压固定针挤压，一般采用整体铸造结构；对于机械固定针挤压，一般采用框架式结构。

挤压主工作缸多为柱塞缸，并带有活塞式回程缸，回程缸在挤压时，也提供挤压力，目前挤压机普遍采用这种形式。对于大型卧式挤压机，由于重力的作用，柱塞的导向下部磨损较快；而在挤压初始和结束时，柱塞重量对挤压移动梁导向面的作用力大小影响很大，甚至会出现由挤压移动梁下部导向承压改变为上部导向承压的情况，因此，柱塞自身必须具有较长的导向，以减小柱塞自重对挤压移动梁导向面的影响。然而这样做带来的不利影响是增加了挤压主工作缸的长度和重量。

图 10-6   360MN 立式钢管挤压机

挤压主工作缸也可采用活塞式液压缸，这种液压缸克服了柱塞液压缸的上述不足，但其内孔加工精度要求很高，否则会影响活塞头密封寿命及其性能，而内孔高精度的要求，使其加工难度很大，目前较少采用。仅有清华大学的 360MN 立式钢管挤压机采用了这种结构。

挤压杆中心调节系统是保证挤压产品质量十分重要的手段之一，对于管材挤压产品尤甚。

中心调节系统有两种结构：一种是 X 导向，这种结构多用于小型挤压机，结构简单，调整方便；另一种是挤压移动梁的下部采用平面导向（水平和垂直两个方向的导向面均为平面）起主导作用，上部采用 V 形导向起辅助作用，多用于大型挤压机。为了调节过程的省力、快捷，水平方向的平面导向调整多采用液压缸辅助的形式。另外，对于立式挤压机，由于中心调节过程不受主柱塞等重力的影响，因此多采用 X 导向。

3. 穿孔系统

挤压机的穿孔系统主要有两种作用：对于铜及铜合金的双动挤压机，多采用实心锭挤压，因此穿孔系统用于坯锭在线穿孔及形成管材内孔形状；而对于铝及铝合金、钢材等双动挤压机，几乎全部使用空心锭挤压，因此穿孔系统的作用是形成管材内孔形状；而对于钛合金、锆合金的双动挤压机，虽然采用空心锭挤压，但其坯锭内孔通常较小，在挤压前穿孔系统需要对坯锭进行扩孔，而后进行挤压。上述的空心锭可以是离线穿孔而成的，也可以是机械加工而成的。因为空心锭是管状，所以也叫管坯。

穿孔系统包括穿孔缸、穿孔针旋转系统、穿孔针座和穿孔针导向。

根据穿孔缸的位置，穿孔系统分为内置式和外置式。

内置式穿孔系统就是利用挤压主工作缸的柱塞作为穿孔缸的缸体，而外置式穿孔系统的穿孔缸多安装在挤压机的后梁上。

穿孔缸大多为活塞缸，而在液压系统为水系统时，多采用柱塞缸。

为了保证穿孔针在异形截面空心型材（如方管）挤压时与挤压模具的径向相对位置关系，以及在管材挤压时减轻穿孔针的局部磨损，防止管材的偏心率降低，穿孔针必须能够旋转。而这一过程是通过穿孔针旋转系统来实现的。

为了使穿孔针在穿孔及挤压过程中具有足够的精度，穿孔针的运动必须导向。穿孔针导向一般有两种方式：一种是采用穿孔动梁导向，穿孔针通过穿孔动梁以挤压移动梁为导向基体实现导向，这时挤压移动梁必须是框架式的；另一种是滑键导向，一般用于没有穿孔动梁的穿孔系统中。

穿孔针座的作用是安装穿孔针。一台挤压机配套的穿孔针不仅尺寸多种多样，其外形也不尽相同，为了方便穿孔针的快速更换，同时节约工模具的使用成本，挤压机通常都配有穿孔针座。现在为了使一种规格的穿孔针座适应更多规格的穿孔针，大多穿孔针座前部还增设了连接器。

穿孔系统在工作时有两种方式，一种是随动针挤压方式，另一种是固定针挤压方式。

随动针挤压指穿孔针在挤压时与挤压杆运动同步。

固定针挤压指穿孔针在挤压时与挤压模具的相对位置保持不变。固定针挤压又有液压固定针挤压和机械固定针挤压两种方式。由于液压固定针挤压时，穿孔针深入模具的深度总在一定范围内小幅振荡，致使管材内壁的光亮度不一致，而且这种定针方式需要液压伺服控制，其程序复杂，成本高。因此液压固定针方式仅在早先制造的小型铝、铜挤压机中使用；而对于大型挤压机，其穿孔系统的运动惯量大，液压控制的位置精度较差，多采用机械固定针方式；对于钢管挤压机，现在几乎全部采用机械固定针挤压，甚至不采用随动针挤压，如北方重工集团有限公司的 360MN 立式钢管挤压机。

4. 工模具系统

挤压机的工模具系统包括：挤压杆、穿孔针、挤压筒（挤压容室）、模具和挤压垫等。工模具设计时考虑的主要因素是强度、刚度和使用寿命。

挤压杆是挤压机的主要受力元件。挤压杆有圆挤压杆和扁挤压杆两种，扁挤压杆主要适用于扁挤压筒。

穿孔针是管材挤压机不可或缺的工具，在设计时，除了考虑强度、刚度和使用寿命因素外，还要考虑穿孔针的形状。

常用的穿孔针有直针和平针（台阶针）两类，直针一般用于随动针挤压。平针一般用于固定针挤压，在挤压异型截面管材或者挤压小口径管材时使用平针。

由于穿孔针是在高温高压状态下工作，其温度上升很快。过高的温度会影响穿孔针的性能，因此穿孔针在使用时需要进行冷却。穿孔针冷却方式有内冷、外冷和内外冷却三种：内冷可以在任何时候进行，外冷只能在非挤压时进行。内冷的工作介质是水和空气，外冷的工作介质是水。

挤压筒也叫挤压容室或者盛锭筒（流行于台湾），有单层挤压筒、多层预应力挤压筒和钢丝缠绕预应力挤压筒之分。单层挤压筒多用于小型铝挤压机；多层预应力挤压筒一般用于大中型铝挤压机和铜、钢挤压机。钢丝缠绕预应力挤压筒应用极少，目前仅在前述的 360MN 立式钢挤压机上使用该结构。

为了使挤压坯料在进入挤压筒后，温度不会过度下降，挤压筒一般设置了加热系统。挤压筒在挤压开始前，加热系统对挤压筒进行预热，预热温度随被挤压材料的不同而不同。加热的方式一般有电阻加热和感应加热两种。

同时需要指出的是，也有挤压前不预热的挤压筒，但其应用极少。

随着挤压过程的进行，挤压变形热会使挤压筒温度升高，从而降低挤压筒的力学性能和使用寿命，并且影响挤压产品质量，为了防止此类现象发生，挤压筒还配有冷却系统。其冷却方式一般采用气冷。

但也有无冷却系统的挤压筒，除了早先设计的挤压机挤压筒没有设置冷却系统外，前述的 360MN 立式钢管挤压机的挤压筒也没有设置冷却系统，主要原因是其设计的挤压效率为 2 根/h，挤压速度也较高（约为 65mm/s），因此挤压筒的温升较小。

挤压模是挤压产品成形的关键元件，一般有专门的制造商设计制造。经验是挤压模具设计和修复的主要依据。

挤压机的挤压垫有两种：活动垫和固定垫。活动垫可用于各种挤压方式，包括无缝管材、棒材和型材的挤压；而固定垫主要用于焊合管材、棒材、型材挤压。

5. 其他辅助装置

其他辅助装置包括挤压杆快换装置、穿孔针快换装置、挤压筒快换装置、快速换模装置以及锭端润滑等，其形式和结构多样，此处不赘述。

10.2.2 液压传动和控制系统

液压传动和控制系统是挤压机的一个重要组成部分，可以分为传动和控制两部分。

液压系统的工作介质为油或水（高水基）。与液压油比较，由于水的腐蚀性、密封性较差，所以除了早期由于液压油系统的元件原因，液压系统采用了水作为介质外，随着液压系统油元件的发展，目前挤压机的液压系统几乎全部采用液压油作为工作介质。

液压系统的工作压力各有不同，一般小型挤压机的系统工作压力为中低压；大型挤压机的工作压力为高压；超大型挤压机的工作压力一般为超高压，这主要是受机械零部件的极限加工能力的限制，如前述的 500MN 立式钢管挤压机，其工作压力高达 100MPa。

1. 液压传动系统

液压传动有多种方式：泵直接传动、蓄势器传动以及泵和蓄势器联合传动。

（1）泵直接传动　泵直接传动就是泵泵出液体直接提供给挤压机。泵直接传动系统具有以下特点：

1）挤压机的挤压行程和速度以及穿孔行程和速度取决于泵的供液量，与被挤压材料的变形抗力无关。

2）泵所消耗的功率相当于挤压机做功功率，即泵的供液压力和功耗取决于被挤压材料的变形抗力。

3）一次性投资少，占地面积小，日常维护和保养简单。

为了节能环保，充分利用电动机功率，从理论上讲，泵直接传动采用变量泵更合适，它可通过改变泵的供液量来满足系统所需的流量，但是变量泵的价格比定量泵要高得多，所以为了减小投资，一般采用变量泵与定量泵组合方式。目前挤压机多采用泵直接传动方式。

（2）蓄势器传动　蓄势器传动就是泵只为蓄势器供油，蓄势器的作用就是储存高压液体，而挤压机的所有动作所需液体全部由蓄势器提供。现在油系统中的蓄势器多为活塞式蓄势器。

蓄势器传动具有以下特点：

1）能量的消耗与挤压机的各个行程有关，而与被挤压材料的变形抗力无关。

2）挤压速度取决于被挤压材料的变形抗力，变形抗力大、速度慢，反之亦然。

3）供液压力基本保持在蓄势器压力波动范围内。

由于挤压机的所有动作均由蓄势器供液，而蓄势器的工作压力能够满足工作状态时的需要，且压力基本恒定，即使在空程运动时，也是如此，因此这种传动方式能耗较高，主要用于多机组联合供液和水系统中。目前原来的水蓄势器传动已经开始改造为液压泵直接传动方式。

（3）泵和蓄势器联合传动　这种传动方式集合了上述两种传动方式的优点，即蓄势器仅在中、高速挤压时投入使用，而低速挤压及挤压机的其他动作均采用泵直接传动。

这种方式仅用于挤压速度快、需要的高压液体流量大的情况。一般多用于黑色金属挤压机，这是由于黑色金属挤压机在挤压时所需压力高、挤压速度快（高达 400mm/s）。目前这种传动方式尚未推广，中国重型机械研究院在 40MN 锆挤压机上进行了尝试，效果极佳。

2. 液压控制系统

（1）挤压机对液压控制系统的要求

1）速度控制。被挤压的材料不同、挤压工艺不同，其对速度控制的要求也不同。一般的恒速挤压、变速挤压和等温挤压对挤压速度的要求较高。恒速挤压要求在挤压过程中，挤压速度保持恒定；变速挤压要求在挤压过程中，挤压速度随工艺要求变化；而等温挤压就是要保证挤压产品出口温度的变化在一定的范围内。影响等温挤压的因素较多，其对速度的要求就是随挤压产品的出口温度变化而改变，进而改变被挤压材料在挤压过程中产生的变形热，使被挤压材料在挤压过程中的温度保持恒定。等温挤压是目前主要发展的挤压工艺之一。而要达到上述要求，液压系统必须采用比例控制技术或者伺服控制技术。

对于内置式穿孔系统的双动挤压机液压固定针挤压工艺而言，穿孔针的速度必须随挤压速度的改变而改变，以保证穿孔针的位置相对于挤压模具保持不变。液压控制系统除了采用闭环控制外，控制系统的反应速度、元器件的流量选用都要进行计算，并且对于伺服控制系统，还要进行元器件最佳匹配参数估算。

2）位置精度控制。挤压机的位置精度控制也是液压控制系统设计必须考虑的主要因素之一。除了上述的液压固定针对穿孔针的位置精度要求外，挤压机的其他运动部件的位置精度要求也较高，否则不仅影响产品质量，而且会发生设备事故。如挤压杆与挤压筒、挤压杆与上料机械手、挤压筒与分离剪刀（或圆盘锯）以及模具等的相对位置在不同的工作阶段各不相同，而且各件要求定位准确，否则会发生干涉，引起设备损坏；对于双动挤压机在线穿孔时，挤压杆在对坯锭进行镦粗后的位置必须准确，否则会造成充填不充分，穿孔偏心，进而影响挤压管材的偏心率；或者充填过度，在穿孔前就将部分材料挤出，影响材料的利用率。因此挤压机的液压控制系统的响应频率、控制元件的启闭特性等是元器件选用的主要参数之一。

3）运动部件运行的快速性和平稳性。这一要求对于所有的液压机均适应，是对液压机的一个普遍要求，也是衡量液压机的一个重要的技术指标，其意义是显而易见的，此处不赘述。

（2）液压控制系统的控制方式　挤压机液压控制系统有两种方式，即阀控和泵直控。

1）阀控：就是采用液压阀来控制挤压机各运动部件的动作。

挤压机均采用液压缸作为液压执行元件，所以一般采用阀控技术，这也是目前所有液压机普遍采用的控制方式。这种控制方式动态性能好，响应速度快。但系统的速度、位置、压力控制都是通过高压节流或溢流方式实现，因而系统能量损失大，发热较严重；同时为了构成大功率系统，需要较多的控制阀组，系统的投入大，安装、调试复杂。

对于小流量的液压控制系统一般采用滑阀控制，大流量的一般采用插装式逻辑阀控制。

为了减小阀组数量、降低能耗，目前大多数挤压机采用组合使用变量泵和比例阀的控制方式来满足挤压速度的精度要求。这种方式的主旨思想是：在挤压过程中，采用变量泵粗调、比例阀精调的方式控制挤压速度。

2）泵直控：就是液压泵既给挤压机各运动部件供液又控制其动作，即把传动与控制的任务全部交由液压泵完成。

这种液压系统，采用可逆旋转式径向柱塞变量泵作为主控单元，由于是容积控制方式，能量损失小，效率高，同时系统使用的液压控制阀数量大为减少，其结构紧凑，使用维护方便；且由于其主控泵变量机构的控制环节构造特殊，具有较高的动态响应特性，因而其控制性能好，运行平稳。

目前这种泵直控的挤压机尚未大面积推广使用，其主要原因是能够制造该种类液压泵的企业仅有潘克公司，而该公司一般不单独出售该类液压泵，使其普遍应用受到限制；同时该泵价格高，一次性投资较大；另外该泵用于挤压机时，其使用寿命还不理想。目前国内仅有360MN立式钢管挤压机使用了泵直控液压系统。

10.2.3　电气控制系统

挤压机的电气控制技术随着工业可编程控制器和工业控制计算机的发展而发展，目前基本形成了以可编程控制器为主控制器，以工控机为人机界面的电气控制系统，使挤压机在可靠性、过程自动化、工艺参数输入、缩短非挤压时间、参数实时采集以及与相关设备通信连锁、车间自动化等诸方面达到了最佳工作状态。

挤压机的电气控制系统主要包括以下内容：

（1）挤压机的工作制度

1）调整制度：用于调试和设备非正常运行时处理其他事件，按下操作按钮时设备相应部分动作，松开按钮动作停止。

2）手动制度：带有极限保护功能。按下操作按钮时设备相应动作执行，松开后动作状态保持，直到一个完整动作结束。

3）半自动制度：在半自动工作方式下，只要初始条件满足，按下自动启动按钮，程序便按选定的工艺制度，一次完成整个挤压工艺所需的整个动作，设备再回到初始位置。初始条件满足，启动灯闪亮，操作手即可启动压机。

4）自动制度：在自动工作方式下，只要初始条件满足，按下自动启动按钮，程序便按选定的工艺制度，自动完成一个生产周期所需的整个动作，然后再回到初始位置。整个动作过程带有极限保护和连锁保护控制。

在自动/半自动工作中，如果遇到故障，可以按下自动停止按钮，挤压机停止工作，等待处理；当问题解决后，按下自动启动按钮，便恢复刚中断的工作，从断点处继续进行。如果问题严重，按下自动终止按钮，停止执行自动程序，使工作制度离开自动工作位，采用手动或调整方式，从断点处完成未完成的动作或停止挤压。

（2）位置、压力和速度控制功能　采用比例流量控制技术，可使挤压机的动作实现快速运行、慢速靠近、准确定位的要求，运行平稳、无冲击，位置定位精准。

采用比例压力控制技术，可实现压力保护，无级调压。

采用带流量反馈的闭环控制系统，自动挤压时的挤压机速度采用带 PID 调节功能的速度和压力双闭环比例控制，以实现等速、变速和等温挤压。

（3）自学习功能　挤压机的生产率以及制品的表面质量，一直极大地取决于挤压速度的控制技术和操作工人的水平，自动化很难用于挤压机；但是近年开发的自学习系统已实现了挤压速度的自动控制，其基本原理就是"教"和"再自用"。"教"就是熟练的操作工给出一个挤压速度的控制指令，该指令同时被输入到电气系统的计算机中，并存储在与挤压杆位置相对应的记忆单元中；"再自用"就是在随后的相同条件下，计算机可调出该指令来控制挤压速度。

（4）HMI 功能　　HMI 具有以下功能：

1）生产管理及报表。

2）挤压杆、挤压筒、主剪刀（滑锯）等机构的位置仿真显示。

3）挤压速度、穿孔速度、挤压杆和挤压筒位置、系统压力显示及工作曲线。

4）挤压机液压系统故障维护、报警显示。

5）各动作时阀通断电检测及显示。

6）各动作连锁条件检测及显示。

7）挤压筒、挤压杆中心检测与显示。

8）各种工艺参数设定、记录、查询及显示。

这些功能不同挤压机制造公司有不同的名称，但其内容基本与上述一样。

（5）节能　　泵站节能是电子节能应用的一个典型的例子。通过使用多台变量液压泵驱动一台挤压机，就可以达到节能的效果。

变量液压泵在排量最大时效率最高，排量减小时效率明显降低。因此，采用多台变量泵驱动一台挤压机，在工作过程中，根据需要的流量投入相应数量的泵，未投入使用的泵进行空循环，从而达到节能的目的。

但由于挤压机的工作特性，部分液压泵可能会出现空循环时间较长的现象，从而导致较大的能源消耗。因此可以通过计算比较，设定一时间值，当泵空循环时间大于该值时让其停止，直到需要时再启动，以此达到节能目的。

10.2.4　其他通用挤压机

前已述及，挤压机的种类很多，下面简单介绍目前常用的几种挤压机。

1. 反向挤压机

挤压时，坯锭与挤压筒内壁之间没有相对运动的挤压过程为反向挤压；而有相对运动的挤压过程为正向挤压。反向挤压是与正向挤压完全不同的概念，它要求使用完全不同的机构和机电控制系统来满足其要求。

1870 年，反向挤压法随立式铅管挤压机问世，但并未得到广泛应用，直到美国的 TAC 反向挤压专利问世后，反向挤压法才在工业应用上得到普及，并取得明显的经济效益；其后，反向挤压技术在苏联、法国，特别是日本也得到了广泛的应用。现在反向挤压技术已日趋成熟。国内的反向挤压设备数量近年来增长很快，图 10-7 所示为中国重型机械研究院研制的 31.5MN 反向挤压机。公称挤压力为 31.5MN；挤压速度为 5～55mm/s；回程力为 2.6MN；系统工作压力为 28MPa。

（1）反向挤压的优缺点　　由于在反向挤压时，坯锭与挤压筒之间没有相对运动，也就没有因摩擦而产生的热量，所以反向挤压具有如下优点：

1）与正向挤压相比，反向挤压过程中坯锭与挤压筒内壁之间没有摩擦阻力，采用同一规格坯锭生产同一制品时，反向挤压所需的挤压力比正向挤压小 25%～30%。

2）由于挤压力全部用于挤压，因此可以挤压更小截面的型材。同时由于挤压筒与坯锭间基本没有摩擦热，在挤压过程中坯锭表面的温度几乎不会升高，因此生产同样制品时反向挤压允许使用更长的坯锭和更高的挤压速度。

3）坯锭中心的金属与其相邻的金属没有相对位移，挤压力不是坯锭长度的函数；因此反向挤压时坯锭长度只取决于能满足挤压筒长度所需的模轴长度及其稳定性。

图 10-7   31.5MN 反向挤压机

4）挤压工具的寿命长。特别是由于坯锭和挤压筒之间不存在摩擦，挤压筒内衬的寿命可以大大提高。

5）整个坯锭任何一个横截面的变形几乎都是均匀的，基本没有形成挤压缺陷和晶粒粗大的趋势。

6）坯锭表面的杂质不会进入制品内部（因为在挤压筒内部没有金属涡流产生），但是这些杂质可能出现在制品的表面。

（2）反向挤压机的关键技术　反向挤压机的关键技术主要为：

1）挤压杆（堵头）与挤压筒的同步技术。挤压杆与挤压筒的同步有两种方式：一种是挤压杆同时推动被挤压坯锭和挤压筒向前运动，这种方式能使挤压杆和挤压筒绝对同步。但是采用这种方式，必须保证挤压筒与挤压杆之间没有间隙，因此，挤压筒移动缸需有背压，从而导致损失挤压力，降低了挤压机的挤压能力；另一种方式是利用液压和电气控制方式，使挤压杆和挤压筒保持同步，这种方式能够保证挤压机的挤压能力充分利用，但是液压和电气控制的难度较大。目前这两种方式均有应用。

2）空心模轴的刚性和稳定性：反向挤压机的模具是安装在空心模轴上，因此空心模轴的刚度和稳定性是影响反向挤压机能否正常工作和挤压产品质量的重要因素。正因如此，同吨位的反向挤压机其产品截面尺寸小于正向挤压产品，这也是反向挤压推广应用的致命影响因素。

（3）反向挤压机的应用范围　反向挤压的优点和缺点决定了反向挤压机的应用范围，而在这些范围内，反向挤压机将其优势发挥到了极致。

1）软铝挤压：由于软铝的黏性较大，极易与挤压筒黏连，当正向挤压时，铝锭与挤压筒之间有相对运动，摩擦引起的挤压力消耗极大，统计数据的挤压力损耗占总挤压力的25%～30%就是基于此种状况的，而反向挤压可有效避免上述黏连情况的发生，因此反向挤压软铝有绝对的优势。

2）黄铜棒挤压：由于反向挤压时，整个坯锭任何一个横截面的变形都是均匀的，因此在挤压棒材时，产品尾部不会形成漏斗，材料利用率大为提高。而黄铜棒在正向挤压时恰恰在产品的尾部会形成较长的漏斗，因此反向挤压黄铜棒材也具有明显的优势。

需要指出的是，挤压钢材时由于玻璃润滑剂的作用，使得坯锭与挤压筒之间的摩擦因素影响降到很低，因此，一般钢材挤压不采用反向挤压。但也有反向钢挤压机，如美国的350MN 反向钢管挤压机，乃因工艺和设备结构限制所致。

2. 正反向挤压机

简单地讲，正反向挤压机就是在正向挤压机的基础上，增设了反向挤压机所需的零部件、工装及控制功能。它具备正向和反向挤压机的所有优点，使用时根据需要选择采用正向还是反向挤压。但这种挤压机的结构、控制系统都较为复杂。

由于正反向挤压机既可实现正挤也可实现反挤，其市场需求日趋广泛。目前市场上使用的均是小吨位的正反向挤压机，而在美国通用合金公司于 2004 年将 125MN 的水压机经过技术改造而使其成为全球最大的 145MN 油压双动正-反向铝材挤压机后，南山集团投资 20 亿元建设的 150MN 正反向双动挤压机也于 2013 年投产。并号称该设备具有五个"世界第一"：正反向大吨位世界第一、辅助设备配置世界第一、挤压产品截面世界第一、工艺流程自动化程度世界第一、铝挤压行业厂房跨度尺寸世界第一。

正反向挤压机多用于有色金属挤压机，尤以铝挤压机为甚。

3. 短行程前上料挤压机

一般的卧式挤压机的上料是在挤压杆与挤压筒之间，这种结构的挤压机，其空程行程大，挤压机结构庞大，非挤压时间长；短行程前上料挤压机是在挤压模具与挤压筒之间上料，多用于铝合金挤压机。

前上料技术由西马克梅尔开发研制，已经在世界范围内得到客户的确认和青睐。前上料挤压机具有以下特点：

1）向前移动挤压筒完成装料。

2）棒料中心定位，棒料与挤压筒内衬间无摩擦。

3）可以对短小及拼接棒料进行挤压。

4）减少了非挤压时间，提高了挤压生产的效率。

5）减少了挤压行程，提高了设备的精度和刚度，降低了设备成本。

6）提高了坯锭和挤压中心线的对中性，有利于管材和多根铝型材的挤压。

前上料挤压机的不足在于因其结构紧凑而使得操作空间小，日常维修和检修较困难。

10.3　挤压机领域今后主要研究与开发的内容及发展趋势

10.3.1　挤压机发展的现状和存在的问题

挤压工业的历史可以追溯到 200 年以前，随着挤压实践经验逐渐丰富和对于挤压工艺、挤压工模具和金属流动规律研究的不断深入，挤压加工技术得到了极大的发展。1797 年，英格兰人 S. Bramah 设计了第一台铅挤压机；1820 年，英格兰人 Thomas Burn 建造了第一台铅管液压挤压机，这台挤压机基本上包括了现代挤压机的基本构件，诸如挤压筒、可更换模具、带有挤压垫的挤压杆以及用螺纹连接在挤压杆上的可移动穿孔针等。1870 年，Haines 和 Werms 建成了一台反向铅挤压机；1879 年，Borell 建成第一台电缆包铅的铠装铅挤压机。至 1918 年全球已经建设了 200 余台挤压机。1927/1928 年，Singer 在机械式挤压机上第一次尝试了钢管挤压生产；1933 年，根据 Singer 的专利，Mannesmann 在 Witten 建造了一台 12MN 机械式钢管挤压机；1941 年，Ugine-Séjournet 发明了玻璃润滑剂，促进了钢材热挤压的发展。1943/1944 年，DEMAG-Hydraulic 和 Schloemann-SIMAG 建造了第一台 125MN 大型挤压机。

1945 年后，卧式和立式挤压机、挤压机辅助设备、短行程挤压机、回转式挤压机、紧凑型挤压机等取得了突破性进展。20 世纪 40~50 年代，苏联制造了 80MN 双动铜挤压机和 120MN、200MN 大型挤压机，均为水泵-蓄势器传动。20 世纪 60 年代初，液压泵直接传动挤压机出现。1963 年后日本制造的挤压机全部采用液压泵直接传动，但挤压力基本小于 30MN，而且仅限于铝挤压机。1967 年，Cameron Steel Co. 设计制造了 350MN 立式反向钢挤压机，该挤压机同时具有挤压和模锻功能，到 2010 年国内建成 360MN 立式钢挤压机之前，这台挤压机一直是全球最大的挤压机。2004 年美国成功地将 125MN 水压机改造为 145MN 卧式双动正反向挤压机，一时间成为世界卧式挤压机之最。

20 世纪 70 年代初，沈阳重型机器厂制造出国内第一台 125MN 卧式双动水泵-蓄势器传动挤压机。2002 年 7 月，西安重型机械研究所（现中国重型机械研究院）联合相关单位，制造了第一台 100MN 液压泵直传双动铝挤压机（见图 10-8），在山东丛林集团试车成功，使我国重型挤压机的设计制造步入了国际先进行列。2010 年，国内建成 360MN 立式正向钢挤压机，打破了美国 350MN 立式挤压机世界之最的地位。2012 年 8 月，河北宏润重工股份有限公司建成全球最大的 500MN 立式双动钢挤压机。2013 年，南山集团建成全球最大的 150MN 卧式正反向双动机压机，而国内在建 680MN 立式双动钢挤压机，拟建 250MN 卧式双动铝挤压机，这将使我国的大型超大型挤压机数量和挤压力均位于世界前列。

100MN 双动铝挤压机主机结构形式为拉杆压套式组合预应力框架；公称挤压力为 100MN；挤压速度为 0.2~20mm/s；公称穿孔力为 30MN；系统工作压力为 30MPa。

据不完全统计，全球各种类型的挤压机约 7000 台，其中美国 600 余台、日本 400 余台、德国 200 余台、俄罗斯 400 余台、中国 4000 余台。这些挤压机的挤压力大都在 30MN 以下，5000t 以上的大型、重型挤压机 100 余台，其中中国 56 台。由于航空、地铁、舰船、航母以及海洋和军工产品的需

图 10-8　100MN 双动铝挤压机

要，美国和苏联截止 1960 年就已经建造了 14 条不同类型能够满足上述领域产品生产要求的大型、重型挤压生产线。

1. 有色金属挤压机

有色金属挤压机包括铝（铝合金）挤压机和铜（铜合金）挤压机，多为卧式挤压机。目前全世界已正式投产的万吨以上的大型有色金属挤压机约 20 余台，挤压力最大的是美国雷诺公司的 270MN 挤压机，其次是俄罗斯古比雪夫铝加工厂的 200MN 挤压机。2002 年国内首台 100MN 挤压机建成投产后，国内 110MN、125MN 挤压机不久又相继投产，目前在建项目包括 150MN、165MN 重型挤压机，拟建的 225MN、250MN 超重型卧式挤压机，吨位仅次于美国的 270MN 挤压机。

据报道，国外几个工业发达的国家都在研制挤压力更大、型式更为新颖的挤压机，如 350MN 卧式挤压机，以及吨位为 450~600MN 挤压大直径管材的立式模锻-挤压联合压机。在挤压机本体方面，近年来国外发展了钢板组合框架和预应力 T 形头板柱结构机架和预应力混凝土机架，采用扁挤压筒、活动模和内置式独立穿孔系统。在传动形式方面发展了自给

油传动系统，其至万吨级以上的大型挤压机上也采用了液压泵直接传动装置。

现代挤压机及其辅助系统都采用了程序逻辑控制（PLC）系统、计算机辅助正向挤压（CADEX）闭环系统进行速度自动控制，实现了等温-等速挤压、工模具自动快速装卸乃至全机自动控制。挤压机的辅助设备（如长坯自控加热炉、坯料热切装置、在线淬火装置、前梁锯、活动工作台、冷床和横向运输装置、拉伸矫直机、成品锯、人工时效炉等）已经实现了自动化和连续化生产。高产品质量、高生产效率及挤压程序化的特征在工艺及装备各方面均反映了现代挤压加工技术的新水平。

挤压产品大型化、复杂化、高精化是现代挤压的另一个特点。挤压铝型材的最大宽度可达到 2500mm，最大断面积可达到 1500cm^2，最大长度可达到 25～30m，单根产品最重可达 2t 左右。超高精度型材的最薄壁厚已达 0.3mm，最小公差可达 ±0.0127mm。薄壁宽型材的宽厚比可达 150～300 以上，空心型材的孔数可达数十个之多。管材的品种也有了很大发展，除各种不同规格的圆管以外，还生产出各种轻合金异形管、变断面管、螺旋管、翅片管等。挤压圆管的规格范围为 $\phi20\times1.5～\phi625\times15$mm，最薄壁厚可达 0.38mm。冷挤压管的精度更高，一般不需机械加工，内外表面不需进行任何处理即可使用。例如：带 11 条筋骨的反应堆套管，壁厚公差仅为 ±0.07mm。圆棒的规格范围为 $\phi3～\phi620$mm，而且可以生产各种规格的异形断面棒材。

2. 黑色金属挤压机

黑色金属挤压包括了除铜、铝挤压外的钢、合金钢、高温合金、难变形合金等变形温度高、变形抗力大、低塑性的金属及其合金的挤压。黑色金属挤压是在塞氏兄弟（Ugine-Séjournet）发明了玻璃润滑法之后，模具受高温和氧化而很快磨损的问题得以较好解决，才在工业上获得了广泛应用。

随着高速、自动化、大吨位挤压机的采用，以及玻璃润滑剂、无氧化加热、高强度高韧性热作模具等相关技术的发展，用热挤压法生产无缝钢管及型材，特别是生产难变形的不锈钢、高合金钢管材及型材得到了迅速的发展。国外 30MN 以上黑色金属生产用大型、重型挤压机的配置情况见表 10-1。

表 10-1　国外 30MN 以上黑色金属挤压机分布

国家	厂　名	挤压力/t	数量	规格/mm
美国	柯蒂斯·赖特公司（Cuttise Wright Co.）	3600	1	—
	孤星钢铁公司	5500	1	$\phi114.3～411.5$
	美国特殊金属公司	5650	1	
	隆斯塔钢公司	6050	1	$\phi60～273$
	柯蒂斯·赖特公司（Cuttise Wright Co.）	7200	1	
	柯蒂斯·赖特公司（Cuttise Wright Co.）	10800	1	$\phi530～650$
	喀麦隆飞机工厂（Cameroons）	35000	1	$\phi<1220$
苏联	莫斯科电钢厂	6300	1	—
	斯图宾厂	9000	1	—
英国	威金公司、TI 公司	3500	2	$\phi31～194$
	威金公司	5000	1	$\phi50～280$
	喀麦隆飞机工厂	27000	1	$<\phi850$
	劳穆尔合金公司	5500	1	

（续）

国家	厂　名	挤压力/t	数量	规格/mm
日　本	京滨厂	3150	1	$\phi 40 \sim 140$
	住友金属	4000	1	$\phi 36 \sim 273.5$
	神户制钢	5500	1	$\phi 70 \sim 280$
意大利	皮特拉（Petra）	5450	1	—
德国	曼内斯曼雷姆沙特钢管厂	3100	1	$\phi 70 \sim 220$
西班牙	TII 公司	3000	—	$\phi < 250$

黑色金属挤压产品的应用领域十分宽广。主要包括航空、航天发动机用难变形合金棒坯，粉末高温合金棒坯，飞机起落架用超高强度厚壁钢管，潜艇潜望镜用大口径厚壁超长管，大型驱逐舰用耐压、耐腐蚀不锈管，核电站用主管道和蒸发器管，燃气轮机、烟汽轮机盘及叶片用棒材，火电站用耐热耐腐蚀锅炉管，以及高速列车、石化、船舶等行业用特种合金型材等。

发达国家的黑色金属挤压技术发展较早，目前设备和工艺已经能够满足市场需求。具有如下特点：

1）挤压力大：重型、超重型挤压机数量多，最大吨位达到 350MN。

2）超重型挤压机多为立式挤压机，主要用于大口径钢管生产；卧式挤压机可生产管、棒、型材。

3）挤压产品精度高：挤压后的荒管壁厚偏差可达到 5%~7%，远远高于国内产品标准。

4）机械化程度高：经过改造的重型挤压机、操作机、过程运输均实现了联动控制，全部机械化。

国内黑色金属挤压技术的研发较晚，2005 年以前 30MN 及以上的无缝钢管挤压机组仅有两台 31.5MN 卧式挤压机，均为德玛克制造。能够生产 $\phi 100 \sim \phi 219$ 的无缝钢管。近年来国内黑色金属挤压设备建设势头强劲，新增了一台 31.5MN（意大利达涅利制造）、两台 35MN、一台 40MN（锆管挤压机）、两台 60MN 挤压机组（西马克制造），360MN（设计生产能力为 12.5 万 t/年）立式正向黑色金属挤压机已于 2010 年正式投产，刷新了全球最大吨位的挤压机记录，但这项国内自主创新研制成功的全球最大吨位挤压机的纪录，在仅仅不到两年时间内，又被国内研制的 500MN 立式正向黑色金属挤压机刷新，而不久即将建成的 680MN 超重型黑色金属立式挤压机将又一次刷新世界最大吨位挤压机的纪录。

3. 国内挤压装备与发达国家的差距

随着世界最大吨位的有色、黑色金属挤压机的建成，我国各类挤压机的拥有量、吨位水平均居世界前茅，一跃成为世界最大吨位挤压机的制造国。但是与发达国家的金属挤压装备技术比较，仍存在较大差距。

1）前沿技术落后于发达国家。我国的挤压技术近年来取得了长足的进步，但是等温挤压、宽幅挤压等前沿挤压技术仍落后于发达国家。

2）模具设计理论、方法和结构选择等方面，落后于国际先进水平。国外在热模拟技术、虚拟设计及软件开发等方面取得较多创新，基本上实现零试模或可大大减少试模次数，而国内尚未建立完整的、大型的数据库和专家库，软件开发刚刚起步，差距较大。

3）挤压工艺落后，工艺研究少有突破。在有色金属挤压方面，近年来发达国家除了改进和完善了正反向挤压方法及其工艺以外，出现了许多强化挤压过程的新工艺和新方法，并获得了实际应用，如舌型模挤压、变断面挤压、水冷模挤压、扁挤压、宽展挤压、精密气、水（雾）冷在线淬火挤压、半固态挤压、高速挤压、冷挤压、高效反向挤压、等温挤压、特种拉伸-辊矫、形变热处理等新技术新工艺。而国内目前正热衷于挤压装备的大型化，挤压新工艺和新方法的研究相对不足。

在黑色金属挤压方面，尽管近年来国内设备建设速度很快，但是工艺开发没能跟上设备的建设速度。目前国内较成熟的生产工艺就是长城特钢的不锈钢挤压工艺和宝钛的钛挤压工艺，其他金属及其合金的挤压工艺还在摸索之中，加之各个国家的生产工艺都是保密的，所以挤压工艺还需要相当长的时间进行探索才能满足生产需要。

4）主机结构单一。前已述及，发达国家仍在不断探索新的不同形式的挤压机主机结构，而国内的挤压机主机结构形式单一。有色金属挤压机几乎全部为卧式挤压机，特别是大型、超大型铝挤压机，几乎毫无例外地采用拉杆、压套式的预应力框架以及数量极少的叠板锤头结构。大型、超大型黑色金属挤压机均为立式挤压机，这就制约了在现有加工能力下更大吨位的卧式挤压机的研制，因此必须研发结构更新、更紧凑、强度和刚度更好的挤压机主机结构。

5）自动化程度低。国内有色金属挤压机的自动化程度高于黑色金属挤压机的自动化程度，但与发达国家相比，其可靠性、运行平稳程度、可操控性等方面仍然存在差距。黑色金属挤压机，特别是重型、超重型立式黑色金属挤压机，几乎谈不上自动化，主要以人工操作为主。

6）在模具结构创新和精密现代化加工方面有较大差距。国外已开创出多种新的先进结构模具，加工精度达到了很高水平，复杂的多孔、多腔空心型材模和微型多孔超精密复杂模等已能大批量生产，产品质量十分稳定，我国在这方面还处于起步阶段。同时，工模具材料的种类、质量和使用寿命大大落后于国际先进水平，与此相关的热处理和表面处理技术也有较大的差距，致使国内模具的使用寿命总体上仅为国际先进水平的 1/3 左右。

7）挤压装备的数量、规格和类型分布欠合理。

① 挤压装备类型单一。

国内建设的挤压装备，不论是有色金属挤压机，还是黑色金属挤压机，基本上都采用热挤压技术，而温挤压和冷挤压装备几乎为零，拥有的极少量的温挤压或者冷挤压装备，挤压力很小，多在 20MN 以下。

② 超重型的立式黑色金属挤压机数量偏多，且集中在 300MN 以上。

近年来，国内超重型挤压装备建设速度突飞猛进，继 360MN 立式挤压机建成后仅仅 2 年时间，全球最大的 500MN 立式挤压机便投入生产，680MN 立式黑色金属挤压机正在建设中，重型黑色金属挤压机的吨位和数量均多于美国。由于立式挤压机的主要产品是大口径厚壁管，其产品单一，当 680MN 立式挤压机建成后，将可能出现开机率不高的局面。

此外，国内的重型黑色金属挤压机的挤压力从 60MN 一跃就到 360MN，继之为 500MN 和 680MN，中间形成了断档，将使挤压产品形成两头大中间空的局面，会使超大型管材市场形成过剩，而大型管材以及大型、超大型型材生产却是空白，与美国的设备系列化形成了明显的对比。

③ 重型、超重型卧式黑色金属挤压机发展滞后。

国内的重型、超重型黑色挤压机多为立式挤压机，主要用于生产大口径钢管。重型卧式挤压机除了可生产大口径管材，同时可以生产棒材和大截面型材，其产品范围广，品种全，能够满足国防和国民经济各行各业的需求，所以发达国家的黑色金属挤压机多以卧式挤压机为主，而我国在这一方面明显滞后。

8）产品质量较差、合格率较低。黑色金属挤压产品的质量和合格率远远低于发达国家。美国威曼高登的挤压荒管壁厚偏差达到 5%~7% 的精度，而国内的挤压荒管壁厚差高达 20%，远远低于国外水平。

10.3.2　挤压机领域今后重点研究与开发的内容及发展趋势

1. 挤压装备大型化

随着挤压技术的发展，挤压产品的大型化、整体化和高精度已成为发展趋势。由于整体结构件的强度、刚度及其力学性能远高于组合件，随着科学技术的进步，人类生产活动的不断延伸，国民经济各行各业对于结构件整体化的需求已经凸显，特别是航空航天、舰船、交通运输、能源、海洋工程以及国防工业对于整体结构件的需求更为迫切。因此挤压装备的大型化将成为未来的发展方向，国内外几乎同时开始了 350MN 卧式挤压机的研制工作。

2. 挤压装备智能化

智能化的主要内容是实现设备的自我检测、自我诊断和自我控制，旨在将人工智能融进设备运行过程的各个环节（产品整个生命周期的所有环节），通过模拟专家的智能活动，对设备运行过程中的问题进行分析、判断、推理、构思、决策，并对人类专家的制造智能进行收集、存储、完善、共享、继承和发展，从而在生产过程中系统能自动监测其运行状态，在受外界或内部激励时能自动调整其参数，以期达到最佳状态。

功能完备的智能设备必须具备灵敏准确的感知功能、正确的思维与判断功能以及行之有效的执行功能。感知功能是传感器的任务，思维和判断则是控制器的功能，其主要技术就是自诊断技术。目前自诊断技术的研究主要集中在专家系统、模糊逻辑控制、人工神经网络以及其他人工智能方法。

专家系统的主体是一个基于知识的计算机程序系统，其内部具有某个领域中大量专家水平的知识和经验，能够利用人类专家的知识和解决问题的方法来解决该领域的问题。其最具有吸引力、也是难度颇大的领域之一就是专家控制。专家控制可以看成是对一个控制专家在解决控制问题或进行控制操作时的思路、方法、经验、策略的模拟。

3. 挤压能力极限化

挤压产品的大型化、整体化和高精化，要求挤压装备大型化、超大型化，然而由于加工、运输及安装能力的限制，挤压装备的无限大型化也将受到限制，因此采用新工艺、新技术以及新型工模具（如扁挤压技术），使同等挤压能力的装备挤压出极限尺寸的产品（超大、超重、超精），将成为未来几年挤压装备的发展方向。

4. 可靠性将成为挤压装备的重要质量指标之一

可靠性作为一种质量指标，是产品在规定的时间和规定的条件下完成规定功能的能力，它与一般的质量指标的不同在于它是时间质量指标。

现代挤压装备是一种高度自动化的机电液一体化设备，其结构十分复杂，随着产品日益高参数化和复杂化，设备发生故障的机会大大增多，对于大型、超大型挤压装备，一旦发生事故，其危害无疑将是巨大的，因此可靠性对于重型挤压装备尤为重要，我国 2015 年已经对基础制造业的可靠性提出了具体要求，即"平均无故障时间（MTBF）达到 1500h"，因此可靠性也必将成为衡量挤压装备的主要质量指标之一。

5. 超高压、液压泵直控技术

从 20 世纪 80 年代开始，由水泵-蓄势器传动系统逐步改造为泵直驱油控系统是一次挤压机传动革命，而近年来又大量采用了液压泵直控式液压系统，其优势是显而易见的。

随着挤压装备的大型化，所用零部件出现超大、超重、超精趋势，造成加工、运输和安装的难度。而工作介质压力的超高压化，可使挤压机的结构更加紧凑，刚度、强度更好；减少了投资，节约了能源，降低了超大型零部件的加工、运输和安装难度，元件寿命更长，控制更方便、更精确。因此，超高压系统将是超大型挤压机的发展趋势。

第 11 章 CHAPTER 11
内高压成形设备

哈尔滨工业大学　　刘钢

11.1　内高压成形机的工作原理、特点与主要应用领域

11.1.1　内高压成形机的工作原理

内高压成形技术的基本原理是：将管材坯料置入模具中，向管材内部注入高压液体介质，同时利用冲头密封管材两端并作一定的进给，使管材在内压和轴向推力的共同作用下成形为空心变截面构件。

由于需要内压、轴向进给等多变量闭环伺服控制，为了满足大批量生产的高效率、高成品率要求，内高压成形工序需采用数控内高压成形机完成。根据内高压成形的工艺原理，内高压成形件的生产过程需包括如下动作：模具闭合→施加初始合模力→充填高压介质→管端密封→执行合模力/内压/轴向位移加载曲线→内压和合模力卸荷→冲头复位→开模取件。因此，内高压成形机一般由合模压力机和内高压系统两大部分组成，如图 11-1 所示。内高压系统包括水平伺服缸、高压源（增压器）、液压系统、水压系统和计算机控制系统五个分系统。

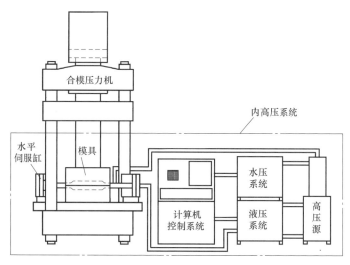

图 11-1　内高压成形机基本组成

内高压成形机的工作原理是：通过合模压力机将模具闭合严密，并根据成形过程管材内部液体介质压力的变化控制合模力，保证整个成形过程中模具合模面不会发生分离；再通过水平伺服缸驱动密封冲头在管材内已经注满液体介质的时刻实现管端密封，并随着压力的变化将管材推入模具型腔；然后通过高压源将管材内的液体介质增压，并通过液压系统控制高压源动作，向管材内部输入适当压力和体积的液体介质，使管材在液体介质压力和密封冲头推力的同时作用下发生塑性变形，完成复杂零件的成形。

内高压成形机中各组成部分的具体功能和原理如下：

1. 合模压力机

为了满足内高压成形中模具完全闭合的要求，避免合模面分离造成零件出现飞边或管端密封失败，合模压力机应为模具提供足够的合模力。常见的合模压力机为液压机，具有封闭高度大、零件适应范围广、调压和保压灵活、全行程任意位置均可达额定工作压力等优点。

2. 高压源

内高压成形需要的压力范围较大，50~400MPa，而常规液压泵只能提供 31.5MPa 的压力，无法满足管材变形要求，因此内高压成形机一般采用增压器作为高压源，将液体介质增压至最高 400MPa。

内高压成形机的高压源常采用液压增压器，利用液压增压器两腔活塞（或柱塞）作用面积不相等，将大面积活塞缸中输入的低压转换为由小面积柱塞缸中输出的高压或超高压。液压增压器包括单动增压器与双动增压器两种。单动增压器的原理如图 11-2 所示，有一个高压腔、一个低压腔，在增压行程内可以提供高压，而在到达行程终点后必须复位回到起点才可以进行下一次增压，因此主要用于相对较小的零件生产，确保仅一个行程即可提供零件成形所需全部高压介质。由于单动增压器活塞前进时可使高压端增压，在活塞后退时可使高压端降压，因此可实现加载曲线的灵活控制。

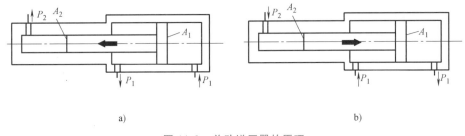

图 11-2　单动增压器的原理

a) 增压行程　b) 降压行程

双动增压器有两个高压腔和一个低压腔，可通过活塞的双向运动连续输出高压液体，因此双动增压器可输出的高压液体介质体积不受本身高压腔容积限制，其体积与单动增压器相比可显著缩小，易于满足各种容积的管件成形。只是由于双向运动过程均有增压作用，难以在输出压力过高时通过控制活塞的运动实现降压，因此压力加载曲线控制比较复杂。

3. 水平伺服缸

水平伺服缸的作用是驱动冲头在适当的时刻实现管端密封，并随着压力的变化将管材推入模具型腔完成轴向进给，因此水平伺服缸的动作需要与管材内的液体介质压力相匹配，才能实现加载曲线的闭环伺服控制。对于三通、四通等多通管件内高压成形，除管端密封以外，还需在支管部位采用冲头施加背压，随着支管成形逐渐后退，确保支管不会发生过度减薄或者破裂，因此需要配置更多的水平伺服缸，保证多轴位移与压力的闭环伺服控制。水平伺服缸需配置高精度位移传感器实时检测活塞位移，并采用伺服阀精密控制活塞运动，这样的多轴伺服控制会在一定程度上影响整个设备的工作效率，因此需要系统各元件具备快速响应性能。

4. 液压系统

液压系统的作用包括驱动压力机合模和开模、驱动增压器运动、驱动水平伺服缸动作、驱动液压冲孔缸动作，因此液压系统的设计非常关键。液压系统功率应足够大，才能满足合模压力机滑块快速合模、水平伺服液压缸快速进给和增压器快速增压。但是内高压成形机工作过程中液压系统功率变化较大，为降低能耗和设备成本，还需避免液压系统功率过大，为此往往采用蓄能器提供快速增压和快速进给时的系统流量，从而显著降低液压泵装机功率。同时，由于内高压成形机在成形过程中需要合模保压，大批量生产时存在液压系统发热量较大的现象，应配备冷却系统降低系统油温，确保液压系统稳定工作。

5. 水压系统

水压系统的功能是高压液体介质的快速填充、向增压器高压端补液、高压介质回收和过滤处理。因内高压成形所采用的介质为乳化液（水与少量乳化剂的混合物），因此该系统称为水压系统。为了提高效率，需要内高压成形机具有快速填充功能，即在一定压力下将高压液体介质快速充入管坯、排出空气，以免在后续增压过程中因空气压缩量大导致压力曲线波动和增压时间延长。在成形结束后，需要将管坯内的高压液体介质回收利用，因此水压系统需具备回收和过滤功能。

6. 数控系统

数控系统的作用是将合模压力机和内高压系统两部分联合起来统一动作。内高压成形机的数控系统通常以工业控制计算机或 PLC 为核心，其中安装有专门开发的内高压成形控制软件，用于设定工艺参数、工序要求、加载曲线，以及显示在内高压成形系统中采集到的压力、位移、合模力等数据。为满足全自动生产要求，该数控系统一方面可根据加载曲线向伺服阀、电磁阀等控制元件发出指令，驱动合模压力机滑块、增压器、水平伺服缸、水压系统等执行元件协同工作，另一方面可将由压力传感器和位移传感器实时测得的内压和轴向位移等数据反馈给计算机，使计算机经与加载曲线对比后输出下一时刻的动作指令。

11.1.2　内高压成形机的特点

内高压成形产品核心工序包括数控弯曲、预成形和内高压成形，各环节的生产效率、装备可靠性、产品合格率等均对内高压成形机的应用和内高压成形件的大批量生产有重要影响。与通用液压机相比，内高压成形机具有以下特点：

（1）内高压成形机属于多轴数控设备　内高压成形机多采用 2 个水平伺服缸进行管材端部密封和轴向进给，有时为了制造三通、四通等多通管件，还要对第三、第四个水平伺服缸进行伺服控制；对于大吨位内高压成形机，为了使合模力与内压相匹配，还要控制合模力变化曲线，因此内高压成形机具有多轴数控特点，设备复杂程度高，控制难度大。

（2）内高压成形机是采用高压液体介质施加载荷的成形设备　内高压成形过程需将高压液体介质输入到管坯中，由于高压下水的压缩量比油小，且水介质比较清洁、廉价、便于回收利用，内高压成形机采用以水为主要成分的乳化液作为传力介质。将乳化液建立起高达 400MPa 的压力，并快速传输到管坯中，在成形完成后再快速排出、回收，需要一套先进的自动化的水压系统。可见，内高压成形机需具有液体介质增压、传输、卸荷、回收等一系列新功能。

（3）部分内高压成形机具有液压冲孔功能　液压冲孔是在内高压成形完成后，利用管件内的高压液体作为凹模，将置于模具内的冲头冲入管壁完成冲孔的一种新型冲孔工艺。结合液压冲孔，可在零件成形后同步获得零件上需要的安装孔、定位孔等，可避免成形后冲孔造成管件表面塌陷或者二次定位困难，可显著提高生产效率；但是会造成模具结构复杂、液压系统造价提高，因此需综合考虑各方面因素设计。

11.1.3　内高压成形机的主要应用领域

采用无焊缝整体薄壁空心件是汽车等运输工具减重、提高可靠性和寿命的主要途径，而内高压成形是低成本大批量制造轻量化整体薄壁空心件的高新技术。空心构件的传统技术为先冲压成形多个半片再焊接，为减小变形，一般采用点焊，因此构件截面非封闭，可靠性差。内高压件以空心替代实心、以变截面替代等截面、以封闭截面替代焊接截面，可比传统冲压焊接件减轻15%~30%，并大幅提高刚度和疲劳强度，是轻量化结构制造技术的实质性进步。因此，内高压成形技术已经成为汽车底盘、车身和动力总成各种轻量化整体构件的主流制造技术，对汽车减重和提高碰撞安全性均起到了重要作用。国外主要车型均大量采用内高压成形制造轻量化构件，零件种类包括底盘类构件（如副车架、后轴、纵梁和保险杠）、车体构件（如仪表盘支梁、散热器支架、座椅框、上边梁和顶梁）和发动机与驱动系统构件（如排气歧管、凸轮轴和驱动轴）、转向和悬挂系统构件（如控制臂和转向杆）等。近年欧美内高压成形件年产量始终在5000万件以上，新型轿车约50%结构件为内高压成形件。汽车轻量化也是我国节能减排战略的紧迫需要，因此对内高压成形技术和装备的需求非常迫切。

11.2 内高压成形机的主要结构

常见内高压成形机结构有长行程和短行程两类。长行程内高压成形机的合模压力机为传统通用液压机结构，即采用一个行程较长的主液压缸完成合模、开模与锁模等全部过程。短行程内高压成形机的合模压力机用一个长行程提升液压缸（辅助液压缸）完成合模和开模，用一个短行程的主液压缸完成锁模过程，输出合模力。

11.2.1 长行程内高压成形机

长行程内高压成形机典型结构如图11-3所示。由于往往采用通用液压机作为合模压力机，长行程内高压成形机易于系列化、标准化，设备维护和产品变更容易，总体来说技术成熟度较高。但是由于长行程内高压成形机采用主缸完成全部主要动作，主缸行程一般在400mm以上，导致主缸容积大、施加合模力时液压油压缩量大、增压慢；同时利用主缸开模和合模时液压油流量大，需液压系统配备大流量泵。对于大吨位内高压成形机来说，采用长行程主缸可能会带来液压系统造价高、能耗大、效率低等问题。

长行程内高压成形机常采用三梁四柱式合模压力机。这主要是由于四柱式合模压力机四面均不封闭，因此操作空间大，适于安装内高压成形机的水平伺服缸系统和模具。当所成形的内高压成形为n形、s形等弯曲轴线件和三通、多通管件时，在四柱式合模压力机上，可根据零件特点和工艺需要，将水平伺服缸和模具沿管件轴线方向和支管方向灵活布置。图11-4所示为德国舒勒公司生产的25000kN内高压成形机，它配置了最高内压400MPa、高压腔容积4L的增压器、液压冲孔系统、4个水平伺服液压缸，能够进行一模两件的全自动生产。

但是，当内高压成形机的合模力比较大时，由于四柱式合模压力机立柱截面尺寸较小，抗弯性能差，易发生较大弹性变形，并且横梁与立柱之间存在间隙导致横梁运动精度低、抗偏载能力差，因此有时难以满足内高压成形对高精度合模的要求。这种情况下则需要采用框架式合模压力机。与四柱式合模压力机相比，框架式合模压力机刚性好，尺寸精度高，承受偏载的能力强。

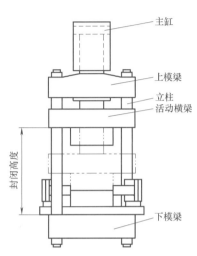

图 11-3 长行程内高压成形机

图 11-4 四柱式长行程内高压成形机

（图11-3标注：主缸、上模梁、立柱、活动横梁、下模梁、封闭高度）

国内研究单位结合我国液压机制造基础，也开发了以普通四柱和框架合模压力机为主机的系列化内高压成形机（见图 11-5），配置了自主研发的最大内压 400MPa 的内高压系统和多种规格水平缸等装置，为内高压成形机制造提供了高效的解决方案，现已有数十台内高压成形机提供给多家汽车零部件企业，用于汽车底盘、车身和排气系统内高压成形件的大批量生产。这些内高压成形机配置了 5000kN、10000kN、30000kN、50000kN 等不同吨位合模压力机，通过数百万件的内高压成形零件批量生产，使内高压成形机数控系统和液压系统等经历了长期的考核验证，积累了大量的技术数据，使我国内高压成形机技术得到显著提升。

图 11-5 50000kN 长行程内高压成形机（哈尔滨工业大学研制）

11.2.2 短行程内高压成形机

短行程内高压成形机的主缸是一个行程很短（20～50mm）的大吨位液压缸，因此命名为短行程内高压成形机。短行程内高压成形机的工作原理如图11-6所示，开模时，置于上横梁的小吨位长行程液压缸将上模提起（见图11-6a）；合模时，由框架上的两个小型定位液压缸将刚性定位块推入滑块和上横梁之间，再由设备工作台内的短行程主缸向上施加合模力（见图11-6b）。

由于采用小吨位长行程液压缸完成模具开闭，因此合模与开模速度较快；而大吨位主缸的运动仅用于补偿设备框架和模具的弹性变形以及定位块处的间隙，因此大吨位主缸所需行程很小（一般小于50mm）；由于主缸容积也很小，因此可迅速建立大吨位合模力，生产效率很高。

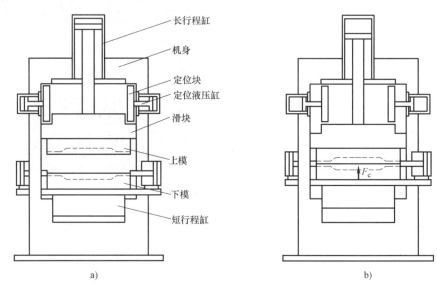

长行程缸
机身
定位块
定位液压缸
滑块
上模
下模
短行程缸

F_c

a)　　　　　　　　b)

图 11-6　短行程内高压成形机原理

a）合模前　b）合模后

我国在"高档数控机床与基础制造装备"科技重大专项支持下，自主研发了国内首台大吨位（60000kN）多轴数控短行程内高压成形机。该设备采用了框架式机身，其前后敞开、左右封闭，结构抗弯性能好、运动精度高；并且经过有限元分析优化设计的焊接框架式机身重量较轻，运输、安装方便。与相同台面尺寸的四柱式合模压力机相比，其不足之处主要是可用操作空间尺寸较小、焊接框架整体退火和后续加工造价较高。

短行程内高压成形机在世界其他国家也已有所应用。德国、瑞典均设计研制了结构紧凑、易于安装的短行程内高压成形机，由于工作平稳，只需安装在混凝土地面上，而不需要庞大的基础。其中，德国研制的公称合模力35000kN的短行程内高压成形机，主缸行程为50mm、主缸工作压力为60MPa、最大内压为420MPa；瑞典AP&T公司研制的公称合模力为50000kN短行程内高压成形机，主缸行程仅为20mm，而安装在上横梁的两个2000kN长行程液压缸最大行程为1100mm，减小主缸行程的效果非常显著。

11.3　内高压成形机的发展趋势

目前内高压成形机制造企业以欧洲居多，主要包括德国舒勒（SCHULER）公司、SPS

公司、瑞典 AP&T 公司、Schaefer 公司等；亚洲主要有哈尔滨工业大学、日本川崎油工、日本水压工业所等。批量生产用内高压成形机常采用最高压力为 400MPa 的高压源；用于轿车零件生产的内高压成形机最大合模力多为 50000～60000kN，用于货车零件的内高压成形机最大合模力达 120MN，台面达 6m×2.5m，水压系统流量达到 400L/min。内高压成形机均采用 PLC 或工业控制计算机进行数字化控制，最多可实现 32 轴伺服控制。

我国已经具备自主开发内高压成形机合模压力机、内高压系统及其数控软件的能力，研发了最大合模力为 60000kN 的内高压成形机，实现了以工业控制计算机为核心，根据设定的加载曲线进行合模力、轴向位移和内压的闭环伺服控制，并能够在成形结束后完成液压冲孔和顶出等动作的全自动控制。系列化内高压成形机可选配最高压力为 400MPa 或 200MPa 高压源，以及适当吨位和数量的水平伺服液压缸，具有可快速填充和回收过滤的水压系统，高压介质压力控制精度达 0.5MPa，位移控制精度达 0.05mm，生产节拍达 30s/件，已经与同类装备国际先进水平相当。但是，随着内高压产品需求增加和对生产能力要求的不断提高，内高压成形机也将继续发展。

根据汽车等对内高压成形产品的需求，内高压成形技术正在向以下四个方面发展：①高强度材料的超高压成形；②轻质难变形材料热态内压成形；③超高强度钢低压液压成形；④非等厚/非均质拼焊管坯和多层管坯内高压成形。

为满足上述内高压成形产品制造需求，内高压成形机将向以下三方面发展：

1）发展大吨位大台面合模压力机，满足高度集成化的大尺寸零件和一模多件成形对合模力和台面尺寸的需要。

2）发展短行程内高压成形机。由于节能降耗、提高效率效益显著，短行程内高压成形机更加适应大吨位合模力的应用场合。

3）发展热态内高压成形机，满足在一定温度下进行铝合金、镁合金、钛合金等轻质难变形材料的成形要求。

11.4 内高压成形机的主要参数

11.4.1 主要参数的定义

1. 合模压力机

合模压力机主要参数包括公称合模力、台面有效尺寸、最大行程、开口高度和滑块速度。

公称合模力是合模压力机名义上能产生的最大压力，是合模压力机主缸的工作液体压力和柱塞总工作面积的乘积。公称合模力的确定需考虑内高压成形所需最高液体介质压力与管件密封动作所产生的总的开模力，以及可能的零件规格变化导致的合模力增量。

台面有效尺寸是合模压力机立柱内侧工作台面的长度与宽度的尺寸，决定了合模压力机上用于安放水平伺服缸和模具的工作空间。对于轴线接近直线的零件，台面宽度应根据模具宽度确定，台面长度应根据工件长度、冲头长度和水平伺服缸等尺寸确定；对于轴线接近 U 形的零件，则需先确定模具压力中心，再考虑模具和水平缸布置后的总体轮廓尺寸，确定设备台面尺寸，既避免合模压力机偏载，又减少台面浪费。

最大行程是活动横梁能移动的最大距离，这与通用液压机的行程确定相同，需根据工件成形所需滑块最大工作行程来确定，满足装件、取件的要求，并尽量缩小合模和开模行程，提高生产效率。

开口高度是指活动横梁停在上限位置时从活动横梁下表面到工作台上表面的距离。该高度需足以容纳一定高度的模具、模具垫板、滑块工作行程，如采用机械手，还需考虑机械手安全操作所需高度方向上的工作空间；但该高度也不宜过大，以免过度增加合模压力机的总体高度。

滑块速度是滑块在不同行程时的运动速度，包括工作行程速度、快速下行速度、回程速度。在内高压成形时，滑块快速下行和快速回程有助于提高生产效率；在合模过程中上模与下模即将接触时则需转换成慢速工作行程，以免发生模具碰撞损伤和冲击液压系统。需注意的是，在计算液压系统泵站流量和功率时，需考虑不同生产过程可达到的滑块运动速度。

2. 高压源

高压源的核心往往是单动增压器，其主要参数就是增压器的最大压力、高压腔容积。

最大压力取决于零件整形压力，考虑一定的零件和材料适应范围，可以进行一定的放大。

高压腔容积则根据该设备预期产品所需的高压液体体积来确定，同时需考虑到液体介质在增压时有一定的压缩量。

3. 水平伺服缸

水平伺服缸的主要参数是最大推力、行程、最大速度、行程控制精度。

最大推力需根据内高压成形过程中水平伺服缸在冲头上施加的轴向进给力确定，需考虑的因素包括管件内部的液压反力、管件端部与模具之间的摩擦力、管件本身塑性变形所需的轴向压力。

行程应根据冲头运动所需空间、密封和轴向进给所需位移计算。既要便于冲头安装拆卸和管件装模取件，又要满足管件变形过程密封和补料需要，还要避免液压缸行程过大引起合模压力机台面尺寸增大和成本升高。

4. 液压系统

液压系统的主要参数是合模压力机、高压源和水平伺服缸驱动所需油泵的最大压力和流量。

因合模压力机所需功率和流量较大，一般单独配备驱动液压泵，而高压源和水平伺服缸可采用同一个液压泵驱动。增压器和水平伺服缸的活塞运动速度均对成形效率有重要影响，需根据成形效率选取驱动泵流量。增压器低压端最大压力与水平伺服缸最大压力均可采用液压系统常用工作压力，这样液压阀和液压管路各种元件易于标准化、便于选用和维护。考虑内高压成形工艺特点，应根据管件完全充填后，在高压液体作用下变形引起的内部容积变化计算（并考虑液体压缩量）所需高压液体的容积，结合增压器活塞运动速度要求，确定增压器所需驱动泵的流量，并结合增压器低压端最大压力计算泵的功率；再根据水平伺服缸最大行程和最大运动速度计算水平伺服缸所需驱动泵的流量，根据水平伺服缸最大工作压力和驱动泵流量计算泵的功率。为了提高内高压成形机的水平伺服缸进给速度和增压速度，多采用液压泵与蓄能器联合作用的方式，避免液压泵功率过大，提高系统效率。

5. 水压系统

水压系统的主要参数是快速填充泵流量、补液泵流量、回收泵流量。

　　快速填充泵流量需根据设备生产所采用的最大管坯尺寸和允许填充时间计算，即采用最大管坯容积（考虑填充过程部分液体溢出，需放大一定比例）除以允许填充时间。补液泵流量根据增压器活塞回程时高压腔容积变化速率确定，即高压腔容积变化量除以活塞回程时间。回收泵的流量需保证完成工作的液体介质能够及时回收处理，要根据每个工作循环的时间和填充过程溢出液体体积与管件成形后内部液体体积之和进行计算。可见水压系统中快速填充泵流量和补液泵流量与生产效率密切相关，回收泵流量与环境保护密切相关。

11.4.2　主要参数的选用原则

　　对内高压成形机规格影响最大的参数主要是：合模压力机的公称合模力、高压源最大压力、水平伺服缸最大推力。在此重点介绍这三个参数的主要影响因素及选用原则。

1. 公称合模力

　　内高压成形件多采用薄壁管材制造，为了确保上下模腔闭合严密，一般可忽略管材本身所能承担的分模力，认为管材内部液体压力所造成的分模力完全由合模压力机克服。此时，对公称合模力影响最大的因素是内高压成形件在水平面上的投影面积和成形压力。由于内高压成形件往往形状极不规则，为方便起见可仅采用管材外径和管件在水平面上的投影长度（一般不同于管材轴线长度）估算公称合模力；由于不同产品成形压力不同，可采用各产品所需最大成形压力进行合模力计算；然后再根据全部可能产品所需最大合模力，参照内高压成形机标准系列选取公称合模力。图 11-7 所示为当成形压力为 100MPa 时，合模力随内高压成形件投影长度和管材外径的变化规律。可见，对于投影长度为 1000mm 的内高压成形件，如采用外径为 101.6mm 的管材，估算合模力为 10200kN，如果该合模力为全部产品的最大合模力，此时内高压成形机公称合模力可选择 12500kN。

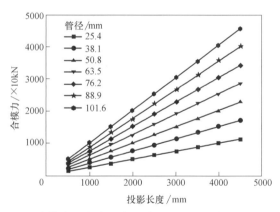

图 11-7　合模力随内高压成形件投影长度和管材外径的变化

2. 高压源最大压力

　　内高压成形件成形时，材料是否变形取决于多个因素，包括管材的屈服强度、壁厚和几何形状（如棱边、突起等局部特征的圆角半径），以及管材变形区所处的应力状态和材料硬化程度。但是为了简化成形压力计算，可仅采用内高压成形件棱边内侧最小圆角半径、管材初始壁厚、管材屈服强度计算所需成形压力，再考虑管材变形中的加工硬化对成形压力的影响，乘以一定的放大系数（1.25~2.0），然后根据各产品所需最大成形压力选取标准系列内高压成形机的高压源最大压力。图 11-8 所示为估算成形压力随管材屈服强度和内高压成形件相对圆角半径 r/t 的变化规律。标准系列内高压成形机的常用高压源最大压力有 200MPa

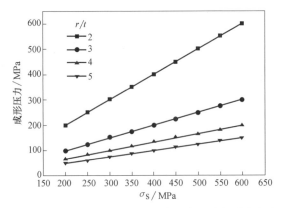

图 11-8　成形压力随管材屈服强度和内高压成形件相对圆角半径的变化

或 400MPa，更高压力的高压源鲜有应用。

3. 水平伺服缸最大推力

由于水平伺服缸需在推动冲头完成管端密封的同时起到轴向进给的作用，水平伺服缸的推力有一部分用于克服管材内部高压液体的作用力，还有一部分用于克服管材运动的摩擦力和提供管材塑性变形需要的推力。对于薄壁管件，管材塑性变形所需推力较小，而摩擦力一般仅在成形压力较低的补料阶段起作用，因此水平伺服缸推力的估算可主要考虑管材内部高压液体作用力，忽略另外两个因素。标准系列内高压成形机的水平伺服缸最大推力有 1000kN、1500kN 和 2000kN 等。图 11-9 所示为水平伺服缸推力随成形压力和管材外径的变化规律。可见，当成形压力为 100MPa、管材外径为 101.6mm 时，估算水平伺服缸推力为 1050kN，此时可以选取最大推力 1500kN 的水平伺服缸。

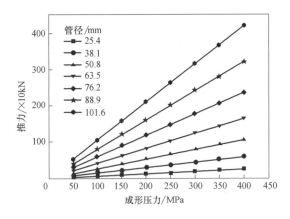

图 11-9　水平伺服缸推力随成形压力和管材外径的变化

11.4.3　内高压成形生产线的构成与布置

内高压成形生产线的主要生产工序包括：管材弯曲→预成形→涂润滑剂→内高压成形（含液压冲孔）→尺寸检测→清洗。相应地，典型汽车零件内高压成形生产线布置如图 11-10 所示，主要由数控弯管机、预成形机、内高压成形机、润滑装置、检测装置、清洗装置等组成，在全自动生产线上，可在弯管机、预成形机、润滑装置、内高压成形机和检测装置之间布置机械手，用于传送管材和成形出的零件，可显著提高生产效率；由于数控弯管往往是内高压成形生产线上效率最低的工序，可在每条生产线布置 2 个数控弯管机，以保证整条生产线的生产节拍。例如，副车架零件的生产过程是：①采用 2 台数控弯管机完成轴线成形；②在预成形机上完成截面预成形；③在润滑装置中涂润滑剂；④在内高压成形机上完成内高压成形和液压冲孔（如需要）；⑤在检测装置上完成尺寸和定位精度检测；⑥在清洗装置上完成清洗和摆放。

对于自动化程度较高的内高压成形生产线，生产节拍最快可达 30s/件，即使采用人工进行工序间的零件传送，生产节拍也可在 2min/件以内。为了提高内高压成形生产线的柔性化和产品适应性，对于预成形机和内高压成形机均可配备移动工作台等快速换模装置，从而满足多品种小批量的产品快速变更需要，减少生产线闲置时间，降低产品成本。

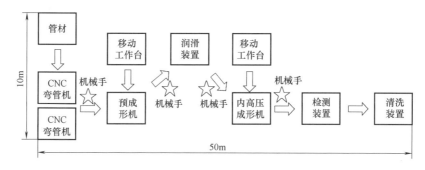

图 11-10　内高压成形生产线布置

第 12 章 CHAPTER 12
数控全液压模锻锤

安阳锻压机械工业有限公司　王卫东

12.1　数控全液压模锻锤的工作原理、特点及主要应用领域

12.1.1　数控全液压模锻锤的工作原理

数控全液压模锻锤是目前世界上先进的模锻设备，锻锤技术发展水平较高的产品，是打击能量和打击工序可以实现数字化系统控制的锻锤，整个液压系统实现了集成化，液压阀之间实现了无管化连接。数控系统通过控制打击阀的开闭时间来控制打击能量，配以合适的机器人自动上下料，即可实现自动化生产。

数控全液压模锻锤（以下简称数控锤）的基本原理：采用液压泵-蓄能器传动，液压缸下腔通常压，压力油始终作用于液压缸下腔将锤头提升到最高位，液压控制系统对上腔进行单独控制。上腔进油阀（也称打击阀）打开，上下腔连通，由于活塞上腔面积大于活塞下腔面积，因此作用在活塞上腔的力大于下腔力，形成差动力，在差动力和落下部分重力的共同作用下实现打击。上腔瞬间所需大量的液压油来自液压泵、蓄能器以及通过差动回路引来的下腔共三部分高压油补充。打击阀转换，上腔通油箱泄压，锤头立即快速回程。打击阀由两级先导阀控制，一级先导阀控制二级先导阀，二级先导阀控制打击阀。数字化系统通过控制一级先导阀来控制上腔进油闭合时间的长短实现打击能量的精确控制。在悬锤状态时，压力传感器控制卸荷阀打开，使泵处于无负荷运转，蓄能器的压力油保压，使锤头上置安全。系统油温不发热，节能省电。数控锤液压站是顶置结构，主阀块高度集成化组装，无管道连接，减少漏油，可靠性高。图 12-1 所示为液压原理，表 12-1 为数控全液压模锻锤技术参数。

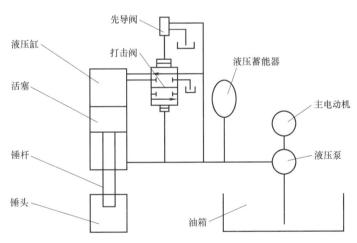

图 12-1　液压原理

12.1.2　数控全液压模锻的特点

1）打击工步、能量程序化控制。

① 打击工步可在 20 步以下任意设置。

② 打击能量可在 1%～100% 之间以 1% 为单位任意调整。

③ 可任意设置锻造工艺参数，方便了编程操作，保证了锻件质量。

2）材料利用率高。

由于数控模锻锤导轨间隙可控制在 0.1mm 左右，模具错移量小，保证了锻件质量；切

表 12-1　数控全液压模锻锤技术参数

序号	项目分类	项目名称	单位	C92K-16	C92K-25	C92K-31.5L	C92K-50	C92K-63	C92K-80	C92K-100	C92K-125	C92K-160	C92K-200
1	主要参数	打击能量	kJ	16	25	31.5	50	63	80	100	125	160	200
		最大打击频次	次/min	90	90	85	85	80	75	75	70	55	60
		锤头最大行程	mm	640	685	700	740	760	810	850	1000	1000	1100
		锤头最小行程	mm	480	495	500	510	520	560	600	770	800	850
2	质量	总质量	t	28	39.3	47.8	78.5	95	120	148	190	265	290
		机身	kg	17200	27300	34500	54000	70000	88000	115000	148400	164000	200000（分体）
		锤头	kg	1080	1700	2100	3400	4350	5650	6900	8500	10000	12000
3	尺寸	总高	mm	5080	5275	5630	6290	6650	7300	7740	8280	9150	10815
		地面以上高度	mm	4540	4570	4780	5185	5260	5910	6200	6470	7010	7400
		地面以下高度	mm	540	705	850	1105	1390	1390	1540	1810	2140	3415
		机身底面尺寸（左右×前后）	mm×mm	1850×1200	2150×1400	2320×1500	2720×1760	2950×1880	3150×2050	3420×2500	3800×2800	4100×3100	4440×2900
4	工作空间	导轨间距	mm	520	608	664	766	800	850	850	1000	1070	1040
		锤头深度	mm	470	550	595	695	750	800	900	1000	1100	1200
		最小装模高度（不含燕尾）	mm	160	180	200	220	220	280	300	500	700	450
		最大装模高度（不含燕尾）	mm	320	370	400	450	460	530	550	730	900	700
		模座距地面高度	mm	700	700	700	700	700	700	700	700	680	700
5	流体参数	主液压泵流量	L/min	160	240	240	240×2	240×2	290×2	290×2	363×2	290×3	290×4
		油箱容积	L	1300	1600	1800	2400	2600	2900	3600	5500	6000	11000
		液压系统最高工作压力	MPa	18	20	18	20	20	20	20	20	20	18
		蓄能器预充气压力	MPa	12	12	12	12	12	12	13	13	13	12
		主电动机功率	kW	37	55	55	55×2	55×2	90×2	90×2	132×2	90×3	90×4
6	电制冷机	型号		DZL180PA	DZL240PA	DZL300PA	DZL400PA	DZL500PA	DZL600PA	DZL600PA	DZL800PA	DZL1000PA	DZL500PA×2
		制冷量	kcal/h	18000	24000	30000	40000	50000	60000	60000	80000	100000	50000×2
7	接口参数	压缩空气压力	MPa	0.5	0.5	0.5	0.5	0.5	0.5	0.5	0.5	0.5	0.5
		压缩空气流量	m³/h	30	30	30	30	30	30	30	30	30	30
		电源电压	V	380	380	380	380	380	380	380	380	380	380
		电源容量	kW	82	125	-120	220	220	250	250	340	345	430
8	预料站	电动机	kW	11	15	15	15	15	22	22	22	22	22
		流量	L/min	40	40	40	40	40	60	60	60	60	60
		压力	MPa	18	20	20	20	20	28	28	28	28	28

注：C92K-125型为125kJ数控全液压模锻锤，锤类；92为组、型（系列）代号；C为锻压机械类代号；K为通用特性代号，数控；125为主参数，打击能量（kJ）。

屑量小，材料利用率高。

3）可以实现多模膛和一模多件的精密锻造成形。

由于数控模锻锤机身刚性好，抗偏载能力强，可以实现多模膛和一模多件锻造，达到提高锻件质量和锻造工作效率的目的。

4）模具寿命高。

① 数控模锻锤回程速度快，上下模冷击和成形接触的时间分别为摩擦压力机的 1/15～20 和 1/6～10，因冷击和成形接触时间短，减少了模具的热应力，提高了模具寿命。

② 打击能量可以精确控制，相对于摩擦压力机无论工件多大都要以全部的打击能量进行打击来比，无多余能量冷击模具，减少模具损耗。

综合上述因素，数控锤模具寿命可达到 20000 模以上。

5）锻造温度低，减少氧化皮，减低能耗，保证了锻造零件的化学性能。

摩擦压力机的锻造温度在 1150℃ 左右，但数控锤的最低锻造温度范围为 900～950℃；相对于摩擦压力机而言，数控锤由于锻造温度低，减小了加热过程中氧化皮的产生，提高了锻件表面质量，减小了加热能耗；同时加热引起的微量元素的损耗大大减少，避免了微量元素的损失造成使用过程中出现的锻件材料化学性能不稳定和零件锈蚀现象。

6）锻件成形率高，废品率低。

数控模锻锤能量可以叠加，一锤打不成可以多打几锤，直到打出合格的锻件，无废品锻造，合格率高；而摩擦压力机能量不可以叠加，一下锻不成即成废品，废品率高。

7）打击速度快，可以实现复杂锻件的精密锻造成形。

由于数控锤速度快，保证了锻件没有冷却就充满模具型腔，对于不易充填模具型腔的异形零件、薄筋类锻件、高度公差要求严格的锻件，锻锤可满足上述零件的精密锻造成形。反过来摩擦压力机由于速度慢就不能实现复杂锻件的精密锻造成形。

8）数控模锻锤打击能量智能化控制，对锤工的要求不高；而摩擦压力机操作工需经验很丰富，请高技术人才。

9）数控模锻锤有故障自动监控系统，一旦出现异常，通过人机界面窗口可自动显示故障，便于更快更好地做维修、保养，减少停机时间。同时可以实现远程编制、监控、修改各种程序，也可进行远程故障分析和诊断。

10）人力资源费用低。

摩擦压力机生产线需要 7～8 人，而数控锤只需要 4～5 人，大大降低了人力资源费用。

11）能量能实现程序化控制，上下模接触时间极短没有闷模现象。

12）数控锤有顶料装置，方便了锻件的出模。

数控锤有顶料液压站，顶料器安装在模座内，操作者可以任意选择自动顶料和脚踏顶料。有了顶料装置，可进行深腔锻造，同时可降低拔模斜度，从而提高材料利用率，降低机加工工时。

13）数控锤设有安全销装置，更换、修复模具更安全。

数控锤机身上设有安全销装置，在工作过程中，如出现打击停顿 20s，安全销自动弹出，安全销与打击阀实现互锁。如需继续打击，用脚上调一下复位板，安全销缩回，工作恢复正常。

14）数控锤速度快、打击频次高，能满足自动化生产。

打击频次直接决定生产效率，在锻造自动化生产线上，数控锤一台主机可配三台机器人的锻造设备，就是为了充分发挥主机打击频次极高的优势，提高工作效率，减少工人劳动。

15）环保。

数控锤由于打击能量实现了数控，避免了多余打击能量带来的噪声问题；使用专利技术的隔振器可使振动降低，大大改善了工人的劳动强度和劳动环境，满足环保要求。

12.1.3 数控全液压模锻锤的主要应用领域

模锻锤号称锻造设备中的万能设备，凡是其他锻造设备可以锻造成形的，模锻锤都可以锻造成形，但是反过来未必成立。模锻锤是模锻车间使用范围最广泛的设备，它的主要特点是成形速度快，金属流动性好，锻件质量高，设备产生的力能比大，特别适用于薄壁零件和复杂零件的锻造成形。但是普通模锻锤打击能量不能精确控制，锻锤的操作者是通过控制锤头高度来间接控制打击能量的，误差很大，而且由于机身为组合式机身，打击刚性也较差，普通模锻锤生产线根本无法实现锻件的精密化生产和自动化生产。

如不考虑其他因素，锻锤能量控制决定锻件的最终厚度。尤其现今汽车工业的发展对连杆等一些重要锻件有着很高的精度要求，因此必须用能精确控制打击能量的锻锤才能生产出高精度的锻件。这种设备能量利用率高，无环境污染，噪声、振动与目前锻造设备相比极小。另外还有高的锻造精度，高的打击频次，能量可调，模具寿命长，操作安全简单，易于组成自动线等优点。

数控全液压模锻锤是一种打击能量和打击工序可以数字化控制的锻造设备，打击能量精确控制在±1.5%之间，锻造生产线采用数控全液模锻锤为主机进行锻造，打击能量可以精确控制，生产工序可以程序化。机身采用整体 U 形机身，在打击过程中，机身刚性很大，加之采用导轨间隙很小的 X 形导轨结构，实现了锻件的精密化生产。数控模锻锤配以合适的机器人自动上下料，即可实现自动化生产。

这种数控锤属于面大量广的产品，目前锻造行业都在向精密锻造方向发展，市场前景很好，数控锤将广泛应用在汽车、摩托车、五金工具、仪器仪表、手术器械及航空航天工业的自动化精密生产线上。

12.2 数控全液压模锻锤的主要结构

12.2.1 产品总体设计思路

该产品总体设计思路，概括起来为大锤头、低油速、短行程、高频次。由于锤头质量很大，可以大幅度降低高压油最大流速（$E = 1/2Mv^2$）。数控锤的最大油速控制在 5.4m/s 以下，因此能量利用率极高。降低打击速度后，若要保持较高的打击频次，则打击行程也要相应地减小，这也是当今世界上液压锤发展的一个普遍趋势。图 12-2 所示为总机效果图。

12.2.2 机身

采取立柱与砧座为一体的 U 形机身。这种结构形式虽然给铸造、起重和机械加工带来一定的困难，但却有如下优点：①增加了立柱的纵向、横向和倾覆刚度，确保了锤头的精确导向，有利于提高原材料的利用率；②U 形机身使两个立柱也成为砧座重量的一部分，有利于整机重量的降低和打击效率的提高；③U 形实心铸造机身产生的打击噪声明显小于箱形和弓形立柱的机身。图 12-3 所示为 U 形机身。

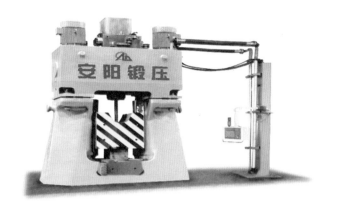

图 12-2　总机效果图

图 12-3　U 形机身

12.2.3　导轨

国内蒸-空锻锤的梳形导轨有力臂短、无温度补偿的缺点。为了不使锤头因升温膨胀使导轨间隙减小而导致卡死，只好加大导轨的冷态间隙，这就是在蒸-空锻锤上难以进行精密模锻的原因。数控全液压锤采用 X 形导轨结构。由于锤头受热时呈径向辐射状膨胀，导向面呈对角线布置，就不会因锤头受热膨胀而减小导向间隙。数控锤加大了导板的宽度，X 形导轨又有较长的力臂，这就会明显地减小偏击时作用在导轨面上的比压，有利于延长导板的使用寿命。导轨间隙可以控制在 0.1mm 以下，另外机架与砧座为一体的结构，保证了机架的稳定性，

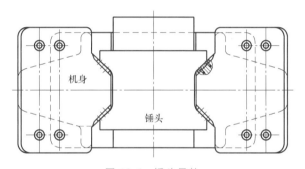

图 12-4　锤头导轨

使得锻件精度不超过 0.2mm，确保精密模锻的效果。图 12-4 所示为锤头导轨。

12.2.4　锤杆

由于采用细锤杆及其与锤头的弹性缓冲结构，大大降低了锤杆根部的应力集中，同时又由于行程短，也减少了短锤杆的根部惯性力，从而使得锤杆由过去的易损件变为了长效件，如图 12-5 所示。

12.2.5　下模

下模为双楔铁结构，可精确调整模具左右对中与对正，定位键调整模具前后，满足各种调整要求。

12.2.6　模座

模座采用超厚结构，可以起到保护机身的作用，同时便于顶料器的安装，如图 12-6 所示。

12.2.7　顶料器

安放在易于拆卸的模座内，顶料控制方式可设置为自动与脚踏。由于有顶料器，可以降低锻件的拔模斜度，便于深模锻造，提高材料利用率，同时也有利于实现自动化生产。

图 12-5　锤杆

12.2.8　液压系统

图 12-7 所示为液压系统。

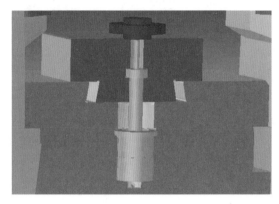

图 12-6　模座

图 12-7　液压系统

1）液压系统采用液压泵-蓄能器组合传动，主液压缸下腔始终与蓄能器相通，为常压。液压系统仅控制上腔，它是通过对打击阀闭合时间的控制来实现打击能量的大小，打击阀受先导控制阀控制。先导阀是一个二位四通换向阀，系统对它的质量要求很高，既要有高频率又要有较高的重复精度。

2）油箱采用顶置式结构，内部油路封闭在主阀块上，这样的结构使得液压系统实现了集成化，与油箱采用旁置式结构相比，管道系统长度大大缩短，能量损失降低 50% 以上，另外通过集成化，油路连接实现了无管化连接，增加了连接的可靠性。

3）液压系统中在蓄能器与下腔之间设置了安全装置，一旦锤杆从中间断裂，马上将下腔油与蓄能器切断，从而提高了使用的安全性。

图 12-8 所示为安全装置。

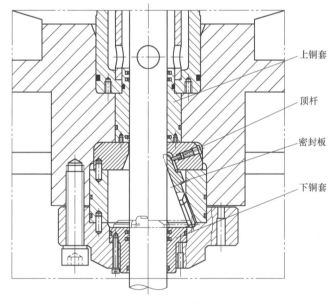

上铜套

顶杆

密封板

下铜套

图 12-8　安全装置

12.2.9　电器系统

采 用 可 编 程 序 控 制 器 SIEMENS CPU-315-2DP 为中央主处理单元，建立起锻锤智能控制中心。通过 FM352 功能模块来实现打击能量的精确控制。采用 SIEMENS CPU-315-2DP 可编程序控制器来实现由原来的靠人工经验操作改为软件数字设定。大大降低了锻件的废品率并提高了模具寿命。本可编程序控制器通过 PROFIBUS DP 现场总线，主/从站接口实现数据传输。本锻锤的操作界面如图 12-9 所示，PLC 硬件系统配置如图 12-10 所示。

图 12-9 操作界面

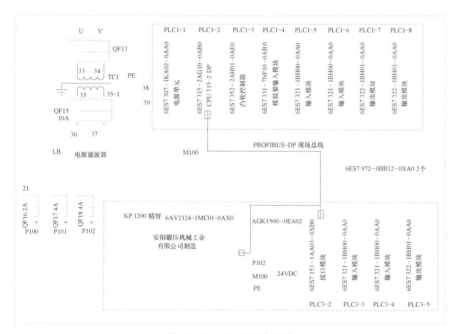

图 12-10 PLC 硬件系统

12.2.10 基础部分

数控全液压模锻锤机身下部带有减振器,如图 12-11 所示,因此基础比较简单,减振器与基础配打膨胀螺钉固定,设备直接放在减振器上即可。

图 12-11 数控全液压模锻锤机减振器

12.3　数控全液压模锻锤关键技术

12.3.1　高压大流量伺服直驱式新型打击阀

数控全液压模锻锤之所以具有优良的性能，离不开其中的核心部件——打击阀。精密锻件的尺寸控制与锻锤的能量控制密切相关。而打击阀的开启时间决定了打击能量。通过控制打击阀的开启闭合时间，就能保证锻件所需的能量，又不产生额外的冲击动能，使关键锻件产品的质量大大提高。所以换向迅速可靠、密封性好的打击阀是实现高频率、高精度打击的关键。

现在的打击阀由于工作在高压大流量环境下，所以驱动阀芯的力很大，而且换向频率很快，普通电磁铁等电-机械转换器难以达到使用要求，所以打击阀设计成液动阀。这就导致需要一套复杂的液压回路和控制系统来控制打击阀的动作，增加了成本和不可靠因素，也不利于实现对打击阀的精确控制。

所以需要对打击阀的内部结构和驱动方式进行改进，实现对阀芯位置的伺服控制。因为阀控伺服系统具有响应频率高、控制精度高等特点，所以在液压系统中得到了比较广泛的应用。传统电液伺服阀的典型结构有喷嘴挡板式和射流管式，常规电液伺服阀的加工精度高，所以价格高，而且维修不方便，抗油液污染能力比较低，需要使用单独的恒压油源，能耗严重。电磁直驱式大规格电液伺服阀以其新颖的设计思路很好地解决了这些问题，直接驱动的本质就是取消从动力部件到工作部件之间的一切中间机械传动环节，由动力部件直接驱动工作部件动作，不存在滞后问题，保证了系统的传动精度和定位精度，减小了机械磨损，提高了系统可靠性。所以采用直驱结构的设备动态响应速度快，可具有更大的加速度和更短的定位时间，以及更高的控制精度。

电磁直驱式大规格电液伺服阀的设计思路将实现数控全液压模锻锤打击阀的闭环控制。最终，国产的全液压数控锤可以实现锻造工艺的闭环控制，将在各项指标上达到甚至超过国外同类进口产品的水平，以低廉的价格、优越的性能逐步占领国内市场，并走向世界。这将在我国锻造行业中掀起一场技术革命，淘汰一批高能耗、效率低、噪声大的锻造设备，对提高我国锻造水平和世界竞争力具有重大意义。

12.3.2　数控全液压模锻锤的闭环控制

目前，数控锤控制系统还是开环控制系统，使用上还有一定的局限性，主要表现在：

1）打击能量无法监测。能量仅仅靠控制打击阀闭合时间的长短来获得，但毕竟是间接控制能量，因此每一锤的真正能量无法监测。

2）锻件成形质量无法监测。即使每一锤的实际能量与电脑显示的能量没有一点偏差，锻件的成形质量也不能确保，因为它与毛坯的温度、毛坯的大小都有关系。

3）没有反馈装置。

以上两点能够监测后还需主机处理反馈信息，决定是否需要加打，加打多少能量。

设计开发闭环控制系统，即在线监测锤头的实际打击输出能量，将监测数据实时传给控制系统，通过计算，调整打击阀的开合时间或打击次数，从而保证锻件的精度和质量。例如：由于打击控制阀的响应精度、系统温度、压力波动、油液清洁度、加工制造等各种因素的影响，锤头打击到工件时的能量与理论值总有差异，如果对锤头打击工件的能量进行记录，并将之与理论打击能量进行比较，进而控制下一锤的打击能量或者执行补锤的动作，使得每件锻件的尺寸都位于允许公差之内。

闭式控制系统通过实现打击能量的准确监测、锻件成形质量的监测以及增加反馈处理装置，最终实现闭环控制。

12.4　数控全液压模锻锤的发展趋势

12.4.1　重型化

现代工业产品大都向"高、大、精、尖"的方向发展。因此大型机械零件越来越多，所以作为种种设备零件的毛坯-锻件的尺寸相应地也很大，形状也比较复杂。显然，要求生产这些锻件的锻压设备的吨位也随之增大。

根据国内外目前的基本情况，大致分类如下：

1）160kJ 以下规格采用整体 U 形机身的数控锤。

2）160~400kJ 规格采用分体式机身的数控锤或机身微动型数控对击锤。

3）400~800kJ 规格采用下锤头微动型数控对击锤。

4）800kJ 以上规格采用上下锤头等行程型数控对击锤。

以上型式是由于铸造、锻造等基础条件的限制所形成的，可以说只有这样做才行，但实际上，对击锤行程越大，设备的工艺性及可操作性越差。

目前，整体 U 形机身的数控锤规格最大做到 160kJ，160kJ 机身单件质量已达 160t。由于受到铸造、运输、起重等条件的限制，再大规格的数控锤结构形式必须发生变化。未来各种型式数控锤的发展趋势会因基础技术条件的变化有些突破。同时，数控对击锤的技术也在不断完善和发展。

12.4.2　生产线自动化与智能化

锻造环境是一个工况很恶劣的环境，不仅高温，而且振动、噪声、粉尘都很大，有一定的危险性。过去由于技术原因，主机无法实现数控，且人工成本低廉，生产设备操作基本靠人工来掌握，生产效率处于低效，质量靠人工技能高低来保证。

精密棒料剪切机、辊锻机、切边压力机、精整压力机等设备为数控锤配套生产的机器，与数控锤一起组成模锻生产线。由于设计时统一考虑，注重生产线的整体性，注重设备与设备之间的配合，故优化的生产节拍使设备之间的衔接配合流畅紧凑，设备利用率高。自动化生产线采用人工智能控制，使整条生产线有机地结合成柔性制造系统。

1. 模锻锤自动化生产线的国内外发展现状

普通模锻锤打击能量不能精确控制，锻锤的操作者是通过控制锤头高度来间接控制打击能量的，误差很大，根本无法实现自动化生产线。随着锻造工业的快速发展，模锻设备自动化生产线需求也越来越迫切。在国外，模锻锤自动化生产线发展是近十几年来逐渐发展起来的。但在国内，模锻锤自动化生产线到现在为止投入正常运行的还没有一条。

2. 数控全液压模锻锤自动化生产线发展的必要性与优越性

锻造工人的劳动强度很大，随着时代的发展，锻造行业的招工困难情况将会越来越严重，10 年以后将很有可能出现用工荒的问题。

1）摆脱锻造行业用工难是锻造企业使用数控锤自动化生产线的最大优点。众所周知，因锻造车间工作环境较差，使得锻造工人很难找，即使招来，人员的管理难度也较大。实现自动化生产线可以解决锻造行业招工难的问题。

2）自动化生产线可大幅提高生产效率。传统的模锻行业生产模式往往是人工操作，受人的影响因素较大，生产效率和节拍不高。如果改为自动化生产线，至少可提高1倍的生产效率。

3）产品质量得到了可靠保证。由于数控自动化生产线是由机器人来进行操作的，产品质量可得到可靠保证。智能化的生产模式使锻造工艺得到了有效执行，确保了锻件质量的稳定。

4）可降低生产成本。近些年来随着经济的发展，锻造生产线上工人的用工工资逐年攀高，使得劳动成本越来越高。如采用自动化生产线，此状况能得到有效改变，生产成本可得到有效控制。

5）改善安全生产条件。自动化生产线将锻锤锻造生产线拟以无人化操作为目标，以使得整条锻锤锻造生产线实现数控化和智能化控制。过去由工人所承担的单调、脏乱、危险及烦琐操作工作均由机器人来完成，可大大减少事故率。

6）数控锤自动化生产线使用范围广。模锻锤是模锻车间使用范围最广泛的设备，它的主要特点是成形速度快，金属流动性好，锻件质量高，特别适用于薄壁零件和复杂零件的锻造成形。对于不同的零件只需更换不同的夹钳，即可完成产品类型的转变。

3. 数控模锻锤自动化生产线发展的可行性

1）设备技术条件的成熟，使数控锤生产线成为可能。锤类产品虽然在很多方面有着这样那样的优势，但一直不能形成自动线，直到数控锤的出现，才使自动线成为可能。因数控锤打击工步程序控制，打击能量精确可控，配上可靠的下顶料，模具自动润滑、冷却装置，以及锻件厚度公差测量装置，这些特点，满足了自动化生产的需求。

自动化生产，离不开工件的工序间传递，工件的夹持、移位和准确放入模腔，这些要由工业机器人完成。随着机器人技术的发展，工业机器人用于锻造也不再困难。

带有自动上料装置的中频炉、全自动化的辊锻机、多工位的切边整形机械压力机，共同构成了不同类型的自动化生产线。

2）人力成本提高、特种行业用工难及提高产品质量的决策是锻造企业使用数控锤生产线的动力。

众所周知，设备的振动、噪声、石墨润滑剂的喷淋、红热锻件的热辐射和对眼睛的伤害，加上易出工伤事故等原因，使得锻造工人很难找。

近年来，国内人力成本上升很快，锻件成本大幅增加，又因人员操作受情绪、体力、劳动技能等多方面因素的影响，产品质量不稳定，这又进一步提升了锻件成本。

这些因素，促使锻造企业考虑用自动线替代人工。

3）自动化生产线可大幅提高生产效率。据统计，锻造工人单班的有效生产锻件时间不足6h，即便在这6h中，生产也不能稳定、连续、无间隔的运行，使用自动生产线，一般可将生产效率提高1倍以上，甚至更高。

4）数控锤自动生产线的工艺适应性和柔性是广大锻造企业的选择。连杆、曲轴等零件适合专业化、大批量生产，这些零件的生产，几种类型的锻造自动化线都能实现，但绝大多数品种的锻件，没有那么大的需求量。世界上绝大多数锻造厂还是靠中小批量生产不同类型的锻件，数控锤自动化生产线又具有良好的适应性，不同的锻件编制不同的程序即可，这就决定了数控锤自动生产线是广大锻造企业的选择。

5) 锻造经济成本结构发生变化。过去认为手动生产模式要比自动化生产模式便宜很多，是两个原因造成的:

① 人工成本很低廉。

② 机器人造价很高。随着社会的进步和发展，这种局面有了很大的转变，即人工成本越来越高，机器人造价越来越少，因此发展自动化生产是必然的趋势。

通过以上分析，数控锤生产线将会有较好的市场前景。

4. 数控模锻锤自动化生产线发展的前景

我国现有的模锻设备中，传统的模锻锤和摩擦压力机占到整体模锻设备的 80% 以上。摩擦压力机速度低，行程次数少，生产效率低，加之滑块导向精度低，不能够满足精度要求，传统的蒸-空模锻锤能源利用率不足 2%，加上要有锅炉，环境污染严重。以上两种设备能量不可控制，锻件生产完全靠人工操作，锻件精度与操作者水平有很大关系，工人劳动强度很大而模具寿命很低。

据有关资料报道，我国现有 1000 多台模锻锤和 2000 多台摩擦压力机在使用。这些设备组成的生产线大量在企业的锻造车间使用。一旦模锻锤自动化生产线实施成功，模锻生产模式就会发生根本转变。过去旧的模锻锤生产线就会逐步被淘汰，取而代之就是新的自动化生产线。保守估算，目前市场容量在 3000 条左右。

数控锤自动化生产线将广泛应用在汽车、摩托车、五金工具、仪器仪表、手术器械及航空航天工业的自动化精密生产线上。目前被认为是锻造发展的主要方向之一，世界各工业发达国家都在大力开发，特别是机器人技术的飞速发展，更加速了这种进展。由于有着机械化程度高、控制精度好、生产效率高等特点，锻件精度和成本可得到有效控制，因此数控锤自动化生产线将进入到一个快速发展的时期。

第13章 CHAPTER 13
高端螺旋压力机

青岛青锻锻压机械有限公司　朱元胜

13.1　螺旋压力机的工作原理、特点及主要应用领域

13.1.1　螺旋压力机的工作原理

螺旋压力机的结构原理如图 13-1 所示。它主要由飞轮、主螺母、螺杆、滑块和上、下模以及工作台垫板、机身等构成。螺旋压力机的工作原理如下：螺杆的上端与飞轮连接，下端与滑块连接，主螺母安装在机身上的横梁内，由螺母将飞轮-主螺杆的旋转运动变为滑块的上、下直线运动。在打击过程中，飞轮的惯性力矩经螺旋副转化为打击力，使毛坯产生变形，对毛坯做变形功。打击部分受到毛坯的变形抗力阻抗，速度下降，释放动能，直到动能全部释放停止运动，打击过程结束。飞轮带动滑块返回，重新聚集能量，这样上下运动一次，即完成了一个工作循环。

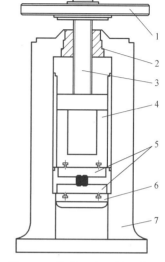

图 13-1　螺旋压力机的结构原理
1—飞轮　2—主螺母　3—螺杆　4—滑块
5—上、下模　6—工作台垫板　7—机身

螺旋压力机的主要技术参数按照 JB/T 2547.2—2010《双盘摩擦压力机　第 2 部分：基本参数》（见表 13-1、表 13-2）、JB/T 10926—2010《离合器式螺旋压力机　技术条件》（见表 13-3）和 JB/T 11194.1—2011《电动螺旋压力机　第 1 部分：型式与基本参数》（见表 13-4）的规定执行。

表 13-1　锻造型双盘摩擦压力机基本参数（摘自 JB/T 2547.2—2010）

公称力 /kN	允许长期使用力 /kN	运动部分能量 /kJ	滑块行程 /mm	滑块行程次数 /min⁻¹	最小装模高度 /mm	工作台垫板厚度 /mm	工作台面尺寸/mm	
							左右	前后
250	400	0.6	140	42	140	60	280	315
400	630	1.25	160	39	150	70	315	355
630	1000	2.25	200	35	235	80	270	315
1000	1600	5	310	19	220	100	450	500
1600	2500	10	360	17	260	100	510	560
2500	4000	18	280	27	280	120	500	630
3150	5000	25	280	25	310	140	560	670
4000	6300	36	500	14	400	120	730	820
6300	10000	80	600	11	470	180	820	920
10000	16000	140	700	10	500	200	1000	1200
16000	25000	280	700	10	550	200	1100	1250
25000	40000	500	750	10	840	250	1250	1500

表 13-2   精压型双盘摩擦压力机基本参数（摘自 JB/T 2547.2—2010）

公称力 /kN	允许长期 使用力 /kN	滑块行程 /mm	滑块行程 次数 /min⁻¹	最小装模 高度 /mm	工作台垫 板厚度 /mm	工作台面尺寸/mm	
						左右	前后
6300	10000	600	11	470	180	820	920
10000	16000	700	10	500	200	1000	1200
16000	25000	700	10	550	200	1100	1250
25000	40000	700	9	680	300	1200	1560
31500	50000	800	9	870	280	1400	1700
40000	63000	800	9	800	300	1300	2350
63000	80000	800	8	800	330	1300	2350
80000	125000	800	8	800	330	1300	2350

表 13-3   离合器式螺旋压力机基本参数（摘自 JB/T 10926—2010）

基本参数	单位	基本参数值				
公称力	kN	6300	10000	16000	25000	40000
允许长期使用力	kN	8000	12500	20000	31500	50000
每次行程工件变形能量	kJ	100	220	420	750	1250
滑块行程	mm	335	375	425	500	530
滑块速度	m/s	0.5～0.55				
最小封闭高度	mm	700	915	1000	1550	1295
工作台 面尺寸	前后	mm	900	1000	1250	1400	1600
	左右		750	850	1000	1400	1600

表 13-4   电动螺旋压力机基本参数（摘自 JB/T 11194.1—2011）

公称力 /kN	允许最大 工作力 /kN	运动部分 能量 /kJ	滑块 行程 /mm	行程 次数 /min⁻¹	最小封闭 高度 /mm	工作台垫板 厚度 /mm	工作台面尺寸/mm	
							前后	左右
1600	2500	10	300	30	500	120	560	600
2500	4000	15	320	28	500	120	560	600
3150	5000	20	380	26	550	120	640	700
4000	6300	36/18	400	24	570	120	750	700
5000	8000	50/25	425	22	650	120	750	700
6300	10000	72/36	450	20	780	140	800	750
8000	12500	100/50	475	19	860	160	900	800
10000	16000	140/70	500	18	950	180	1000	900
12500	20000	200/100	525	17	1050	180	1100	1000
16000	25000	280/140	550	16	1100	200	1200	1100
20000	32000	360/180	600	15	1200	250	1350	1200
25000	40000	500/250	650	14	1300	280	1400	1250

（续）

公称力 /kN	允许最大工作力 /kN	运动部分能量 /kJ	滑块行程 /mm	行程次数 /min⁻¹	最小封闭高度 /mm	工作台垫板厚度 /mm	工作台面尺寸/mm	
							前后	左右
31500	50000	700/350	700	13	1400	280	1500	1350
40000	63000	1000/500	750	11	1500	300	1900	1600
50000	80000	1120/560	800	9	1600	300	2000	1700
63000	100000	1600/800	850	8	1700	320	2150	1800
80000	125000	2280/1140	900	8	1800	320	2350	2000

主要技术参数的含义如下所述。

1）公称力：滑块上允许承受的最佳作用力，与具体参数形成固定关系。

2）允许最大工作力：一般为公称力的 1.6 倍。

3）运动部分能量：飞轮、螺杆、滑块的总动能。

4）滑块行程：滑块从上限位置至下限位置所移动的距离。

5）行程次数：滑块每分钟的往复次数。

6）最小封闭高度：滑块处于下限位置时，滑块底面与工作台面的间距。

13.1.2　螺旋压力机的特点

1. 无固定下死点

螺旋压力机在工作过程中，无固定下死点，具有锤类设备的工作特性，可进行多次打击变形，可提供一定的变形能量和打击力。同时，由于无固定的下死点，锻件精度不受设备自身弹性变形的影响，锻件的尺寸精度靠模具"打靠"和导柱导向来保证。因此，特别适用于齿轮等锻件的精密锻造。

2. 封闭的框架结构

螺旋压力机通过螺旋副传递能量，在金属产生塑性变形的瞬间，滑块和工作台之间所受的力由压力机封闭的框架所承受，并形成一个封闭力系。

3. 打击力大

因热模锻压力机的下死点是固定的，工作时变形抗力所引起的机器受力零件的弹性变形，使上模向上抬起而影响锻件高度尺寸的精度，同时又容易"闷车"而使热模锻压力机一般只允许用到其公称力的 70%～80%，而螺旋压机一般允许的最大工作力为公称力的 1.6倍。因此，螺旋压力机是同规格热模锻压力机实际打击力的 2 倍，可为锻件提供较大的变形力。

4. 闷模时间短

螺旋压力机闷模时间短，仅为热模锻压力机的一半；传给模具上的热量少，温升低，模具寿命长，这对于大批量生产尤为重要，它能够保证各个锻件的精度基本一致。

5. 滑块速度大小适宜

螺旋压力机滑块速度为 0.6～1.5m/s，这对于各种金属及其合金，包括难变形合金的热模锻是最合适的。由于滑块速度较慢，金属变形过程中的再结晶进行的充分，因而特别适合航空航天等国防工业模锻一些再结晶速度较慢的低塑性合金钢和有色金属材料。

13.1.3　螺旋压力机的主要应用领域

螺旋压力机是一种集模锻锤和热模锻压力机优点于一体，且结构简单、维修方便、性能可靠、造价适中的锻压设备，特别适于对锻件精度要求较高的军工企业以及现代企业，用于模锻飞机叶片、发动机曲轴、汽车前轴、汽车转向器和同步齿环等精密锻件。

螺旋压力机是一种定能量的压力加工设备，按动力形式分类，螺旋压力机有摩擦压力机，液压螺旋压力机，离合器式（高能）螺旋压力机和电动螺旋压力机四种类型。

螺旋压力机是一种符合我国国情的锻压设备。从 20 世纪 70 年代起，我国的螺旋压力机从无到有，从小到大，现已形成完整的系列。特别是自引进德国技术以后，产品的结构、性能等技术指标均已达到或接近世界先进水平，并广泛应用于金属的模锻和精密锻造等压力加工工艺。该机的设备投资、模具成本和锻件成本均比模锻锤和热模锻压力机便宜，理论和实践都证实，螺旋压力机成本低，工艺适应范围广，锻件精度高，生产率适中，劳动条件好，目前已成为我国现代工业的主要锻压设备之一。

在 20 世纪，我国摩擦压力机的制造商主要有青岛青锻锻压机械有限公司、辽阳锻压机床股份有限公司和鄂州市锻压机床厂。近年来，以青岛胶州为中心，形成了以青岛青锻锻压机械有限公司为龙头的多家相互竞争的摩擦压力机制造厂的局面。最大吨位是由青岛青锻锻压机械有限公司为南京中盛铁路配件有限公司研制的100MN 双盘摩擦压力机。北京机电研究所和青岛青锻锻压机械有限公司合作，从 1993 年开始引进德国奥穆科-哈森的技术，合作生产高能螺旋压力机；2005 年，又共同合作，研制成功了40MN 离合器式螺旋压力机。从 21 世纪初开始，我国开始生产电动螺旋压力机，主要制造商有以生产开关磁阻电动机控制为主的青岛青锻锻压机械有限公司和以生产异步电动机变频控制为主的

图 13-2　EPC-8000 型 80MN
电动螺旋压力机

武汉新威奇科技有限公司。2012 年 11 月，由青岛青锻锻压机械有限公司自行研制成功、具有完全自主知识产权的高新技术产品——EPC-8000 型 80MN 电动螺旋压力机顺利通过了国家检测中心及用户中航工业江西景航航空铸锻有限公司的产品检测和验收。该机不但是我国电动螺旋压力机的优秀代表作，也是我国制造的首台电动螺旋压力机（见图 13-2）。

13.2　螺旋压力机的主要结构

13.2.1　摩擦压力机

1. 摩擦压力机的主要结构

摩擦压力机是最早出现的螺旋压力机，具有结构简单、价格低廉等优点，迄今已有近二百年的历史并仍在广泛使用。在长期的发展过程中，曾经出现过多种传动形式，经过在生产中的考验和选择，多数已被淘汰，只有典型的双盘式摩擦压力机仍具有绝对优势。

　　摩擦压力机的主要结构包括机身、传动（飞轮—主螺杆—滑块）和操纵等主要部件。对于中小吨位（16MN 以下），一般采用整体铸钢机身；对于大吨位（25MN 以上），常采用预应力组合机身。由于摩擦压力机能量控制不够精确，没有配置打击力监测，很多用户会超载使用，因此对运动部件的材质、加工和结构提出了很高的要求，如螺杆的材质最好采用35CrMoV、42CrMo、45CrNi 和 34Cr2Ni7Mo 等优质合金结构钢。

　　摩擦压力机的电动机带动摩擦盘始终高速旋转，而飞轮在一个循环中还需改变旋转方向。在摩擦盘接触飞轮，尤其在换向时，飞轮和摩擦盘的相对速度差别大，会产生严重打滑，为解决这一问题，我国开发出了双电动机独立驱动的摩擦压力机。两个摩擦盘由滚柱轴承支撑在芯轴上，分别由不同的电动机驱动（见图 13-3）。

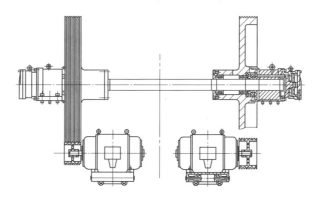

图 13-3　双电动机驱动横轴部件

　　双盘式摩擦压力机的工作原理如图 13-4 所示。主螺杆的上端与飞轮连接，下端与滑块相连，主螺母安装在机身上横梁内。由主螺母将飞轮-主螺杆的旋转运动变为滑块的上、下直线运动。电动机经皮带轮带动摩擦盘转动。当下行程开始时，右边的气缸进气，推动摩擦盘压紧飞轮，搓动飞轮旋转，滑块下行，此时飞轮加速并获得动能；在冲击工件前的瞬间，摩擦盘与飞轮脱离接触，滑块以此时所具有的速度锻击工件，释放能量直至停止。锻击完成后，开始回程，此时左边的气缸进气，推动左边的摩擦盘压紧飞轮，带动飞轮反向旋转，滑块迅速提升；至某一位置后，摩擦盘与飞轮脱离接触，滑块继续自由向上滑动，至制动行程处，制动器动作，滑块减速，直至停止。这样上下运动一次，即完成了一个工作循环。

　2. 摩擦压力机的主要技术参数

　　J53 系列双盘摩擦压力机的主要技术参数见表 13-5。

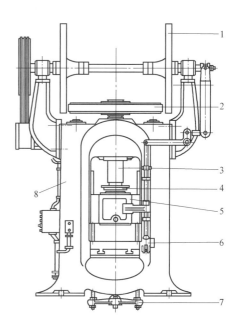

图 13-4　双盘式摩擦压力机的工作原理

1—摩擦盘　2—飞轮　3—主螺杆　4—制动器
5—滑块　6—控制系统　7—顶出器　8—机身

表 13-5　J53 系列双盘摩擦压力机的主要技术参数（青岛青锻锻压机械有限公司参数）

型号	公称力 /kN	能量 /kJ	滑块行程 /mm	行程次数 /min⁻¹	装模高度 /mm	台面尺寸（前后×左右）/mm	滑块底面尺寸（前后×左右）/mm	外形尺寸（前后×左右×高）/mm
JA53-63	630	2.25	200	35	235	315×270	275×227	1010×1141×2655
J53-100B	1000	5	310	19	220	500×450	390×280	1393×1884×3375
J53-160B	1600	10	360	17	260	560×510	440×444	1465×2240×3730
J53-160C	1600	10	360	17	260	560×510	440×444	1465×2240×3730
J53-300	3000	20	400	15	300	650×570	520×485	1603×2581×4345
J53-300B	3000	20	400	15	300	650×570	520×485	1820×2581×4345
J53-400E	4000	40	500	14	400	820×730	636×636	3200×2812×5165
J53-630B	6300	80	600	11	470	920×820	760×700	4694×4320×6060
J53-1000C	10000	160	700	10	500	1200×1000	1190×800	4230×4750×7650
J53-1000F	10000	160	700	10	500	1200×1000	1190×800	4400×5240×7300
J53-1600C	16000	280	700	10	550	1250×1100	1000×900	4700×6120×8090
J53-1600D	16000	280	700	10	550	2000×1100	1000×900	4700×6120×8090
JA53-1600A	16000	280	700	10	750	2000×1100	2000×900	4700×6280×7190
JB53-1600D	16000	280	700	10	750	2000×1100	2000×900	4700×6280×7190
J53-2500E	25000	500	800	9	700	2000×1200	1900×1060	5427×6797×9410
JA53-2500E	25000	500	800	9	700	2000×1200	2000×1060	5360×7000×8190
J53-3150A	31500	700	800	9	800	2000×1300	1900×1110	7000×5400×10210
J53-4000	40000	850	800	9	800	2350×1300	2200×1110	7961×5580×10210
J53-6300	63000	1000	800	9	800	2350×1300	2200×1110	8366×5780×10490
J53-8000	80000	1150	800	8	800	2350×1300	2200×1110	8366×5780×10490
J53-10000	100000	1650	800	8	900	2600×1600	2500×1440	9410×6400×12750

13.2.2　离合器式螺旋压力机

1. 离合器式螺旋压力机的结构

离合器式螺旋压力机的结构原理如图 13-5 所示。离合器式螺旋压力机突破了传统螺旋压力机的飞轮做正反向旋转的运动方式，以及螺杆与飞轮连接为整体的结构形式，旋转方向单一且转速基本恒定，飞轮与螺杆之间设有液压离合器，通过液压力控制离合器的结合或脱开。飞轮 3 通过滚动轴承 4 支撑于机身 5 顶部，飞轮在电动机 6 带动下做单向旋转，飞轮通过液压离合器 2 与离合器从动盘 1 连接。打击工件前，控制系统使液压离合器 2 迅速结合，使离合器从动盘 1 与飞轮 3 同步传动，带动与离合器从动盘连为一体且轴向固定的螺杆 7 转动，推动滑块 8 下行；打击工件时，飞轮释放能量，使工件变形。当打击力达到预定值，或者滑块达到预定行程时，离合器迅速脱开，飞轮与螺杆分离，回程缸驱动滑块回到上死点。

2. 离合器式螺旋压力机的特点

（1）能量消耗少，提供有效能量大　由于离合器式螺旋压力机飞轮不做换向旋转，能量消耗少，一般较摩擦压力机少消耗 30%～40%。这是由于离合器式螺旋压力机的回程由油缸将滑块提升至上限位置，而摩擦压力机回程要求电动机带动摩擦盘驱动整个运动部分上行至上限位置时停止，运动部分能量等于完全消耗。由于能量消耗等因素，摩擦压力机提供的有效能量为公称能量的 60% 左右，而离合器式螺旋压力机提供的有效能量几乎等于输出能量。

另外，离合器式螺旋压力机下行时，飞轮与螺杆接合，在下限位置停留时间极短，飞轮提供的能量相当于变形所需能量，压力与能量之间相互无关，而摩擦盘脱开后，飞轮不再继续储存能量，下行结束时，飞轮停转，打击时能量完全释放，能量大小与压力有关，即需要的压力越大，用于变形的能量越小，反之亦然。两类压力机的力能关系也可以说明这一点（见图 13-6）。

与热模锻压力机相似，离合器式螺旋压力机

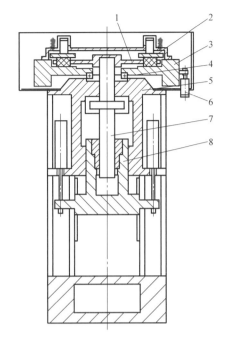

图 13-5　离合器式螺旋压力机结构原理

1—离合器从动盘　2—液压离合器　3—飞轮　4—滚动轴承　5—机身　6—电动机　7—螺杆　8—滑块

的变形能可不断地从同一方向的飞轮中获取，且获得能量的大小几乎等于实际所需能量，不存在传统螺旋压力机上的那种行程和速度状态对飞轮大小的依赖关系。

与同规格的其他类型的压力机相比，离合器式螺旋压力机能提供更大的能量，是传统摩擦压力机的 3 倍，只要成形技术上可能，成形就可以通过较少的工序甚至一道工序完成，所以这种压力机特别适于挤压工艺。这不仅因为其提供的能量较大，而且自由选择的滑块行程也是有利的影响因素。

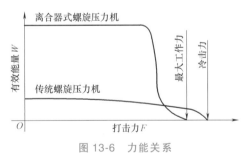

图 13-6　力能关系

（2）成形速度快　离合器式螺旋压力机比传统螺旋压力机和热模锻压力机的成形速度快。热模锻压力机是限制行程的锻压机械，遵循确定的动力学运动轨迹，按正弦函数曲线往复循环运转。传统螺旋压力机与锻件接触后，加压速度取决于锻件对变形能的需求量，而飞轮释放能量是一个二次方函数，此后飞轮转速逐渐降低至停止，而离合器式螺旋压力机飞轮转速降极小，一般转速降不大于 15%，且用较快速度通过金属变形区。另外，离合器式螺旋压力机模具接触时间短，因而受热影响较小。又由于成形速度快，型槽内工件表面冷却较小且飞边温度较高，因而所需的锻造力也较小。

（3）行程时间短　离合器式螺旋压力机的行程时间比传统摩擦压力机明显减少。同等规格的压力机全行程时的行程时间比较见表 13-6。

表 13-6 压力机行程时间比较

压力机名称	行程时间比较
热模锻压力机	100%
离合器式螺旋压力机	180%
传统摩擦压力机	250%

从表中可以看出，离合器式螺旋压力机的生产率优于传统摩擦压力机，以热模锻压力机的生产率为最高，但离合器式螺旋压力机可通过减小行程，提高生产率。

由于离合器式螺旋压力机加速时间短，因此在下行极短时间内，滑块就达到了恒定速度。国产 4000kN 离合器式螺旋压力机的滑块加速过程试验曲线如图 13-7 所示。由图可以看出，滑块的加速行程为 4.4mm，加速时间为 161ms，此时的滑块速度 $v = 0.58$m/s。

由于加速时间短，离合器式螺旋压力机在较短行程内即可获得充分的打击力和打击能量，而摩擦压力机加速时间较长，几乎需要占用整个滑块行程才能达到最大

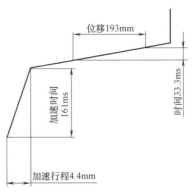

图 13-7 滑块加速过程试验曲线

速度，从而获得充分的打击力和打击能量。因此，摩擦压力机锻造工艺的广泛性较离合器式螺旋压力机要差一些。

（4）行程和行程位置可自由选择 离合器式螺旋压力机的行程和行程位置可自由选择，滑块在极短的加速时间后，压力机可在其余行程的任意点发挥最大压力。只要不影响操作，行程可减至最短，最大限度地提高行程次数，从而提高生产效率。此外，该机与锻锤相似，可设置不同高度的模具，不需调节模具高度。因此，该机行程位置的自由选择在完成各种锻造工艺中是极为有利的。

（5）传动功率小 与传统螺旋压力机相比，离合器式螺旋压力机所需的传动功率较小。传动装置不需从静止状态加速，在转速波动很小的情况下，电动机可在有利的范围内运转，这样既不会对工厂电网产生较高的负载电流峰值冲击，也不会影响电动机的使用寿命。

（6）模具使用寿命长 由于离合器式螺旋压力机加速时间短，整个工作行程实际上是以恒定速度进行的，甚至在变形阶段也保持这一速度，所以离合器

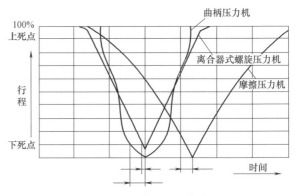

图 13-8 模具使用曲线

式螺旋压力机在最下位置所用的时间比摩擦压力机和曲柄压力机短，模具使用寿命相对较长（见图 13-8 和表 13-7）。

表 13-7　模具寿命

机　型	模具接触时间/ms	模具寿命/次
离合器式螺旋压力机	8~15	16000
摩擦压力机	15~25	10000
热模锻压力机	25~40	5000
油压机	120~150	5000
锻锤	2~10	10000

（7）抗偏载能力强　离合器式螺旋压力机的滑块导轨为组合式导轨，即上部为圆形导轨，下部为 X 形对角线导轨，由于是双导轨，导向精度高，滑块在打击时抗偏载能力强，适用于多模膛锻造。根据德国辛普森公司提供的摩擦压力机与离合器式螺旋压力机偏载曲线（见图 13-9），可以看出，在相同公称力的情况下，离合器式螺旋压力机偏载距离为 0.8 倍的螺杆直径，而摩擦压力机的偏载距离为 0.5 倍的螺杆直径。

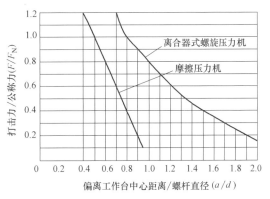

图 13-9　压力机偏载曲线

3. 离合器式螺旋压力机的主要技术参数

离合器式螺旋压力机主要由北京机电研究所和青岛青锻锻压机械有限公司联合生产，其 J55 系列离合器式螺旋压力机的主要技术参数见表 13-8。

表 13-8　J55 系列离合器式螺旋压力机的主要技术参数

型号	公称力/kN	最大打击能量/kJ	滑块速度 mm/s	有效变形能/kJ	最大行程/mm	最小装模空间/mm	工作台面尺寸（前后×左右）/mm	主机功率/kW	主机质量/kg
J55-400	4000	5000	≥500	60	300	500	800×670	18	23000
J55-630	6300	8000	≥500	100	335	560	900×750	30	32000
J55-800	8000	10000	≥500	150	355	630	950×800	37	44000
J55-1000	10000	12500	500	220	375	670	1000×850	45	56000
J55-1250	12500	16000	500	300	400	760	1060×900	55	71000
J55-1600	16000	20000	500	420	425	800	1250×1000	90	110000
J55-2000	20000	25000	500	500	450	860	1200×1200	90	180000
J55-2500	25000	31500	500	750	500	960	1400×1400	132	250000
J55-3150	31500	40000	500	1000	500	950	1450×1450	132	290000
J55-4000	40000	50000	500	1250	530	1060	1600×1600	180	350000

13.2.3　电动螺旋压力机

随着轿车工业、国防工业的发展，对模锻件的精度要求越来越高。传统模锻设备，如模锻锤、热模锻压力机很难制作出精密模锻件，并且打击震动噪声大，能耗大。例如，采用

40MN 热模锻压力机锻造歼击机发动机叶片，锻件公差大于 1mm；采用电动螺旋压力机锻造，锻造公差小于 0.3mm。近年来，在电力电子技术进步的推动下，电动螺旋压力机的性能得到了很大提高，由于能严格控制飞轮的角速度，从而精确控制打击能量，加上这种设备的结构比摩擦压力机还要简单，发展很快，适用于精密模锻、镦粗、热挤、精整和切边等工艺。

直接用电动机转子代替飞轮，或者通过齿轮或带传动带动飞轮旋转，没有摩擦传动，具有最短的转动链和较高的效率。1933 年，苏联研制出电动机直驱的 2MN 试验机。由于当时电动机和控制技术的限制，无法解决电动机长期频繁正反转带来的发热问题，未能推广使用。1966 年，德国 Müller Weingarten 公司做了若干改进，开始生产电动螺旋压力机。进入 20 世纪 70 年代后，LASCO 公司和 Müller Weingarten 公司将变频技术应用于电动螺旋压力机，使电动机起动电流减小，发热降低，对电网的冲击得到控制；同时采用电磁制动，制动能量可以回馈，进一步减少了电能损失，这都为螺旋压力机向大型化、节能化铺平了道路。

目前，国外生产电动螺旋压力机的企业主要有 Müller Weingarten 公司、LASCO 公司和 ENOMOTO 公司，Müller Weingarten 公司生产 2.5～250MN 三个系列 29 种规格的产品，LASCO 公司生产 1.6～32MN 两个系列 13 个规格的产品，ENOMOTO 公司生产 2.30～10MN 三个规格的产品。

1. 直驱式电动螺旋压力机

国产直驱式 EP 型数控电动螺旋压力机的结构原理如图 13-10 所示。

直驱式电动螺旋压力机采用电动机直接传动，传动链短，所用的电动机是特制的，其工作原理为：电动机的转子与螺杆轴连为一体，采用专用低速大扭矩电动机，直接安装在主机顶部，定子壳体安装在制动支架上，驱动电动机正反转，直接带动飞轮正反向旋转，通过螺旋副实现滑块上下运动，以实现打击工件。其特点是传动环节少，但要设计低速、大转矩专用电动机，螺杆导套磨损后会导致电动机的气隙不均匀，影响电动机特性，电动机出现故障时维修比较困难。

2. 齿轮-机械传动式电动螺旋压力机

国产齿轮-机械传动式 EPC 型数控电动螺旋压力机的结构原理如图 13-11 所示。其工作原理为：大齿轮即飞轮，经摩擦超载打滑装置与螺杆连接，螺母安装在滑块内。电动机上的小齿轮带动大齿轮做正反方向旋转，从而使滑块上下运动。电动机用变频器驱动。滑块上装有位移检测装置，可以实时精确测量滑块位移，用于能量的精确控制。当滑块下行时，飞轮加速，当飞轮加速到预先设定的能量时，固定在滑块上的上模对锻件毛坯加压成形，随即电动机反转，带动滑块

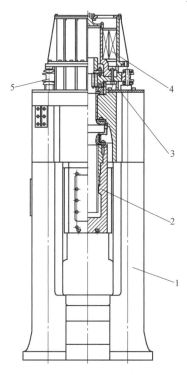

图 13-10　直驱式 EP 型数控
电动螺旋压力机结构原理
1—机架　2—滑块　3—飞轮
4—电动机　5—制动

回程。当回程到某一距离后，电动机断电，由飞轮储存的能量带动滑块继续上行。此时电动机由电动机状态转变为发电机状态，将飞轮储存的能量转变为电能，如果驱动单元配备有能量回收装置，这一部分电能可反馈到电网中，或者采用电阻消耗这部分能量。当滑块回程到上死点前，制动器制动飞轮，使滑块停止。从以上的工作原理可以看出，电动机只有在压制锻件时才工作，无空载损耗，所输出的能量主要用于加速飞轮和主机摩擦损耗，因而电动螺旋压力机的能耗低、效率高。此外，制动器是在飞轮即将停止时才工作，制动能量很小，一方面降低了能量消耗，另一方面可使制动器制动力矩大大减少。特点是专用电动机转速较高，转矩较小，可以设计少数几种规格的专用电动机系列，供不同吨位压力机使用，当电动机出现故障时，更换方便，维护简单；同时，螺杆导套磨损后不会影响电动机性能。

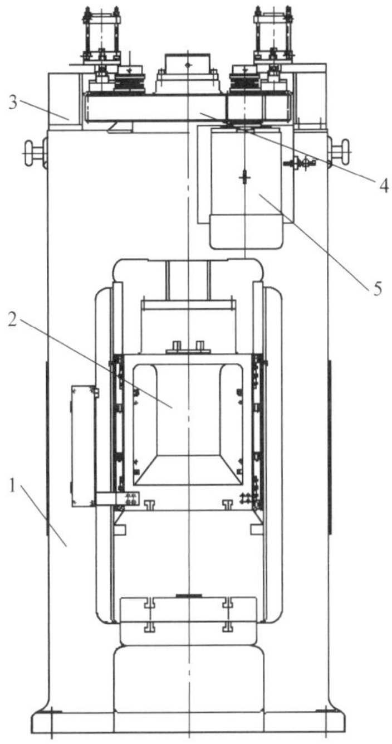

图 13-11　EPC 型数控电动螺旋压力机结构原理
1—机架　2—滑块　3—制动　4—飞轮　5—电动机

3. 电动螺旋压力机的主要技术参数

青岛青锻锻压机械有限公司生产的电动机直接传动式 EP 系列数控电动螺旋压力机的主要技术参数见表 13-9。

表 13-9　EP 系列数控电动螺旋压力机的主要技术参数

型号	公称力 /kN	许用力 /kN	运动部分能量 /kJ	滑块行程 /mm	行程次数 /min⁻¹	最小装模高度 /mm	工作台垫板厚度 /mm	工作台面尺寸（前后×左右）/mm
EP-400A	4000	6300	36/18	400	24	450	120	750×700
EP-500	5000	8000	50/25	425	22	530	120	750×700
EP-630	6300	10000	72/36	450	20	640	140	800×750
EP-800	8000	12500	100/50	475	19	700	160	900×800
EP-1000	10000	16000	140/70	500	18	770	180	1000×900
EP-1250	12500	20000	200/100	525	17	870	180	1100×1000
EP-1600	16000	25000	280/140	550	16	900	200	1200×1100
EP-2000	20000	32000	360/180	600	15	950	250	1350×1200
EP-2500	25000	40000	500/250	650	14	1010	280	1400×1250
EP-3150	31500	50000	700/350	700	13	1120	280	1500×1350

注：运动部分能量列中"/"前数值为模锻型压力机，"/"后数值为精压型压力机。

采用特殊设计的开关磁阻电动机控制生产的 EPC 系列数控电动螺旋压力机的主要技术参数见表 13-10。

表 13-10　EPC 系列数控电动螺旋压力机的主要技术参数

型　号	公称力 /kN	许用力 /kN	运动部分能量 /kJ	滑块行程 /mm	行程次数 /min⁻¹	最小装模高度 /mm	工作台垫板厚度 /mm	工作台面尺寸（前后×左右）/mm
EPC-400A	4000	6300	36/18	400	24	450	120	750×700
EPC-500	5000	8000	50/25	425	22	530	120	750×700
EPC-630A	6300	10000	72/36	450	20	640	140	800×750
EPC-800	8000	12500	100/50	475	19	700	160	900×800
EPC-1000A	10000	16000	140/70	500	18	770	180	1000×900
EPC-1250	12500	20000	200/100	525	17	870	180	1100×1000
EPC-1600A	16000	25000	280/140	550	16	900	200	1200×1100
EPC-2000	20000	32000	360/180	600	15	950	250	1350×1200
EPC-2500A	25000	40000	500/250	650	14	1010	280	1400×1250
EPC-3150	31500	50000	700/350	700	13	1120	280	1500×1350
EPC-4000A	40000	63000	1000/500	750	11	1200	300	1900×1600
EPC-5000	50000	80000	1120/560	800	9	1300	300	2000×1700
EPC-6300	63000	100000	1600/800	850	8	1380	320	2150×1800
EPC-8000	80000	125000	2280/1140	900	8	1480	320	2350×2000

注：运动部分能量列中"/"前数值为模锻型压力机，"/"后数值为精压型压力机。

13.3　今后主要研究与开发的内容

13.3.1　中大型螺杆的制造与润滑

在螺旋压力机中，中大型螺杆的制造是压力机制造的关键，特别是大导程、大直径和多头螺旋副螺杆的加工，其牙面的表面粗糙度直接影响铜螺母的使用寿命。在实际工作中，螺杆双向、交替承受拉伸、压缩、弯曲和扭转等多种力的联合作用，在设计时不仅要考虑其强度、刚度，还要考虑其疲劳寿命，而影响疲劳强度的一个重要因素就是加工质量问题，因为粗糙的加工痕迹极易形成应力集中而产生疲劳裂纹，从而导致螺杆疲劳断裂，所以在螺杆加工时，应充分润滑、降低热量，提高工作效率。根据螺杆的工作原理，螺杆螺纹的三个工作面均是滑动摩擦受力工作面，因此设计时要求螺杆螺纹面、牙底和牙顶都有要有良好的表面粗糙度，以减少与之配合的铜螺母和导向铜套的摩擦阻力及摩擦损伤。设备使用时，磨损铜末会严重污染润滑液，极易研伤牙面，需多次拆卸滑块修研螺旋副。以青岛青锻锻压机械有限公司为例，目前公司为提高牙面粗糙度，自制了一台抛光工具，此工具的轮体材料采用夹布胶木，轮体厚度、直径根据螺纹牙槽确定。该抛光轮由安装在车床刀架上的 1500r/min 的电动机带动，一次走刀可完成牙面及牙底的抛光，15min 可以完成一根螺杆的抛光。该抛光轮虽制造简单，但需根据不同的螺纹牙槽不停地设计，感觉不是很理想，需研发一种根据不同的螺纹牙槽自动调节和自动润滑的抛光设备，来满足要求。

13.3.2　适用于大中型电动螺旋压力机的电动机及其控制

为了平衡载荷，提高抗偏载能力，电动螺旋压力机普遍采用两台电动机驱动同一齿轮负载。电动螺旋压力机承受剧烈的冲击载荷，电动机总是处于带有大惯量负荷和频繁的正、反向起动状态，即处于转差率 $s = 1.0$ 到 $s = 0.1 \sim 0.2$ 的"起动-制动（停顿）-反向起动"的非稳态过程中，电流较大，转子产生热量多，除在顶部安装冷却风扇外，还要控制换向次数和转子的转动惯量。所以，一般来说，如何减小发热量，控制电动机温升，对于螺旋压力机的安全、稳定运行显得非常重要。同时，对于大吨位重型电动螺旋压力机，为了回收主机制动过程时的能量，一般要进行能量再生反馈，减少能耗。

电动机驱动方式是电动螺旋压力机的关键技术之一。目前有交流异步电动机变频驱动系统（Müller Weingarten 公司、Lasco 公司）、交流伺服电动机驱动（ENOMOTO 公司）和开关磁阻电动机驱动（我国厂商）等方案。通过对以上方案的比较和试验研究，得出以下看法：交流异步电动机变频驱动和交流伺服电动机驱动系统，在性能上没有显著的差别。世界上生产电动螺旋压力机数量最多、吨位最大的 Müller Weingarten 公司（已有 3000 多台）采用的变频驱动系统得到用户的好评和认可，而适于电动螺旋压力机的大功率交流伺服电动机，由于价格昂贵、我国没有生产等原因，在大吨位电动螺旋压力机上目前无法采用。目前，我国普遍采用的是变频开关磁阻电动机驱动，电动机结构简单，发热少。

13.3.3　大中型螺旋压力机高效节能的传动方式

电动螺旋压力机按电动机的传动特征曾出现过多种形式，但在工业上得到应用的主要有两种，即电动机直接传动方式和电动机机械传动方式。

1. 电动机直接传动方式

在电动机直接传动方式中，电动机的转子与螺杆轴连为一体。采用专用低速大扭矩电动机，直接安装在主机顶部，电动机转子为螺旋压力机飞轮的组成部分。Müller Weingarten 公司的 PA、PSM/PSH 系列电动螺旋压力机采用电动机直接传动方式，如图 13-12 所示。

这一方案的特点是传动环节少，但要设计低速、大扭矩专用电动机，螺杆导套磨损后会导致电动机的气隙不均匀，影响电动机特性，电动机出现故障时维修比较困难。

2. 电动机-机械传动方式

这种方式是电动机通过齿轮或带传动带动飞轮旋转。青岛青锻锻压机械有限公司的 EPC-8000 电动螺旋压力机采用这一方案，如图 13-13 所示。这一方案的特点是专用电动机转速较高，转矩较小，可以设计少数几种规格的专用电动机系列，供不同吨位压力机使用；当电动机出现故障时，更换方便，维护简单；同时，螺杆导套磨损后不会影响电动机性能。

电动机直接传动和电动机-机械传动的电动螺旋压力机各有特点，前者当电动机出现

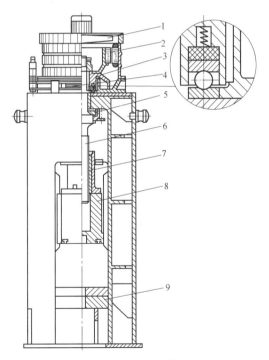

图 13-12　电动机直接传动方式

1—风机　2—电动机　3—飞轮　4—制动器　5—蹒块
6—主螺杆　7—主螺母　8—滑块　9—机身

图 13-13　电动机-机械传动方式

故障时，维护较为困难；后者可采用专门系列的电动机，电动机出现故障时，更换较为方便。

13.4　螺旋压力机的发展趋势

制造业在我国占有十分重要的地位，我国是制造大国，但不是制造强国，其中最为突出的问题是要解决装备制造业这一薄弱环节。我国装备制造业的产品无论是精度还是可靠性都满足不了日益增长的要求，发展装备制造业已成为国家主管部门的共识。

进入 21 世纪以来，随着汽车工业，特别是轿车工业的飞速发展，汽车零部件制造商在面临大量外资在我国采购，对质量要求越来越高的情况下，只有采用先进的设备和工艺才能满足这一要求。例如，汽车发动机连杆模锻件质量公差仅±4g；气门采用精密模锻成形后，只需磨削加工。在汽车零部件生产中，模锻件占有很大份额，必将带动精密模锻装备的需求。

汽车工业是传统工业与高新技术结合最为紧密、长期具有生命力的产业，是世界各经济发达国家经济增长的重要支柱。2001 年 10 月，世界汽车行业享有盛誉的罗兰·贝格国际管理咨询公司汽车工业研究中心，在发布的名为"入世后中国汽车行业十大预言"的调查报告中指出：外资零部件供应商将立足于全球市场，从战略上进一步界定其在中国的业务发展，中国将成为全球零部件工业的生产基地。

从世界汽车工业的发展可以看出，发展汽车工业必须以强大的制造装备为基础。20 世纪 20 年代初，美国为了发展汽车工业，购入各种机床的资金占机床制造业总产值的 70%。日本丰田、日产两家公司在 20 世纪 60—80 年代的几次大规模设备更新，都是得益于本国装备制造业的发展。如果把产品开发能力简单地分为产品的设计能力和产品的制造能力，那么，对于电子类产品的开发能力而言，主要取决于设计能力；而对于机械类产品，其开发能力则更依赖于产品的制造能力。目前，开发一个轿车产品需要 20 亿美元，其中大部分资金用于购买相应的技术装备，而在先进产品的开发中，还需要工艺和设备开发来支持。因此，提高汽车零部件的制造水平（主要是质量和精度）和提高设备的性能都是非常重要的。这也是提高自主开发能力和核心竞争力的重要组成部分。

随着产品结构的变化和产品质量的不断提高，还要面临环保和劳动成本上升的巨大压力，要想提高企业竞争力，必须采用先进的设备和工艺，这为国产设备的发展提供了新的契机。当前，用于精密模锻生产中的主要设备——螺旋压力机，在提高性能及可靠性方面取得了很大进步，将向重型化、智能化、数字伺服化方向发展。

13.4.1　重型化

随着我国高速铁路、船舶、电力和工程机械等行业的发展和国家国防安全的需要，特别是在发展航空航天产品及其他重大技术装备方面，对大型模锻设备的需求更为迫切。

锻件在航空工业领域应用广泛，主要用于制造飞机、发动机中承受交变载荷和集中载荷的关键零件和重要零件，如飞机机体中的框、梁、起落架及接头，发动机中的盘、轴、叶片及环等，所使用的金属材料主要是铝合金、钛合金、高温合金、超高强度合金结构钢和不锈钢等。航空大型整体模锻件的生产能力和技术水平是彰显国家综合实力的重要标志之一。除了我国将建造世界顶级吨位的 800MN 模锻液压机外，对于研发和生产大型、整体、优质、精密的航空模锻件，万吨级螺旋压力机具有较大的市场需求。青岛青锻锻压机械有限公司为此制造了我国首台压力为 160MN 的 EPC-8000 型数控电动螺旋压力机（见图 13-14）。

近年来列车不断提速，原来用铸造工艺成型的如火车钩尾框等大型关键零件，已不能满足安全性能的要求，应改为锻造工艺。青岛青锻锻压机械有限公司为此制造了国际首台公称力为 100MN 的 J53-10000 型摩擦压力机（见图 13-15）。

图 13-14　EPC-8000 型电动螺旋压力机　　　　图 13-15　J53-10000 型摩擦压力机

我国核电、风力发电等的装机容量不断提高，对大型叶片等锻件的需求也给重型螺旋压力机的发展提供了空间。2008 年，无锡透平叶片厂从德国进口了当今世界上打击力最大的螺旋压力机，就是瞄准核电特大叶片的生产需要。该机是 SMS-Mee 公司生产的 SPKA22400 压力机，是世界上最大规格的螺旋压力机，可产生 3.55 万吨的最大打击力。可将滑块成形速度调整到 0.25~0.5m/s，有利于成形特种钢、钛、镍基金属。这台压力机总重 2900 吨，其飞轮离合器重达 290 吨，设备总高 22m。该设备是目前世界上螺旋压力机技术的集大成者，是先进性能的代表（见图 13-16）。

重型螺旋压力机的研制和生产，对技术设计、大型铸件浇注、大件加工提出了更高的要求。

13.4.2　智能化

　　现代先进的锻压设备都有计算机控制。离合器式螺旋压力机和电动螺旋压力机采用计算机控制，将能量控制、打击力显示，润滑装置、顶料装置、上下料机构的控制和故障报警集成在一起。要进一步发展智能控制系统，使设备具有自动监控运行状态、自动判断故障、自动调整工艺参数及实时锻件测量等功能，降低故障率和故障分析难度。这对于提高锻件质量，降低废品率，减少人工成本，降低劳动强度具有非常重大的实际意义。

图 13-16　SPKA22400 型螺旋压力机

13.4.3　数字伺服化

　　20 世纪 90 年代以来，国外装备在传动技术上的一个突出趋势是，发展大功率电动机驱动的新型重载数字伺服传动技术，代替目前广泛应用的液压伺服传动和传统机械传动。可以克服液压伺服传动中对油液的清洁度要求很高、液压系统安装调试工作量大、故障率高等缺点，还可以获得传统机械传动无可比拟的速度可调的优越特性。机械装备采用新型重载数字伺服传动技术后，提升了装备的技术性能和可靠性，大大降低了安装、调试和维修的技术要求及工作量，进一步适应和满足了生产工艺的需要，受到用户的普遍欢迎。新型重载数字伺服传动技术被认为是传动技术在 21 世纪的重要发展方向。电动螺旋压力机的发展符合了这一主流趋势。

　　虽然电动螺旋压力机比摩擦压力机的一次性设备投资要大，但综合考虑人工成本、能耗、维护和产品质量等因素，从长期发展和国外发展趋势来看，电动螺旋压力机取代摩擦压力机是必然趋势。

第 14 章 CHAPTER 14
径向锻机

西安交通大学　赵升吨　李靖祥　张超

14.1　径向锻机的工作原理、特点及主要应用领域

径向锻造技术适用于轴、管类零件的制坯和成形，在加工复杂内、外形时具有显著的优越性，解决了该类零件切削加工难、生产率低、易形成加工缺陷及组织性能差等问题。

径向锻造在汽车产业的需求下诞生于奥地利，起初的应用范围仅限于减小轴、管件的直径，进行拉延。后来随着工艺要求的提高以及高性能径向锻机的研制，径向锻造逐渐成为一种应用广泛的经济加工工艺，在航空航天、船舶、武器和医疗设备等行业被广泛应用。例如，通用、宝马、大众等汽车生产商，均已经开始选用径向锻造生产的空心轴来代替实心轴。此外，军用枪炮管、航空高压管道、特种医疗器械等产品也已采用径向锻造技术生产。

随着轻量化设计概念的发展，汽车、航空航天等产业要求轴、管类零部件具有更好的内部组织，同时减少切削加工量实现近净成形。切削工艺在生产台阶轴、内花键轴等具有复杂内外形的轴、管零件时效率低、耗材多，易产生加工缺陷，而传统的锻造方法受锻造工具和尺寸控制系统精度的限制，锻件的尺寸偏差较大，如 GB/T 908—2008 中对直径为 240~260mm 轴的锻件尺寸偏差规定为+8.0/−3.0mm。基于自由锻的径向锻造技术，生产同类型锻件的尺寸偏差可降低到±2.0mm，极大地提高了材料利用率。此外，径向锻造采用小进给高频锻打，可有效减少组织缺陷，降低成形力和能耗，提高锻造速度，获得内部组织良好、表面品质优良的锻件。

径向锻机作为实现径向锻造工艺的专用设备，是一种机电液一体的现代化锻造设备，具有锻造速度快、控制精度高以及节能、节材等特点，是衡量国家装备制造水平和能力的重要标志之一。随着我国汽车、有色冶金、航空航天、高铁、船舶、风电及军工等行业的快速发展，长轴类锻件，特别是新材料、特殊材料的长轴类锻件需求随之增长，要求锻造设备能力向精密化、高端化方向发展。我国近几年已进口了多台大型径向锻机机组，但仍无法适应快速发展的新材料、新工艺加工需求。目前，奥地利的 GFM 公司和德国的 SMS 公司生产的径向锻机几乎占领了全部的国际市场，这种进口设备价格昂贵、核心技术保密，而径向锻机机组的研制在我国尚属空白。因此，研制具有自主知识产权的径向锻机机组产品，替代进口、满足国内需求是我国锻造装备行业迫切需要解决的问题。

14.1.1　径向锻机的工作原理

德国标准 DIN 将径向锻造工艺表述为"一种减小金属棒料或管料的截面直径的自由成形方法，它以多个锤头环绕于要减小的截面，在坯料进给的同时进行径向的下压进给"。其原理如图 14-1 所示。

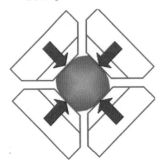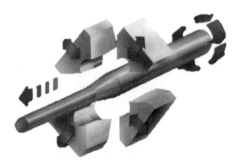

图 14-1　径向锻造工艺的原理

　　径向锻造成形是由四个基本运动配合进行的：①多锤头（一般为四个）均布在坯料截面上，沿坯料的径向往复运动，进行同步打击，使坯料产生塑性变形；②打击间隙，坯料在机械手夹持下，绕自身轴线旋转；③机械手旋转的同时，做轴向进给运动；④在锻造台阶轴、锥形轴和特殊管件时，锤头做径向进给运动，以改变锤头的闭合直径。以上运动配合，使坯料在多头螺旋式延伸变形情况下拔长变细，并获得良好的锻造组织。通过对锤头运动和坯料运动的精确控制，可实现高速连续锻打。

14.1.2 径向锻造的特点

　　径向锻造工艺具有以下特点：

　　1）高频率、小变形量锻造，变形阻力小。与传统压力机锻造相比，具有独特的运动方式，可使坯料发生多头螺旋式延伸变形，并获得良好的锻造组织，如图 14-2 所示。锻造后材料组织显著细化。

 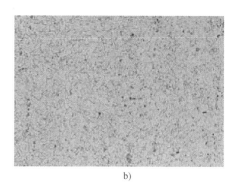

a)　　　　　　　　　　　　　　　　b)

图 14-2　径向锻造前后组织变化

a）锻造前　b）锻造后

　　2）四锤头同步锻打，锻造力相互抵消，振动小；材料逐渐变形，与锤头接触面积大，易锻透。图 14-3 所示为径向锻造与滚轧成形在材料锻透性上的对比。由图可知，径向锻造相比于滚打、滚轧等塑性变形手段，接触面积大，变形区域长，更有利于材料心部锻透。

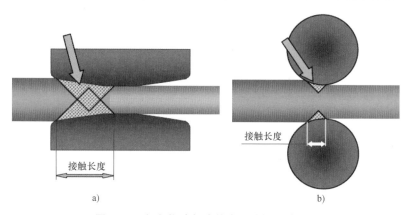

a)　　　　　　　　　　　　　　　　b)

图 14-3　径向锻造与滚轧成形的锻透性对比

a）径向锻造　b）滚轧成型

　　3）锻造组织具有清晰的流线，表面缺陷明显少于切削。锻造组织处于多向压应力状态，利于提高工件性能；多锤头锻造能锻合材料内部缺陷，并有效避免内部裂纹的产生。

4）径向锻造工件的性能明显优于切削加工，其强度、表面硬度可提高 20% 以上；等体积近净成形，节约材料，节约成本，生产率高。

5）采用温成形制坯与冷成形精密锻造结合，锻制工件的精度可达到精车等级，见表14-1。

表 14-1　径向精密锻造（冷锻）棒、管及内螺旋线尺寸偏差

（进给速度 100mm/min，如速度减半，偏差也减半）

外（内）径/mm	25	50	75	100
尺寸偏差/mm	±0.04	±0.08	±0.12	±0.15

14.1.3　径向锻机的主要应用领域

径向锻造工艺应用范围较广，通过径向锻造可获得不同形状的轴类和管类零件。

1）中大直径长回转体台阶轴、锥形轴，如机床、汽车、飞机、坦克、石油钻挺杆、列车车轴，以及其他机械上的实心轴和锥形轴（见图14-4）。世界上已有的径向锻造机可锻最大直径为 2300mm、长度超过 10m 的坯料。随着中小型径向锻机冷锻、精密锻造工艺的发展，目前径向锻机在小直径轴的锻造上取得了长足进步，已经可以制造直径小至 20mm、长度小于 100mm 的轴类零件。

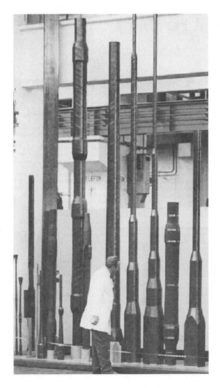

图 14-4　径向锻造生产的典型中大直径长回转体台阶轴

2）薄壁管形件的缩口、颈缩（见图14-5）。如各种汽车桥管、各种高压储气瓶、炮弹和无缝管轧机穿孔水冷顶头的缩口，以及航空用球形储气罐和火箭用喷管的颈缩等。

图 14-5　径向锻造生产的缩口、颈缩薄壁管件

3）带有特定形状的内孔。如带有来复线的枪管、炮管和深螺母、内花键等（见图14-6）。

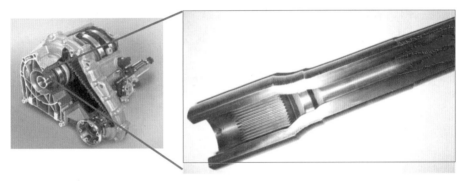

图 14-6　径向锻造生产的差速器输入轴

4）异形型材。如矩形、六边形、八边形和十二边形等多边形棒材和内六方管、三棱刺刀等各种截面形状零件（见图 14-7）。

径向锻造工艺不仅可锻一般碳素钢、合金钢、工具钢、铜合金、铝合金和镁合金，尤为适用于对低塑性、高强度的难熔金属，如钨、钼、铌、锆、钛及其高合金、特殊钢的开坯和锻造。径向锻造工艺可以以钢锭为原料，将其锻成圆棒、方棒、矩形棒和各种形状的轴，也可以锻造塑性很差的白口铸铁、粉末烧结锭和半固态成形出的坯料等。径向锻造工艺既可热锻，也可以进行温锻和冷锻，达到少或无切削加工。

图 14-7　径向锻造生产的矩形型材

14.2　径向锻机的主要结构

径向锻机于 1946 年出现于奥地利，迄今已有 70 多年的历史。代表径向锻机世界领先水平的有奥地利 GFM 和德国 SMS MEER 等公司，美国和俄罗斯也可生产部分型号的径向锻机

机组，目前最大的径向锻机可生产外径大于 2m 的锻件。我国从 20 世纪 70 年代开始研制径向锻机，取得了一定进展，目前已经有自主研发的径向锻机样机投入调试。

主流的径向锻机按结构类型可分为机械驱动式径向锻机、液压驱动式径向锻机、液力混合驱动式径向锻机和普通压力机改造的径向锻机，不断满足着用户对机床高速度、高效率、低耗能及低噪声的要求。

14.2.1 液压驱动式径向锻机

德国 SMS MEER 公司生产的 SMX 系列径向锻机是一种典型的液压驱动式径向锻机，如图 14-8 所示。其主要产品的型号及参数见表 14-2。该系列锻机的锻模直接连接在液压驱动的执行部件上，锻造力和锻造速率可根据工件的尺寸、形状和材料的不同而单独设定，并能被很好地控制。液压传动的增力效果可使得锻机有较大的锻打力，满足大变形锻打的需要。

图 14-8　德国 SMS MEER 公司的 SMX 系列液压驱动式径向锻机

表 14-2　SMX 系列液压驱动式径向锻机的型号及参数

型号	SMX 200	SMX 350	SMX 500	SMX 700	SMX 800	SMX 1000	SMX 1200
可锻毛坯最大外径/mm	200	350	500	700	800	1000	1200
可锻毛坯最小外径/mm	40	60	70	80	100	120	120
锻件最大长度/m	6	10	12	12~14	12~16	12~18	12~20
锻件最大质量/t	1.0	1.4	3.5	6	6~8	8~10	8~10
单个锤头打击力/MN	3	4~6	13	13~15	16~18	20	22
单个锤头行程调节距离/mm	85	120	180	220	280	350	400
锻造次数/min^{-1}	300	260	240	240	220	200	180

该系列锻机的结构如图 14-9 所示。在机架上沿轴向均布着四组锻造单元，每组锻造单元内设置一组液压缸，缸筒与活塞将液压缸分割为高压腔、出油腔和回压腔三部分，锻模直接连接在活塞端部，液压缸顶部安装有伺服先导阀，用以控制锻模的运动状态。液压缸的缸筒上设有三条管道，分别联通三个腔，其中高压油（35MPa）通过进口压力管道进入高压腔，连接出油腔的出油管道用于回油，回压管道既可以通过低压油（4MPa），也可以回油，三条管道配合伺服先导阀即可实现单个锤头的完整锻造过程，其原理如图 14-10 所示。

单个锤头锻造过程可分为三种状态：

1）初始状态。图 14-10a 所示为单个锤头锻造过程中的初始位置。伺服先导阀处于断开状态，即未扦插入活塞上流道孔内，而活塞上流道与回油腔之间形成一个小面积通道。此时高压油从进口压力管道进入液压缸后，经活塞内流道通过出油管道流出，这个过程中两侧产生的压差由回压管道内通入的低压油抵消，系统处于平衡状态，锤头位置固定不变。

2）锻造行程。图 14-10b 所示为单个锤头锻造过程中的锻造行程。伺服先导阀闭合，扦插在活塞内堵塞活塞内部流道，高压油从进口压力管道进入液压缸，后驱动活塞运动，从而实现锻模的锻造。在此过程中，克服低压油产生的阻力，回压油腔内流体经回压管道流出。

3）退回行程。图 14-10c 所示为单个锤头锻造过程中的退回行程。伺服先导阀再次断开，活塞内流道将高压腔和出油腔连通，高压油直接流出液压缸，此时回压腔内的低压油驱动活塞反向退回至初始位置，准备进行下一次锻造。

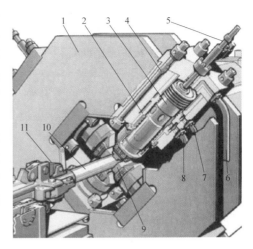

图 14-9　SMX 系列液压驱动式径向锻机的结构

1—机架　2—液压缸外套　3—活塞　4—连
接杆　5—伺服先导阀　6—进口压力管道
7—回压管道　8—出油管道　9—锻模
10—工件　11—机械手

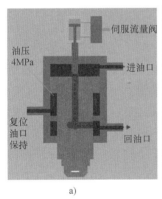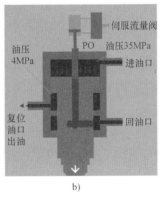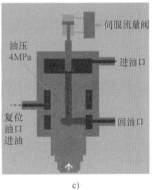

图 14-10　液压驱动式径向锻机单个锤头的控制原理

a）初始位置　b）锻造行程　c）退回行程

通过对伺服先导阀的精确控制，使其在断开和闭合状态间高速切换，即可实现高速锻打。液压驱动式径向锻机通过这种特殊的液压控制系统，可获得比普通液压机快得多的锻造速度和打击频次，而液压驱动自身的特性使该设备可根据锻件的尺寸和材料，灵活设置每道次的锤头压下量、负载大小、锻造速度和打击力。这一特点对锻造材料变形抗力大、热导率小的高合金工模具钢、高温合金、钛合金等材料是非常有利的。此类零件在变形时热效应显著，温升现象比较明显，极易出现锻造过热。在锭坯初锻时，坯料表面散热温降小，此时使用低的变形速度和打击频次可防止温升过快。随着坯料断面的减小，长度增加，表面温降变快，可采用较快变形速度和打击频次增加变形热，防止料温偏低。在精密锻造道次采用小的压下量和高的锻打速度，还有利于提高表面质量。因此，采用液压驱动式径向锻机时，可通过对速度和压下量的严格控制，使工件在变形过程中保持相对稳定的温度，从而获得最佳的组织和性能。

与运动曲线固定的机械驱动式径向锻机相比，液压驱动式径向锻机可灵活设定锤头的运动曲线，且在接触工件的整个行程中保持较大的锻造力。此外，液压驱动具有缓冲和能量储存的特点，在变形完成后可实现静压保压作用。典型的液压驱动式径向锻机的锤头运动曲线如图14-11所示。由图可知，液压驱动式径向锻机的压下量和锻打循环时间是可以在大范围内进行调控，对变形工艺参数有更大、更灵活的调整余地，这一点对提高锻件的锻透性是极其有利的。

以上特点是液压驱动式径向锻机所特有的，机械驱动式径向锻机由于其传动形式的不同很难实现，但需要指出的是，当液压驱动式径向锻机的锻打压下量、回程高度和负载越大时，锻造速度和打击频次

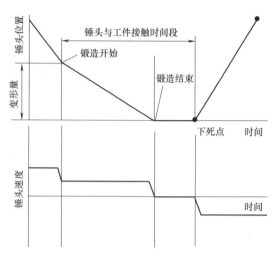

图 14-11　液压驱动式径向锻机的锤头运动曲线

越低，锻造初坯和连续生产的效率低于机械驱动式径向锻机。此外，由于液压油的可压缩性和液压系统本身的特性，工件的最终精度相对较低。为提高精度，液压驱动式径向锻机往往在锻造的最后增加表面精密锻造道次，延长了生产的时间，增加了成本。

14.2.2　机械驱动式径向锻机

GFM 公司生产的 SX 系列径向锻机是一种典型的机械驱动式径向锻机，如图 14-12 所

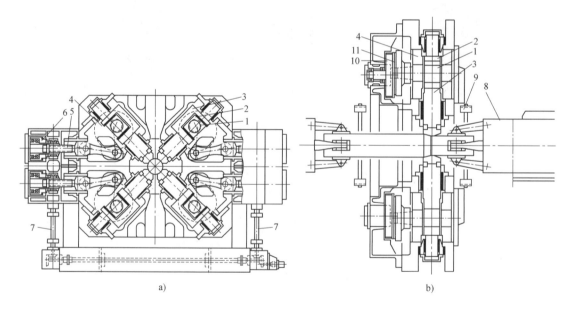

a)　　　　　　　　　　　　　　　b)

图 14-12　GFM 公司的 SX 系列机械驱动式径向锻机

a）横截面图　b）长轴向截面图

1—曲柄　2—滑块　3—连杆　4—调节套　5—调节螺杆　6—过载保护　7—位置调节轴

8—夹头　9—定心工具　10—离合器　11—离合器片

示。其主要产品的型号及参数见表 14-3。它拥有四组典型曲柄滑块机构，曲柄通过转动驱动滑块和连杆运动，将曲柄的旋转运动转化为锤头的往复运动进行锻造；调节电动机通过位置调节轴调节蜗轮蜗杆机构，驱使调节螺杆旋转，通过调节套改变锤头闭合直径。调节套和齿轮箱间设有离合器，离合器结合时，一个或多个电动机通过一系列传动齿轮，可控制锤头同步锻打；离合器松开时，进行锤头闭合直径的调节。

表 14-3　SX 系列机械驱动式径向锻机的型号及参数

型号	SX02	SX06	SX10	SX13	SX16	SX25	SX32	SX40	SX55	SX65	SX85
可锻毛坯最大尺寸/mm	φ20/	φ60/□50	φ100/□90	φ130/□115	φ160/□140	φ250/□220	φ320/□290	φ400/□380	φ550/□480	φ650/□570	φ850/□750
可锻毛坯最小尺寸/mm			φ20/□25	φ25/□30	φ30/□40	φ50/□55	φ60/□65	φ70/□80	φ80/□90	φ100/□110	φ120/□130
矩形锻材　最大宽度/mm			80	100	120	180	240	300	360	420	510
矩形锻材　最大高度/mm			16	20	20	30	40	50	60	70	85
矩形锻材　最大边长比			1:5	1:5	1:6	1:6	1:6	1:6	1:6	1:6	1:6
锻件最大质量/t			0.18	0.3	0.5	1.2	2	3	5.5	8	20
原料为最大尺寸、压缩比为4:1时的生产率/(t/h)				1.2	1.8	4.4	7.1	13	22	30	40
锻件最大长度/mm			5000	6000	8000	10000	10000	12000	12000	12000	18000
单个锤头最大打击力/kN	150	800	1250	1600	2000	3400	5000	9000	12000	16000	30000
打击次数/min⁻¹	2000	1200	900	620	580	390	310	270	200	175	143
直径调节范围/mm	15	35	60	90	120	190	210	280	330	380	400
锻造用电动机最大功率/kW	15	45	132	160	200	320	500	1000	1260	1600	3500
设备安装总功率/kW	30	83	180	300	360	580	850	1600	2300	3000	6000

SX 系列径向锻机采用整体机械式驱动，锻机的锻打速度和锻件的公差水平高于液压驱动式径向锻机。但该系列径向锻机的调节机构体积较大，传动零件较多，使得其使用寿命缩短，噪声增大，当制造大吨位径向锻机时成本较高。

随着材料科学的进步和人们对径向锻造精度的要求日益提高，GFM 公司相继推出了SKK 系列机械驱动式径向精锻机和 RF 系列液力驱动式径向锻机（将在 14.2.3 节中介绍），作为 SX 系列径向锻机的替代产品。SKK 系列径向锻机的典型结构如图 14-13 所示。其主要产品的型号及参数见表 14-4。该系列径向锻机特别适于小吨位冷锻、精密锻造，也可用于温锻、热锻。

SKK 系列径向锻机也采用四组典型曲柄滑块机构，当曲轴转动时，其偏心部分带动滑块运动，滑块与装模高度调节机构中的螺母间设有耐摩擦材料，滑块可以在与螺母相对滑动过程中推动其运动，实现锻打。行程调节机构的螺母与锻锤一端的螺纹段配合，螺母外侧设有蜗杆副，伺服电动机驱动蜗杆旋转即可带动螺母旋转，进而实现锻模高度的调节。为保证传动的有效性，锻锤上设有液压驱动的推回系统，使螺母与滑块始终保持接触。需注意的是，推回液压缸的力的大小应适中，过小，则无法克服锻锤自重，难以保证传动有效；过

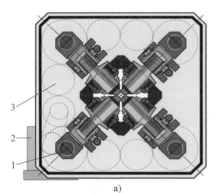
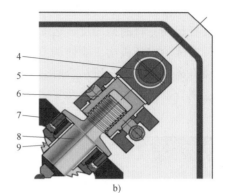

图 14-13　GFM 公司的 SKK 系列机械驱动式径向锻机的典型结构

a）径向锻机整机原理图　b）单个锤头结构放大图

1—曲轴　2—驱动电动机　3—传动齿轮　4—曲轴　5—滑块　6—装模高度调节　7—推回系统　8—锻锤　9—密封圈

表 14-4　SKK 系列机械驱动式径向锻机的型号及参数

型号	SKK06	SKK10	SKK14	SKK17	SKK19	SKK21	SKK27
热锻毛坯最大尺寸/mm	60	100	140	170	190	210	270
冷锻毛坯最大尺寸/mm	35	55	70	80	95	110	120
热锻毛坯最小尺寸/mm	16	35	40	45	40	40	50
单个锤头最大打击力/kN	800	1250	2000	2800	4000	6000	4000
打击次数/min^{-1}	1600	1200	800	600	500	400	400
直径调节范围/mm	60	60	100	120	150	175	190
输入功率/kW	75	132	200	350	315	500	600

大，则曲轴需耗费较多扭矩来克服液压缸阻力，造成过多的能量损耗，降低系统效率。为实现四组锤头的同步锻打，径向锻机上设有齿轮箱，主驱动电动机通过一系列传动齿轮，可控制锤头使其实现同步锻打。

SKK 系列径向锻机的传动机构简单，控制精确，冷锻、精密锻造精度可达到车床水平，在汽车、航天、船舶及高速列车等领域的动力轴、传动轴和高压管道中应用广泛。图 14-14

图 14-14　采用 SKK 机械驱动式径向锻机冷锻生产的典型锻件

a）动力转向零件　b）内花键传动轴　c）高压气体管道

所示为采用 SKK 系列机械驱动式径向锻机冷锻生产的典型锻件。

SKK 系列径向锻机采用螺纹副进行行程调节,由于螺纹承载力有限、易磨损且加工成本高,因此该系列径向锻机目前仍无法制造大吨位机型。

14.2.3 液力混合驱动式径向锻机

GFM 公司的 RF 系列液力混合驱动式径向锻机,解决了 SKK 系列机械驱动式径向锻机采用螺纹副进行行程调节、中大吨位制造困难的问题,适用于较大直径、较大吨位毛坯的热锻、温锻,也可用于中等直径轴类件的冷锻、精密锻造,该系列径向锻机是 SX 系列机械驱动式径向锻机在中大吨位范围内的主要替代产品。RF 系列液力混合驱动式径向锻机的典型结构如图 14-15 所示。其主要产品的型号及参数见表 14-5。该机型的四个曲柄均布在锻造箱上,齿轮箱固定在锻造箱上,电动机通过齿轮同步驱动曲柄并控制各锤头同步。液力混合驱动式径向锻机的一个主要特点是锻锤通过液压垫连接在曲柄上,行程调节由伺服阀控制,使得行程进给量、进给速度的控制及锻造力测量十分精确,该设计结构紧凑,还提供了可靠的过载

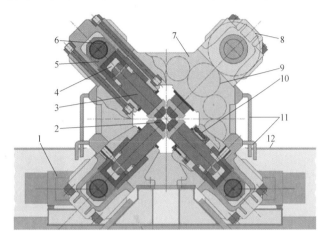

图 14-15 GFM 公司的 RF 系列液力混合驱动式径向锻机的典型结构

1—驱动电机 2—锻模 3—锻锤 4—液压垫 5—滑块 6—曲柄 7—锻造箱 8—飞轮 9—齿轮 10—推回杆 11—油管 12—地面

保护,减小了曲柄受到的冲击载荷。液力混合驱动式径向锻机与液压驱动式径向锻机相比,只需要很小的锻压缸,不影响锻件精度,而其锻打速度可媲美机械驱动式。

表 14-5 RF 系列液力混合驱动式径向锻机的型号及参数

型号	RF35	RF45	RF60	RF70	RF100
可锻毛坯最大尺寸/mm	350	450	600	700	1000
可锻毛坯最小尺寸/mm	60	80	100	120	140
单个锤头最大打击力/MN	7	11	13	16	20
打击次数/min⁻¹	340	260	240	240	200
直径调节范围/mm	250	300	360	400	460
输入功率/kW	1000	1700	2000	2500	2700

机械驱动式和液力混合驱动式径向锻机也存在显著的局限:

1)运动特性单一。在锻造过程中,为提高锻透性,不同材料需采用不同的锻造速度和公称力,曲柄传动式锻机运动曲线固定,保压时间短,锻造冲击大,柔性低。

2)锻打速度依赖于电动机转速。传统设计是在曲轴单个转动周期中,仅能实现一次锻打。要实现高速锻打,需要电动机在扭矩足够的情况下转速尽可能的高,这对电动机的性能要求很高,生产率也很难提高。

3）传动环节较多，使得机器传动可靠性降低，额外能耗较高。

14.2.4 普通压力机改造的径向锻机

近年来，径向锻机的最大加工能力已有了大幅提升，但工业界依然需要能锻造更大、更长的实心或空心锻件的径向锻机。从以上驱动方式的径向锻机来看，设计制造同类型更大吨位锻机的制造成本往往是一般压力机的数倍甚至更高。因此，在 20 世纪中叶，人们就尝试将普通的自由模锻压力机改造为径向四模锻压力机，但直到不久前，其商业化的改造方法才由俄罗斯重型锻压机械股份公司（Tyazh-pressmash）实现，如图 14-16 所示。目前已有 PKY 系列锻压机问世，最大公称力达到 125MN，可锻造 2.3m 的轴、管件，其主要产品的型号及参数见表 14-6。

图 14-16 所示设备的上模和下模分别固定在压力机的上、下砧板上，上砧板直接连接在液压缸上，下砧板即为压力机的工作平台，上模和下模共同构成的斜锲驱动侧模 2、4 同步横向运动，从而将通用压力机改装成为径向锻机。自由锻压力机改造的四锤头径向锻机成本低，操作简单，可靠性高，锻压力和锻压速度控制灵活，但受限于自身结构，其锻打速度较低，由于锻模的装模高度无法单独调节，该锻机也无法锻造复杂外形的工件。

图 14-16 Tyazh-pressmash 公司的
PKY 系列径向锻机
1—上砧座 2—上模 3—侧模 4—下模 5—下砧座

表 14-6 PKY 系列径向锻机的型号及参数

型号	PKY 39	PKY 40	PKY 41	PKY 42	PKY 43	PKY 45	PKY 46	PKY 48	PKY 49	PKY 50	PKY 51	PKY 52
可锻毛坯最大尺寸/mm	450	520	600	800	950	1300	1450	1550	1650	1800	2000	2300
可锻毛坯最小尺寸/mm	80	100	120	150	180	250	300	320	340	360	380	400
上模工程压力(压力机工程压力)/MN	8	10	12.5	16	20	31.5	40	50	60	80	100	125

14.3 今后主要研究与开发的内容

上述类型的径向锻机具有各自显著的特点，能基本满足当前轴、管类零件的生产需求，但是随着用户对机床高速度、高效率、低耗能及低噪声的要求逐渐提高，径向锻机正在向伺服直驱化、柔性化方向发展，以径向锻造为基础的镦锻复合成形工艺、锻造滚轧复合成形工艺也成为研究的热点。

14.3.1　新型传动方式的研究

GFM 公司的最新专利中提出了图 14-17 所示的伺服直驱摆动驱动式径向锻机。其电动机直接驱动径向锻机的曲柄，带动摆动架往复摆动，进而带动连杆摆动。在摆动过程中，连杆和锻锤经过死点位置，可使锻造力增加；曲柄在转动一周的过程中可以使连杆两次经过死点位置，从而实现了锻打速度的成倍提高；将一系列齿轮改变为整体架，减少了传递环节和额外能耗，增加了设备可靠性；还可设置液压垫进行锻锤下死点调节，实现柔性生产。此外，摆动驱动机构所驱动的锻模在接近下死点时速度台阶明显，保压特性明显优于传统曲柄滑块机构，传动机构的动力学特性更适用径向锻机。

图 14-18 所示为一种由西安交通大学研究的摆动驱动式径向锻机，该机型采用一种"交流伺服电动机→减速器→串联式双曲柄连杆→四个锻造滑块"的新型主传动方式。通过合理设计，串联式双曲柄连杆机构将同时经过死点位置，使得锻造力大大增加，而将一系列齿轮改变为整体架，减少了传递环节，减少了设备总质量，降低了额外能耗。该驱动方式具有传动链短、锻造滑块同步性好、传动效率高、保压时间长、结构简单及维修方便等特点。新型径向锻机的四个锻造滑块的装模高度独立可调，调节装置为串联式布置于锻造滑块中的液压缸。该装置能缓冲锻造过程中的冲击，具有很好的过载保护功能，从而减小噪声，并能延长设备的使用寿命，但由于传动部件的杆系较多，如何提高系统刚度，保证设备强度和传动精度仍需深入研究。

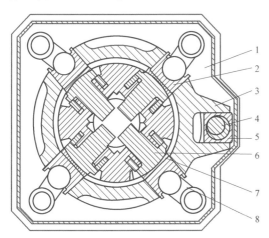

图 14-17　伺服直驱摆动驱动式径向锻机　　　　　　　图 14-18　摆动驱动式径向锻机

1—机架　2—连杆滑块　3—摆动架　4—曲柄　5—滑块
6—锻锤　7—滑动轴承　8—连杆

为深入探讨摆动驱动机构的运动特性，本文结合曲柄滑块式传动机构，采用 ADAMS2010 对经典曲柄滑块机构、曲柄肘杆机构和串联式双曲柄机构等三种运动进行了建模。以 80mm 行程压力机为例，三种机构滑块位移与曲柄角度的关系曲线如图 14-19 所示。

图中横坐标为时间/s，纵坐标为锻模高度/mm，曲柄转速均为 10°/s，模拟时间为 36s，锻模从下死点（图中纵坐标-600 处）开始运动。为便于比较，图中所示摆动传动机构的曲柄在旋转一周过程中，连杆只经过一次下死点，即锻模只有一个冲程。由图 14-19 可知，肘杆机构和串联式双曲柄滑块机构所驱动的锻模在接近下死点时速度台阶明显，保压特性明显

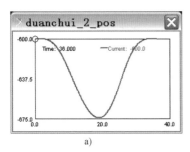 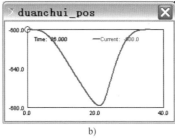 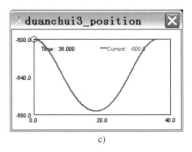

a)　　　　　　　　　　　　b)　　　　　　　　　　　　c)

图 14-19　三种机构滑块位移与曲柄角度的关系曲线

a）肘杆机构　b）串联式双曲柄滑块机构　c）经典曲柄滑块机构

优于经典曲柄滑块机构。将前两种机构在下死点附近的"停顿"区域放大，可得到图 14-20
所示的对比图。

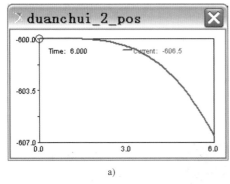 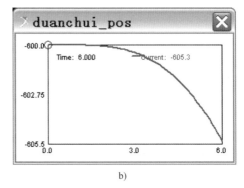

a)　　　　　　　　　　　　b)

图 14-20　两种机构滑块近下死点处的位移-时间曲线

a）肘杆机构　b）串联式双曲柄滑块机构

从图 14-20 中可以看出，当曲柄转过的角度一定时，串联式双曲柄滑块机构的滑块位移
略小于肘杆机构，即滑块在最低点停留的时间较长，因此在实际的径向锻造过程中，串联式
双曲柄滑块机构有更长的"保压"时间。图 14-21 还给出了两种机构在下死点处滑块速度随
曲柄角度的变化规律，从图 14-21 中可以看出，串联式双曲柄滑块机构在滑块最低点附近的
速度变化也较肘杆机构小。因此，串联式双曲柄滑块机构具有可媲美肘杆机构的显著"保

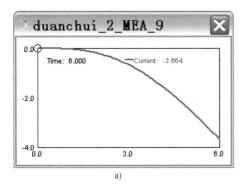 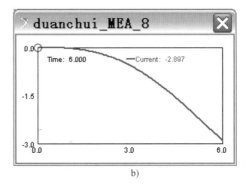

a)　　　　　　　　　　　　b)

图 14-21　两种机构近下死点处的速度-曲柄角度关系曲线

a）肘杆机构　b）串联式双曲柄滑块机构

压"特性。综合上述分析,以串联式双曲柄滑块机构为代表的摆动式驱动机构,其动力学特性将会成为径向精锻机研究的要点。

14.3.2　高速液压技术与径向锻机的结合

图 14-22 所示为一种交流伺服电动机驱动的机械行程调节的液压式径向锻机,与传统的径向锻机相比,该机具有以下突出优势。

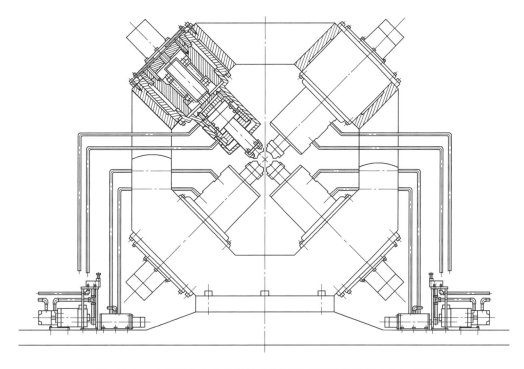

图 14-22　交流伺服电动机驱动的机械行程调节的液压式径向锻机

1) 系统可控性与柔性较强。该机采用伺服电动机经行星齿轮系和行星滚柱丝杠副两级减速增力机构调节锻模位置,精度高、位置控制精确。采用油泵伺服电动机控制进油量、转阀伺服电动机控制活塞杆两侧油腔通断时间的方式,可实现锻造速度、锻造距离、锻造频率和锻造曲线的灵活设计和控制,具有极高的柔性,可适应各类材料冷、热锻造的要求。

2) 系统承载力高、可靠性强、精度高。采用液压方式进行锻造,锻造力大,锻造平稳。行星滚柱丝杠具有优于普通丝杠 2~3 倍的承载力,可有效增加系统承载力。在液压油路中增加溢流阀,可使得系统过载时液压油自动流回油箱,形成有效的过载保护,可靠性高。区别于传统液压驱动式径向锻机,该机只采用液压缸实现锻造,不再同时实现行程调节,液压缸总行程约为最大可锻直径的 20%~30%,因此液压缸体较小,液压油压缩造成的精度误差仅为传统式径向锻机的 20%~30%,可有效提高锻造的最终精度,媲美机械驱动式径向锻机。

14.3.3　伺服直驱技术在径向锻机中的应用

近年来,随着电动机调速和伺服控制技术的飞速发展,以及直接驱动技术在机床技术当中的广泛应用,采用伺服电动机驱动主传动系统的数控伺服压力机,具有冲压速度高、节能、低噪声、无液压油及环保等优点,已成为径向锻机的技术发展重点。

近年来经过国内外的研究和发展，伺服电动机直接驱动式主传动机构的形式主要有以下几种：一是在传统机械式主传动的基础上，将伺服电动机直接与曲轴相连，省去飞轮、离合器与制动器；二是伺服电动机通过丝杠传动副与曲柄肘杆机构相连；三是单伺服电动机滑枕驱动方式；四是双伺服电动机直接驱动双头丝杠螺母机构。

图 14-23 所示为双伺服电动机直接与曲柄连杆相连的锻造机构。将两台伺服电动机分别

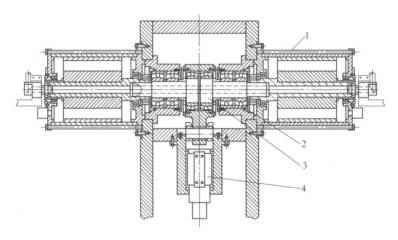

图 14-23　双伺服电动机直接与曲柄连杆相连的锻造机构
1—伺服电动机　2—轴承　3—曲柄　4—滑块

连接于曲轴的两端，控制其同步运转，保证了对曲轴足够的扭矩输出，同时可以获得很高的冲压频率。主轴的偏心部分位于轴的中部，此处与连杆通过滑动轴承连接。偏心部分两侧为支撑用滚子轴承，滚子轴承分别布置于主机箱和电动机机箱中。主轴两侧与伺服电动机的转子通过铝制花键套相连，使得结构紧凑。采用铝套有利于内部磁场分布，也利于减小转动惯量。该机构目前已经应用于高速冲压机中，将四组该机构在空间内均布，即可改造出一种新型的径向锻机。

图 14-24 所示为一种交流伺服电动机直接驱动滚珠丝杠传动方式的原理。该机构通过高性能丝杠将电动机的旋转运动直接转化为锻造所需的直线运动。该机构结合电主轴原理，将伺服电动机的转子和丝杠的螺母直接连接，通过电动机的转动带丝杠螺母的转动，进一步带动丝杠的上、下往复运动。将该传动机构在平面内均匀排布，设计制造成四锤头径向锻机，不但可以保持机械驱动的各种优点，而且改变了其工作特性不可调的缺点，使径向锻机具有了柔性化、智能化的特点，工作性

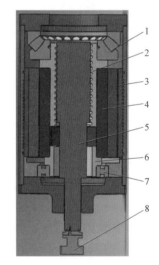

图 14-24　交流伺服电动机直接驱动
滚珠丝杠传动方式的原理
1—推力球轴承　2—丝杠螺母　3—电动
机定子　4—电动机转子　5—丝杠
6—铝套　7—深沟球轴承　8—冲头

能和工艺适应性大大提高，还简化了结构，方便安装，减少维修，降低能耗，减轻重量。该机构是高新电动机技术与传统机械技术的结合，对于推动径向锻机的更新换代，具有不可限

量的影响，但由于大功率交流伺服电动机和重载丝杠制造困难，目前该结构仍处于原理设计阶段。

直驱式思想可以充分发挥交流伺服电动机的特性，把所有的控制问题都转化到对交流伺服电动机的控制，可以很方便地实现计算机控制，在自动控制方面具有很强的适应性。目前，传统机械驱动式、液压驱动式径向锻机占据着人们的主要视野，但在不久的将来，伺服电动机直接驱动式径向锻机将以其高效、节能、环保等优势，得到更多的认可和接受，成为径向锻机未来发展的新趋向。

14.3.4 新型传动零件的应用

近年来，随着伺服直驱技术的发展，出现了一系列新型传动机构。行星滚珠丝杠副（Planetary Roller Screw，PRS）是一种新型传动机构，具有承载能力高、寿命长、加速度和速度高以及导程可更小等优点，故其适于高速、重载及精度要求高的场合。行星滚珠丝杠既可以用作图 14-22 中形成调节机构，也可以作为图 14-24 所示径向锻机的主工作机构，可有效缩短传动链长度，提高传动效率，还能提供高柔性等传统径向锻机不具有的特性。此外，如端面凸轮、整体摆动机架、内花键轴和新型蜗杆副等机构在径向锻机中均有广阔的应用前景。

14.3.5 径向锻造新工艺

目前，径向锻造在中大型轴类件的制坯、颈缩、缩口以及中小型复杂型面轴类件的精密锻造生产等方面已经有了广阔的应用。随着材料科学和金属成形新工艺的不断涌现，在传统径向锻造的基础上，镦粗、滚轧及旋压等成形工艺与径向锻造的有机结合产生了许多新的工艺。图 14-25 所示为一种镦粗-径向锻造复合成形工艺。该工艺是将一段管坯料加热，在芯轴和锻模的定位下，先通过镦粗实现管壁增厚，再通过径向锻造提高组织性能、锻造出所需形状。该工艺不仅实现了薄管制造厚管，还通过锻造将零件的组织性能显著提高，特别适于高速铁路中气体管道的成形。

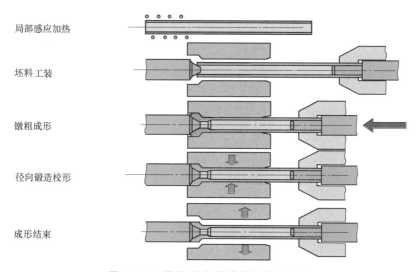

局部感应加热

坯料工装

镦粗成形

径向锻造校形

成形结束

图 14-25 镦粗-径向锻造复合成形工艺

在最新的研究中，还出现了径向锻造制造螺纹轴、螺杆泵主轴等复杂型面轴类件，以及实现不同材质的管料连接等新的工艺，这些工艺都将不断扩展径向锻造的应用领域，成为研究的热点和难点。

14.4　本章小结

径向锻机是加工轴类零件的专用设备，是机电一体化的现代锻造设备。它具有能耗低、材料利用率高、锻造速度快等特点，径向锻造制造的锻件尺寸精度高，表面品质优良，内部组织好，缺陷少，机械性能与力学性能均优于传统切削加工以及普通锻造设备制造的产品，同时可以满足现代制造业近净加工的要求，有效降低了生产成本，提高了生产率与材料利用率。以上优点使得径向锻机在我国电力、军工、高铁、船舶以及航天航空等国民经济重要行业中得到了广泛的应用。就目前径向锻造技术的发展来看，无论是设备还是工艺理论，均存在很大的研究空间。伺服直驱技术、行星滚珠丝杠技术、高速液压技术及镦锻复合工艺等新课题、新方向的不断出现，使得径向锻造技术正以令人欣喜的态势向前发展，在不久的将来，径向锻造技术必将成为我国装备制造能力和水平的重要标志之一，为国民经济发展做出更大的贡献。

第 15 章 CHAPTER 15

旋锻设备

西安交通大学　张琦　张大伟

15.1　旋锻设备的工作原理、特点及主要应用领域

15.1.1　旋锻设备的工作原理

旋转锻造成形是一种用于棒料、管料或线材精密加工的渐进近净成形工艺，具有加工精度高、材料利用率高、产品性能好和生产率高等优点，广泛应用于航空航天、汽车制造等工业领域。国外对旋转锻造技术研究起步较早，20 世纪 40 年代，美国就有了旋锻机的专利（Patnude and Warwick，1947-12-23），之后，旋转锻造技术在德国得到了很大的发展。德国标准压力成形（DIN 8583）将旋转锻造定义为

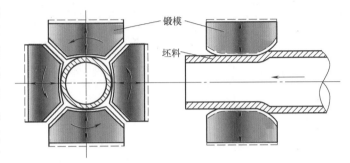

图 15-1　旋转锻造的原理

"一种减小金属棒料或管料的截面直径的自由成形方法"（Zeitschrift，1998）。

旋转锻造的原理如图 15-1 所示。锻模均匀地环绕在坯料（棒料、管料或线材）圆周方向，在围绕坯料旋转的同时沿径向对坯料施加高频率短行程的锻打力，从而完成对坯料的微小增量锻打变形，坯料即沿着锻模型线成形并产生轴向延伸，这种高频多向锻打，使得坯料成形均匀。锻模一般为 2~8 个，锻打频率一般为 1500~10000 次/min。

15.1.2　旋锻工艺的特点

由于是微小增量成形的塑性变形过程，与传统切削加工相比，旋转锻造技术具有明显的优势。

1）加工范围广，材料利用率高。旋转锻造技术能够生产具有复杂外形或内轮廓的轴类件，如汽车驱动轴、转向柱、涡轮轴以及来福线枪管等。旋转锻造也可作为其他工艺的预处理工艺，如为内高压成形管件进行管端颈缩，进行内齿加工前成形坯料等。与传统的机械加工方法相比，采用旋锻工艺能够节省 20% ~ 50% 的材料（Semiatin and Lampman，2005：156-157）。

2）近净成形，加工精度高。根据不同的加工尺寸，工件外表面尺寸公差可达到±0.01 ~ ±0.1mm，对应于 IT8 ~ IT9 级精度。若采用芯轴加工时，工件内表面尺寸公差可达到±0.01 ~ ±0.03mm；对应于 IT6 ~ IT8 级精度，同轴度可相对毛坯同轴度提高 50%。

3）产品性能好，易实现轻量化成形。由于锻造造成的连续材料流动和加工硬化，使零件的强度增加，同时三向压应力提高材料的塑性，这样可以用较为便宜的原材料取代价格较贵的原材料，使零件成本大大下降。另外，由于旋锻工艺擅长加工空心类零件，实现轻量化成形，可进一步降低成本。

4）自动化程度高，生产率高。典型的旋锻工序十分高效，一般一个工序的加工周期为 12~30s，并且可以用多台机组成生产线，提高自动化程度，最大限度地提高生产率。

15.1.3　旋锻机的主要应用领域

旋转锻造具有加工范围广、加工精度高、产品性能好、材料利用率高和生产灵活性大等

特点，已广泛应用于机床、汽车、飞机、枪炮和其他机械的实心台阶轴、锥形轴、空心轴、带膛线的枪管和炮管等零件的生产。

15.2　旋锻设备的主要结构

15.2.1　旋锻机的组成

旋锻机主要由机头、进给机构、夹持机构、电机以及液压泵站系统组成。图 15-2 所示为一台典型旋锻机的整体结构。

图 15-2　典型旋锻机的整体结构

15.2.2　旋锻机机头的基本结构形式

旋锻机的机头是整个设备的核心部分，根据其基本原理，可以将旋锻机分为五种类型，如图 15-3 所示。

1. 标准旋锻机

旋锻机需要一组能够高速锤击的模具，利用模具的锤击使金属流动，从而完成成形过程。这种设备主要用于锻造直线形工件，进行径向锻造，或者用于锻造具有锥度的原型件。

标准旋锻机包括机身和头部。机身用来固定电动机和头部，头部中包括用于锻造的各种零部件。

主轴装在中心轴上，上面有一些凹槽用来安装模具，主轴的安装使用圆锥滚子轴承。在模具和模具背衬之间装有夹铁。一个轧辊放置台包括一系列的滚子，它被安装在环形垫和模具背衬之间。由电动机驱动的旋转飞轮带动主轴旋转。在旋转过程中，模具由于离心作用向外运动，一旦碰到滚子则被压向工件。不同旋锻机的打击速度不一样，一般为 1000～5000 次/min。打击速率等于转速与滚子数的乘积再乘以 0.6，乘以 0.6 的原因是轧辊放置台可能会出现爬行现象。

处于打开状态的模具数量可以被限制，因为可以利用一些机械装置限制处于工件和滚子之间的模具位置，但是没办法改变处于闭合状态的模具数量，因为此时的模具和模具背衬被滚子和工件完全压住。模具和背衬之间的夹铁要固定好，否则会影响工件的表面质量。

夹铁数量根据实际需要来选择，但要保证相应模具能够同时闭合。夹铁在安装时可以进行预加载，在 0.05～0.5mm 范围内都可以，需要根据设备情况而定。夹铁的预加载越大，设备维护费用就会越高，所以应该使用最轻的预加载。过多的夹铁并不会减少锻件的截面尺寸，因为截面尺寸是由闭合状态下的模具内腔决定的，但是夹铁如果过少，就会导致截面尺寸增加，产生振动和表面质量下降等后果。

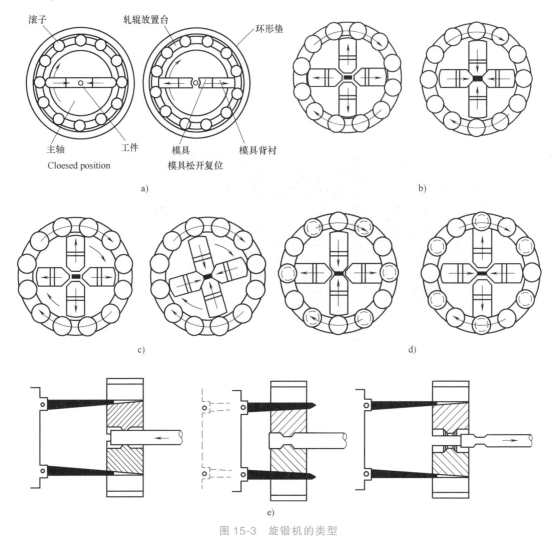

图 15-3　旋锻机的类型

a）标准旋锻机　b）定主轴式旋锻机　c）爬行主轴式旋锻机　d）交替锻打式旋锻机　e）闭式模锻

2. 定主轴式旋锻机

与标准旋锻机相反，定主轴式旋锻机的主轴、模具还有工件都不动，头部和轧辊放置台进行旋转，这种类型的旋锻机也称为倒置旋锻机。可以用这种旋锻机锻造非圆形件。模具的往复运动与标准旋锻机是一样的。

定主轴式旋锻机由机身、头部和主轴组成。机身中安装电动机和轴承座，轴承座中有两个圆锥滚子轴承。有一个套筒安装在轴承中，头部连接在一个套筒上，随着套筒一起旋转。套筒上装有运动飞轮，由电动机驱动。主轴静止不动。

当头部开始旋转的时候，滚子在模具背衬后面运动，使得模具产生脉冲式的锤击效果。

模具向外最大的尺寸由机械结构决定。夹铁的使用与标准旋锻机相同。

3. 爬行主轴式旋锻机

这种旋锻机集标准旋锻机和定主轴式旋锻机的特点与一身。主轴和模具缓慢旋转，头部快速旋转，内外同时运动可以更加精确地控制模具的往复运动。

4. 交替锻打式旋锻机

此种结构下，当一个旋转滚子压紧模具时，相隔 90°的模具则不会压紧。交替打击式旋锻机可以去除工件上的飞边。

5. 闭式模锻

这种旋锻机用在模具必须张开很大以允许进料的情况下，模具张开程度大于标准旋锻机，但是两者结构非常类似，都含有相似的零部件，如模具、滚子、保持架、环形垫、主轴和夹铁。

闭式模锻与标准旋锻机最大的区别在于它有一个往复运动的楔形机械装置，这种装置能够使具有锥度的模具闭合。楔子处于模具和模具背衬之间。旋转的模具在离心作用下张开，当楔形机械装置在后面的位置时可以利用主轴或其他机械结构保持模具的张开状态。当模具张开时，楔形装置控制模具张开的大小，这时可以将工件放到一个设定的位置。工件一次锻造产生的直径收缩大约为 25%，模具的斜度不超过 7.5°。

15.2.3　典型旋锻机

国外旋锻工艺和设备的研发技术已经相对成熟，能够加工直径为 0.2~100mm 的棒料和外径为 0.2~160mm 的管料，辅助设备也相当完善，已形成高度自动化的生产线。目前，在旋锻设备制造领域，德国的 HMP 公司和 FELSS 公司处于垄断地位。图 15-4 所示为 FELSS 公司生产的旋锻生产线。

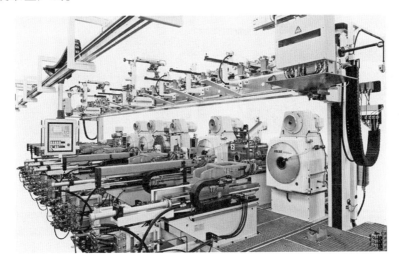

图 15-4　德国 FELSS 公司的旋锻生产线

德国 FELSS 公司生产的旋锻设备系列化程度很高，如图 15-5 所示。

其锻模数量可设为 2~6 个，锻模长度为 20~150mm，管料加工范围为 0.4~100mm，棒料加工范围为 0.4~50mm。

我国旋锻设备的研制虽然起步较晚，但发展十分迅速。1982 年，西安北方华山机电有限公司引进了一条旋锻生产线，并对控制系统进行了改造，但由于设备陈旧，故障较多，已不能满足现代工艺的要求。2005 年，西北机器有限公司（原西北机械厂）研制的 C7129 型 20HP 旋锻机通过国家科技成果鉴定，处于国内领先水平，但是该旋锻机是人工送料，生产率较低，加工范围较窄，仅能加工直径为 11～30mm 的棒料。

目前，西安创新精密仪器研究所研制的各类型号旋锻机已经较为成熟，包括有色金属棒料旋锻机、CNC 数控旋锻机以及钢丝绳精密旋锻机。图 15-6 所示为西安创新精密仪器研究所专门针对汽车行业研制的 X40J 型旋锻机。表 15-1 列出了西安创新精密仪器研究所研制的旋锻机的加工范围。

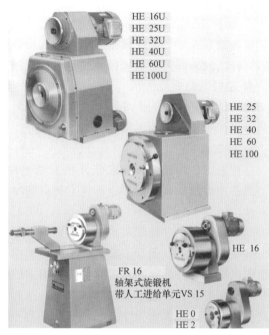

图 15-5   德国 FELSS 公司的旋锻机系列产品

图 15-6   西安创新精密仪器研究所研制的 X40J 型旋锻机

表 15-1   西安创新精密仪器研究所旋锻机的加工范围

旋锻机型号	棒料加工范围/mm	管料加工范围/mm
X05	0.5～4	0.5～7
X12	2～10	3～16
X20	3～16	4～25
X30	4～25	5～40
X50	8～40	8～60

西安创新精密仪器研究所的有色金属旋锻设备主要有以下几种类型：

　　1）无上料机构旋锻机。主要适于小批量生产、试验及加工原料较细的情况，可以用人工抓住材料，送入旋锻机进行旋转锻造，如图 15-7 所示。

　　2）滚轮式旋锻机。主要用于棒材加工，没有长度限制，适合批量生产，如图 15-8 所示。

　　3）机械式旋锻机。主要用于精加工零件，适合棒料或管料。优点是夹持牢靠，送料容易控制，精度高，可配合芯杆系统进行内腔加工，如图 15-9 所示。

　　西安创新精密仪器研究所普通旋锻机的型号及参数见表 15-2。

图 15-7　无上料机构旋锻机

图 15-8　滚轮式旋锻机

图 15-9　机械式旋锻机

表 15-2　西安创新精密仪器研究所普通旋锻机型号及参数

型　号	X50	X30	X20	X12	X05
加工尺寸（棒料）/mm	8-40	4-25	3-16	2-10	0.5-4
加工尺寸（管料）/mm	8-60	5-40	4-25	3-16	0.5-7
尺寸精度/mm	±0.02	±0.02	±0.02	±0.02	±0.01
表面粗糙度/μm	3.2	1.6	1.6	1.6	0.8
模具数/个	4	4	4	4	4
模具尺寸/mm	127×80	100×60	100×60	80×35	50×20
加工滚珠数/个	12	12	12	12	12
主轴转速/(r/min)	215	300	350	450	650
主轴功率/kW	30	15	7.5	4	1.5

15.3　旋锻成形的关键技术及其应用

15.3.1　塑性变形连接及管件的塑性变形连接

1. 塑性变形连接简介

　　塑性变形连接是区别于机械连接、胶接及焊接的一种新型的材料连接技术。塑性变形连接是利用金属材料的塑性，在外力作用下使同种或异种金属发生塑性变形，从而获得所需要形状和性能的连接工件的方法。塑性变形连接技术是塑性变形的扩展，是将塑性变形技术应用于材料连接的新方法。塑性变形连接主要包括轧制连接、挤压连接、胀形连接、无铆接、电磁成形连接和液压成形连接等，其中的部分连接如图 15-10 所示。

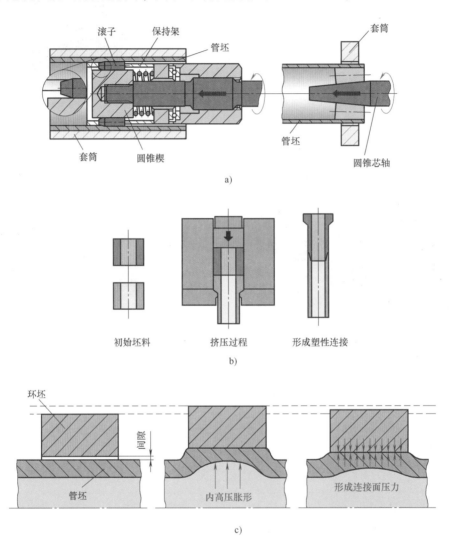

图 15-10　部分塑性变形连接

a) 轧制连接管及套筒　b) 挤压连接两管　c) 胀形连接管及环坯

由于是通过金属的塑性流动进行材料的连接，与传统的材料连接技术相比，这种技术具有很多优势。首先，其可连接材料范围广泛，不受材料种类限制，可用于同种或异种金属材料连接，同时，其连接不受材料界面状况的限制，可用于具有复杂界面特点的材料连接；其次，塑性变形连接接头牢固稳定可靠，接头质量高，脆裂少，残余应力小；最后，由于没有多余材料如黏结剂、钎料等的加入，连接过程中没有热量的输入，因此这种连接方式对环境污染很小，又节省了材料与大量的能量。塑性变形连接是一种高性价比、环境友好的材料连接技术，虽然当前应用最广的材料连接技术仍然是焊接，但是可以预见，未来塑性变形连接将会得到大力发展并推广使用。

2. 管件塑性变形连接研究

管件不同于板料，由于是回转体，因此其连接与板料相比有很大的不同。当前，关于管件的塑性变形连接研究十分有限。

国外研究的管件塑性变形连接方式主要有挤压连接、电磁成形连接、滚轧连接、无模液压连接以及卷边连接等，包括管件与管件的连接、管件与实心轴的连接等。ZC Chen 等（Chen et al.，2003）利用挤压连接了铝合金管（2014）和纯铝管（1050），在热挤压过程中，连接通过外管铝合金管中的铜原子扩散到内管纯铝管中实现。V. Psyk 等（Psyk et al.，2011）对电磁成形连接技术进行了总结，这是一种利用脉冲磁场施加载荷对高导电性材料进行连接的方法，不需要机械接触以及工作介质，其速度和应变速率都非常高，这种连接技术可以将空心型材连接到其他材料上，如可以连接管料与管料以及管料与实心棒料。主要有两种连接方式，电磁成形压缩连接和电磁成形膨胀连接。C. Weddeling 等（Weddeling et al.，2011）利用电磁成形压缩进行管材与实心轴连接的试验，他们研究了实心轴上沟槽形状对连接强度的影响。M. Kleiner 等（Kleiner et al.，2006）研究了电磁成形压缩连接过程中，材料的屈服强度及刚度对铝管及金属芯轴连接的影响。他们认为芯轴的屈服强度和刚度越大，连接强度越高。P. Barreiro 等（Barreiro et al.，2006）研究了准静态加载及循环加载方式对电磁成形压缩连接管件强度的影响，充电能量越大，连接强度越大。

M. Marre 等（Marre et al.，2008）研究了滚轧和无模液压成形连接管件，滚轧连接管件已经广泛应用到换热器的生产中，无模液压成形连接在生产凸轮轴、中间轴和气缸套上已经开始使用。卷边连接包括机械卷边连接及液压卷边连接，卷边可以用来将套筒与轴连接到一起。机械卷边（Cho et al.，2005）通过卷边模具来施加所需要的成形力，使套筒和轴同时变形；液压卷边（Shirgaokar et al.，2004）通过弹性体传递成形力，在环向将套筒材料压入轴上的沟槽中，弹性体传力使压力分布更加均匀，成形连接效果更好。L. M. Alves 等（Alves and Martins，2012）研究了利用非对称压缩卷边连接薄壁管或者分支管，通过在管之间形成非平面的失稳波纹而牢固地连接两管。他们指出了该工艺的应用场合，包括轻量化结构中的互连管节点，出口管及半圆管槽的连接等。他们同时研究了利用塑性失稳皱曲连接薄壁管（Goncalves et al.，2014），并成功连接了碳素钢管（S460MC）和铝管（AA6060）。他们还通过管端压缩成形的方式，利用褶皱将薄壁管与夹层环连接在一起（Alves et al.，2011），形成了具有法兰的薄壁管。

我国关于管件塑性变形连接的研究比较匮乏，主要集中在北京航空制造工程研究所。曾元松等（曾元松和李志强，2003；曾元松 et al.，2003；吴为 et al.，2009）通过试验和有限元数值模拟结合，研究了钛合金球形管接头的胀形成形过程，介绍了小弯曲半径管内压推弯成形方法和管件的内径滚压成形方法，这两种成形方法在特定场合连接管件也是十分有效的。吴为等（吴为 et al.，2009）利用无扩口内径滚压连接成形技术连接钛合金导管，并进行了耐压试验，证明连接件具有较强的连接强度和良好的密封性能。

传统的旋锻连接技术主要用于软管接头的连接以及钢丝绳接头的连接。采用金属成形方法实现连接得到广泛重视，旋锻连接技术也得到了进一步发展。对于焊接性能较差的材料以及不易结合界面的连接，传统的焊接工艺难以实现，如铝和钛合金的连接，铜和超合金的连接等。旋转锻造的高频加载及多向锻打产生了管料或棒料局部的均匀颈缩，管-管、管-棒的金属变形连接即可采用该原理。采用旋转锻造连接的方式是依靠金属的变形流动，故其可以不受材料种类和表面状态的限制。

图 15-11 所示为采用旋转锻造方式实现不同材料的管-棒连接。虽然采用旋锻连接不受

金属表面状态的限制，但是考虑到耐磨性因素，旋锻连接内部材料通常较软，外部材料相对较硬。由于受刀具以及工件尺寸的限制，切削加工难以实现微加工。旋锻连接也可用于微尺度上的管-棒连接。图 15-12 所示为管-棒旋锻微连接。从微观组织上观察，管-棒连接处紧密无缝隙，金属也变得更加致密，连接牢固。

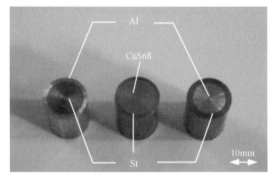

图 15-11　管-棒旋锻连接

图 15-13 所示为管-管旋锻连接。采用旋转锻造技术进行管-管连接，锻模对两管相接部位进行锻打，金属产生轴向及径向流动，两管均沿着锻锤型线成形并在该部位颈缩，形成管接头。这种塑性变形方式在两管之间形成弧形管接头，接头牢固，强度足够。如图 15-13 所示，连接后两管连接处缝隙微小，宏观下为无缝连接，管组织也更加致密。

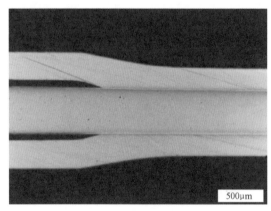

图 15-12　管-棒旋锻微连接

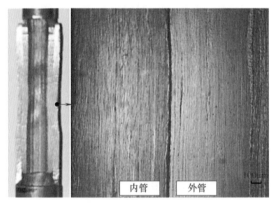

图 15-13　管-管旋锻连接

15.3.2　管坯内表面成形技术

以内花键旋锻工艺为代表的管坯内表面成形技术是旋锻工艺研究的热门方向。

1. 内花键成形数值模拟

基于塑性变形有限元仿真软件 TRANSVALOR FORGE，建立内螺旋花键套筒旋转锻造成形三维有限元模型，系统分析成形过程中的应力分布与变化规律、应变分布与变化规律、金属流动规律、力能参数变化规律以及齿高分布与变化规律，并研究坯料壁厚几何尺寸对内螺旋花键齿形填充精度的影响。

采用三维设计软件建立内螺旋花键套筒旋转锻造几何模型，导入塑性变形有限元仿真软件 TRANSVALOR FORGE 2011，建立有限元分析模型。为便于分析，进行以下三点基本假设：①材料各向同性且匀质；②忽略模具与材料间的热交换；③忽略重力和惯性力的影响。

在内螺旋花键套筒旋转锻造成形过程中，4 块锻模一边绕坯料轴线高速旋转，一边沿径向周期往复运动，坯料受到锻模的锻打产生塑性变形。芯轴与工件相对位置固定，在锻模的旋转带动下，可能产生微量旋转。

图 15-14 所示为汽车起动机导向套筒内螺旋花键旋转锻造三维有限元模型。如图 15-14 所示，4 块锻模沿环向均匀分布，芯轴与坯料中心线重合。图中所示的夹具为软件命令，非几何实体，用于控制坯料绕轴线的周期旋转运动。

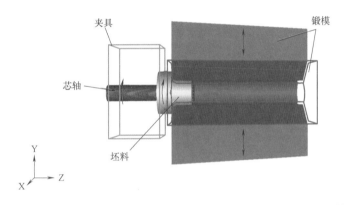

图 15-14　汽车起动机导向套筒内螺旋花键旋转锻造成形三维有限元模型

在汽车起动机导向套筒内螺旋花键旋转锻造成形过程中，芯轴和坯料静止，锻模运动可分为绕坯料轴线的旋转和沿径向的高频锻打。按照相对运动的原理，对成形过程做出简化：锻模只沿径向做周期运动；芯轴绕轴线间歇旋转，每两次锻打间旋转 15°；坯料在夹具的夹持下绕轴线旋转，与芯轴的运动同步。简化后的运动机理与径向锻造的成形机理类似。

将锻模和芯轴设置为刚性体，采用三节点壳单元进行网格划分；将坯料设置为弹性体，采用四面体单元进行网格划分，坯料成形区内壁网格局部细化。图 15-15 所示为汽车起动机导向套筒内螺旋花键旋转锻造成形坯料网格模型。

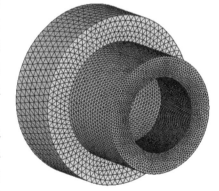

图 15-15　汽车起动机导向套筒内螺旋花键旋转锻造成形坯料网格模型

通过有限元模拟，可以得到锻打之后的应力分布情况和金属流动情况，可以对毛坯尺寸做出精确的计算，保证成形之后的尺寸精度。

2. 内花键成形试验

经过有限元数值模拟得到的分析结果是否正确需要试验来验证，试验后需要对模拟施加的条件进行调整，以便获得更好的试验结果。

（1）旋锻设备　汽车起动机导向套筒内螺旋花键旋转锻造成形试验在西安创新精密仪

器研究所 X40J 旋锻机上进行。该设备主要由旋锻机头、机械手、送料装置和液压系统组成，是专门针对汽车行业的多功能精密旋锻设备。旋锻零件的外表面尺寸偏差可达到 ±0.01 ~ ±0.1mm，内表面尺寸偏差可达到 ±0.01 ~ ±0.03mm。在内螺旋花键套筒旋转锻造成形试验过程中，坯料沿轴向无送进。首先，坯料和芯轴一同被机械手夹持送进旋锻机头内部，固定位置；然后，电机起动，带动主轴转动，旋锻机机头开始工作，旋锻锻造成形开始。零件成形完成后，电机停转，零件在机械手的夹持下从机头中取出。

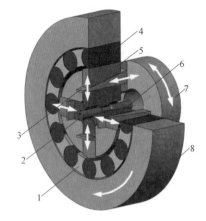

图 15-16　X40J 旋锻机机头的结构示意图
1—保持架　2—工件　3—楔形垫块　4—滚柱
5—锤头　6—锻模　7—芯轴　8—外圈

西安创新精密仪器研究所的 X40J 旋锻机适用于加工 8 ~ 40mm 的棒料，8 ~ 60mm 的管料。图 15-16所示为 X40J 旋锻机机头的结构示意图。当主轴旋转时，由于离心力的作用锻模和锤头沿着主轴端部凹槽向外移动；当主轴静止或旋转缓慢时，离心力较小，可部分或完全借助弹簧来实现模具的开启。一旦主轴旋转，锤头接触压力滚柱，模具便开始向工件轴心的锤击冲程。当锤头顶部位于两个压力滚柱之间时，模具开启最大，工件可向前送进。模具最大开启量及闭合时的位置可经过楔形垫块的轴向位置改变来调整。

（2）旋锻芯轴　内螺旋花键套筒旋转锻造成形试验芯轴是与内螺旋花键套筒相啮合的外螺旋花键轴，其具体参数见表 15-3。芯轴材料为 40Cr。试验芯轴如图 15-17 所示。

表 15-3　芯轴外螺旋花键轴参数

齿数	旋向	法面模数	分度圆压力角/(°)	螺旋角/(°)	齿根圆直径/mm	齿顶圆直径/mm	导程/mm
16	左旋	0.9	30	22	14.92	17.12	120.8

图 15-17　试验芯轴

为研究坯料壁厚对内螺旋花键齿形填充精度的影响，内螺旋花键套筒旋转锻造成形试验坯料分为 5 组，试验分组与有限元模拟仿真分组相同，壁厚 t_w 分别为 4.25mm、4.5mm、4.75mm、5mm 和 5.25mm，如图 15-18b 所示。试验在室温下进行，所用润滑剂为水基锻造油。

（3）试验结果　图 15-18 所示为汽车发动机导向套筒内螺旋花键旋转锻造成形试验结果与有限元模拟仿真结果对比分析。从图 15-18a 中可以看出，有限元模拟齿高比试验实际齿高小，最大相对误差为 11%；从图 15-18b 中可以看出，内螺旋花键实际齿形与有限元模拟齿形宏观相似吻合。

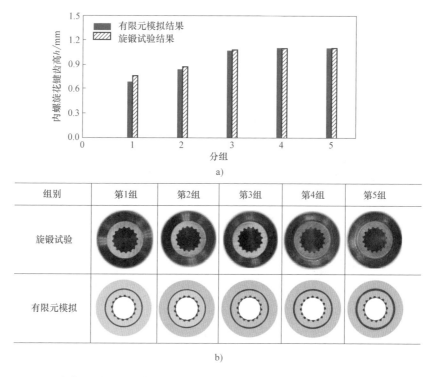

图 15-18 汽车发动机导向套筒内螺旋花键旋转锻造成形试验结果与有限元结果对比

a) 内螺旋花键齿高对比 b) A—A′ 截面上齿形对比

误差存在的主要原因在于为节省计算时间,有限元模拟对锻模的加载方式做出了一些简化处理:锻锤只做径向锻打,锻模的加载为恒速运动;工件绕轴线转动,只在两次锻模锻打间绕轴线旋转 15°。

15.3.3 基于能量控制的管件旋转锻造

1. 多体动力学分析

为分析旋转锻造过程中锻锤的运动规律及在不同主轴转速下锻锤的能量,利用机械系统动力学仿真分析软件 ADAMS 对开发的精密旋锻机的旋转锻造过程进行多体动力学分析。

ADAMS 是美国 Mechanical Dynamics Inc. 公司开发的机械系统动力学仿真分析软件,利用该软件,既可以直接创建机械系统几何模型,也可以通过其他 CAD 软件创建并导入模型,通过在几何模型上施加各种不同的约束、载荷及驱动,对机械系统进行交互式的动力学仿真分析(陈志伟,2012)。ADAMS 的求解器利用的是多刚体系统动力学分析理论的拉格朗日方程,因此可以对机械系统进行静力学、动力学以及运动学分析。通过分析,能够对机械系统的性能进行测试,获得机构各零件的速度、加速度和位移曲线,分析不同设计变量对机构性能的影响,进而通过优化设计获得最优机构的性能参数。

仿真模型依据典型旋转锻造装置建立,分析时只需将旋锻机构的工作过程表达完整即可,在不影响结果的前提下,可以对模型进行合理的简化。模型通过 CAD 软件 Pro/Engineer 创建,输出 STL 模型后导入 ADAMS 中。

首先,旋锻机构外圈均布有 12 个滚柱,这些滚柱的作用是当锻锤与其接触并碰撞时,迫使锻锤反方向运动,其本身并不参与运动,因此可以将这 12 个滚柱作为一个整体,设计出一个完整的与锻锤接触的滚柱形状轮廓；其次，旋锻过程中 4 个锻锤的运动完全一致，因此可以对其中一个锻锤的运动特性进行分析，这样就大大简化了模型，提高了运算效率，节省了资源，并且简化后的模型对分析结果不会产生较大的影响。图 15-19 所示为旋转锻造模型中的原始模型与简化后的模型。

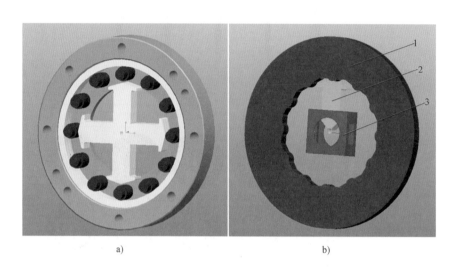

图 15-19　旋转锻造模型

a）原始　b）简化后

1—滚柱外圈整体　2—锻锤　3—转盘

在模型导入 ADAMS 后，设置各部件材料参数，同时需要对各部件及其关系进行约束建模。约束定义了部件间的连接方式和相对运动方式，定义好约束才能够模拟旋锻机构的运动规律。约束建模只要能够反映出旋锻机构各个部件的相对运动情况即可。在实际运行过程中，旋锻机构外圈固定，主轴带动位于其滑槽中的锻锤旋转，锻锤同时做径向运动。旋锻机构各部件的运动情况确定后就可以进行约束建模。

根据旋锻运动的特点，将坐标系设置为柱坐标系，这样可以方便地表示锻锤的旋转以及径向运动。首先，将外圈整体与大地固定；其次，在转盘与大地之间添加转动副，使转盘相对于大地绕着其中心旋转，并在该转动副处添加旋转驱动，设置转速 n，转盘旋转相当于实际模型中主轴的旋转。为保证转盘旋转的同时带动锻锤在转盘中沿径向运动，在锻锤与转盘之间添加滑动副，方向为锻锤运动的径向。为保证锻锤与外圈曲面始终接触，在锻锤与转盘间添加弹簧副，参数为刚度系数 $K = 50\text{N/mm}$，阻尼系数 $C = 0.06\text{N} \cdot \text{s/mm}$，预载荷为 900N。最后，在锻锤与外圈之间添加接触力，参数为刚度系数 $K = 100000\text{N/mm}$，阻尼系数 $C = 50\text{N} \cdot \text{s/mm}$，力指数 $e = 1.5$，穿透深度 $d = 0.1\text{mm}$，动摩擦因数为 0.05，静摩擦因数为 0.08。设置完成的 ADAMS 仿真模型如图 15-20 所示。

转盘相当于实际模型中的主轴，因此其转速与主轴转速一致。在仿真过程中，设置不同的转盘转速 v，可得出不同转速下锻锤的运动特性曲线。

图 15-21 所示为主轴转速为 210r/min 及 300r/min 时，锻锤的位移曲线及速度曲线。从其位移曲线可以看出，锻锤的最大位移为 2.5mm，相当于锻锤在径向从 2.5mm 的高度冲击

工件，这与实际情况是一致的。从速度曲线可以看出，在位移曲线峰值位置，锻锤速度变为零，同时锻锤运动方向也发生了变化。在一个行程内，锻锤速度方向变化两次，这是因为锻锤分别与外圈及工件撞击，每次撞击都会改变速度方向。比较两个速度曲线可以看出，当主轴转速为 300r/min 时，锻锤速度较大，锻锤最大速度约为 500mm/s；当主轴转速为 210r/min 时，锻锤最大速度约为 320mm/s。

进行多体动力学分析的主要目的是为得到不同主轴转速下锻锤的能量，图15-22 所示为几种主轴转速下锻锤的能量曲线。

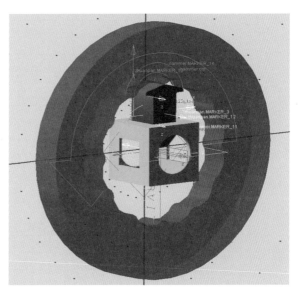

图 15-20　ADAMS 仿真模型

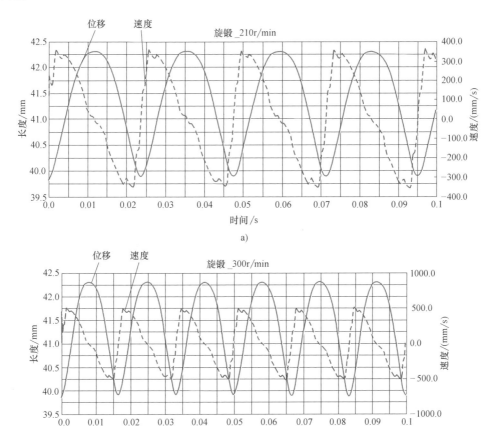

图 15-21　锻锤速度和位移曲线

a）$v = 210r/min$　b）$v = 300r/min$

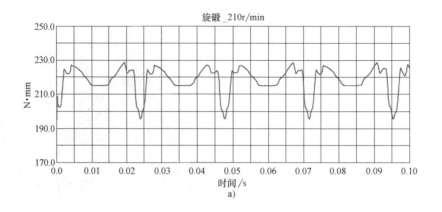

a)

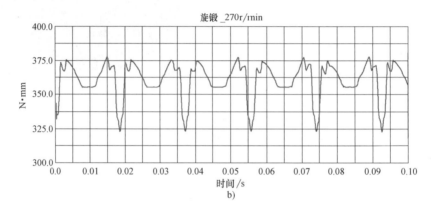

b)

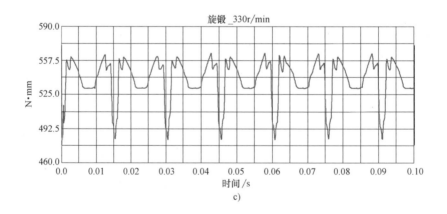

c)

图 15-22　不同主轴转速下锻锤的能量曲线

a) $v=210r/min$　b) $v=270r/min$　c) $v=330r/min$

　　能量曲线有波动是因为锻锤与外圈及工件撞击时会有能量流失，表 15-4 列出了这五种转速下锻锤的近似能量值。由表可以看出，随着主轴转速的增加，锻锤具有的能量值越来越大。

表 15-4 不同主轴转速下锻锤的近似能量值

主轴转速（r/min）	210	240	270	300	330
锻锤能量/J	0.22	0.29	0.37	0.45	0.55

定义锻锤加载方式时，使用通过能量控制的锻压机模式。该模式可通过定义锻锤质量及其最大能量，实现能量控制。具体能量值与各主轴转速相对应，由多体动力学分析确定各不同主轴转速下锻锤的能量值。将其中一个锻锤设置为主动锻锤，其余三个锻锤设置为从动锻锤，与主动锻锤运动保持一致，锻锤的运动方向为径向。这种加载方式能够较真实地模拟基于能量控制的旋转锻造过程。锻锤与工件之间的摩擦采用组合摩擦准则。

在实际的旋锻过程中，锻锤是不断旋转的，但是在软件中要实现锻锤旋转比较困难，因此本文的模拟中锻锤不进行旋转，只沿径向运动，而使坯料绕着轴旋转，这样保证了坯料与锻锤之间的相对运动一致。坯料通过操作杆夹持，操作杆为系统部件，与坯料固结并随着坯料运动，对坯料起夹紧定位的作用。

至此模型建立完成，有两个假设不能忽略，一是不考虑锻锤与工件之间的热交换，二是不考虑模型的重力及惯性力，这两个假设对结果几乎没有影响。管件旋转锻造的有限元模型如图 15-23 所示。

2. 有限元结果及分析

图 15-24 所示为主轴转速分别为 210r/min、240r/min、270r/min 和 300r/min 时，对管料成形直径的影响。从图 15-24 中可以看出，随着锻打的进行，管料的外径不断减小直到稳定至某一值。主轴转速越大，即锻锤能量越大，管料最终成形直径越小。

图 15-25 所示为管料的成形过程。可以清楚地看到随着锻打的持续，管料外径持续减小，外径从 8.0mm 逐步减小至 7.28mm，最终稳定。

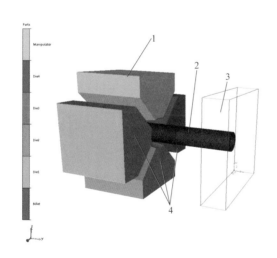

图 15-23 管件旋转锻造的有限元模型

1—主动锻锤 2—坯料 3—操作杆 4—从动锻锤

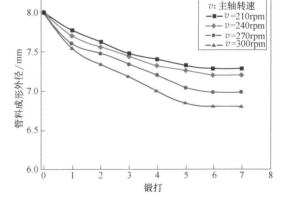

图 15-24 不同主轴转速对管料成形直径的影响

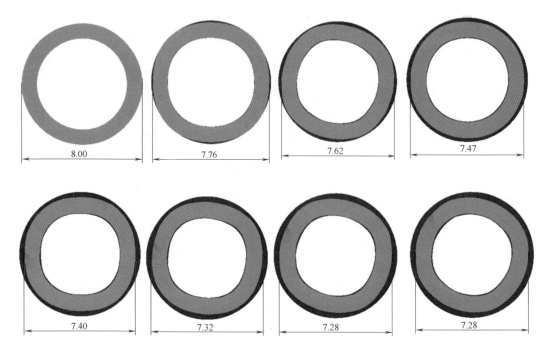

图 15-25　管料的成形过程

15.4　旋锻设备的发展趋势与先进旋锻设备

旋锻设备的不断发展，为机械制造领域带来了新的活力，推动了锻造行业向精密化方向迈进。目前，已经出现一些先进的旋锻设备。

15.4.1　旋锻设备的发展趋势

旋锻设备发展趋势应该集中在以下几个方面：

1）送料自动化。

2）大型化与微型化。大型件能够锻造，同时微小零部件也可以锻造。

3）交流伺服驱动。

4）基于能量控制的设备研制。

15.4.2　先进旋锻设备

德国不莱梅大学的 Kuhfuss 和 Piwek 设计了一种新型调速同步送料装置，如图 15-26 所示。在送料台下安装导轨，在送料台后方安装了逆向自锁机构，这样将驱动力、惯性力和反作用力通过不同的途径传导，实现进料装置与锻模的同步周期运动，解决了动态性能与刚度间的矛盾。传统的旋锻成形设备都是通过调整机构、限定模具位置实现锻模的变径。西安交通大学的张琦等研制出基于能量控制的旋转锻造成形设备。传统旋锻机通过楔块调节锻模位置，成形出变径工件，该设备通过控制伺服电动机转速实现对主轴转速的控制，不同的主轴转速使锻锤产生不同的锻打能量，锻锤的径向压缩量由锻打能量控制。

传统的旋转锻造设备都有复杂的变径系统，并且一般都需配备多套模具以满足不同外径的要求，因此造成旋锻设备结构复杂，成本较高。本小节将详述基于能量控制变径的旋锻设

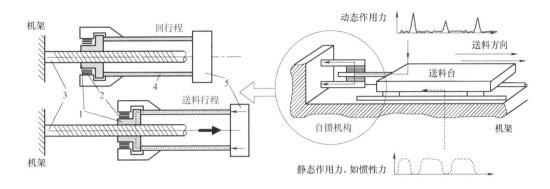

图 15-26　新型调速同步送料装置示意图

1—螺母　2—螺旋弹簧　3—丝杠　4—套筒　5—送料台

备原理并设计该旋锻机。

传统的旋转锻造设备的主轴转速是恒定的，其变径一般通过楔形块来实现，如图 15-27 所示。在锻模与锻锤之间增加楔块，通过调节楔块的位置来控制锻模的位置，由锻模的最终位置确定工件的成形直径。这种变径方式的关键是楔块位置的调节，楔块需要通过楔块位置调节机构实现沿轴向的直线运动，才能通过其斜面调节锻模位置。

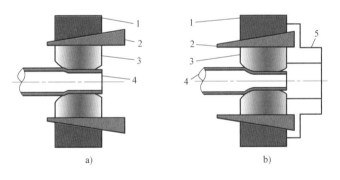

图 15-27　传统的旋转锻造变径方式

a）楔块位置 1　　b）楔块位置 2

1—锻锤　2—楔块　3—锻模　4—工件　5—主轴

基于能量控制的旋转锻造变径方法，如图 15-28 所示。其变径原理为：舍弃锻锤及楔块，由主轴直接带动锻模旋转，主轴转速可控，改变主轴的转速，则锻模具有不同的锻打能量，由锻模锻打能量决定工件最终成形直径。这种旋转锻造方法，能够简单方便地实现管件变径，由于不需要变径机构，因此能够大幅度简化旋锻设备的结构，降低其成本。

基于能量控制变径的旋转锻造设备原理框图如图 15-29 所示。

该设备以 PLC 为控制系统核心，通过控制伺服电动机驱动器控制伺服电动机的转速，伺服电动机通过同步带带动旋锻机构主轴旋转，锻模位于主轴的滑槽中，在随着主轴旋转的同时，由于离心力的作用与外侧均布的滚柱撞击，然后沿径向收拢，从而实现对工件的锻打。改变伺服电动机的转速，使主轴转速改变，从而使锻模具有不同的能量，其能量大小直接影响工件的成形直径。也即是说，通过控制伺服电动机的转速可以控制工件的成形直径。

工件通过夹持装置固定于丝杠滑台上，丝杠滑台通过步进电动机驱动可完成工件进给。步进电动机同样由 PLC 通过步进电动机驱动器控制。

旋锻装置的主电动机使用的是伺服电动机，这种电动机可以实现位置、速度和转矩控制，精度高，低速运转平稳，同时其噪声和发热都比较低。电动机的功率和转矩通过同步带传递到主轴上，同步带传动比准确，没有滑差，可以获得稳定的速比，并且其传动平稳，噪声低，对轴的作用力小。

旋锻装置整体装配三维效果图如图 15-30 所示。底板对整体结构提供支撑，该旋锻装置传动链较短，结构简单紧凑。基于能量控制变径的旋转锻造设备如图 15-31 所示。

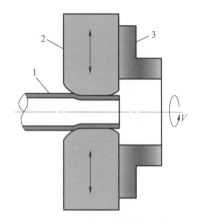

图 15-28　基于能量控制的
旋转锻造变径方法
1—工件　2—锻模　3—主轴

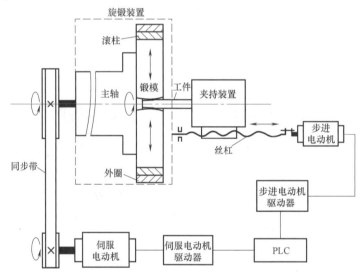

图 15-29　基于能量控制变径的旋转锻造设备原理框图

图 15-30　旋锻装置整体装配三维效果图

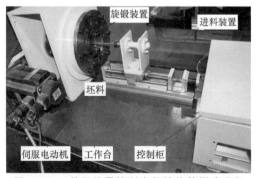

图 15-31　基于能量控制变径的旋转锻造设备

第 16 章 CHAPTER 16
径-轴向辗环机

济南铸造锻压机械研究所有限公司　单宝德

辗环机按机架的安装形式可分为立式辗环机和卧式辗环机。卧式辗环机按轧辊的形式可分为径向辗环机和径-轴向辗环机。本章只介绍径-轴向辗环机。

16.1 径-轴向辗环机的工作原理、特点及主要应用领域

16.1.1 径-轴向辗环机的工作原理

径-轴向辗环机同时对环件的径向和轴向两个方向进行轧制。如图 16-1 所示，在辗环过程中，主辊驱动环件旋转，芯辊对环件施加径向轧制力，向主辊方向做进给运动，环件壁厚逐渐减小，直径逐渐扩大，实现环件的径向轧制；同时，锥辊旋转，上锥辊对环件施加轴向轧制力，向下做进给运动，环件高度逐渐减小，直径逐渐扩大，实现环件的轴向轧制。定心辊在左右两侧抱住环件，使环件圆心保持在设备的中心线上，保证环件平稳旋转。伴随环件直径的扩大，上下锥辊向直径增大方向移动，定心辊抱臂向两侧逐渐张开，测量轮向直径增大方向移动，其位移信号反馈给设备控制系统。

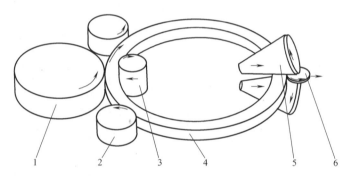

图 16-1 环件径-轴向轧制成形原理

1—主辊 2—定心辊 3—芯辊 4—环件 5—锥辊 6—测量轮

16.1.2 径-轴向辗环机的特点

辗环机（又称轧环机、辗扩机或扩孔机）是进行辗环工艺的专用热锻设备。径-轴向辗环机具有以下特点：

1）设备投资小，加工范围大。辗环是连续局部塑性加工锻造工艺，因锻件与模具的接触面积小，所以轧制压力小。与整体模锻相比，可以大幅度降低设备吨位和投资。

2）设备的使用成本低。辗环是连续局部成形，一套模具可以加工直径和高度相差数倍的环件，而对整体模锻，一种锻件需要一套模具。因此辗环工艺可以节约模具成本和模具更换及保管费用。

3）材料利用率高。与自由锻、马架扩孔工艺相比，锻件壁厚均匀、椭圆度小，不存在多棱形，因此环件精度高、加工余量少、材料利用率高，材料消耗降低 40%~50%。

4）噪声小、工作环境好。环件轧制是一个连续过程，轧制力基本没有突变，因此冲击、振动和噪声小，工作环境好。

5）生产率高，生产成本低。辗环线速度通常为 1~1.6m/s，5 吨环件轧制时间在 5min 左右，10 吨环件轧制时间在 10min 左右。与自由锻造相比，其生产率高，并可减少环件加热火次，综合生产成本大幅降低。

6）环件质量好。轧制成形的环件内部组织致密、晶粒细小，金属纤维沿圆周方向连续排列，与零件使用时的受力和磨损相适应。其机械强度、耐磨性和疲劳寿命明显高于其他方法制造的环件。

16.1.3　径-轴向辗环机的主要应用领域

辗环机常用于轧制高质量的无缝环形锻件，如轴承环、回转支承、齿圈、法兰、轮毂、薄壁桶形件、风电法兰及高径法兰等。可加工碳素钢、合金钢、不锈钢、铝合金、铜合金、钛合金、镍基合金及高温合金等材料。环件产品广泛应用于机械、石油化工、纺织、工程机械、原子能以及航空航天等领域中。

16.2　径-轴向辗环机的主要结构

16.2.1　主辊及驱动装置

径-轴向辗环机的结构如图 16-2 所示。径-轴向辗环机实物照片如图 16-3 所示。在图 16-2 的左侧部分中，主辊 6、主辊座 5、减速器 20 和电动机 21 等构成了主辊及驱动装置。主辊上、下两端固定在主辊座的轴承孔中，电动机通过减速器驱动主辊旋转，带动工件进行径向轧制。

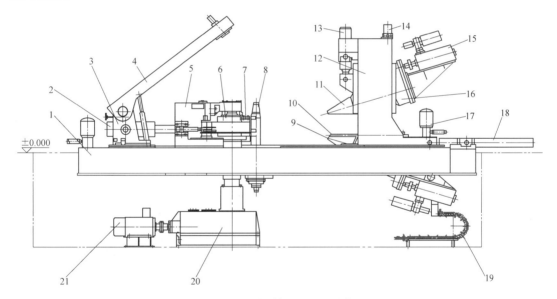

图 16-2　径-轴向辗环机结构

1—机身　2—液压缸　3—下滑座　4—上支撑　5—主辊座　6—主辊　7—定心辊　8—芯辊
9—下锥辊　10—测量装置　11—上锥辊　12—轴向机架　13—压下液压缸　14—平衡缸
15、21—电动机　16—上滑块　17—润滑装置　18—随动液压缸　19—拖链　20—减速器

16.2.2　主滑块装置

如图 16-2 所示，主滑块由芯辊 8、上支撑 4 和下滑座 3 等组成，芯辊下端固定在下滑座的轴承孔中，上支撑中安装有轴承内套，芯辊上端插入轴承内套的锥形孔中。在辗环过程中，主滑块在液压缸的推动下移动，芯辊把环件压向主辊。主滑块上安装滚轮，沿机身上的导轨运动。上下料时，上支撑翻转，芯辊与上支撑脱开，坯料可以从芯辊上端套入或取出。

图 16-3　径-轴向辗环机实物照片

　　上述上下料方式，因环件需要从芯辊的上端套入或取出，需要操作机举升或下落行程较大，上下料不方便，并且不利于实现自动化生产，为此济南铸造锻压机械研究所有限公司开发了芯辊上抽芯式 D53K-6300S 径-轴向辗环机，中国重型机械研究院有限公司开发了芯辊下抽芯式 5000mm 辗环机。上抽芯装置结构如图 16-4 所示。上抽芯装置安装在上支撑上，由升降液压缸 5、上轴承座 1、拉杆 6 和横梁 4 等组成。芯辊上端固定在轴承内套 2 中，拉杆连接横梁和上轴承座。芯辊下端插入下滑座的轴承孔。上下料时，升降液压缸举升横梁，带动上轴承座提升芯辊，芯辊与下滑座分离，环件可以在水平方向进出，上下料方便，缩短了上料时间，做到趁热打铁。图 16-5 所示为济南铸造锻压机械研究所有限公司生产的 D53K-6300S-400/315 上抽芯式径-轴向辗环机。

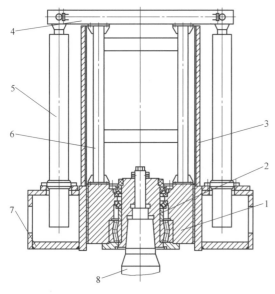

图 16-4　上抽芯装置结构

1—上轴承座　2—轴承内套　3—导向柱　4—横梁
5—升降液压缸　6—拉杆　7—上支撑　8—芯辊

图 16-5　D53K-6300S-400/315
上抽芯式径-轴向辗环机

　　为提高径向轧制装置的刚度，济南铸造锻压机械研究所有限公司在 8m 辗环机上开发了四柱导向式主滑块结构，如图 16-6 所示。其主体结构由芯辊 2、芯辊上支撑座 3、芯辊下支撑座 17、主辊 1、主辊座 14、固定机架 11、移动机架 10、移动梁 9、上导柱 8 和下导柱 15 等组成。主辊座 14 和固定机架 11 分别固定在机身上，两根上导柱 8 将芯辊上支撑座 3 和移动梁 9 连接成一体。通过两根下导柱 15 将芯辊下支撑座 17 和移动机架 10 连接成一体。在芯辊上支撑座上安装上抽芯装置。上料时，芯辊提升。上料结束后，在芯辊平移液压缸 7 的驱动下，芯辊移动，对准芯辊下支撑座 17 上的座孔，此时移动梁 9 与移动机架 10 靠紧，芯辊插入下支撑座。主轧液压缸 13 施加径向轧制力，带动芯辊向主辊方向平移，对环件进行轧制。轧环结束后，芯辊提升，在辅助液压缸 12 的驱动下，料台 18 连同环件向远离主辊方向移动至合适位置，取下环件，准备下一个工作循环。图 16-7 所示为济南铸造锻压机械研究所有限公司设计的 D53K-8000-630/500 型径-轴向辗环机。

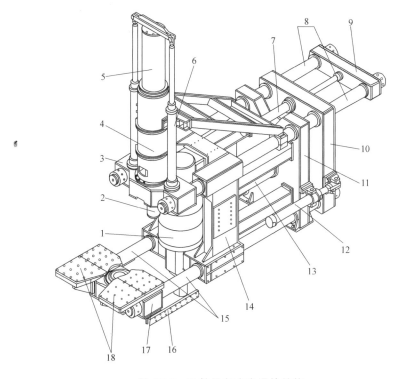

图 16-6　四柱导向式主滑块结构

1—主辊　2—芯辊　3—芯辊上支撑座　4—套筒　5—提升轴　6—提升液压缸　7—芯辊平移液压缸
8—上导柱　9—移动梁　10—移动机架　11—固定机架　12—辅助液压缸　13—主轧液压缸
14—主辊座　15—下导柱　16—支撑导轨　17—芯棍下支撑座　18—料台

16.2.3　轴向轧制装置

　　图 16-2 的右侧部分是轴向轧制装置。由轴向机架 12、上滑块 16、压下液压缸 13、平衡缸 14、随动液压缸 18、上锥辊 11、下锥辊 9 和电动机 15 等组成。上锥辊安装在上滑块上，在压下液压缸的驱动下将环件向下压下锥辊，上、下锥辊分别由各自独立的电动机经两级齿轮减速器分别驱动。轴向机架上安装有滚轮，在随动液压缸的驱动下整个轴向轧制装置可以沿着机身上的导轨运动，其上安装有位移传感器，以测量轴向轧制装置与主辊之间的距离。

在轧制过程中，环件壁厚和高度减小，直径增大，根据环件直径的实时测量结果，控制随动液压缸的供油量来控制轴向轧制装置的移动速度，使之与环件直径增大的速度匹配。

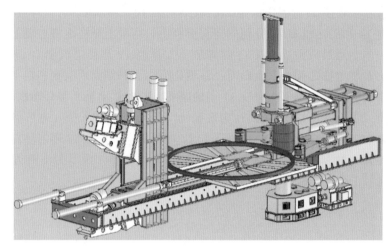

图 16-7　D53K-8000-630/500 型径-轴向辗环机

16.2.4　测量装置

测量装置布置在上、下锥辊之间（见图 16-2）。如图 16-8 所示，导杆 5、后梁 11、前梁 3 及固定在前梁上的测量轮 1 等构成移动部分，导向座 6 和 9 构成固定部分。固定部分通过螺钉固定在辗环机的轴向机架上。活动部分沿环件直径方向运动，导杆与固定座之间滑动配合。辗环时，液压缸 8 杆腔进油，活塞杆向左缩入液压缸，移动部分带动测量轮压向环件。在辗环过程中，环件带动测量轮旋转。随环件直径增大，推动测量轮右移。

油缸内安装磁致位移传感器，通过测量油缸活塞的位移，来测量锥辊的锥尖与测量轮液之间的距离，它反映了环件在锥辊上的位置。此信号用于控制锥辊转速与主辊转速匹配，以及计算环件当前直径。

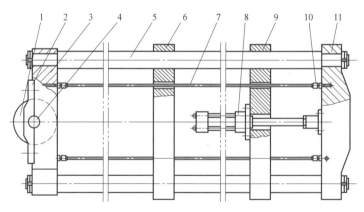

图 16-8　测量装置

1—测量轮　2—前盖　3—前梁　4—固定轴　5—导杆　6、9—导向座
7—金属管　8—液压缸　10—管接头　11—后梁

16.2.5　定心装置

如图 16-9，定心装置由液压缸 2、转轴 3、扇形齿轮 4、抱臂 6 和定心辊 7 组成。在液压

缸的作用下，抱臂 6 绕转轴 3 旋转，带动定心辊 7 从左右两侧抱紧环件。在辗环过程中，液压缸产生的推力使一对定心辊始终贴紧环件，并将环件中心始终稳定在机器中心线上。当环件直径增大时，壁厚减薄，环的刚度减弱，液压缸大腔的液压油从比例溢流阀排出，定心辊定心力相应降低，定心力使定心辊始终贴紧环件而又不将环件抱扁。

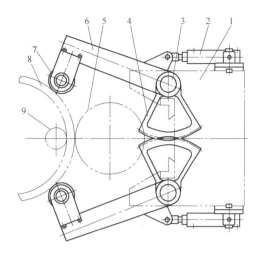

图 16-9　定心装置

1—主辊座　2—液压缸　3—转轴　4—扇形齿轮
5—主辊　6—抱臂　7—定心辊　8—环件　9—芯辊

扇形齿轮 4 起同步作用。德国瓦格那公司（Wagner）生产的辗环机取消了同步齿轮，通过液压伺服控制进行同步，即非刚性同步定心控制。

我国生产的 D53K 系列径-轴向辗环机的主要技术参数见表 16-1。

德国瓦格那公司（Wagner）的 RAW 型径-轴向辗环机的技术参数见表 16-2（摘自瓦格那公司样本）。

表 16-1　D53K 系列径-轴向辗环机的主要技术参数

型号规格	辗环外径 /mm	辗环高度 /mm	径向辗压力 /kN	轴向辗压力 /kN	毛坯最大 壁厚/mm	最大环件 重量/t	径向驱动 功率/kW	轴向驱动 功率/kW
D53K-800	400-800	60-300	1250	1000	200	1.3	280	2×160
D53K-1000	400-1000	70-300	1250	1000	200	1.5	280	2×160
D53K-1600	500-1600	70-350	1250	1250	300	2	280	2×160
D53K-2000	600-2000	80-500	2000	1250	350	3	2*280	2×220
D53K-2500	600-2500	80-500	2000	1600	400	3	2*280	2×250
D53K-3000	600-3000	80-500	2000	1600	400	3	2*280	2×250
D53K-4000	600-4000	80-700	2500	2000	450	5	2*315	2×315
D53K-5000	700-5000	80-800	3150	2500	550	8	2*355	2×355
D53K-6300	900-6300	100-1000	4000	3150	800	10	2*550	2×550
D53K-8000	1000-8000	100-1600	6300	5000	1000	20	2*730	2×730

表 16-2　RAW 型径-轴向辗环机的技术参数（摘自瓦格那公司样本）

机器型号 RAW	辗扩件			机 器			
	外径/mm 标准	高度/mm	质量/kg 最大	辗扩力/kN		驱动功率/kW	
				径向	轴向	径向	轴向
20/16-800/160	160~800	20~160	40	200	160	50	2×38
25/20-800/160	200~800	20~160	63	250	200	75	2×38
32/25-1000/180	200~1000	20~180	125	315	250	75	2×55

（续）

机器型号 RAW	辗扩件			机器			
	外径/mm 标准	高度/mm	质量/kg 最大	辗扩力/kN		驱动功率/kW	
				径向	轴向	径向	轴向
40/32-1250/210	200～1250	20～210	250	400	315	100	2×55
50/40-1400/250	250～1400	30～250	400	500	400	125	2×68
63/50-1600/315	250～1600	30～315	630	630	500	160	2×75
80/63-2000/400	300～2000	30～400	1000	800	630	200	2×110
100/80-2500/480	300～2500	30～480	1600	1000	800	250	2×140
125/100-3000/560	400～3000	30～560	2500	1250	1000	315	2×160
160/125-4000/630	400～4000	30～630	4000	1600	1250	400	2×200
200/160-5000/710	500～5000	40～710	6300	2000	1600	500	2×250
250/200-6000/800	500～6000	40～800	8000	2500	2000	630	2×315
315/250-7000/900	630～7000	40～900	10000	3150	2500	800	2×400
400/315-8000/1000	800～8000	40～1000	12500	4000	3150	1000	2×500
500/400-8000/1250	800～8000	40～1250	16000	5000	4000	1260	2×630
630/500-8000/1600	800～8000	40～1600	20000	6300	5000	1460	2×730

16.3　今后主要研究与开发的内容

16.3.1　开发小规格径-轴向辗环机及自动上下料设备

小型环件（外径<630mm）的应用非常广泛，现在国内一般采用立式辗环机、卧式径向辗环机及模锻工艺制造。与径-轴向辗环机相比，立式辗环机设备简单，一次投资少，配合闭式或半闭式模具，也可获得较理想的截面形状；立式辗环机上下料动作少、辅助时间短、生产率高；对于小规格环件，一般批量较大，不需要经常更换模具，恰好适应立式辗环机和卧式径向辗环机的工艺特点。我国生产的径-轴向辗环机尚未配备自动上下料设备。基于以上原因，市场对小型径-轴向辗环机的需求较少，国内还是空白。

利用径-轴向辗环机轧制矩形截面环件时不需要更换模具，适合多品种小批量生产，轧制环件的金相组织更好，如果配上自动上下料设备，其生产率将大幅提高，工作环境会大大改善。

16.3.2　研究辗环机的润滑和密封技术

辗环机主要用于热加工，工件、模具经常需要水冷，工作环境温度高、水雾大、氧化皮粉尘多，因此其润滑和密封非常重要。国产辗环机目前普遍存在润滑设计不够合理，润滑点的供油量分配不合理的情况：某些部位润滑不到位，造成设备故障，而某些部位过量润滑，造成润滑油浪费，设备不清洁。根据工作压力、温度、环境和寿命等要求，结合主机结构特点，研发新的润滑方案，改进摩擦副，改善密封结构，提高润滑效果是辗环机精细化发展的需求。

16.3.3　深入进行辗环工艺理论研究

深入进行辗环工艺理论研究、辗环试验，完善辗环工艺理论和技术，准确确定辗环工艺参数和轧制力、轧制力矩及功率之间的关系，为辗环机设计和控制提供理论依据。

16.3.4　环件轧制自动化控制技术研究

在轧环过程中，环件的截面形状和直径连续非线性变化，径向和轴向轧制同时进行、相互影响，环件的径向和轴向压下量等不能直接测量；材料的流动应力受环件温度、变形程度及变形速度多因素影响，许多材料的流动应力还缺少试验数据。这些因素使轧环过程控制非常复杂。需要辗环机设备制造厂、高等院校密切结合，研究轧环工艺理论和轧环控制数学模型，努力达到一键式轧环启动，实现轧环全过程不需要人工干预，降低对操作工的要求，进一步提高轧环精度和产品的稳定性。

16.3.5　研究异型截面环件的轧制技术

轧制异型截面可以减少机械加工余量，提高材料利用率，合理分布环件的金属纤维。需要优化预制坯工艺和轧制成形工艺。

16.4　径-轴向辗环机的发展趋势

16.4.1　提高轴向轧制部分的能力

提高轴向轧制部分的能力，对于轧制壁厚较大的环件，可以降低对于环件毛坯的制坯高度要求，提高环件端面平整度，减少端面凹陷、鱼尾等缺陷，缩短轧环时间，减少火次，提高成品率和产品稳定性。

16.4.2　辗环车间的自动化

人工成本越来越高，对于劳动环境的要求越来越高。从毛坯加热、镦粗冲孔到辗环的整个过程，目前基本上都是人工操作，通过装取料机和行车对工件进行转移，完成上下料。需要人工较多，生产节拍低，影响产品的稳定性。需要研发自动化机械手、自动化和智能化轧制控制技术，力求做到从毛坯加热出炉到辗环机环件下料整个过程的车间自动化。

16.4.3　定心系统采用非刚性同步定心技术

随着液压伺服技术和电气自动化控制技术的发展，定心系统的两个抱臂的液压同步问题得以逐步解决。采用非刚性同步，减少同步齿轮，可简化辗环机的结构，降低成本，并有助于提高薄壁类环件轧制的稳定性和环件精度。

第17章 CHAPTER 17
大中型高性能旋压装备

西安航天动力机械厂　韩冬　杨延涛

17.1　旋压技术简介

旋压技术是一种综合了弯曲、挤压、拉深、横扎及滚压等多种工艺特征的少无切削加工的精净成形加工工艺。旋压成形是借助旋轮或者擀棒、压头等工具，对随同旋压芯模转动的金属板坯或预成型坯料做进给运动并施加压力，使其产生连续的局部塑性变形，并最终成形为薄壁空心回转体零件的工艺过程。旋压技术的专利最早于德国产生（见图 17-1），美国 1840 年左右开始了旋压件生产，并在之后出版了一些专著，如 1912 年的《Matlel Spinning principles of the art, and tools and method used》。

由于外力在坯料上的作用面很小，且应力较为集中，属于点变形，单位压力较大，但总体成形力较低，所以可以用较小吨位的旋压机床加工较大尺寸的零件，尤其是无缝空心锥体、筒形件及半球体等零件，并且性能、精度极好。金属旋压工艺具有以下显著的特点：成形设备简单、坯料来源广，能够加工性能比较差的金属材料；旋压时金属的变形条件好、零

图 17-1　德国 Leifeld 公司早期生产锥体、缩径的小型旋压机

件尺寸公差较小、材料的利用率极高，制品表面质量和力学性能显著提高；能够检验坯料缺陷、生产率高以及适用产品范围广、成本相对较为低廉等。这些特点使得旋压技术在现代金属材料机械成形领域有着很广泛的应用范围和极广阔发展前景。近年来，随着旋压成形理论的进一步完善和计算机仿真技术的快速发展，旋压技术取得了跨越式发展，在传统的轴对称（回转体）空心零件的基础上，三维非轴对称零件、非圆截面零件、横齿件（带轮）以及纵齿件（内齿轮、带内筋筒形件）的旋压成形工艺不断涌现，突破了旋压技术传统意义上只用于生产轴对称、圆形横截面及等壁厚产品的限制，极大地拓宽了旋压技术的理论领域和应用范畴。如今的旋压技术已广泛应用于航天航空、兵器、船舶、冶金、核电、化工、车辆及家电等金属精密加工技术领域。

17.2　旋压技术发展现状及国内外差距分析

17.2.1　旋压技术发展现状

旋压技术可能最早起源于我国公元前约三千五百年到四千年的殷商时代，而金属旋压技术大约产生于公元十世纪的中国，唐代的一些银制器具有普通旋压成形的痕迹，该技术于十三世纪左右传到了英国和其他欧洲各国，最早的旋压技术所使用的擀棒为木制，且为人力驱动。随着技术的不断发展，现代旋压技术的动力提供逐渐由人力过渡到了电力，旋压的工具也由木质的擀棒发展成为金属旋轮。

20 世纪中叶以后，由于对厚壁板料成形精密零件的迫切需求，导致了大功率和自动化旋压机械设备的设计和研制。由于航天、航空领域发展的需要，英国、美国、法国和德国等

国家大力研发金属旋压技术，在工艺方面积累了大量的生产科研经验，并且开展了对旋压工艺参数的系统研究，从而开创了现代旋压技术的新纪元。

20世纪80年代以来，国外工业发达国家的金属旋压技术已经趋于成熟，其旋压设备已经定型、工艺流程稳定，旋压技术广泛应用于工业生产的各个部门。众多的工业强国，如英国、美国、德国、日本以及俄罗斯等，在工业生产中均已普遍采用金属旋压工艺，产品覆盖了军工和民用生产的各个行业，不仅促进了航天、航空、火箭导弹和人造卫星等尖端技术的发展，而且在常规兵器、冶金、机械制造、电子以及轻工民用部门也是一种产量较大、应用较广的技术装备和产品。与此同时，旋压设备也朝着大型化、系列化、高精度、多用途和自动化的方向发展。

其中，美国制造旋压机床的能力最强，产量最大，在航空航天领域应用也最多。如"民兵"固体导弹第一级发动机壳体、"大力神ⅢC"固体发动机端盖、登月舱燃料箱封头及航天飞机固体助推器壳体等均采用了强力旋压工艺。美国生产旋压机床的公司主要有洛奇-希普莱公司（Lodge Shipley）、辛辛纳蒂公司（Cincinnati）、赫福德公司（Hufford）和 Spinn-craft 公司，其旋压设备倾向于大型化、强力化，如赫福德公司生产的大型立式240型旋压机可旋压直径为6m的封头，并且主要应用于航空航天产品零部件的加工。

我国对于旋压技术的研究始于20世纪60年代末，源于航天技术的发展要求，参与研究的单位有航天工业科研院所以及设备制造商等。经过近60年的时间，国内旋压技术理论与工艺均得到较快的发展。进入20世纪70—80年代，以航空、航天及兵器为主要产品的旋压加工成形，推动了强力旋压技术的深入发展。20世纪90年代后期，大口径容器封头旋压行业迅速崛起，以及对于普通旋压技术的深入研究，促进了旋压技术成形产品由军品向民品的深化与转变，拓宽了旋压技术的应用领域。进入21世纪，基于旋压技术少无切削的加工特点，及其具有的成形力低、成形工具简单、材料利用高及制品性能优等技术优势，使其在民用行业得到了井喷式应用与推广。旋压产品涉及国民经济的各个方面，开发出了各种机械的壳体与罩体、各型灯罩、船用球状播风体、矿用液压支柱缸体、电解铜箔用大直径钛合金阴极辊筒体、复印机铝鼓基、景观灯杆、高级小号号嘴及气瓶瓶胆等上千种产品。

我国旋压设备的制造与研究相对于旋压工艺及理论一度发展缓慢，设备制造的瓶颈与我国装备制造业的发展现状密不可分。近二十年来，随着我国装备制造业的迅猛发展，在机电一体化、精密制造、液压及电气控制等方面对于国外先进技术的追赶，特别是20世纪90年代末，随着计算机技术的广泛应用，国内的设备研发技术人员摆脱了以往仿制国外设备的方法，逐渐的汲取学习国外先进经验，走上一条自主研发、制造及使用的成长道路，并且成功攻克并研制了一批集国际先进的数据系统、液压系统，特别是突破了液压仿形跟踪、重载荷直线导轨和电液伺服等关键技术。

17.2.2　国内外旋压技术发展差距

作为现代旋压技术的起步，我国较西方国家晚的多。当西方国家的旋压技术已经广泛用于军工和民用各个领域的时候，我们国家从20世纪60年代开始才首次提到旋压技术。旋压技术在我国的发展与航空航天的制造需求密不可分，国内最早研制旋压机的单位有中航工业北京航空制造工程研究所（625所）、长春设备工艺研究所（原兵器55所）、西安重型机械研究所和青海重型机床有限责任公司（原青海重型机床厂）等单位。20世纪70年代末期，根据航天工业的需求，由航天工业部、航天科技集团公司第四研究院（以下简称航天四院）和武汉重型机床厂多家联合研制出60吨W-029型卧式双辊轮强力旋压机，可以实现直径达

2.6m 的圆筒和封头旋压，旋压方式为液压仿形结构、双辊轮实现压力同步。这是我国成功自主研制的第一台大吨位强力旋压设备，标志着我国已经打破西方国家的垄断，具备设计制造大吨位强力旋压机的实力。经过 40 多年的发展，我国旋压设备和旋压工艺技术的发展迅速，在很多技术领域已经赶上发达西方国家，如旋压机构、数控控制、友好人机界面和安全机构等。广泛应用于航空航天、兵器及船舶的卧式三滚轮强力旋压机制造水平已接近德国，赶超西班牙、俄罗斯等国家。旋压产品普遍用于高端航天科技等军事工业领域。如固体火箭发动机金属壳体喷管、导弹仪器舱、飞机发动机头罩及太空储能罐等。

我国旋压技术和旋压设备发展的第二个里程碑是由原航天四院 7414 厂和北京航空制造工程研究所通过 10 年共同努力，联合设计、制造并安装使用于 SY-100L 型 100t 三轮立式 CNC 强力旋压机。该旋压机单轮纵、横向旋压力可达 100t，实现 35mm 厚毛坯的旋压成形，筒形件旋压高度可达到 3.5m 以上；旋压成形精度较高，旋压工件壁厚差小于 0.20mm，直线度为 0.2mm/m，同时可实现在线监控、三旋轮零合力控制及进给速度可调等，部分功能达到国际先进水平。SY-100L 型 100t 三轮立式是国际为数不多的大吨位立式旋压设备，标志着我国旋压装备产业已具备大型化、重型化和高精度商业化制造能力。

尽管我国在旋压技术方面发展迅速，成绩显著，但在高精度旋压工艺和旋压装备制造方面与美国、日本和德国等西方先进国家相比还有一定差距，主要表现在以下几个方面：

1) 大型化差距。国内旋压制件相对较小，欧美国家和俄罗斯在 3m 及以上直径圆筒或封头旋压方面技术力量雄厚，旋压产品精度、可靠性较高，如美国利用对轮旋压技术可以旋压出"民兵"固体导弹第一级发动机壳体、"大力神ⅢC"固体发动机端盖、登月舱燃料箱封头及航天飞机固体助推器壳体等零件。赫福德公司生产的大型立式 240 型旋压机最大旋压圆筒直径为 4.4m，可旋压直径为 6m 的封头，而我国最大旋压圆筒直径为 2m 左右，最大旋压封头为 4m 左右（无芯模两步法、一步法）。美国可以实现应用于铜箔制造的阴极辊钛合金圆筒热旋直径为 2.7m，品质优良，我国旋压钛合金热旋最大直径为 2m。

2) 西方发达国家可利用专用旋压设备实现多种金属气瓶热旋收口、汽车轮毂旋压系列化和批量化生产，我国国产设备在系列化和批量化生产方面差距很大，在专用旋压设备制造技术方面也有一定差距。

3) 我国在研究旋压技术和设备比较领先的军工企业和高校，如西安航天动力机械有限公司（原 7414 厂）、北京航空制造工程研究所、西北工业大学、西安交通大学等单位，在对轮旋压这一先进成形领域做出了一定的研究，取得了一定的进展，但形成制造工艺一体化生产还有较大差距。

17.3　旋压设备的分类及特点

我国对于旋压设备的研制始于 20 世纪 60 年代，为了解决某些军工产品的加工难题，开始尝试采用旋压技术加工相应的产品，同时也开始了对不同型号旋压设备的论证与制造研究，但是由于我国装备制造业整体落后的事实，直至 20 世纪 90 年代初，我国设计制造的旋压设备基本上都为液压仿形。这种机床的控制精度较差，所采用的电器、液压控制元件性能较差，工序道次较多，对于曲面复杂的零件，这种机床的加工效率极低且存在较大的功能缺陷，但是这类机床也具有许多的技术优点，其经久耐用、抗冲击振动、抗负荷过载能力强，能够适用各种恶劣的工况，经过不断地维修整改，这些机床现在有不少仍在承担着大量的科研生产任务，30 多年来为我国的航空航天事业做出了突出贡献。

结合近年来旋压设备的发展状况，根据旋压机的功能和机构对旋压设备大致进行了如图17-2 所示的分类。

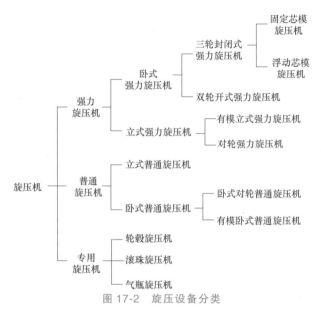

图 17-2　旋压设备分类

随着计算机技术的发展，各种进口元器件的大量采用，在综合吸收已经研制开发旋压设备的基础上，我国设计制造出集国际上最先进的数控系统、液压系统、机械系统以及各种高端元器件于一身的完全代表了国际先进水平的旋压设备，逐步实现了旋压设备由液压仿形到全数控的转变。

数控旋压设备的主要系统包括以下几个方面。

1. 数控系统

广泛采用国际上最先进、最流行的数控系统，如西门子 840D、FANUC 及 EZMotion-NC E60 等（见图 17-3a），控制轴数多，控制精度高，性能稳定可靠。采用内置可扩展 PLC，通

a)

b)

图 17-3　数控系统和液压系统

a）数控系统　b）液压系统

过分布式输入/输出设备实现开关量的采集和控制。采用超薄的 TFT 彩色监视器，所有的机床参数、实时信息及报警文本等都可在上面显示，系统具有友好的人机界面。系统还提供了多样化的控制方式，充分的软件选项，以满足不同用户的需要。

2. 液压系统（见图 7-3b）

采用电液伺服阀或比例伺服阀，频响高，可实现全闭环控制。电液伺服阀、伺服液压缸适应于高精度旋压，比例伺服阀综合了比例阀和伺服阀的优点，成为数控旋压机床电-液转换的较为合适的控制元件。

3. 主轴系统

主轴系统包括主轴箱、主轴、轴承及传动电动机等部件（见图 17-4），主轴箱采用结构件焊接或整体铸造，根据设备的功能和成本选取，对于重载荷、高精度的要求，一般采用整体铸造方式。轴承采用国外进口的 FAG、SKF 等名牌产品，可靠性更高，对于大型重载设备，可专门定制洛阳 LYC 轴承有限公司和瓦房店轴承集团有限责任公司的产品，我国研制的重载荷高精度向心推力轴承和滚动导轨等旋转传动部件，提高了整个设备的精度和可靠性。传动电动机可采用交流变频或直流调速，变频器多采用进口产品，可以实现恒线速度和恒扭矩旋压。

a)　　　　　　　　　　　　　　b)

图 17-4　主轴系统和机械传动系统

a) 主轴系统　b) 机械传动系统

4. 机械传动系统

有些旋压设备的机械传动使用纵横向滚珠丝杠，丝杠传动相对于液压传动具有控制、安装简单，成本较低的特点，丝杠传动多用于小型轻载荷旋压，也普遍适用于三滚轮横向进给的传动。

导轨是机械传动的主要零部件，一般采用滚动导轨、滑动导轨或静压导轨。由于采用光栅尺位置反馈，从理论上来说，导轨的形式不影响机床的精度和系统的稳定性。在对进口设备、国产设备的技术改造中，由于原设备滑动导轨的压比较大、磨损严重及结构限制，无法增大导轨面积，这时可通过增加滚动块，采用滚滑复合导轨形式减少滑动面的载荷。在中小吨位设备上，基本采用滚动导轨，简化机械结构。对三旋轮设备，通过检测各个旋轮的载荷，调整进给量，达到三个旋轮力量的均衡，可以减少对机床主轴的损害，提高零件的成形精度。对两旋轮设备，中小吨位采用三伺服轴方式，以提高两轮的纵向同步精度；由于纵向导轨存在较大的倾覆力矩，所以导轨需要加强，并尽量增加纵向尺寸。大吨位则采用四轴伺服方式，以改善纵向导轨的受力条件，两纵向的同步由电气系统保证，可以达到 0.03mm 的水平，满足使用要求。

其他元器件，如光栅尺、位移传感器及旋转编码器等多种位移、位置反馈元器件，都是数控旋压设备的必备元器件。

17.3.1　旋压设备的一般特点

1. 旋压工艺对设备的要求

（1）工艺可行性对设备的要求　根据对所设计的旋压设备加工零件的调查、统计和分析结论，明确该旋压设备所能达到的工艺可行性。工艺可行性的程度决定设备类型、性能、结构和控制方式等。一般来说，生产旋压件品种多、数量少或小批量旋压件的设备，其工艺可行性较大，能完成多种工作，具有一机多能的特征，因而技术性能比较宽泛，进给速度范围大，尺寸参数充裕、附件多，该类设备多为通用设备。反之，对于单品种、大批量生产的情况，即为某一特定工艺目的服务的设备，其工艺适用性窄，通常多为专用型设备，结构单一、技术成熟、效率高、成本低、自动化程度高，这类设备多为专用设备。

（2）旋压件的变形性质对设备的要求　根据对加工零件的形状、尺寸、精度和材料力学性能等方面要求的统计和分类，可较合理地确定旋压变形性质，即决定采用普通旋压，还是采用强力旋压，或者两者联合运用，甚至需要两者分别或同时与其他工艺方法（如拉深、爆炸成形、挤压或轧制等）联合运用，从而确定选用设备的类型。

一般来说，普通旋压仅局限于加工一些塑性较好和壁厚较薄的材料，适用于加工各种锥形、筒形、半球形及曲母线形零件，也可进行翻边、卷边、搭边、缩径和滚筋等成形。因此，所需设备动力和刚度较小，但要求旋轮在工作中可做往复摆动（见图 17-5）。

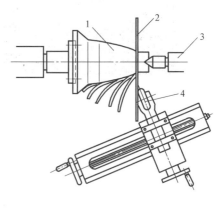

a)　　　　　　　　　　　　　　　　b)

图 17-5　普通旋压设备及成形原理
a）普通旋压设备　b）成形原理
1—主轴（芯模）　2—坯料　3—尾顶　4—旋轮

强力旋压（见图 17-6）可使毛坯厚度显著减薄，且适用于加工多种具有较好塑性指标的金属材料，实现锥形件、类锥形件和筒形件的旋压，要求设备具有较大的功率和刚度。显然，普通旋压设备功率较小，一般难以用于进行强力旋压加工，而开式双辊轮、单滚轮强力旋压设备具备普通旋压加工能力。

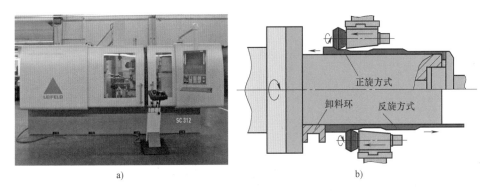

图 17-6　强力旋压设备及成形原理

a) 卧式强力旋压设备　b) 成形原理

（3）旋压件的形状特点对设备的要求　旋压方法所能加工零件的形状可以是锥形、筒形（管形），曲线形和复合形（锥形-筒形、锥形-曲线形及筒形-曲线形的组合形状）以及旋压件上是否附加有筋和凸缘等（见图 17-7）。这些筋的数量、高度、形状、分布情况以及筋是在外表面还是内表面，凸缘的高度、厚度和精度等不同情况，都与旋压方法有关，因此对旋压机和工艺装备各有不同的要求。例如，用于主要旋压筒形件的旋压设备，多采用框架式内力旋压结构，一般选用卧式三旋轮强力旋压方式；对于锥形件、变壁厚封头件可采用减薄旋压方式，旋压设备选用双辊轮强力旋压设备；对于复杂型面回旋形零件可选用普通旋压方式，内部带有筋板的零件采用内旋法，还有一些零件需要普通旋压+强力旋压的复合式旋压方法，则采用双辊轮强力旋压设备完成。

（4）旋压工件材料不同对设备的要求　由于材料的力学性能、牌号及热处理状态不同，会涉及旋压工艺参数、工艺方法、工装设计、工艺规程的制定及对旋压机性能的不同要求。例如，对普通铝、钢及铜等材料，可在室温下进行旋压加工，而对钨、钼、铌、钛及其合金和一些高强度金属材料，在室温下难以旋压，在高温下具有较好塑性，因此需要加热旋压。这样，在设备上设置有加热装置，需考虑设备直接受温零部件的材料选用和热变形等问题，也就是说，要求设备具有冷却和热防护措施。此外，有的材料成形时需要润滑和冷却，有的工件可一道次旋成，有的则要多道次旋压并需进行中间退火处理等等，这些都将不同程度地影响到设备结构。

综上所述，通过旋压件的形状特点、材料种类、精度要求及生产批量等的工艺分析，再决定采用何种旋压方法、毛坯形式、工艺流程和工艺装备等，进一步确定旋压设备的类型、吨位和规格以及是否需要进行其他工序。因此，工艺分析是选择设备使用的主要依据。

（5）强力旋压工艺对设备的要求　由于强力旋压和普通旋压的工艺（变形）性质的不同，因而其设备结构、技术参数以及控制方式等方面是不尽相同的。对于强力旋压，在工业中的应用更具有社会价值。强力旋压的工艺特点对其设备提出了一些相应的要求：

旋轮架为成形旋轮提供足够的径向力和轴向力，主轴为旋压成形提供相应的扭矩和功率。

由于旋压件的壁厚精度是通过旋轮与芯模之间的间隙大小来实现的，旋压设备应具有足够的系统刚度，在旋压过程中应尽量减小在旋压中的主轴、芯模与旋轮的挠度、偏摆与振动等。

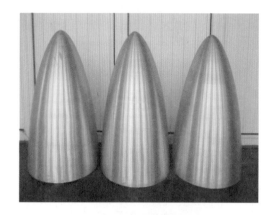

图 17-7　航天制造业典型旋压零件

　　尾座提供足够的顶紧力，因为在旋压过程中，毛坯与芯模之间的相对转动不利于变形的均匀性和工件表面质量。

　　强力旋压是一种逐点变形过程，通常要求每道旋压要依次连续进行，中间不得停顿，否则重新继续旋压时在衔接处的工件表面上会出现压痕，造成不均匀、不光滑的痕迹。因此，其工艺对设备的要求是应具有保证旋压过程能连续与均匀进行的电气和液压控制系统。

　　为了减少或消除旋压时作用于主轴的弯矩，改善轴承的受力情况，减少芯模的挠度与振动，一般要求旋压机（尤其大、中型的）旋轮相对主轴轴线为对称布置，以平衡旋压径向分力。

要求具有实现旋压过程中保持芯模（工件）表面的旋转线速度、旋轮每转进给量和旋轮对工件的攻角不变。在旋压过程中，单位时间内金属流量不变，同时使加工过程更加稳定，工件表面质量均一。

配备必要的附加装置，如毛坯上料装置、对中装置、工件卸料装置、芯模与工件的加热装置、芯模的磨削装置及适时监控装置等。

（6）普通旋压工艺对设备的要求　普通旋压的旋压力较强力旋压小得多，因此主轴功率和尾座顶紧力也较小，对设备刚度要求也较低。普通旋压需要设备满足如下要求：

主轴转速要高，以利于材料的成形。

旋轮进给要快，以利于材料的收缩。

旋轮为断续的往复摆动运动，要求其轨迹能受人的意愿支配。数控普通旋压设备可具有自动记录的录返功能，先进设备具有普通旋压轨迹编程系统，便于实现工艺试验和修改。

为防止毛坯的起皱，必须加上反压轮支撑装置。

2. 旋压设备特点

旋压工艺具有轧制、冲压、胀型等工艺特点，旋压设备也具备这些成形方式的部分特点，如逐点成形、变薄成形等，旋压成形与其他成形方式类似，但旋压工艺又有区别于其他塑性成形的典型特点，即成形过程的旋转功能；旋压成形力相对要比其他方式小得多，因此旋压设备还具备符合自身的特点。

1）旋压设备具有车床的特性。旋压成形过程与车削加工类似，因此有主轴箱、旋轮座（刀架）及尾顶等系统。旋轮座的纵、横向进给与车床刀架相同，可以手工操作也可以实现数控操作，因此有人尝试用车床改造成普通旋压设备，也可以在刀架上安装上旋轮机构实现小型零件的强力旋压。旋压设备的工作形式与车床很相似，可以实现进给控制，其液压、机械、润滑、传动系统和导轨方式具体而微。

2）旋压设备具有机械加工设备的精度和锻压机床的刚度，属于重载设备范畴，又具有精密设备的功能。旋轮定位精度、重复定位精度均比一般锻压设备要精密得多，控制系统一般为闭环方式，属于精密重载设备。无论普通旋压设备还是强力旋压设备，在设备技术任务书中都有设备刚度的描述，为了保证足够的精度，旋压设备的刚度要远远优于普通机械加工设备，甚至可达到压力机的设计刚度。为了提高旋压设备的刚度，旋轮架设计成封闭框架结构。依据偏载和退让量 SY-100 型立式旋压机设计计算设计出设备总重量 500 余吨，在最大旋压力作用下退让量设计仅为 0.5mm，属于典型的高精密重载设备。

3）旋压设备具有多工位、多功能等特点，主要功能属于塑性成形设备，既有热成形又有常温成形的功能，旋压工艺可实现单辊轮、双辊轮或多辊轮的单动或联动，也可实现普通旋压收口翻边的辊轮架的旋转移动功能。除此之外，旋压设备还具有一些通用加工设备具备的辅助功能，如上下料装置、辅助加热装置、在线测量反馈及辅助切边装置等。

17.3.2　旋压机的结构

旋压机的结构形式和类型是由其适用性（即专用还是通用）、所加工零件的形状尺寸、生产率和成本等方面的因素决定的。

按其主轴所处空间位置，可分为卧式和立式两种。一般来说，大型重载强力旋压机以立式为主，中小型强力旋压机或普通旋压机以卧式为主，根据工件加工的方式而定，没有固定模式。

这两种结构形式的设备各有其优缺点。

1）立式结构的优点：设备具有一定高度空间，便于模具和工件的装卸和操作；可实现多旋轮错距旋压；主轴形式类似立式车床，立式旋压机在工作过程中不会产生因旋压芯模的自重而产生弯曲，适用于大型、较高精度的旋压；设备占地面积相对较小，有利于将其安装在生产线上使用。

2）立式结构的缺点：在结构尺寸相同的情况下，旋轮架的导轨刚性比卧式的差，因此设备较为笨重。设备设计制造的难度较卧式大，尤其是主轴系统承载大、设备安装维修都有难度；基础工程造价较高；上下料操作复杂、安全系数较低。

卧式旋压机的优缺点正好与立式旋压机相互对应，恰好相反。

17.3.3　典型旋压机的结构介绍

旋压设备的分类和结构各不相同，所加工出的零件也不同，典型的普通旋压设备均为卧式结构，分为单轮旋压设备和双轮旋压设备，它必须具备灵活操作的特点。强力旋压设备根据功能划分有很多种类，分为双轮开式结构（卧式）、双轮整体框架结构和多轮整体框架结构等，下面结合具体旋压机介绍几种典型结构。

1. 双轮开式强力旋压机

按照图 17-2 的分类，该类型旋压机具有一个显著的特征，即旋轮分布于两个相互独立的旋轮座体上，如图 17-8 所示。

旋压机主轴连接芯模 1 带动未经旋压的工件 2 主动旋转，左右对称分布的两个旋轮 3 依靠其旋轮座上的两个液压缸或丝杠带动向 i 和 n 方向运动，通过挤压工件 2，使其产生塑性变形，得到壁厚变薄、晶粒细化的产品 4。

（1）这种类型旋压机的特点　旋轮轴线与主轴轴线的夹角可以随着旋轮座角度的调整而改变，可以实现曲母线类、大角度锥形零件的强力旋压加工；可实现错距旋压，也可实现同步旋压，同步方式可以实现位置同步（位置传感器），也可实现压力同步（压力传感器），压力同步功能无法实现错距旋压；较容易实现加热旋压，可实现变壁厚封头类剪切旋压。

（2）典型设备举例

1）设备 1：W029 双轮卧式强力旋压机的旋轮座与主轴轴线夹角为 0°，适用于大型薄壁筒形件旋压，（见图 17-9a），也可以实现旋轮座与主轴的轴线成一定角度，适用于大型锥形件、封头零件旋压，如图 17-9b 所示。

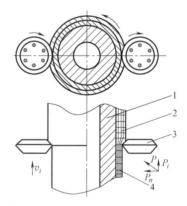

图 17-8　双轮开式强力旋压示意图
1—芯模　2—工件　3—旋轮　4—产品

W029 旋压机是我国目前吨位最大、加工直径最大的卧式强力旋压机，是 20 世纪 70 年代由航天工业部、航天四院和武汉重型机床厂共同设计制造，其主要参数见表 17-1。

2）设备 2：PT30501 双轮卧式 CNC 强力旋压机如图 17-10 所示。该旋压机纵、横向均采用电动机带动滚珠丝杠结构，旋轮摆角可实现 0°~70° 的摆动，可用于筒形件、锥形件、曲母线、球冠及小锥度筒形件的强力旋压与普通旋压。

a)　　　　　　　　　　　　　　　　b)

图 17-9　W029 双轮卧式强力旋压机

a) 直筒旋压模式　b) 封头旋压模式

表 17-1　W029 旋压机的主要参数

参　数	数　值
工件直径范围	500~2700mm
最大工件厚度	26mm
最大工件长度	正旋时,2500mm;反旋时,4000mm
旋轮角度是否可调	旋轮座可实现 0°~80°旋转,旋轮摆动角度为 0°~100°
驱动方式	液压缸
横向旋压力	600kN/轮
纵向旋压力	600kN
尾顶力	500kN,压力可调
主轴电动机功率	320kW
设备总功率	600kW
主轴转速	10~200r/min,可以实现无级变速
旋轮运行方式	液压仿形
纵向进给速度	5~300mm/min

图 17-10　PT30501 双轮卧式 CNC 强力旋压机

该旋压机是 2000 年期间由俄罗斯梁赞机床厂引入,主要用于直径小于 1000mm 的筒形件、锥形件和封头的制造,其主要参数见表 12-2。

表 17-2   PT30501 卧式 CNC 旋压机的主要参数

参　数	数　值
工件直径范围	50~1000mm
最大工件厚度	20mm
最大工件长度	正旋时,2200mm;反旋时,2300mm
旋轮角度是否可调	旋轮摆动角度为 0°~70°
驱动方式	纵、横向滚珠丝杠
横向旋压力	400kN/轮
纵向旋压力	300kN
尾顶力	300kN,压力可调
主轴电机功率	200kW
设备总功率	300kW
主轴转速	30~400r/min,可以实现无级变速
旋轮运行方式	数控 840D
纵向进给速度	5~300mm/min

3)设备 3:5m 级卧式强力双滑台旋压机如图 17-11 所示。它是博赛旋压团队研制的超大直径数控旋压设备,该设备采用双滑台、双旋轮、双刀库结构,既能完成大型筒形件的强力旋压,又能完成盘形零件的普通旋压。滑台可 45°、30°或 60°多种角度放置,双刀库可一次完成强力旋压及普通旋压的多功能需求,如精车模具、精车产品、卷边及反旋边等以前需多次完成的工艺。主要技术参数:毛坯最大直径为 5000mm,长度为 4000mm;旋压坯料厚度为 60mm($R_m \geqslant 650$MPa);主轴转速为 10~100r/min;Z 轴最大推力为 2×1000kN,X 轴推力为 2×1000kN,可调;Z 驱动方式为伺服电动机,X 驱动方式为伺服液压;定位精度为 0.02mm;卸料行程为 1000mm,卸料推力为 600kN。

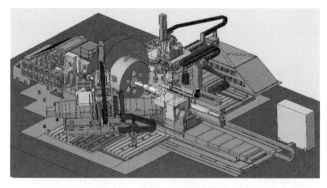

图 17-11   5m 级卧式强力双滑台旋压机

2. 封闭框架三轮卧式强力旋压机

该类型的旋压机具有一个显著的特征,即三旋轮座成 120°均布于一个整体的旋轮框架体上(见图 17-12),是一种广泛应用于中小直径筒形件旋压加工的设备。

3 个均布的旋轮和与其相连的座体安装于铸造的封闭框架上，在外驱动机构（丝杠或液压缸）的驱动下对旋压工件施加外力，迫使旋压工件产生塑性变形，实现加工产品的功能。

（1）这种类型旋压机的特点　由于旋轮座与铸造框架装配连接，旋轮轴线与主轴轴线的夹角一般不可以调整，可用于加工筒形件和小锥度回转体工件，但无法加工曲母线零件，也不利于加工锥度过大的工件。

由于铸造框架为整体结构，且 3 个旋轮成 120°分布，可以有效平衡旋压力，因此旋压加工过程中设备平衡性较好，可以实现较高的转速，产品质量一致性较为可靠。

操作简单、加工效率高，特别适用于中小直径筒形件的大批量加工。

（2）典型设备举例　ST560H 型封闭框架三轮卧式 CNC 强力旋压机如图 17-13 所示。

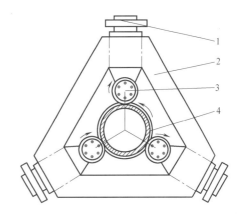

图 17-12　封闭框架三轮卧式强力旋压机示意
1—驱动机构　2—封闭框架　3—旋轮　4—工件及芯模

其旋轮座与主轴轴线夹角为 90°，适用于薄壁圆筒形件及小锥度筒形件的旋压加工。

图 17-13　ST560H 型封闭框架三轮卧式 CNC 强力旋压机

该旋压机是航天四院 2006 年由德国莱菲尔德公司引进，具有芯模保护、开机对各单元自动检测故障、自动诊断和过载保护功能，可实现 X 轴、Y 轴、Z 轴和 W 轴四轴联动直线圆弧插补等功能，属于目前国内引进的高质量旋压设备之一。主要用于中小直径筒形件及带台阶小锥度圆筒零件的旋压加工，其主要参数见表 17-3。

表 17-3　ST560H 型封闭框架三轮卧式 CNC 强力旋压机的主要参数

参　数	数　值
工件直径范围	65~560mm
最大工件厚度	16mm
最大工件长度	正旋时,2100mm;反旋时,4500mm
旋轮角度是否可调	否
驱动方式	纵向滚珠丝杠,横向液压缸

（续）

参　数	数　值
横向旋压力	300kN/轮
纵向旋压力	300kN
尾顶力	300kN，压力可调
主轴电动机功率	160kW
设备总功率	300kW
主轴转速	10～1000r/min，可以实现无级变速
旋轮运行方式	Sinumerik840D
纵向进给速度	5～300mm/min

3. 立式 CNC 强力旋压机

1000kN 大型立式 CNC 强力旋压机是由原航天四院 7414 厂与中航工业北京航空制造工程研究所联合开发设计制造的国内最大吨位、最大加工能力和最大规格的强力旋压设备。旋压机主轴为垂直于水平面方向，周围成 120° 均布 3 个带有纵向滑块的立柱；纵向滑块在液压缸的推动下沿主轴方向做进给运动，旋轮座固定于纵向滑块上，在横向液压缸的推动下做横向伸缩动作，改变旋轮与模具之间的间隙，进而达到控制产品壁厚的目的。

SY-100L 型三轮立式 CNC 强力旋压机如图 17-14 所示。旋轮座与主轴轴线垂直，适用于大直径圆筒的旋压加工，该旋压机是目前国内吨位最大的强力旋压机，其主要参数见表 17-4。

（1）这种类型旋压机的特点　国内最大的重载特种旋压设备，旋轮轴线与主轴轴线的夹角一般不可以调整，可用于加工筒形件和小锥度回转体工件。

三旋轮成 120° 分布，可以有效平衡旋压力，旋压加工过程中设备平衡性较好，可以实现较高的转速，产品质量一致性较为可靠。

图 17-14　SY-100L 型三轮立式 CNC 强力旋压机

由于设备高度较高，需要配以较为可靠的装、卸料工装以及更高的厂房和作业平台，安全性相对于卧式略显不足。

表 17-4　SY-100L 型三轮立式 CNC 强力旋压机的主要参数

参　数	数　值
工件直径范围	1800～2500mm
最大工件厚度	30mm
最大工件长度	正旋时，2500mm；反旋时，5000mm
旋轮角度是否可调	否
驱动方式	纵、横向液压缸
横向旋压力	1000kN/轮

（续）

参　　数	数　　值
纵向旋压力	1000kN
尾顶力	无
主轴电机功率	500kW
设备总功率	800kW
主轴转速	10～100r/min,可以实现无级变速
旋轮运行方式	西门子 840D
纵向进给速度	5～300mm/min

（2）典型设备举例

1）设备 1：1000kN 大型立式 CNC 强力旋压机是为了满足航天发展需求而研发的重要设备，为我国航天科技工业的制造提供了强大的技术与设备支持，填补了我国在大型数控强力旋压机制造领域的空白。该机采用立式结构和三旋轮均布结构（见图 17-15），主要用于材料为超高强度钢的超大直径筒体类零件的精密旋压成形。

通过进行人机界面的编程设计，实现控制和工艺创新设计（见图 17-16），主要功能有旋轮起旋的平稳旋转过程控制、变错距调整旋压控制、旋压过程的三个旋轮

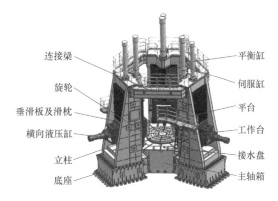

图 17-15　三轮立式强力旋压机的结构

压力自动平衡控制、旋压中断停止后自动恢复旋压加工控制、旋压工艺参数化编程、旋压工艺过程数据自动记录及故障诊断和旋压力安全保护等；采用人机界面的关键技术和易控 IN-SPEC 组态软件的特点，进行旋压控制的组态画面的编程设计，实现了管理画面、实时监控、设备调试、参数编程、操作向导、故障诊断及帮助说明等功能显示画面的编程设计。其中，旋轮压力自动平衡控制技术、旋轮压中自动断停止后自动恢复旋压加工控制、变错距调整旋压控制等多种关键技术为国内首创，达到国际先进水平。

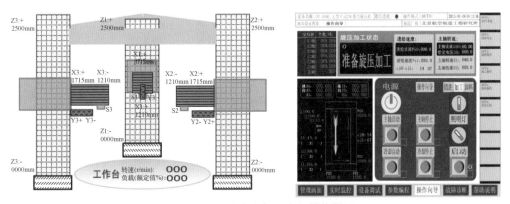

图 17-16　工作台坐标及人机操作界面

1000kN 大型立式 CNC 强力旋压机同时具有大型液压设备的大推力与数控机床的高精度，其设计制造的难度远大于普通的压力加工设备和单一的数控加工设备。该设备的研制成功对我国数控强力旋压设备自主创新能力的提高具有重大的推动作用，对提高我国大型高精度液压设备在国际市场的竞争力具有重要的意义，为解决制约我国制造业、军工行业的重大技术瓶颈问题，也为今后研制更高性能旋压机积累了设计和制造经验。

2）设备 2：3.6m 级立式多旋轮强力数控旋压机（见图 17-17）通过博赛团队的艰苦努力及业内外各专业人士的大力支持，于 2018 年初成功投入使用。通过加工产品、验证及测试，该机各项技术参数均达到设计标准和使用要求。它主要针对大直径的回转体及小锥度、曲母线零件进行正旋、反旋、内旋及内外旋等加工需求。可对直径为 1200~3600mm，壁厚为 80mm（高强度钢 $R_m \geqslant 650$MPa）的金属材料进行强力旋压加工。

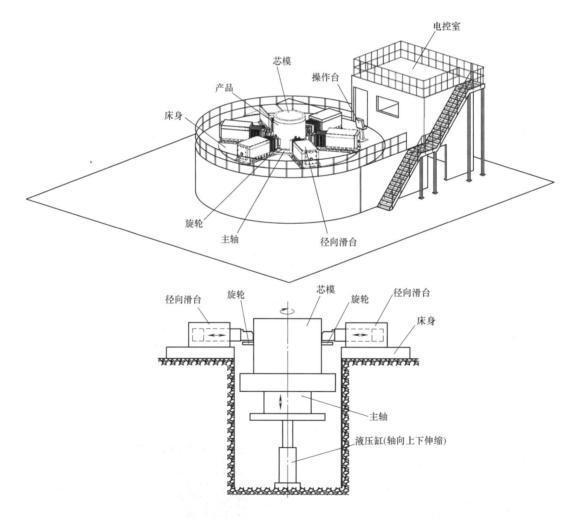

图 17-17　3.6m 级立式多旋轮强力数控旋压机

4. 对轮旋压机

"对轮旋压"方法是在强力旋压的基础上发展而来，它是用旋轮代替了传统芯模，采用几对旋轮同时对坯料内外表面进行加工。为了保证工件的质量以及工装受力的合理性，旋轮的对数一般选择三对或四对，而且沿工件的周向均匀分布，由于旋轮成对出现且对称分布，所以称为"对轮旋压"。其工作原理如图 17-18 所示。

对轮旋压技术在加工超大直径薄壁圆筒时具有显著优势，其特点如下：

1）相对于卷焊圆筒，消除了纵向焊缝影响，极大地提高了工件的性能，同时减少了壳体制造过程中的焊接、退火及探伤等工序，降低了制造成本。

2）不需要芯模，只需调整内外旋轮的径向位置就可加工设备能力范围内任意直径的管类零件，减少了芯模生产、管理的成本（约占总成本的 20% 以上），尤其在小批量生产中可极大地降低成本。

3）由于对轮旋压时旋轮成对出现，加工量由两倍旋轮完成，在相同的初始壁厚和变形程度下，旋压力为有模旋压时的一半，极大地降低了设备制造难度。因此，该工艺方法可实现单道次最大 90% 的冷旋压变形量时金属材料的力学性能仍然具有高的屈服强度和良好的伸长率关系组合。

4）由于金属变形区具有对称性，工件残余应力状态得到明显改善，内表面由内旋轮进行加工，筒形件的形状和尺寸精度较高，表面质量较好。

这种类型的旋压机主要用于超大直径筒形件的旋压，主轴为垂直于水平面方向，如图 17-18 和图 17-19 所示。

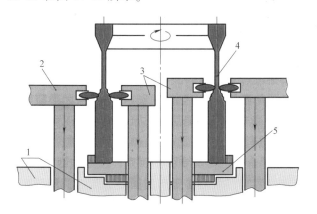

图 17-18　对轮旋压的工作原理
1—底座　2—外轮架　3—内轮架
4—旋压工件　5—主轴

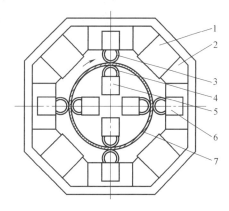

图 17-19　对轮旋压机的结构
1—纵向导轨　2—浮动框架　3、4—外内旋旋轮
5—内旋轮纵向液压缸　6—外旋轮纵向液压缸　7—工件

主轴中心及外围分别以 90° 均布四个带有纵向滑块的立柱，而原安装芯模的位置则由同类型四个带有纵向滑块的立柱和横、纵向液压缸代替，旋压机主轴仅带动工件旋转，在横向液压缸的推动下改变内、外旋轮之间的距离，进而达到控制产品壁厚的目的。

该类型旋压机主要用于大型固体火箭发动机助推器壳体的旋压加工，无须设计制作成本昂贵的旋压芯模，同时具

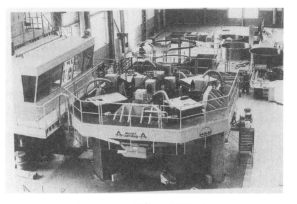

图 17-20　对轮强力旋压机

有加工吨位大、产品直径尺寸大的显著特征（见图 17-20 和图 17-21）。最早使用"对轮旋压"工艺的是美国拉迪斯（Ladish Forging）锻造公司，该公司已于 1978 年前后采用此工艺方法为美国罗尔（Rohr Industries）公司成功制造出了多件两端带内外凸台的 $\phi3700 \times 4200$mm 圆筒，并成功应用于航天飞机固体助推器火箭发动机的金属壳体制造。该公司拥有世界上最大的对轮旋压设备，其能够加工直径 $\phi960 \sim 4400$mm 的薄壁圆筒，旋压工件最大长度为 5000mm，冷旋成形壁厚公差为 ±0.1mm。目前美国战神火箭和可重复使用的固体火箭发动机壳体的制造也采用此项关键技术。

德国 MT（MAN Technology）公司从 1985 年以欧洲航天局阿里安 5 号火箭助推器壳体研制为牵引，启动了大直径圆筒"对轮旋压"成形新方法的研究工作。

图 17-21　对轮旋压毛坯及圆筒实物

该类旋压机的显著特点，设备吨位大，最大可达 200t；加工直径范围大，最大可达 8000mm，是大型强力旋压机的发展方向。表 17-5 列出了德国 MT 公司对轮旋压机的主要参数，该设备由位于多特蒙德的蒂森机械工程公司负责建造。

表 17-5　MT 公司对轮旋压机的主要参数

参　数	数　值
加工工件直径	2400~3200mm
毛坯壁厚	≤80mm
起旋高度（旋轮纵向行程）	≤1800mm
进给比	0.2~4mm/rev
轴向快速移动速度	500mm/min
径向进给速度	≤15mm/min
花盘转速范围	2.4~24r/min
功率	≤1300kW
旋轮径向力	≤1600kN
旋轮轴向力	≤800kN

5. 数控普通旋压机和专用旋压机

这一类型的旋压机往往结构精巧、功能齐全，数控及自动化程度高，有些是集剪切、拉深、翻边等强力旋压和普通旋压于一身的多功能机，而有一些则是专门针对某一特定产品开

发的专用旋压机，如内齿轮旋压机、轮毂旋压机、带轮旋压机及气瓶旋压机等，种类繁多、
产品单一，但效率极高，已经广泛应用于各个行业。类似多轴的数控加工中心，旋轮能够自
动偏转较大的角度，并具有多个旋轮库，能够实现自动更换旋轮；主轴的转速也比较高，达
到 800r/min 以上，旋轮能够实现快速地往复及摆角动作，如图 17-22 所示。

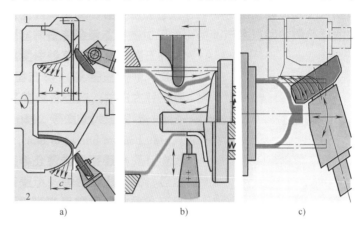

图 17-22　普通旋压机和专用机旋压示意

a）翻边　b）收径　c）气瓶收口

数控普通旋压机或专用旋压机通过数控编制程序能够用以快速旋压加工成形曲母线、异
形件的薄壁零件，具有加工效率高、成形精度高及制造成本低廉的显著特征，代表产品多种
多样，且采用其他加工方式难以加工或成本高昂，如图 7-23 和图 7-24 所示。

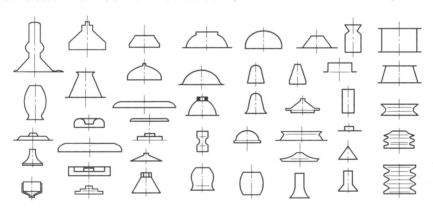

图 17-23　常见的普通旋压产品示意

图 17-24　普通旋压产品实物

图 17-24 普通旋压产品实物（续）

专用机或普通旋压机因功能而异，结构多种多样，如图 17-25 所示。

综上所述，旋压设备的类型多种多样，功能也不尽相同，而且各有所长，很难进行精确而详细的分类，并且随着以航天工业为主体的军工制造业的突飞猛进的发展，对复杂零件的需求以及旋压工艺技术的不断进步，会衍生出越来越多形式的旋压设备。因此，旋压工艺技术要求根据不同的旋压产品选用适合的旋压设备及工艺方案，能取得事半功倍的效果。就薄壁筒形件的旋压加工来说，往往需要依据筒形件的旋压力计算最大旋压力，来确定选用哪一台设备，以确保获得安全可靠的工艺方案。

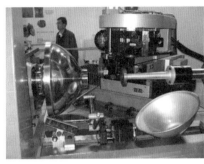
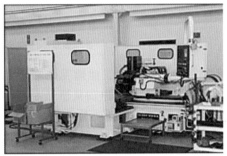

图 17-25　普通旋压机或专用机

17.4　旋压设备的发展趋势

旋压设备同其他制造设备一样，其发展与制造产品的价值和质量必然相关，新一代军事工业的发展需求为旋压设备提高了良好的发展空间，智能化、信息化的利用为高性能专用旋压设备的制造提供了保证。例如，在对轮旋压技术方面，我国和西方国家的差距还很大，近年来，西安航天动力机械有限公司、北京航空制造工程研究所、西安交通大学和西北工业大学等科研院所在对轮旋压技术方面进行了很多有益的尝试，积累了相当的经验。随着我国对特种金属大型薄壁旋压零件的需求刺激下，对轮旋压将会在航天科技领域得到领先研究和运用。随着旋压技术作为一种近净成形工艺得到越来越多的重视，旋压技术与设备的发展也会日新月异，呈现出新的特点与趋势。

17.4.1　自动化

20 世纪 90 年代前，制造的旋压设备以机械仿形人工控制为主；进入 21 世纪以来，数字化技术的发展为旋压设备的自动化提供了良好的空间，通过自动化生产能够降低人为操作的失误因素，提高旋压产品的一致性。自动化作为装备制造业发展的最主要的特点，在旋压设备发展中的优势更为明显，尤其是随着高性能伺服电动机以及控制系统的发展，旋压设备的自动化程度也越来越高，同时一些特殊功能辅助的工装配置也极大地提高了旋压机的自动化程度，如自动化的毛坯托架、刀具补偿系统及装卸料机器人的应用等会越来越多地应用在旋压制造领域。

17.4.2　智能化

随着计算机仿真技术、模拟技术与绘图技术的发展，旋轮的轨迹设定与计算、旋压力的设定以及毛坯的设计等更多地依靠计算机进行预先计算，这一特点在普通旋压轨迹的设定时优势明显。可通过计算机的即时计算与反馈，在旋压过程中对旋压工艺参数进行即时修改与补偿，可实现旋压过程的智能化控制。另外，CAPP借助计算机软硬件技术和支撑环境，进行数值计算、逻辑判断和推理等功能，制定零件加工工艺，提高旋压产品加工的适应性和一致性。

17.4.3　专业化

随着制造业分工越来越细化的发展趋势，旋压技术的发展也出现了越来越明显的专业化趋势，一些专用的特色设备已经出现了系列化，如汽车轮毂旋压机、气瓶收口机、灯杆旗杆旋压机及风机口专用旋压机等。一些非对称零件的旋压也越来越多，非对称旋压设备和工艺装备也在一些领域悄然兴起（华南理工大学夏琴香教授）。近年来，随着蓝宝石冶炼技术的发展，金属钼坩埚、钨坩埚的旋压对高精度热旋设备提出新的需求，旋压技术的专业化水平正在发生着日新月异的变化。

17.4.4　大型化

针对我国航空航天工业的发展需求，对于超大直径（2m以上）旋压零件的需求也越来越迫切，1000kN大型立式CNC强力旋压机的设计研制成功也标志着重型旋压设备大发展时代的到来；与此同时，高精度大型封头旋压机的研制需求也很迫切，这些设备的加工能力和制造难度较大，一直受到西方发达国家的技术封锁，尤其是立式对轮旋压技术在我国航天技术领域应用前景广阔，尚需要进一步突破。

17.5　本章小结

随着我国装备制造业的不断发展和国防工业的技术进步，旋压技术工艺也在不断地发展中，旋压设备的制造能力也在不断提高、技术水平不断完善，旋压产品也由最初的航天航空用导弹制导舱壳体、弹体、发动机壳体、药形罩等拓展到汽车、冶金、核电及家电等国民经济的各个方面，不断地丰富着旋压成形技术的加工范围。由于旋压技术具有近净成形的特点，市场推广与应用前景广阔。代表我国制造业发展水平的旋压设备，除了需满足现代制造领域高精准、高可靠性、低成本、低排放的要求，也应向着生产高效化、控制智能化、成形精密化的方向发展，1000kN大型立式CNC强力旋压机的设计研制成功，标志着我国数控强力旋压设备的自主创新能力得到了很大的提高，对后续设备的研制具有重大的推动作用。在未来几年，旋压技术也必将蓬勃发展，技术与设备不断完善，为国民经济的发展做出更大的贡献。

第18章 CHAPTER 18
大中型卷板机

首钢长钢锻压机械制造有限公司　邢伟荣　原加强　赵晓卫

18.1 卷板机的工作原理、特点及主要应用领域

18.1.1 卷板机的工作原理

金属板料在卷板机上弯卷是根据三点成圆原理,利用工作辊相对位置的变化和旋转运动,使板料产生连续塑性弯曲而获得预定形状的工件。板料送入上辊和下辊之间,强力移动上辊或下辊,使板料产生塑性变形而弯曲。当驱动工作辊转动时,由于工作辊面与受弯板料之间的摩擦力作用,板料得以沿其纵向方向卷弯。板料依次获得相同曲率的塑性弯曲变形。卷板工艺原理如图 18-1 所示。

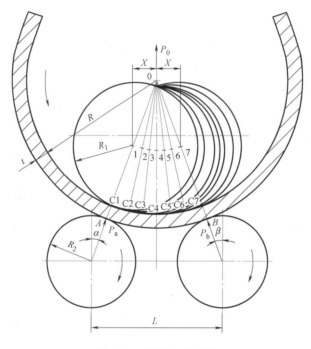

图 18-1 卷板工艺原理

调整工作辊的相对位置,可以获得不同的弯曲半径,但是如果某个工作辊位移形成的包络线与卷筒的内圆或外圆表面重合,如上辊中心在 1~7 位置任意移动,则圆筒曲率不变。值得注意的是,只有当上、下辊轴线与筒形中心线位于同一平面时,即上辊位于 C1 或 C7 点夹紧板料时,筒形的左端或右端才能被良好地弯曲。

卷板机的主要技术参数包括最大卷板厚度(最大预弯厚度)、最大卷板宽度、卷制板料材质、最大规格时最小卷筒直径、工作辊直径、卷板速度及驱动功率等。卷板机最大工作能力主要由最大卷板厚度(最大预弯厚度)、最大卷板宽度、最大规格时最小卷筒直径和卷制板料材质等参数决定,这些参数的变化直接影响卷板机的受力、扭矩、结构形式和工作辊直径的选择。

18.1.2 卷板机的主要特点

卷板机属于锻压机械八类产品中的弯曲校正机械类设备。它以轴线相互平行的工作辊为主要工作零件,通过机械、液压等能量转化为动能,使工作辊实现位置变化和旋转运动,从而非常方便地将各种金属板料在冷态、温态或热态下弯卷成母线为直线的单曲率或多曲率的

弧形或筒形件。通过改变辊子的形状，或者增加卷锥装置等限制材料的流动，改变同一工件不同部位的运动速度，还可卷制母线为斜线、弧线以及直线、斜线和弧线组合的单曲率或多曲率的弧形或筒形件，如椭圆形、方形以及不对称形等。

将金属板料弯成单一或多曲率的筒形或弧形，通常可用压弯和卷弯两种方法。压弯是在液压机或折弯压力机上借助模具进行，主要依靠横向的塑性弯曲实现，其弯曲过程为非连续的逐点或分段弯曲。卷弯与压弯相比具有以下特点：① 其弯曲过程为带有一定拉深力的连续的弹塑性弯曲，回弹较小，因而成形准确、弯曲质量高、工效高；② 无须模具成形，使用成本低；③ 卷弯时力量往往比压弯成形小，卷板机的造价较液压机低；④ 配备辅助装置可卷制锥形件，并可实现对管料、型材的弯卷。因此卷板机得到了广泛应用。

18.1.3　卷板机的主要应用领域

卷板机在锻压设备及金属成形机床的组成中，一般占 10%～15% 的比重，广泛用于锅炉、船舶、化工、风电、水电、罐装运输车辆、管道运输及金属结构等机械制造行业。随着石油化工、煤化工、海上石油、航空航天、船舶、风电及军工等行业的迅速发展，对卷板机的性能、精度、能耗及智能化等要求越来越高。

我国卷板机经历了从机械到液压、再到数控的发展过程。目前，其液压和自动化控制技术已取得了长足的发展。20 世纪 90 年代中期，长治钢铁集团锻压机械制造有限公司（原长治锻压机床厂，以下简称长锻）采用四台电动机合流主驱动技术，首次将水平下调式结构应用于大型三辊卷板机，为三峡工程研制了国产首台 CDW11XNC-140×4000 大型水平下调式三辊卷板机（见图 18-2）；2002 年，该厂为南京化工机械厂生产了 CDW11XCNC-160/250×4000 水平下调式三辊卷板机。

目前我国可生产的最大水平下调式三辊卷板机，其冷卷板厚可达 350mm，热卷板厚达 450mm，板宽为 3000～4500mm，上辊下压力为 40000～78000kN。

图 18-3 所示为长锻为成都正武封头科技股份有限公司生产的 CDW11XCNC-300/420×3200 数控水平下调式三辊卷板机。我国大型水平下调三辊卷板机的专业制造商主要有长锻、南通超力卷板机制造有限公司、泰安华鲁锻压机床有限公司和长治市钜星锻压机械设备制造有限公司等。

图 18-2　CDW11XNC-140×4000
水平下调式三辊卷板机

图 18-3　CDW11XCNC-300/420×3200
数控水平下调式三辊卷板机

图 18-4 所示为 CDW11XCNC-40×8000 水平下调式三辊卷板机。该机可卷最大板厚为

40mm，最大板宽为 8000mm，屈服强度为 240MPa，满载最小卷筒直径为 2500mm，可卷最小筒径为 900mm。该机的上辊挠度用电动机、减速器及丝杠带动的斜楔机构通过调整下辊挠度来补偿，其卷制次数、每次的上辊压下量、下辊水平移动行程及下辊的挠度补偿量等由数控系统根据板厚、板宽、卷筒直径及屈服强度等参数自动计算生成程序并实现自动控制。

为适应特长薄板（板厚与板宽的比值很小）、多曲率筒形件的卷制，长锻研制出了上辊带支承辊和横梁的新型对称或水平下调式三辊卷板机（见图 18-5）。该机三辊均为主驱动，有倾倒轴承体，可卷制封闭筒形件；同时采用计算机控制，特别适合多曲率薄壁长筒件的卷制。

图 18-4   CDW11XCNC-40×8000
水平下调式三辊卷板机

图 18-5   CDW11XCNC-8×9500
水平下调式三辊卷板机

上辊十字移动式（上辊万能式）三辊卷板机最早在 20 世纪 80 年代初期由第一重型机器厂制造成功。20 世纪 80 年代后期，由南通市重型机器厂等企业开始专业化生产。该机只需调节上辊即可实现卷板和预弯，下辊相对固定，方便对料和卷板，但对大机型结构不易处理，更适宜于卷制厚度小于 100mm 的板料。

船用卷板机最早由第一重型机器厂、长锻制造，早期为对称式结构，规格为 W11TNC-20×8000、W11TNC-25×9000 等。随着我国造船产量的快速增长和造船业由大到强的发展要求，我国的船用卷板机除对称式结构外，还开发出水平下调式。这类机型可卷制、预弯弧形和锥形工件，同时借助折弯模具还可进行钢板的折弯，既可用作卷板机，又可用作折弯机。该机的上下工作辊挠度补偿技术、工作辊双向独立驱动技术以及卷板和折弯工艺参数的数控技术等已接近世界先进水平。

目前，我国船用卷板机上辊最大下压力已达 22000kN，卷制或折弯板料宽度可大于21000mm，较好地满足了造船业的发展要求。图 18-6 所示为长锻 CDW11TNC-32×13500 船用三辊卷板机。图 18-7 所示为泰安华鲁 WEF11K-30×18000 船用三辊卷板机。图 18-8 所示为长锻 CDW11TXNC-22000kN×16000mm 闭式（船用）水平下调式三辊卷板机。目前，我国大型船用卷板机的专业制造商主要有长锻、泰安华鲁锻压机床有限公司和中国一重集团有限公司等。

为生产大筒径和减少氧化皮对工件的影响，开发了立式卷板机。通常意义的立式卷板机为辊子轴线垂直于水平面的对称式三辊和普通型四辊卷板机，其中立式对称三辊卷板机最为常用，长锻曾为石油、化工和造船等行业生产过 CDW11TNC-36×1000 和 CDW11TNC-12×

2000 等多种规格的该类设备。原第一重型机器厂引进英国 Hugh Smith 公司的专有技术，设计制造了只有一根主辊的立式弯板机系列，已生产规格 30000kN×3600mm 立式弯板机。

图 18-6　长锻 CDW11TNC-32×13500
船用三辊卷板机

图 18-7　泰安华鲁 WEF11K-30×18000
船用三辊卷板机

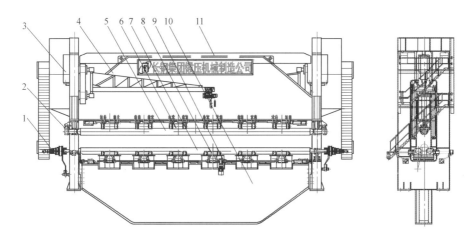

图 18-8　长锻 CDW11TXNC-22000kN×16000mm 闭式（船用）水平下调式三辊卷板机
1—主传动系统　2—机架　3—主液压缸　4—上横梁　5—上工作辊　6—上支承辊
7—下工作辊　8—下支承辊　9—下辊水平移动装置　10—下横梁　11—连接梁

　　一般情况下，两辊卷板机的上辊为钢制刚性辊，下辊为钢制辊芯包有弹性包覆层的弹性辊，利用弹性介质对钣金件进行滚弯成形（rotary shaping with the use of elastic mediums, RSEM）。目前，长锻南通超力卷板机制造有限公司和长治市锐帆机械制造有限公司等公司拥有该类产品的设计制造技术并已生产数台，南京航空航天大学机电学院也已研制成功用于家电行业卷制热水器筒体等零件。图 18-9 所示为长锻生产的两辊卷板机。该机采用从下部出料的结构形式，上辊为钢制辊芯的弹性辊，下辊为钢制刚性辊。两辊卷板机最早由美国 Kauffman 研制成功，英国、日本、法国、意大利和俄罗斯等国家掌握有该项技术，并且生产出自动化程度很高的数控机床，用于制造飞行器、化工以及民用产品上的各类薄壁零件。例如，圆筒和圆锥形的外壳、管类零件、薄壁异形零件、不同单元的薄板零件以及带肋或带波纹的板零件等（见图 18-10）。总体来说，RSEM 技术的应用前景还是相当广阔的。

图 18-9　两辊卷板机

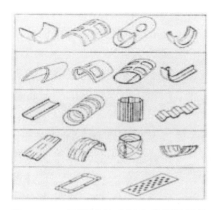

图 18-10　RSEM 技术制造的薄壁零件

石油、天然气运输业的发展,对薄壁小筒径、长度为 6~12m 的筒形工件需求日益增加,同时,采用钢板卷制比铸管污染小,成本低。因此,对此类卷板机的需求增大。此类工件的要求使得卷板机上辊必须具有反压力功能,此类反压力卷板机是在上辊两端采用液压缸,以上辊轴承位置为支点,给上辊两端施加向上的力,迫使上辊卷板工作位置产生向下的挠变,以补偿卷板过程中上辊产生的向上挠变。图 18-11 所示为反压力三辊卷板机。

液体燃料、食用油料、液态化工原料和散装水泥的运输储存罐为薄壁多曲率筒形工件,为满足此行业薄壁多曲率筒形工件的快速发展需求,在四辊卷板机上进行改进,开发出了超宽薄壁多曲率四辊卷板机。对这种类型的卷板机,解决工作辊的挠度问题成为关键。为在保证卷板精度的情况下降低成本,在其下辊和侧辊上都装有支承辊,这样下辊和侧辊直径就小于不加支承辊时所需的辊直径,支承辊采用液缸随动控制,补偿卷板过程中工作辊的挠变。图 18-12 所示为超宽数控四辊卷板机。

图 18-11　反压力三辊卷板机

图 18-12　超宽数控四辊卷板机

为满足锅炉制造、冶金防护罩等领域的需求,专门开发了波纹三辊卷板机。这种类型的卷板机是通过安装在工作辊上的模具和隔套,将板料卷成波纹胆管或弧形瓦楞板。图 18-13 所示为长锻 CDW11F-4×1200 波纹三辊卷板机。

随着我国制造业的快速发展,海上石油、天然气、石油化工及煤化工等行业,其压力容器产品大型化、高参数化趋势日趋明显,成形厚板、高强度板的大型卷板机成为关键。四辊卷板机具有卷制剩余值边小、易实现卷板自动化控制及卷板灵活等许多优点,近年来在特大型卷板机中应用日益广泛。图 18-14 所示为兰石重工新技术有限公司制造重型压力容器所使用的 W12NC-280×3000 特大型全液压四辊卷板机结构示意。

18.1.4　卷板机在国民经济、社会发展和科学发展中的作用

日益发展的航空航天、军工兵器、汽车、机车车辆、仪器仪表、造船、化工、压力容器、冶金、工程机械和金属构件等行业，对卷板机的需求量日趋增大，对卷板的精度要求越来越高。随着我国制造业的快速发展，造船业对普通卷板机、具有卷折复合功能的船用卷板机等的功能、可靠性、安全性及自动化等提出了更高的要求；电力工业快速发展，水电、核电以及国家清洁能源政策鼓励发

图 18-13　长锻 CDW11F-4×1200 波纹三辊卷板机

展的风电，其管道、柱塔等需要大型成套的卷板机；海上石油、天然气、石油化工及煤化工等行业，其压力容器产品大型化、高参数化趋势日趋明显，千吨级的加氢反应器、两千吨级的煤液化反应器及 1 万 m^3 的天然气球罐等在我国大量应用，成形厚板、高强度板的大型卷板机成为关键。

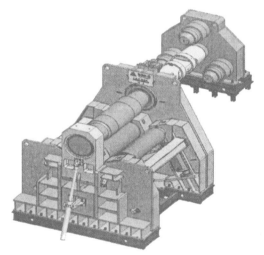

图 18-14　W12NC-280×3000 特大型全液压四辊卷板机结构示意

未来工业的发展，对节能、节材、少无切削的加工要求也会越来越强烈。据估计，利用卷板机作为工艺装备，可提高效率 10～40 倍，节材 60% 以上。卷板机是重型装备制造业的必备设备，卷板机数控技术水平代表了一个国家或一个地区装备制造业的发展水平。大力发展高档数控机床是提高我国装备制造业水平，缩小和超越与发达国家制造业差距的必由之路。近年来，卷板机的发展在我国已形成相当规模，其制造水平也在不断提高，对提高装备制造业水平，促进我国工业化进程产生了深远的影响。

18.2 卷板机的主要结构

18.2.1 卷板机的分类

通常所称的卷板机指以相互平行的工作辊为主要工作零件的辊式卷板机。按辊数可分为两辊、三辊、四辊及多辊；按辊子布置方式可分为对称式和非对称式；按辊子轴线位置可分为卧式和立式；按辊子调整方式可分为上调式和下调式；按传动方式可分为机械和液压；按上辊中部有无支承辊和横梁可分为开式和闭式（船用型）；按功能可分为普通型和多用型；按卷制方法可分为冷卷、热卷和温卷；按控制方式可分为强电控制、NC 控制和 CNC 控制。

18.2.2 卷板机的结构形式

卷板机按其工作辊数目、相互排列位置以及位置调节方式，分为以下几种形式，如图 18-15 所示。

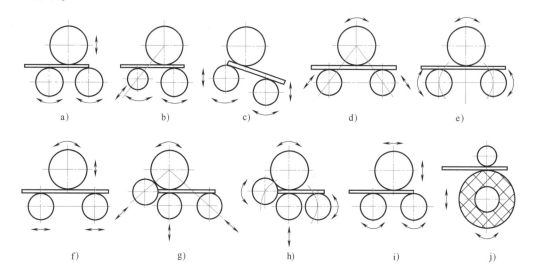

图 18-15 卷板机的结构形式

a）对称上调式三辊卷板机 b）非对称下调式三辊卷板机 c）垂直下调式三辊卷板机 d）倾斜下调式三辊卷板机
e）弧线下调式三辊卷板机 f）水平下调式三辊卷板机 g）倾斜下调是四辊卷板机 h）弧线下调式四辊卷板机
i）上辊十字移动式三辊卷板机 j）两辊卷板机

1. 对称上调式三辊卷板机

对称上调式三辊卷板机的 3 根工作辊成品字形对称布置（见图 18-15a）。上辊可以上、下移动，以适应不同卷弯半径的要求，并能对板料施加弯曲压力；下辊同向主动旋转，以送进板料，为卷板提供扭矩。卷弯板料时，下辊中心距固定不变，所以在板料两端有一段平直部分，即剩余直边，长度约等于两下辊中心距的一半。由于该部分得不到弯曲，所以筒形件在卷弯前需用专用设备和模具进行板料端部的预弯，但其结构简单，造价低，应用较为广泛。对称上调式三辊卷板机如图 18-16。对称上调式三辊卷板机的基本参数见表 18-1。

表 18-1　对称上调式三辊卷板机的基本参数

卷板机规格		2×1600	5×2000	12×2000	8×2500
最大厚度/mm	$\sigma_s=$ 245MPa	2	5	12	8
最大宽度/mm		1600	2000	2000	2500
最大规格时最小卷弯直径/mm		250	380	620	
上辊直径/mm		100	150	250	
卷板速度/(m/min)		10	7	6	

2. 非对称下调式三辊卷板机

非对称下调式三辊卷板机的工作辊以不对称配置为特点（见图 18-15b）。下工作辊可垂直升降，侧工作辊可倾斜升降。工作时，处于上、下工作辊夹紧点前或后的板端很短，剩余直边约为公称卷板厚度的 2 倍，几乎可以将板端全部弯曲，板端不必经过其他方法预弯，但是为了弯曲板料另一端，必须停机取出筒件，调头后再次装入卷板机，辅助时间较长。非对称下调式三辊卷板机如图 18-17 所示。非对称下调式三辊卷板机的基本参数见表 18-2。

图 18-16　对称上调式三辊卷板机

图 18-17　非对称下调式三辊卷板机

表 18-2　非对称下调式三辊卷板机的基本参数

卷板机的规格		12×2000	8×2500	16×2000	12×2500	8×3200	20×2000	16×2500	12×3200	25×2000	20×2500	16×3200	25×2500	60×3200	70×3200	80×2500	90×3200
最大厚度/mm	$\sigma_s=$ 245MPa	12	8	16	12	8	20	46	12	25	20	16	25	60	70	80	90
最大宽度/mm		2000	2500	2000	2500	3200	2000	2500	3200	2000	2500	3200	2500	3200	3200	2500	3200
最大规格时最小弯卷直径/mm		600		650			750			850			950	2000	3000	2000	1600
上辊直径/mm		240		260			300			340			380	680	760	700	840
下辊中心距/mm		280		320			360			440			490	900	900	900	1100
卷板速度/(m/min)		5.5		5.5			5.5			5			5	3	2.5	3	3

3. 下调式三辊卷板机

下调式三辊卷板机是非对称下调式三辊卷板机的变型与发展。按其下辊的调节方式又分为垂直下调式、倾斜下调式、弧线下调式和水平下调式四种类型（见图 18-15c ~ f）。图 18-18所示为弧线下调式三辊卷板机，图 18-19 所示为水平下调式三辊卷板机。

图 18-18　弧线下调式三辊卷板机

图 18-19　水平下调式三辊卷板机

（1）垂直下调式和倾斜下调式三辊卷板机　垂直下调式和倾斜下调式三辊卷板机是结构形式相接近的卷板机。上辊固定旋转，只是两下辊的运动轨迹不同，一是做垂直运动；一是做倾斜运动。通过调整两个下辊与上辊的相对位置，一次装卸工件，即可完成卷弯和前后板端的预弯。垂直下调式和倾斜下调式三辊卷板机的基本参数见表 18-3。

表 18-3　垂直下调式和倾斜下调式三辊卷板机的基本参数

卷板机的规格		16×2000	12×2500	20×2000	16×2500	12×3200	25×2000	20×2500	16×3200	25×2500	20×3200	16×4000	32×2500	25×3200	20×4000
最大厚度/mm（卷圆）/mm	$\sigma_s = 245MPa$	16	12	20	16	12	25	20	16	25	20	16	32	25	20
最大厚度/mm（预弯）/mm		12	8	16	12	8	20	16	12	20	16	12	25	20	16
最大宽度/mm		2000	2500	2000	2500	3200	2000	2500	3200	2500	3200	4000	2500	3200	4000
最大规格时最小弯卷直径/mm		650		750			850			950			1080		
上辊直径/mm		260		300			340			380			430		
卷板速度/（m/min）		5.5		5.5			5			5			4		

（2）弧线下调式三辊卷板机　该结构三辊卷板机是综合垂直下调式和倾斜下调式发展的一种新型结构。上辊固定，仅做旋转运动，两下辊绕固定轴心分别做弧线升降，3 根工作辊均为驱动辊，可以克服板料打滑现象。板料卷弯受力合理，一次装卸工件，即可完成卷弯和前后板端的预弯，预弯喂料倾斜角度小。其结构简单，造价低，在中小型卷板机中得到广泛应用，有向大型卷板机扩展应用的趋势。弧线下调式三辊卷板机的基本参数见表 18-4。

表 18-4　弧线下调式三辊卷板机的基本参数

产　品　型　号		W11HNC 系列						
技术参数		6×2000	12×2500	20×2500	30×2500	50×3200	60×3200	70×3200
最大卷板厚度/mm	卷圆	6	12	20	30	50	60	70
	预弯	3	8	16	20	40	50	60
最大卷板宽度/mm		2000	2500	2500	2500	3200	3200	3200
最大规格时最小卷筒直径/mm		550	650	800	1200	4600	2000	2000

（续）

产品型号	W11HNC 系列						
卷板速度/(m/min)	5	5	5	4	3	3	3
上辊直径/mm	220	280	330	460	640	680	720
下辊直径/mm	220	280	330	460	590	630	670
液压系统压力/MPa	04	14	16	16	16	16	16
主传动电动机功率/kW	5.5	15	18.5	22	55	55	75
板料屈服强度/MPa	245						

（3）水平下调式三辊卷板机　水平下调式三辊卷板机的上辊做升降运动，两下辊可单独或同时做水平移动。对两下辊可单独调整的机型，由于其中心距可调，在卷制厚板时常采用较大的中心距，在卷制薄板小筒径时则采用最小的中心距，改善了卷板机的受力状况，因此扩大了其加工能力范围；对两下辊固定中心距水平移动的机型，两下辊两端分别安装在同一机架上，因此卷板时水平分力可相互抵消，受力状况良好。水平下调式三辊卷板机的基本参数见表 18-5。

表 18-5　水平下调式三辊卷板机的基本参数

产品型号		W11XNC 系列									
		50×2500	60×2500	70×3200	100×3200	120×4000	140×4000	160×4000	200×4000	250×3500	300×3200
最大卷板厚度/mm	卷圆	50	60	70	100	120	140	160	200	250	300
	预弯	40	50	60	90	100	130	150	180	230	260
最大卷板宽度/mm		2500	2500	3200	3200	4000	4000	4000	4000	3500	3200
最大规格时最小卷筒直径/mm		1500	1800	2000	2200	2500	3000	3000	3500	4500	4500
卷板速度/(m/min)		4	3.5	3	3	3	2.5	3	3	3	3
上辊直径/mm		600	640	770	900	1020	1100	1300	1320	1400	1400
下辊直径/mm		480	520	630	750	520（带支承）	600（带支承）	1100	750（带支承）	850（带支承）	850（带支承）
液压系统压力/MPa		18	16	18	16	18	18	16	18	20	25
主传动电动机功率/kW		2×30	2×30	2×30	4×30	4×30	4×30	4×55	4×55	4 个电动机驱动	4×55
板料屈服强度/MPa		245									

在传动方式上，主要有上辊主驱动、下辊辅助驱动的三辊全驱动以及两下辊分辊驱动两种结构形式。三辊全驱动时卷板不易打滑，特别是卷薄板、小筒径时更为显著；两下辊为主动辊时一般采用分辊驱动，即两下辊分别由一台电动机-减速器传动，以解决卷板时已通过上辊下母线的板料曲率半径小于未通过上辊下母线的板料曲率半径引起的速度差及负扭矩等问题。事实上，由于曲率半径差较小，对实际使用影响很小，而且采用两下辊传动轴端加扭矩限制器也可有效解决该问题。而"分辊驱动"由于两下辊分别有一套传动机构，其扭矩各占总扭矩的 50% ~ 60%，而预弯时其中一辊的受力及承担的扭矩占总力及总扭矩的约 80%，这样会影响机器预弯时的工作能力，特别是在预弯时容易造成传动部分关键零件的损

坏，因此在大型水平下调式卷板机中一般不建议采用。

水平下调式三辊卷板机主液压缸的布置形式分为液压缸上置和液压缸下置两种。采用液压缸下置式结构，机器的受力状况较好，特别是在热卷时，液压缸远离热辐射区，对液压缸密封起到一定保护作用。因此，在大型水平下调式卷板机中，一般采用液压缸下置式结构。在卷弯过程中，水平下调式三辊卷板机的两个下辊水平移动，每个下辊轮流执行下辊与侧辊的功能，即先后构成非对称式三辊卷板机，从而只需一次装卸工件，即可完成包括前、后板端在内的全部卷弯工作。该机操作简单，安全可靠，结构合理，整机刚性和受力状况较好，不仅适用于中、薄板卷板机，在大型卷板机中采用该结构也有独特的优势，是市场上大型卷板机的主流机型。

4. 上辊十字移动式三辊卷板机

上辊十字移动式三辊卷板机的上辊可以垂直升降，也可以水平移动（见图18-15i）。通过上辊的水平移动，使上辊相对于下辊呈非对称布置来实现预弯。该机操作时只需调整上辊，较为简便；但整机刚性较差，特别是液压缸为上置，轴承的倾倒机构为上辊机架及液压缸整体倾倒，刚性较差，占地面积也大，在卷制厚板的大型卷板机应用上受到了一定限制。由于其成本相对较低，在中小型卷板机中占有一定的市场。图18-20所示为上辊十字移动式三辊卷板机。其基本参数见表18-6。

图 18-20　上辊十字移动式三辊卷板机

表 18-6　上辊十字移动式三辊卷板机的基本参数

产品型号		W11STNC 系列					
		20×2500	30×3000	32×4000	40×4000	60×4000	100×4000
最大卷板厚度/mm	卷圆	20	30	32	40	60	100
	预弯	16	25	28	35	55	85
最大卷板宽度/mm		2500	3000	4000	4000	4000	4000
上辊加压力/kN		1300	2700	4300	5400	9300	16000
上辊直径/mm		300	450	580	630	780	940
下辊直径/mm		180	250	290	340	440	560
主传动电动机功率/kW		15	30	55	55	90	132
板料屈服强度/MPa		245					

5. 四辊卷板机

四辊卷板机由上辊、下辊和两个侧辊4根工作辊构成。一般上辊为主驱动，也有的上下辊均为主驱动，甚至四辊均为主驱动。上辊做固定旋转，下辊可垂直升降。工作时上、下辊能夹紧钢板，可防止打滑，易于实现数控，便于进行仿形卷制。按照侧辊的升降运动轨迹，四辊卷板机有两种，即倾斜下调式和弧线下调式（见图18-15g、h）。当分别调节两个侧辊之一时，就构成非对称下调式三辊卷板机。当卷弯较厚的板料时，工作辊也可按对称排列方式进行工作，因而可视为对称与非对称下调式三辊卷板机的复合。四辊卷板机可对金属板料进行粗略的校平，同时两侧辊倾斜调整位置，可以方便地卷弯锥筒。另外，侧辊也能起到对料的作用。预弯及卷圆板料时，不需调头可一次成形，预弯板料剩余直边小，但四辊卷板机结构较复杂，造价相对较高。图 18-21 所示为倾斜下调式四辊卷板机，图 18-22 所示为弧线下调式四辊卷板机。典型规格四辊卷板机的技术参数见表 18-7。

图 18-21　倾斜下调式四辊卷板机

图 18-22　弧线下调式四辊卷板机

表 18-7　典型规格四辊卷板机的技术参数

产品型号	W12-30×3200	W12NC-40×3200	W12NC-60×3000	W12NC-70×2500	W12NC-80×3200	W12NC-100×4000
最大卷板宽度/mm	3200	3200	3000	2500	3200	4000
最大卷板厚度/mm	30	40	60	70	80	100
最大预弯厚度/mm	25	30	50	60	70	80
最大负荷时最小卷筒直径/mm	1000	1300	1500	2000	2500	3000
板料屈服强度/MPa	245	245	245	205	245	345
卷板速度/(m/min)	4.5	4.5	3.5	3.5	3.5	3
上辊直径/mm	560	650	680	720	800	1030
电动机功率/kW	45	45	55	75	75	132

6. 两辊卷板机

两辊卷板机是金属板料通过一根刚性辊在一根弹性辊上压迫呈现径向凹陷变形后，两根辊对滚来实现板料弯曲成形的（见图 18-15j）。其主要优点：

① 成形件的精度高。零件弯曲后，可得到更准确的曲率、更高的边缘平行度，端部剩余直边可小于 1 倍板厚，有利于涂有保护层的多孔板料、带肋板料的准确成形。

② 可获得更大的弯曲曲率，成品率高。其滚弯原理是在较小的压力下，板料逐步发生局部变形。因此，材料成形时不容易发生起皱和开裂现象。所需成形力小，因此弯曲半径小，适合难变形材料，如钛合金、不锈钢及复合材料等的成形。

③ 生产率高。由于操作方便，工作辊转速快，故大大提高了劳动生产率比普通三辊卷板机的工效提高 4 倍以上。

④ 零件的表面质量好。由于有弹性介质保护，所以可对带有保护层以及抛光面的零件

进行弯曲成形而不划伤表面。

其主要缺点是：不同曲率的筒体需配备相应的套在上辊上的衬筒，不太适合多品种小批量的产品；加工板厚有限，一般只能加工厚度小于 10mm 的板料。

两辊卷板机的技术参数见表 18-8。

表 18-8　两辊卷板机的技术参数

产品型号	W10-3×500	W10-2.5×1000	W10-2×1300	W10-4×500	W10-3.5×1000	W10-3×1300
最大卷板宽度/mm	500	1000	1300	500	1000	1300
最大卷板厚度/mm	3	2.5	2	4	3.5	3
卷筒直径/mm	180	180	180	245	245	245
板料屈服强度/MPa	245	245	245	245	245	245
卷板速度/(m/min)	4.5	4.5	4.5	4.5	4.5	4.5
上辊直径/mm	145	145	145	195	195	195
电动机功率/kW	3+3	5.5+3	5.5+3	5.5+3	5.5+3	5.5+3

7. 闭式（船用）三辊卷板机

在船舶制造、航空工业中通常会使用闭式（船用）卷板机，由于其卷板宽度通常会达到 8～16m，甚至能达到 20 多米，因此其上、下辊往往带有支承辊及横梁，即上辊为封闭结构。利用该机可以卷制各种曲率的圆弧形及一定范围的锥形工件，整圆工件的卷制可采用两件或多件圆弧拼接的方法加工。目前，闭式三辊卷板机主要有对称上调式、水平下调式和上辊十字移动式等形式。图 18-23 所示为对称上调式船用三辊卷板机。船用三辊卷板机的基本参数见表 18-9。

图 18-23　对称上调式船用三辊卷板机

表 18-9　船用三辊卷板机的基本参数

型号	W11TS-20×8000	W11TNC-20×8000	W11TNC-25×9000	W11TNC-20×10000	W11TNC-20×12000	W11T-32×13500	W11TXNC-30×16000
最大卷板宽度/mm	8000	8000	9000	10000	12000	13500	16000
最大卷板厚度/mm	20	20	25	20	20	32	40
最大预弯厚度/mm							30
最大负荷时最小卷筒半径/mm	500	800	400	500	600	1000	1500
板料屈服强度/MPa	350	500	245	245	245	350	355
卷板速度/m/min	4	4	4	3	3	3	3.4
上辊直径/mm	360	420	380	420	420	520	520
下辊直径/mm	300	350	320	350	350	420	450
上辊最大下压力/kN	4000			3300	3300	13000	20000
电动机功率/kW	55	45	55	2×22	2×22	2×55	2×75

对称上调式闭式（船用）三辊卷板机的辊子布置形式及特点与对称上调式三辊卷板机相同，在卷制较小曲率半径工件时需预弯板端，但结构简单，造价低。

水平下调式是对称上调式闭式（船用）三辊卷板机的改进，能将金属板料一次上料卷制成一定范围内的弧形和锥形工件。两个下辊可以水平移动以改变和上辊的相对位置，所以能够预弯板材，剩余直边为板厚的 2~3 倍。在配置专用的折弯模具后，可以当折弯机使用，用于折弯板料。这种机型整机结构刚性好，操作简单，维修方便，工作精度高，是船舶等行业卷制和折弯工件的理想设备。

上辊十字移动式闭式（船用）是上辊十字移动式三辊卷板机结构在闭式卷板机上的应用，可以实现弧形、锥形件的卷弯及板端的预弯。为实现板料的预弯，上工作辊及支承辊、上横梁及左右机架等需一起整体移动，因此结构刚性差。

8. 立式卷板机

立式卷板机的辊子轴线与水平面垂直，按照辊子数量目前主要有立式三辊卷板机和立式四辊卷板机。其优点是钢板在垂直状态下弯曲，自重对精度影响小，有利于薄壁大筒径及窄而长工件的卷制；卷板时的锈蚀铁屑等不会卷入钢板和辊子之间形成压痕，可有效保护板面；占地面积较小，取出卷成品时不必占用很多面积；卷成后可直接在原位用电渣焊焊接。缺点是为了取出工件，需要增加车间高度；由于钢板下部与支撑面摩擦，易形成锥形。这种卷板机产量占卷板机总产量的 1% 左右。图 18-24 所示为立式四辊卷板机，图 18-25 所示为立式三辊卷板机。

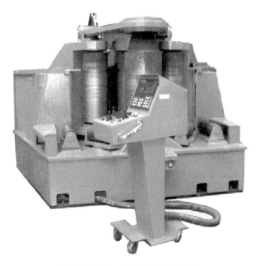

图 18-24　立式四辊卷板机

图 18-25　立式三辊卷板机

18.3　今后主要研究与开发的内容

机械式卷板机采用强电控制，液压卷板机采用 NC 控制，其 NC 控制系统主要用于工作辊左右两端液压缸的同步运动控制。通过 PLC，根据工作辊两端编码器采集的位移数据进行比较，来控制液压开关阀以达到工作辊两端液压缸的同步。工作辊的升降位移值显示在液晶显示屏上，其卷板过程主要靠操作者根据经验进行控制。数控卷板机可实现自动控制，卷制精度高、工效高，操作方便，是适合批量卷板的理想设备。

目前，水平下调式、弧线下调式、上辊十字移动式三辊卷板机，两辊卷板机，普通型和弧线型四辊卷板机以及船用卷板机等均有数控功能。其核心组成为工控机加 PLC，能够实现工作辊左右两端液压缸的同步运动及各工作辊的位置控制，同时可根据卷制板厚、板宽、卷筒直径及屈服强度等参数进行理论性计算，并优化出卷制次数、工作辊每次的步进量、板料的进给量、每道次的理论成形半径和各辊负载，以及预弯时最小剩余直边等工艺参数，并实现自动控制。事实上，由于三辊卷板机上下辊交错布置，板料极易打滑，因此无法实现真正意义上的数控，只有四辊卷板机和两辊卷板机，板料的进给量可精确控制，可以实现真正意义的 CNC 卷板。目前，长锻、泰安华鲁锻压机床有限公司等国内主要厂家已经研制成功数控四辊卷板机，其性能可与世界先进卷板机制造商的产品媲美。

一般数控四辊卷板机的主驱动辊由可调速驱动装置驱动，通过驱动装置、光电编码器等组成速度和位置双闭环控制，实现板料进给量的精确控制。下辊和两侧辊则通过液压缸驱动做升降运动，PLC 根据程序要求将输入的给定信号与通过位移传感器采集的反馈信号进行比较，得出输入信号 ΔU，将 ΔU 进行 D-A（数-模）转换，然后用转换后的模拟信号驱动液压系统工作，实现对下辊和两侧辊位置的精确控制。

数控四辊卷板机可根据卷制板厚、板宽、卷筒直径、屈服强度及回弹修正系数等参数自动进行计算，并优化出卷制次数、每次下辊和侧辊的升降位移量、板料的进给量、每次压下的理论成形半径和各辊负载，以及卷锥筒时的上辊倾斜量、预弯时最小剩余直边等工艺参数，并实现自动控制。由于板料的进给量及侧辊、下辊的位置可精确控制，因此可以实现真正意义的 CNC 卷板；同时，该机可对程序进行编辑、调用，并具有错误自诊断及报警、状态监控、断电记忆等功能。因此，数控卷板机是今后卷板机发展和研究的主要方向。

随着我国化工及压力容器等行业向大型化发展，卷板机正向加工对象为厚板、特厚板、高强度板、复合板等大型、特大型卷板机方向发展，国内现已开发出了特大型弧线和水平下调式三辊卷板机；同时，由于剩余直边短、节省材料、成形精确及工作效率高，数控化程度高，大型四辊卷板机也将得到迅猛发展。

油罐车、储油罐等行业的快速发展，要求小型卷板机向薄板、特长型、多曲率和数控化的方向发展。

以卷板机为主要加工设备实现成套化配置，从而为客户提供整体解决方案，如风电塔筒成形整体解决方案值得重视。

以数控卷板机为中心，形成卷板柔性加工单元，实现卷板智能化是今后发展的重要方向。卷板柔性加工单元一般为一台数控卷板机配置前段板料预处理和后段成品输送等设备，由一台或几台计算机组成的控制系统控制，组成卷板自动加工单元。该单元将信息流和物流集成于 CNC 卷板机系统，可实现小批量加工自动化，是较理想的高精度、高效率、高柔性的制造系统。图 18-26 所示为长锻为邯郸新兴能源有限公司研发的数控柔性加工单元。图18-27 所示为卷板柔性加工单元的布置图。该单元主要由数控卷板机、板料存放台、上料机械手、上料工作台、托架装置及卸料装置等组成。卷板时上料机械手从板料存放台取料放至上料工作台，由上料装置将板料对齐并送入卷板机；卷制过程中根据卷制工件形状、板厚、筒径需要进行自动卷制成形；卷制完成后主机倾倒，轴承体倒下，下料机械手推出工件，出料机械手抓出工件至成品工作台，主机和各位置的机械手恢复原始位置，准备下一工件的卷制。除以上配置外，一些卷板柔性加工单元还可配置板料对中、筒形检测及焊接等设施。

图 18-26　数控柔性加工单元

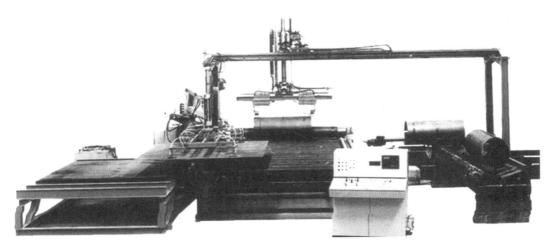

图 18-27　卷板柔性加工单元的布置图

为实现三辊卷板机的数控化，一般在三辊卷板机上辊的下方装有钢板位移测量装置，能实现钢板位移信号的实时反馈，通过与目标工件进行比对，从而实现自动控制，实现三辊卷板机的数控功能。

将多点柔性成形技术与传统卷板成形技术有机结合，实现板料三维曲面柔性成形的柔性卷板成形技术，具有高效能、高质量、复合化、柔性化及智能化等特点，将更加有效地满足航空、航天及造船等行业三维曲面件的加工需求。其基本原理是通过多个上下可调、自身能够旋转和摆动的短辊组成可以变化的曲线，再通过短辊下压量及短辊与板料之间的摩擦来实现板料三维曲面连续局部塑性成形。

研发智能卷板机或智能卷板成套设备，实现卷板的智能化是卷板机发展的必由之路。在数控卷板机或柔性加工单元的基础上，智能卷板机至少应有以下特点：

1）工作辊的升降运动和旋转运动应采用交流伺服驱动或液压伺服驱动。上、下料机械手，内、外托架及中间托架等装置应采用全闭环控制。

2）加工工件曲率可在线检测、弹复规律可在线识别，辊子最终下压量可在线预测，进而实现程序的自动优化，实现真正的智能感知、智能判断和决策。通常数控卷板机只能控制辊子的位置，保证相同工件形状尺寸的一致性；智能卷板机通过直接对工件曲率在线检测，实时优化工艺参数并实现自动卷板，成形精度和效率大大提高。

3）通过建立相应的卷制工艺数据库，实现工件加工参数的智能选择，从而实现工艺优化。

4）实时监测机床自身的运行状态，具有智能故障自诊断功能。

18.4 发展中存在的问题及发展趋势

我国是世界上卷板机产量最多的国家，可以说是卷板机制造大国，但各个制造商的技术水平和生产规模参差不齐，以生产中小型卷板机为主，技术含量不高，总体竞争能力不足。虽有少数企业可以生产大型卷板设备，但由于在特厚、高强板的成形机理研究、成形过程模拟和数学模型建立以及结构有限元分析等方面的基础研究比较薄弱，在传动技术、主要配套件及液压技术方面，我国相关配套厂商和国外还存在较大差距。因此，在产品整体结构布局、控制系统的可靠性与智能化以及成套成线设备的研制等方面与国外企业还存在较大差距。近年来，为了适应市场，取代进口，实现出口，各卷板机制造商在国家相关政策鼓励下，加大了产品的开发力度，缩短了与先进技术的差距。卷板机正朝着成套化、大型化和数控智能化方向发展。

1. 新型特大型三辊卷板机的研发

通过近几年发展，在特大型水平下调式三辊卷板机的结构上采用两下辊中心距可调及主液压缸为下置式的结构，传动上采用上辊为主驱动、下辊为辅助驱动的三辊全驱动技术，并采用多电动机合流及变频调速等多项技术。通过提高液压系统压力减小机器的结构，采用回程和空程工位快速运动与工作工位的缓慢运动提高设备的工作效率，通过增加卸荷阀减小由于液压冲击引起的机器振动等关键技术已被广泛应用。机器的主体设计理念已基本接近先进国家的发展水平，但在水平下调式三辊卷板机的数控化、相关关键配套件、基础技术研究、更优化的产品结构及实现最优的性价比等方面还存在一定的差距，也是今后水平下调式三辊卷板机的发展方向。

2. 特长薄板用三辊卷板机的研发

为适应特长薄板多曲率筒形件的卷制，长锻研制出了上辊带支承辊和活动横梁，下辊带支承的对称和水平下调式三辊卷板机，该机为三辊全驱动，可卷制封闭筒体并方便出料。采用计算机控制工作辊的运动轨迹，特别适合于薄壁长筒件的卷制。国内某企业开发出了超宽薄壁多曲率四辊数控卷板机。该机的下辊、侧辊均带有多组支承，大大降低了卷板机的制造成本。某企业研制出了反压力卷板机，该卷板机在上辊两端各安装有一个液缸，给上辊两端施加一个向上的力，迫使上辊产生向下的挠度，以补偿卷板过程中的挠度。下辊采用多组支承，补偿下辊挠度，可以实现特长小筒径工件的卷制。这些技术的应用，满足了石油、天然气运输管道以及液体燃料和散装水泥运输等行业的需要，但这些技术都还没有得到批量化生产的规模，在卷板工艺数据的积累、数控系统的研发、卷板工艺和力学模型等基础领域研究方面与国外企业仍存在巨大差距，基本上处于仿制阶段。在此领域，国外进口仍占有较大的市场份额。由于相关产业对这一产品的需求量较大，对于国内卷板机制造商而言，加大产品研发力度，突破关键技术，仍然有一定的发展前景。

3. 特大型四辊卷板机的研发

通过多年的发展，四辊卷板机由于其成形准确、容易实现数控及操作方便等优点，已经得到了广泛的应用，但大型、特大型四辊卷板机的研发在我国依然还处于起步阶段，如W12NC-280×3000 特大型四辊卷板机（见图 18-14），其主传动采用机械传动，电动机功率大，在机械起动时起动电流很大，对整个工房的电网冲击很大，而目前国外大型四辊卷板机已经实现了全液压驱动。因此，开发全液压驱动的大型四辊卷板机及其数控系统，是今后大型四辊卷板机的发展方向，卷板机制造商应在此领域实现重大突破，尽快缩短与先进国家的距离，实现大型四辊卷板机的国产化。

4. 特大型船用卷板机的研发

近年来，随着造船业的快速发展，对大型船用卷板机的需求量与日俱增；从国外进口成本很高，因此我国各卷板机制造商加大了对大型船用卷板机的研发力度。长锻研发出了CDW11TXNC-32×16000 大型船用卷板机，其上辊采用反压力结构，对上辊进行挠度补偿，工作辊采用双向独立驱动技术；上工作辊上可安装折弯模具，同时完成折弯和卷板功能；采用水平下调式结构，可以完成卷板和预弯功能。泰安华鲁锻压机床有限公司研制出的WEF11K-35×21000 大型船用卷板机，是目前国内最大的船用卷板机，卷板、折弯工艺参数和数控技术已接近世界先进国家水平，但在工作辊材料、热处理工艺、加工装配精度、工艺参数制定及数控技术等方面与国外企业仍有差距，仍需要各卷板机制造商和相关配套生产企业进一步加大研发力度，改进工艺装备，才能满足国内外市场的需求，替代进口，实现出口。

5. 数控卷板机及其柔性加工单元

目前，发达国家的卷板机制造商已经达到能为用户提供整体解决方案，提供成套、成线设备与技术服务的能力。例如，DAVI 公司为风电塔筒卷制提供的成套成形设备，可以完成钢板上料、卷制、出料及焊接等一系列工作，很好地满足了用户要求，并且在我国占有很大的市场份额，而目前我国各卷板机制造商均将主要精力放在单机的研制上，对用户的卷板工艺过程研究不够，不能为用户提供全程技术服务，因此影响了卷板机高端市场的占有率。近期由长锻为邯郸一用户提供的 CDW12CNC-10×2000 数控四辊柔性加工单元，它以数控四辊卷板机为核心设备，可以完成自动上料、自动对料、自动卷制、自动出料、自动送料及自动焊接等一系列工作，全部过程一次完成，实现真正意义上的柔性加工单元。在卷板机的数控技术上，由于四辊卷板机可以依靠上下辊夹紧钢板，在卷制过程中不存在钢板的打滑现象，通过工作辊的旋转运动可以准确测量出钢板的运动状态。四辊卷板机已基本达到数控，但三辊卷板机则无法实现真正意义上的数控。近年来，某卷板机制造商通过在工作辊的下方安装一个测量辊，以期在三辊卷板机上实现数控，虽然技术还不成熟稳定，但已向卷板机数控技术的研发迈出了关键的一步。从总体上来讲，我国的数控技术和国外相比仍然具有较大差距。国外数控卷板机均可实现三维图形显示、卷板过程的动态模拟，采用开放式系统，可以增加任何辅助轴，实现电话远程服务和在线使用，而我国企业在这些方面依然处于探索阶段。

6. 智能卷板机

目前，国内外对智能卷板机的研究还处于起步阶段，智能卷板机的定义、技术条件等还没有相应的标准予以规定，受卷板机行业总体精度和效率较低、筒体工件曲率在线检测技术及伺服控制配套能力等影响，国产卷板机总体上还处于"数控一代"甚至更低水平。

　　总的来讲，我国的卷板机经过几十年的发展，已经形成了较为完善的制造集群和合理的产业链，个别制造商的生产制造能力已达到国际领先水平，较好地满足了我国装备制造业的需求，推动了我国工业化的进程。卷板机行业要利用"中国制造2025"的战略机遇，推进卷板机产品及制造数字化、网络化和智能化，使"数控一代"充分实现，并向智能化方向发展。

复杂型面轴类件滚轧成形工艺及设备

西安交通大学　张大伟　赵升吨

19.1 复杂型面轴类件滚轧成形工艺概述

复杂型面轴类件主要指在轴的外表面带有键槽、齿形及螺纹等结构的轴类零件，该类零件通常作为基础关键零部件，广泛应用于汽车、机床、航天、航空及兵器装备等工业领域，用于实现传递运动、转换运动形式以及连接紧固等功能。如图 19-1 所示，常见的复杂型面轴类件包括花键轴、螺杆、丝杠、蜗杆、行星丝杠和滚柱等。

上述复杂型面轴类件中的花键轴，是一种在轴的外表有多个纵向键槽的轴类件，通常在机械系统中用于传递轴与轮毂间的运动和转矩，并与含内花键结构的轮毂组成具有承载能力强、对中性和导向性好、可靠性高的花键连接。例如，图 19-1 中的花键半轴用于汽车底盘中实现差速器与轮毂间的传动；滚柱是一种在轴的外表面同时含有齿形及螺纹结构的轴类件，与丝杠、保持架等组成具有传递效率高、承载能力强及使用寿命长等特点的行星滚柱丝杠。

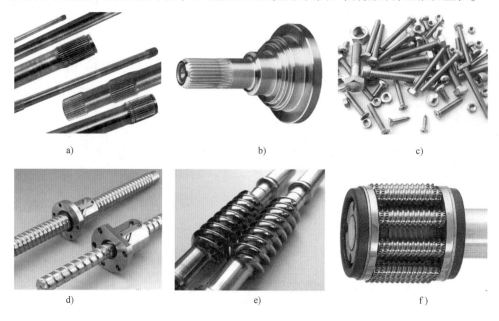

图 19-1 常见的复杂型面轴类件

a）花键半轴 b）花键法兰 c）紧固螺钉 d）丝杆 e）蜗杆 f）滚柱

随着现代制造业的快速发展，许多工业领域对高性能复杂型面轴类件的需求量急剧增加。例如，在 2013 年，我国汽车工业中对花键轴零件的需求量高达 67000 万件，而航天、航空、核电等工业对大尺寸、高精度及高强度的螺纹连接件的需求量日益剧增。目前，上述花键轴、螺纹等复杂型面轴类件的生产方式主要以切削加工为主，而切削加工方式明显存在降低力学性能、浪费材料、生产率低及不符合轻量化生产要求等缺陷，限制了复杂型面轴类件的应用。因此，针对复杂型面轴类件开展高效、高精度、高性能、批量化生产工艺及设备的研究十分必要。

19.1.1 滚轧成形原理

复杂型面轴类件的滚轧成形工艺是以金属塑性成形理论为基础，利用金属材料在常温下具有一定塑性的特点，通过带有齿形、螺纹等结构的滚轧模具对轴类件表层局部区域的滚轧作用，使该区域金属发生塑性变形，从而形成齿形、螺纹等复杂型面的一种无屑、近净及渐进式塑性成形工艺。

19.1.2　工作特点

滚轧成形工艺使复杂型面轴类件上的齿形、螺纹等结构内部形成晶粒细化、组织致密增加及流线连续性好的纤维组织，并且由于滚轧模具多次滚轧压入作用产生残余压应力，使其抗疲劳强度和硬度明显提高。

在滚轧成形过程中，滚轧模具对轴类件坯料连续滚轧作用，轴类件上齿形、螺纹等复杂型面成形效率高，并且由于复杂型面是通过金属塑性变形而成形，齿形、螺纹间的材料无须切削去除，材料利用率高，生产成本低。

滚轧模具对坯料的作用方式为局部接触加载，与其他整体接触加载形式的成形工艺（轴向挤压成形）相比，滚轧模具与坯料间的摩擦状况由滑动摩擦改为滚动摩擦，摩擦力明显下降，并且轴类件上的复杂型面是在滚轧模具作用下渐进成形，成形力大幅度降低。

19.2　典型滚轧成形工艺及设备特点

鉴于滚轧成形工艺在生产复杂型面轴类件具备的明显优势（高效、高精度、高性能及生产率高等），国内外学者及诸多机构对其开展了系统深入的研究及创新，实现了该工艺在复杂型面轴类件实际生产中的推广应用。尤其在欧美发达工业国家，如德国 PROFIROLL 公司、法国 Escofier 公司及美国 KINEFAC 公司等，这些公司在复杂型面轴类件高效高性能精密滚轧成形工艺及设备的研究上处于领先地位，并积累了丰富的设计经验，所研发的滚轧成形工艺及对应设备基本代表了目前复杂型面轴类件滚轧成形技术的最高水平。在我国，20世纪 80 年代起，不少高校、科研单位也陆续对如花键轴、螺杆等复杂型面轴类件的滚轧成形工艺及设备开展了研究，并取得了一定的研究成果，但由于高效高性能精密滚轧成形对设备的精度和刚度要求高，技术难度大，基础理论研究缺乏，并且国外对先进滚轧成形设备技术保密，致使我国在复杂型面轴类件高效高性能精密滚轧成形工艺及装备的研究上与其存在差距。

目前，根据复杂型面轴类件滚轧成形工艺中滚轧模具结构以及成形方式的不同，可分为平板模具滚轧成形、径向进给式滚轧成形、径向同步式滚轧成形、轴向推进滚轧式滚轧成形以及滚打成形五类。

19.2.1　平板模具滚轧成形

1. 成形原理

平板模具滚轧成形（也称搓齿、搓丝）原理如图 19-2 所示。平板模具（也称齿条模具）对称布局在轴类件坯料两侧，并且平板模具分为轧入段和校正段两部分。在滚轧成形过程中，坯料由前后顶尖支承，平板模具绕坯料以相同速度做相对平行交错运动，在摩擦力矩、模具齿形压入作用下，平板模具带动坯料旋转，模具上轧入段逐渐增高的齿形、螺纹等结构连续

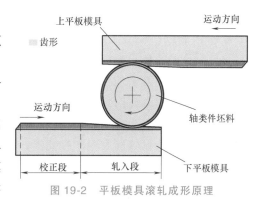

图 19-2　平板模具滚轧成形原理

滚轧压入坯料表层，使滚轧处金属连续发生塑性变形，逐渐成形轴类件上的齿形、螺纹等结构。通常平板模具滚轧成形工艺可加工阶梯轴类的花键轴、螺栓等复杂型面轴类件，生产率高、表面质量好，但该工艺需专用成形设备，成形力大，模具制作困难，易磨损；滚轧轴类件的尺寸受模具尺寸限制，通常用于小尺寸的复杂型面轴类件的滚轧成形。

2. 典型成形设备

由于平板模具滚轧成形工艺出现较早，国内外许多企业都对其进行了系统深入的研究，所研发的成形设备也已广泛应用于汽车、航空、农业机械和工程机械等领域。例如，日本的不二越（NACHI）是一家从原材料到机床的全方位综合制造企业，在机床领域具有雄厚的技术基础，该公司基于平板模具滚轧成形原理研发了 PFM、PFL 系列的搓齿机，其中各型号搓丝机的技术参数见表 19-1。

表 19-1　日本不二越搓齿机的技术参数

型号	立式			卧式
	PFM-330E	PFM-610E	PFM-915E	PFL-1220B
可搓齿的最大直径/mm	20	40	40	50
可搓齿最大模数/mm	1.0	1.3	1.3	1.75
齿条支架最大宽度/mm	60	150	150	125
可安装的齿条最大长度/mm	346	623	928	1252
齿条最大移动量/mm	—	800	1200	1600
开口部尺寸/mm	90	139.7	139.7	152.4
机器重量/t	2	4.4	14.5	18

其中，PFM-915X 型精密搓齿机的外形如图 19-3 所示，并具有以下特点：

1）通过半干式刀具与高刚性主机的配合，实现半干式搓齿。

2）通过驱动系统电气化、半干式搓齿降低能量消耗。

3）利用 2 台伺服电动机实现左右齿条模具高精度的 NC 同步，滚珠丝杠采用直接方式，并将以往通过垫片进行的相位调整数控化。

4）齿条可移动至易于更换的位置，不松齿条压板即可调整 OPD 尺寸。

5）实现齿条间尺寸调整 NC 化，可在同一齿条上加工不同齿数的花键轴零件。

此外，德国的 PROFIROLL 公司、法国的 Escofier 公司也基于平板模具滚轧成形原理进行了花键轴、螺纹等复杂型面轴类件搓齿（丝）机的研发。

19.2.2　径向进给式滚轧成形

1. 成形原理

径向进给式滚轧成形原理如图 19-4 所示。滚轧前，将轴类件坯料置于对称安装的两个圆形滚轧模具间，坯料与模具无接触；滚轧成形过程中，滚轧模具同步、同向、同速旋转，并且至少有一个模具需沿坯料径向以一定速度逐渐进给，在摩擦力矩、模具齿形压入作用下带动坯料旋转。随着模具与坯料的相互转动，模具上的齿形、螺纹等结构连续滚轧压入坯料表层，使滚轧处金属连续发生塑性变形，逐渐成形轴类件上的齿形、螺纹等结构。在径向进给式滚轧工艺中，滚轧模具需沿坯料径向进给，模具中心距发生变化，滚轧模具的转速与径向进给速度间的关系对滚轧成形过程的稳定性以及齿形、螺纹等复杂型面成形质量的影响至

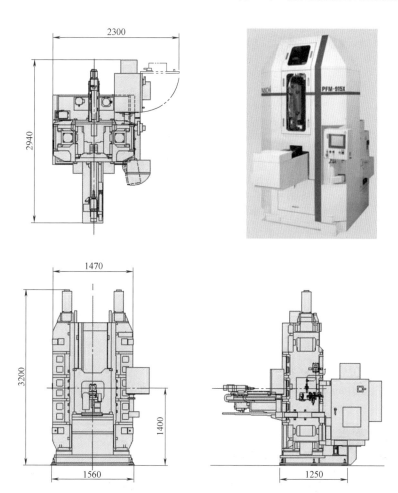

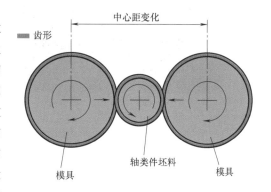

图 19-3　PFM-915X 型精密搓齿机的外形

关重要。

径向进给式滚轧成形一般适用于直径较大的螺纹、花键类零件的成形制造，在此基础上通过合理的模具结构设计和工艺控制，螺纹和花键特征能够在一次滚压成形中同时成形，如图 19-5 所示。同样基于横轧原理，其工艺过程与螺纹、花键滚压成形类似，只是模具结构不同。成形模具由螺纹牙形段和花键齿形段构成，同时滚压模具要能够满足螺纹段和花键段滚压成形过程的运动协调和滚压前模具的相位差要求。

图 19-4　径向进给式滚轧成形原理

2. 典型成形设备

径向进给式滚轧成形工艺目前在花键轴、螺纹等复杂型面轴类件的生产中应用广泛，工艺及相应的成形设备技术成熟。德国 PROFIROLL 公司作为一家长期从事金属塑性成形工艺研究的企业，在花键轴、螺纹等复杂型面轴类件的滚轧成形工艺及装备研究上取得了不少成

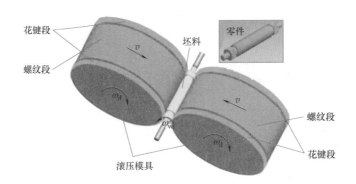

图 19-5　螺纹花键同步滚压成形示意图

果，研发出了花键轴、螺纹等复杂型面轴类件的径向进给式滚轧成形设备。PROFIROLL 公司研发的 ROLLEX 系列花键轴滚轧成形设备，包括 ROLLEX-1、HP、L-HP 和 XL-HP 四个型号。该系列花键轴滚轧成形设备的特点：采用了特殊的传动链，坯料加速度可控，以及多轴 CNC、图形用户界面、工艺过程可视化、数据管理和高精度伺服机械驱动等。德国 PRO-FIROLL 公司的径向进给式滚轧成形设备的滚轧区如图 19-6a 所示。它采用了圆形的滚轧模具，并且滚轧工位上最多可同时安装 5 组不同规格的滚轧模具，明显缩短了更换模具的时间。ROLLEX 系列 L-HP 型的花键滚轧机如图 19-6b 所示。其最大滚轧模具直径为 320mm，滚轧模具轴直径为 120mm，最大成形的花键轴坯料直径和长度分别为 100mm 和 500mm，整机重量为 11t。

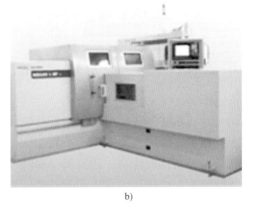

a)　　　　　　　　　　　　　　　　b)

图 19-6　德国 PROFIROLL 公司的径向进给式滚轧成形设备

a）滚轧区　b）L-HP 花键滚轧机

法国的 Escofier 公司在对花键轴、螺纹等复杂型面轴类件的滚轧成形设备设计、滚轧模具设计制造及滚轧成形过程设计等方面积累了丰富的经验，该公司针对花键轴、螺纹等复杂型面轴类件件研发了 FLEX 系列的径向进给式滚轧成形设备。该系列花键轴滚轧机的特点：采用铸铁底座保证机器最佳刚度，滚轧模具座的同步运动由单一的液压或电动缸驱动，滚轧模具轴由传动装置或直驱轴驱动，滚轧模具轴可根据滚轧模具或滚轧工况更换，运动由 PLC 或 CNC 驱动等。法国 Escofier 公司径向进给式滚轧设备的滚轧区如图 19-7a 所示，其中 FLEX 40 型花键滚轧机如图 19-6b 所示。该滚轧机最大滚轧模具直径为 300mm，滚轧模具轴直径为 120mm，最大滚轧模具宽度为 100mm，最大滚轧花键轴坯料模数为 2.5mm，最大滚轧花键轴坯料直径和长度为 130mm 和 400mm，设备可提供的滚轧力为 40t，滚轧模具中心距可调范围为 290~490mm，滚轧模具转速范围为 0~55r/min，整机功率为 42kW，整机重量为 10t。

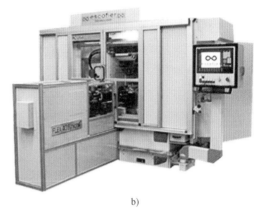

a)　　　　　　　　　　　　　　　b)

图 19-7　法国 Escofier 公司径向进给式滚轧成形设备

a) 滚轧区　b) FLEX40 型花键滚轧机

此外，德国 PROFIROLL 公司针对螺纹、丝杠复杂型面轴类件研发了包括坚实可靠型、经济实用型、锐意创新型及高效节能型等系列的径向进给式螺纹轴类件滚轧成形设备（滚丝机），如图 19-8 所示。PROFIROLL 公司螺纹轴类件滚丝机的共同特点如下：

1）C 型铸铁床身的静态、动态刚性确保设备的精度和使用寿命。

2）向上开发的加工区便于工件上下料。

3）更换模具的良好可行性。

4）滚压力为 5~100t。

5）切入式或穿过式滚轧。

6）配合用户需要的驱动控制方式。

其中经济实用型系列螺轴类件纹滚丝机中包括了 PR5e PRS、PR10e PRS、PR15e/2-PR15e PRS、PR30e/PR30e PRS、PR50e/PR50e PRS、PR60e PRS、2-PR80e PRS 和 2-PR100e PRS 等多个型号，其特点如下：

1）单、双滑座设计。

2）切入式和穿过式滚轧。

3）专业的自动化。

4）电子冲程和直径调节。

5）集中润滑。

6）预设滑座曲线程序。

7）对牙误差计算。

8）推荐滚轧时间。

9）PRS 自动对牙系统（Pitch Reference System，PRS）。

10）滚轧区最佳可及性。

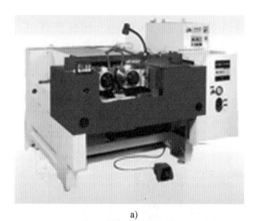
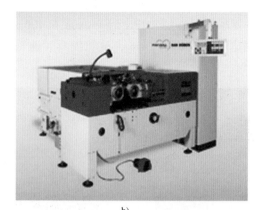
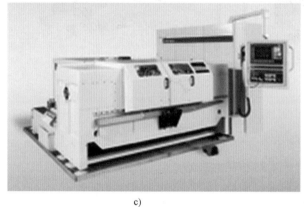

图 19-8　德国 PROFIROLL 公司径向进给式螺纹轴类件滚轧成形设备

a）坚实可靠型 PR25.1　b）经济实用型 PR 50e PRS
c）锐意创新型 2-PR 100 CNC/AC　d）高效节能型 PR15HP

11）最短换件时间等。

其中，经济实用型螺纹轴类件滚丝机的最大滚轧模具直径为 120~335mm，滚轧模具轴直径为 28~130mm、60~300mm，滚轧螺纹坯料直径为 1~200mm，最大滚轧力为 5~100t，滚轧机重量为 1.6~13.7t。该系列螺纹轴类件滚轧机可为螺纹滚轧成形提供经济的制造途径和生产线，其独特的自动对牙系统使模具更换后能快速找正，可应用于公制、UN 螺纹、英制螺纹以及梯形螺纹、圆螺纹和蜗杆等螺纹轴类件的滚轧成形。

类似地，Escofier 公司针对螺纹轴类件研发了 MTR（Machine Thread Rolling）系列螺纹滚丝机，其主要特点：刚性床身保证设备的最佳刚度；滑架的精确运动由 3 个导轨保证；齿轮箱提供较宽的模具转速范围；由螺旋调节实现切入式/穿过式滚轧，调整方便；采用 Siemens、Rexroth 系统，数字面板操作；符合 CE 标准，可根据用户需求配置设备功能等。MTR 系列螺纹轴类件滚轧机的滚轧区及设备如图 19-9a 和图 19-9b 所示。MTR 系列螺纹滚丝机采用单一液压缸驱动，在保证运动高精确度的同时限制施加在设备底座上的力。此外，滑架的对称运动通过一个独特的维持坯料回转轴固定的旋转连接臂实现，避免了在更换滚轧模具时对组件的调整。

美国的肯尼福公司（KINEFAC CORPORATION）正式创立于 1962 年，是世界金属冷滚轧、挤压成形等技术的领导者，研发了 Kine-Roller 系列圆形模具滚轧成形设备，可用于花键轴、螺纹、直纹、滚珠丝杠及蜗杆等复杂型面轴类件的精密冷滚轧成形。

肯尼福公司作为美国国家滚丝机标准的主要起草者，其研发的 Kine-Roller 系列滚轧成形设备中的滚丝机的主要创造性如下：

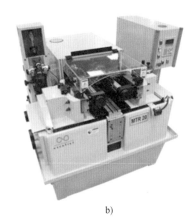

a)　　　　　　　　　　　　　　　b)

图 19-9　MTR 系列螺纹轴类件滚轧机

a）滚轧区　b）设备

1）全球独有的内应力搓丝机，充分利用液压作用力与反作用力对等的原理，将液压力全部有效转化为模具进给滚轧力。

2）全球独有的动力框架式结构滚轧受力区，实现封闭受力，滚丝所有作用力及反作用力全部集中在动力框架内，机身、底座等不承受滚丝反作用力。

3）全球领先的模具滑座双向对中同步进给，实现模具转速同步驱动。

4）全球独有的空间立体四导轨组合，使滚轧受力点布置于立体导轨内部，倾覆力矩降至最低，液压力全部直接作用于坯料滚轧成形，将无效分力降至最低。

5）全球独有的特种机身材料，由高致密压铸式粉末冶金构成，使滚轧时机身刚性变形降至最低，是当前全球滚丝机等圆形滚轧模具滚轧设备受力刚性变形最小的科学结构。

6）全球独有的数显自锁斜面式主轴锥度调整机构，使锥度调整方便、准确、迅速。

7）全球独有的气动辅助式坯料数字化立体定位支撑工装，金刚石镶嵌式耐磨性定位支片，使坯料定位精确，螺纹件外径表面质量显著提高。

8）全球独有的模具角度微增量循环控制软件，保证模具使用寿命最大化。

9）全球独有的真闭环测量反馈方式，光栅尺直接安装于主轴上，实现测量反馈并控制终端误差。

10）全球独有的肯尼福公司独立滚丝软件，性能高、稳定性好，具有滚轧过程动态模拟、实时监控、实时动态曲线与数据显示、零件加工质量跟踪记录等功能；菜单式全触摸界面，人机对话方便，完全对用户开放原程序。

在 Kine-Roller 系列滚轧成形设备中，根据设备组成特点的不同，可分为 PowerBox 分系列、Double Arm 分系列及 3Die 分系列等，其中 PowerBox 分系列及 Double Arm 分系列滚轧成形设备的技术参数见表 19-2 和表 19-3。

表 19-2　美国肯尼福公司 PowerBox 分系列圆形模具滚轧成形设备的技术参数

型号	MC-8	MC-15	MC-40	MC-60	MC-80	MC-150	MC-200	MC-300
最大径向滚轧力/t	9	22.2	35.6	53.4	71.2	133.5	177.9	293.6
标准轴径/mm	54	54	75	80	100	114	127	152
标准模具间隙/mm	51	114	120	177	165	266	266	292
模具直径/mm	100~160	100~171	140~254	152~254	165~254	203~304	216~304	254~381
模具中心距/mm	114~159	127~234	152~317	152~304	171~314	228~457	203~393	254~520
主轴倾斜角度/(°)	—	—	—	±8	±8	±5	±5	±2.5
标准模具驱动功率/kW	2.23	9	19	22	26	22	34	34
最大滚轧坯料直径/mm	25.4	76	101	101	101	101	152	177

表 19-3　美国肯尼福公司 Double Arm 分系列圆形模具滚轧成形设备的技术参数

型号	MC-4	MC-10	MC-25
最大径向滚轧力/t	6.2	24	24
标准轴径/mm	38	50	63.5
标准模具间隙/mm	66	143	114
模具直径/mm	76~111	95~127	114~152
模具中心距/mm	76~127	101~171	111~222
主轴倾斜角度/(°)	—	±12	±12
标准模具驱动功率/kW	2	15	18
最大滚轧坯料直径/mm	40	88	101

　　肯尼福公司针对航天、航空、潜艇、军工和核电等工业领域对大尺寸、高强度和高精度螺纹轴类件的需求，研发了 MC-200 型和 MC-300 型螺纹轴类件滚丝机。由表 19-2 可知，其各自的径向滚轧力可达 177.9t 和 293.6t，各自最大滚轧坯料直径可达 152mm 和 177mm，可完成压力容器螺柱、缸盖螺栓、涡轮壳螺栓、风机轴及管法兰螺栓等螺纹轴类件的高效、高性能精密滚轧成形。

　　图 19-10a 所示的 MC-300 螺纹轴类件已应用于中国航天科工集团，可完成全球最高精度（3 级核工业级）、最高强度（12.9 级）螺纹轴类件的滚轧成形，代表了目前滚丝机制造领域的最高技术水平。图 19-10b 所示为 Double Arm 分系列中型号为 MC-10 滚轧成形机，可实现螺纹、电动机轴及滚珠丝杠等复杂型面轴类件的滚轧成形。

19.2.3　径向同步式滚轧成形

1. 成形原理

　　径向同步式滚轧成形原理如图 19-11 所示。其工艺系统组成与径向进给式滚轧成形工艺系统类似，但在模具结构上存在明显差异。在该方式中，模具上的齿形、螺纹高度沿圆周方向逐渐增加，并形成类似于平板模具中的轧入、校正两部分。滚轧前，滚轧模具与坯料无接触，滚轧成形过程中，滚轧模具同步、同向、同速旋转，在摩擦力矩作用下带动坯料旋转，

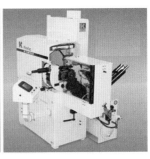

图 19-10　美国肯尼福公司的 Kine-Roller 系列圆形模具滚轧成形设备

a）MC-300 型螺纹轴类件滚丝机　b）MC-10 型滚轧成形机

同时滚轧模具上轧入段逐渐增高的齿形、螺纹等结构连续滚轧压入坯料表层，使滚轧处金属连续发生塑性变形，逐渐成形轴类件上的齿形、螺纹等结构。该工艺方式中滚轧模具无须沿坯料径向进给，模具中心距固定。

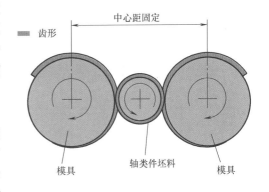

图 19-11　径向同步式滚轧成形原理

2. 典型成形设备

在径向同步式滚轧成形设备方面，德国 PROFIROLL 公司针对花键轴零件专门开发了 PR320INC 径向同步式滚轧成形机，成形机中的滚轧区如图 19-12a 所示。它采用了齿形不断增高的增量式滚轧模具，并且滚轧过程中不需外加进给运动，但限于偶尔运动花键轴必须在滚轧模具旋转后完成加工成形，因此该成形机每次只能加工一件花键轴零件。此外，该成形机中采用了 PRS 电子对牙系统，可实现最短时间内自动精确对牙，节省了大量的换件时间。PR320INC 花键轴径向同步式滚轧成形机的外形如图 19-12b 所示。

法国 Escofier 公司的 FLEX 系列花键轴滚轧成形机中也采用了径向同步式滚轧成形的方式，其滚轧区如图 19-13a 所示，对应的滚轧模具如图 19-13b 所示。FLEX 系列径向同步式滚轧

图 19-12　PR320INC 花键轴径向同步式滚轧成形机

a）滚轧区　b）外形

机最大滚轧模具直径为 300mm，滚轧模具轴直径为 120mm，最大滚轧模具宽度为 100mm，最大滚轧花键轴坯料模数为 1.25mm，最大滚轧花键轴坯料直径和长度为 50mm 和 90mm，设备可提供的滚轧力为 40t，滚轧模具中心距可调范围为 290~490mm，滚轧模具转速为 0~30r/min，整机功率为 40kW，整机重量为 10t。图 19-14 所示为法国 Escofier 公司通过 FLEX 系列花键轴滚轧成形机滚轧成形的花键轴，其中包括花键轴叉、传动轴和球笼半轴等。

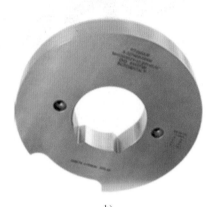

a)　　　　　　　　　　　　　　　　　　　　　b)

图 19-13　FLEX 系列花键轴径向同步式滚轧成形机

a）滚轧区　　b）滚轧模具

图 19-15 所示为美国肯尼福公司（KINEFAC CORPORATION）设计制造的 MC-35 型圆形模具滚轧成形机，主要设计用于滚轧成形花键轴和其他形式的传动轴、电动机轴和转向轴等零件，也可用于开展螺纹、蜗杆等零件的滚轧成形。MC-35 相对其他花键轴滚轧成形设备，占地面积小，模具由伺服电动机驱动，并可方便通过 HMI 实现数值调整；坚实的动力框架为滚轧工艺的进行提供了稳定的环境。其技术参数见表 19-4。

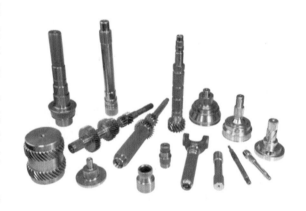

图 19-14　FLEX 系列花键轴滚轧成形机滚轧成形的花键轴

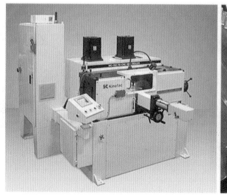

图 19-15　美国肯尼福公司的 MC-35 型圆形模具滚轧成形机

表 19-4　美国肯尼福公司 MC-35 型圆形模具滚轧成形机的技术参数

性能	型号	性能	型号
	MC-35		MC-35
最大径向滚轧力/t	133.5	模具中心距/mm	304~457
标准轴径/mm	76	主轴倾斜角度/(°)	—
标准模具间隙/mm	50	标准模具驱动功率/kW	25
模具直径/mm	206~406	最大滚轧坯料直径/mm	50

19.2.4　轴向进给式滚轧成形

1. 成形原理

复杂型面轴类件的轴向进给式滚轧成形原理如图 19-16 所示。多个滚轧模具沿轴类件坯料圆周方向均布（图中以两个为例），并且滚轧模具沿轴向分为进入刃角段和校正段两部分。滚轧前，坯料置于滚轧模具前方；滚轧成形过程中，坯料沿轴向以一定速度推进，多个滚轧模具同步、同向、同速旋转，并在摩擦力矩作用下带动坯料旋转，在滚轧模具进入刃角段齿形、螺纹等结构的预滚轧作用下，坯料表层金属连续发生塑性变形，塑性变形区域较小，成形的齿形、螺纹等结构高度逐渐增加；由于坯料不断沿轴向推进，预滚轧成形后的齿形、螺纹等结构在滚

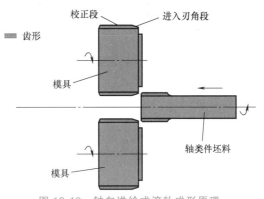

图 19-16　轴向进给式滚轧成形原理

轧模具校正段的校正作用下，继续提高成形精度和表面质量，轴类件坯料上的齿形、螺纹等结构逐渐沿轴向成形。轴向进给式滚轧成形相对前述的三种滚轧成形工艺，渐进式成形效果更加明显，成形力大幅度降低，成形效率更高，所成形的齿形、螺纹等结构由于累积塑性变形带来的加工硬化效果更加突出，抗疲劳强度和硬度显著提高。

2. 典型成形设备

美国的肯尼福公司针对花键轴、螺纹等复杂型面轴类件独创了动力推进式三模具增量式花键滚轧成形工艺，该工艺也代表了目前花键轴冷滚轧成形的最高水平。同时，肯尼福公司对应研发了 MC-6 型和 MC-9 型/三圆形模具轴向进给式滚轧成形设备，其技术参数见表 19-5。

表 19-5　美国肯尼福公司三圆形模具轴向进给式滚轧成形设备的技术参数

型号	MC-6	MC-9
最大径向滚轧力/t	22.2	44.4
标准轴径/mm	38	63
标准模具间隙/mm	142	101
模具直径/mm	85~101	107~152
模具中心距/mm	47~76	63~85
标准模具驱动功率/kW	11	15
最大滚轧坯料直径/mm	76	88

其中，MC-9 型卧式花轴键滚轧机及滚轧区如图 19-17 所示。从图 19-17b 可以看出，3 个滚轧模具在空间呈 120°分布，在滚轧成形过程中，3 个滚轧模具同步、同向、同速旋转，由集成驱动式顶尖带动花键轴坯料旋转，同时坯料由前顶尖及集成驱动式顶尖夹紧并轴向推进，在滚轧模具的作用下沿轴向逐渐成形花键轴，整个滚轧过程各阶段坯料的成形情况如图 19-18 所示。该花键轴轴向进给式滚轧成形工艺属于增量渐近式成形，成形力小，表面质量高，产品性能好。

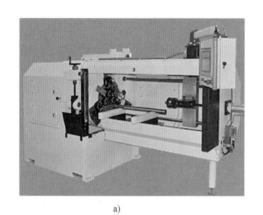

a)　　　　　　　　　　　　　　　　　　b)

图 19-17　MC-9 型卧式花键轴滚轧机及滚轧区

a）滚轧机　b）滚轧区

a)　　　　　　　　　b)　　　　　　　　　c)

图 19-18　花键轴滚轧成形过程

a）滚轧前　b）滚轧中　c）滚轧后

MC-6 型和 MC-9 型三圆形模具轴向进给式滚轧成形设备可适应自动加载，以最大程度提高生产率，并且也可针对小生产要求手动加载，此外，可选择使用 Kine-Spin centrifuge 系统来进行冷却液的清洁及回收。特别的是，MC-6 型和 MC-9 型设备中均采用了肯尼福公司全球唯一的整体压铸式粉末冶金滚轧体，全封闭的受力特点为设备提供了充足的刚性，保证了花键轴的滚轧成形质量。

西安交通大学研制了由多个交流伺服电动机独立驱动 3 个滚轧模具旋转及径向位置调整的轴向推进滚轧成形试验装置及其计算机控制系统，其技术参数见表 19-6。

表 19-6 交流伺服驱动轴向推进滚轧成形装置的技术参数

参数	值	参数	值
滚轧模具最大转矩/N·m	1400	后驱动顶尖夹紧力/kN	3
滚轧模具最大转速/(r/min)	75	推进速度/(mm/s)	0.5~2
滚轧模具最大径向滚轧力/kN	120	坯料最大加热温度/℃	1000
花键轴坯料直径/mm	20~80	坯料加热时间/s	≤75
最大轴向推进力/kN	15		

该装置由四个系统组成，即实现 3 个滚轧模具同步、同向、同速旋转及各自径向位置自动、同步精确调整的滚轧系统，其中各滚轧模具由对应的主动力交流伺服电动机经同步带、行星减速器和万向联轴器等零部件的传动实现独立驱动旋转，各滚轧模具的径向位置由调整交流伺服电动机经蜗杆减速器、滚珠丝杠螺母副、滑座等零部件的传动实现独立调整；实现花键轴坯料前后夹紧及轴向恒速推进的推进系统；实现花键轴坯料快速加热的感应加热系统，以及实现对装置中滚轧模具旋转及径向位置调整、花键轴坯料前后夹紧和轴向推进动作进行精确控制的伺服控制系统，如图 19-19 所示。

图 19-19 交流伺服驱动轴向推进滚轧成形装置

相对花键轴的其他滚轧成形工艺，轴向进给式滚轧成形工艺在技术上和成形过程中具有以下特点：

1）3 个滚轧模具的分度圆与花键轴（坯料）的理论分度圆相切，保证花键轴齿形的齿距累积误差。

2）在滚轧成形过程中，3个滚轧模具同步连续沿径向滚轧坯料，同时坯料轴向进给，花键轴的齿形是由于受到径向滚轧而发生塑性变形而成形，变形方向为径向，齿面产生压应力，齿面组织致密，抗疲劳强度高，表面质量好。

3）花键轴是通过轴向逐渐进给增量成形，成形力小，模具寿命长，并且模具可通过修磨翻新重复使用，成本低。

4）在滚轧成形过程中，3个滚轧模具呈120°分布，受力稳定性好，定位准确。

5）滚轧成形前，3个滚轧模具通过齿形啮合规律带动集成驱动式顶尖旋转，并进一步带动花键轴坯料旋转，使坯料在与滚轧模具接触前旋转线速度同步，避免二者的相对打滑。

19.2.5 滚打成形

1. 成形原理

在20个世纪60年代，瑞士GROB公司针对法兰驱动轴、花键轴叉及齿轮箱主轴等花键轴类件研发了全球独有的无屑冷滚打成形工艺，其成形原理如图19-20所示。一对与花键轴齿廓相同的滚轮对称安装在轴类件坯料两侧的中心轴上，坯料的中心轴与滚轮旋转中心轴相互垂直；滚轮绕其中心轴高速旋转，对工件滚压打击，滚打处的金属发生塑性变形，同时滚轮由于与坯料间的摩擦作用绕自身旋转轴转过一定角度，滚轮每绕其中心轴旋转一周，完成对坯料滚打一次。在滚打成形过程中，坯料不断轴向进给，当一个齿形滚打结束后，坯料绕自身中心轴转过一个齿形对应的角度。在滚打成形工艺中，花键轴由滚轮的高速冲击和滚压复合成形，表面质量高，性能好，可成形大模数、细长类花键轴类件，但该工艺需专用滚打成形设备，滚轮制作困难且通用性差，不适合加工阶梯轴类花键轴。

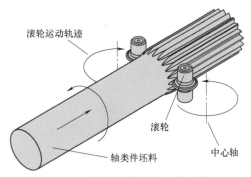

图19-20　花键轴类件滚打成形原理

2. 典型成形设备

GROB公司在花键轴滚打成形工艺的基础上同时研发了多种滚打成形设备，包括C系列、T12系列冷滚打成形机。其中C系列成形机尤其适用于精密滚打成形实心轴类、管类和空心轴类零件，包括C6、C9、C9T和C9T-L四个型号，具有生产周期短、效率高、通用性强、加工细长轴类零件能力强、操作方便（手动/自动模式）、外形紧凑及结构强度高等特点，图19-21a所示为C9型滚打成形机的滚打区及滚打中的花键轴叉。图19-21b所示为C9T-L型冷滚打成形机，其最大滚打成形花键轴模数为3.5mm，最大滚打成形花键轴坯料直径和长度分别为120mm和3000mm，目前最大滚打成形的花键轴长度为10m。

此外，GROB公司的12-NCT型冷成形机如图19-22a所示。该冷成形机是目前GROB公司规格最大、功能最强的冷成形设备，其模块化设计的理念使该成形机可由用户定制功能配置，可开展实心轴、管料等复杂型面轴类件的滚打、缩径、冲压等多种成形工艺，该成形机的床身结构、不同冷成形形式下的滚打区如图19-22b～d所示，并采用了力矩电动机驱动坯料旋转，保证了坯料转速的高精度。12-NCT型冷成形机的最大成形花键轴模数为8mm，最大成形花键轴坯料的直径和长度分别为350mm和600mm。

滚轮　　　　　　　　花键轴叉

a)　　　　　　　　　　　　　　　　　b)

图 19-21　瑞士 GROB 公司 C 系列花键轴滚打成形机

a）C9 型滚打成形机的滚打区及花键轴叉　b）C9T-L 冷滚打成形机

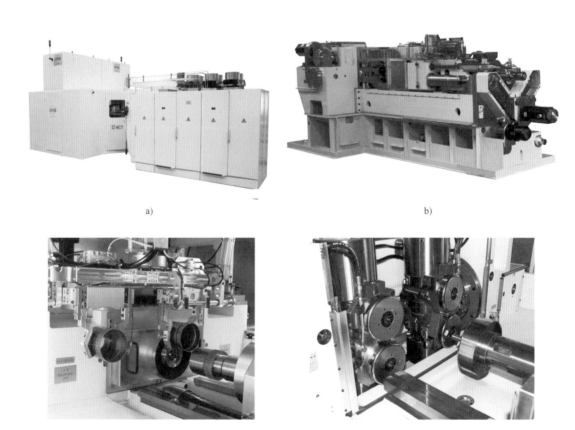

a)　　　　　　　　　　　　　　　　　b)

c)　　　　　　　　　　　　　　　　　d)

图 19-22　瑞士 GROB 公司的 12-NCT 型冷成形机

a）12-NCT 型成形机　b）床身结构　c）滚打区龙门框架及芯轴　d）滚打区龙门框架及四滚轮

19.3　本章小结

　　本章以现代制造业对高性能花键轴、螺纹、丝杠及蜗杆等复杂型面轴类件的庞大需求量为背景，指出开展高效、高精度、高性能、批量化生产工艺及设备研究的必要性；其次，结合滚轧成形工艺的特点，介绍说明了目前复杂型面轴类件的典型滚轧成形工艺及设备特点，为我国开展复杂型面轴类件高效、高性能精密滚轧成形工艺及设备的研究及推广应用提供了参考。

第20章 CHAPTER 20
汽车纵梁数控成套生产线技术

济南铸造锻压机械研究所有限公司　赵加蓉

20.1　汽车纵梁数控成套生产线的工作原理、特点及主要应用领域

汽车纵梁数控成套生产线是为了满足汽车车架个性化需求而发展起来的高精度、柔性化工艺设备。

传统的汽车纵梁生产工艺通常采用大型压机加模具落料冲孔或人工钻孔方式进行生产，不仅模具制造周期长、成本高，而且模具更换调整困难，精度差，劳动强度极高，劳动条件差，适用于少品种大批量的生产，改型困难。

汽车纵梁数控成套生产线是集机械制造、数控技术、光电技术、通信技术、液压控制技术和气动控制技术于一体的综合加工设备，通过应用计算机控制技术、微电子技术、自动编程技术和远程监控技术以及精密制造技术，使整个生产过程达到高效率、高精度的自动化生产，大大降低了劳动强度，是既适合大批量生产又能对多品种小批量的汽车纵梁进行柔性化生产的数控生产线。

20.1.1　工作原理

汽车纵梁数控成套生产线工作原理如图 20-1 所示。定尺卷料经开卷校平后辊弯成形，制成 U 形截面的纵梁，经过自动上、下料运送到数控三面冲孔设备进行冲孔，完成纵梁 98% 以上的孔的加工；对于特大孔和不规则形状的材料去除，采用机器人等离子切割完成，最后根据车架前宽后窄的要求，可以对纵梁腹面进行多角度数控折弯。

20.1.2　特点

汽车纵梁数控成套生产线既可以在控制系统的协调控制下运行，也可以作为各自独立的系统单独运行，这样将大大提高了系统应用的灵活性。用户可以根据需要既可以选择整条线，也可以选择一个独立的子系统，与已有的设备形成互补。该成套生产线与传统工艺流程相比，具有较高的生产柔性，并且在节材、高精度、高可靠性、高效率和环保等方面具有更大的优势。

汽车纵梁数控成套生产线的主要特点可以概括为"五高、四节、三低、二少、一快"，即：

五高——生产效高、自动化程度高、柔性化程度高、制件精度高和可靠性高。

四节——节省原材料、节省能源、节省中间转序和节省人力。

三低——制件废品率低、生产噪音低和劳动强度低。

二少——设备投资少和维护费用少。

一快——产品变型快。

20.1.3　主要应用领域

汽车纵梁数控成套生产线是用于载重汽车车架纵梁生产的专业化成套生产线，只要对成形过程中的模具配置、物料输送装置进行适当调整，就可以适应多种规格的车架纵梁的自动化生产，完全能够适应目前汽车行业多品种各种批量生产方式，是纵梁生产装备的升级换代产品，是满足卡车、大型客车等行业车架车间整套生产工艺急需的成套关键设备。其柔性和成套性主要反映在该生产线可以适应多种规格的车架纵梁的自动化生产，能够完成从原料到成品纵梁的关键工艺，其中数控三面冲孔设备和数控纵梁折弯设备不需任何调整能够自适应各种规格产品。目前中国第一汽车集团有限公司、东风汽车集团有限公司、中国重型汽车集

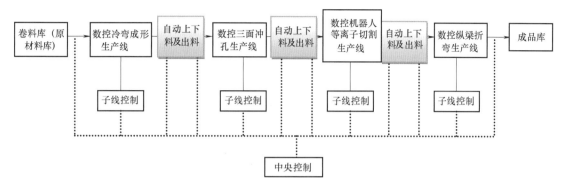

图 20-1　汽车纵梁数控成套生产线工作原理

团有限公司、北汽福田汽车股份有限公司、集瑞联合重工有限公司和郑州宇通客车股份有限公司等主机生产厂及其配套厂都采用或部分采用了这种成套生产线，获得了很好的经济效益和社会效益。

20.2　汽车纵梁数控成套生产线的主要结构

20.2.1　汽车纵梁数控辊弯成形生产线

1. 主要结构

汽车纵梁数控辊弯成形生产线是将连续带钢经过多个机架的逐步变形、整形而使之达到所需的产品尺寸及形状的设备，其总体结构如图 20-2 所示。

主要包括上料小车、开卷机、引料装置、校平机、入口导向装置、辊弯成形主机、定尺液压剪切机、出料辊道、电磁下料装置、液压控制系统及电气控制系统等部分。

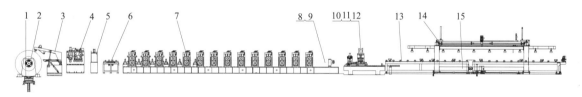

图 20-2　汽车纵梁数控辊弯成形生产线的总体结构

1—上料小车　2—开卷机　3—引料装置　4—校平机　5—料头料尾切头机　6—入口导向装置
7—辊弯成形主机　8—校直头　9—测速装置　10—定尺液压剪切机　11—液压控制系统
12—电气控制系统　13—出料辊道　14—电磁下料装置　15—电动平板台车

2. 主要技术参数（见表 20-1）

表 20-1　汽车纵梁数控辊弯成形生产线的主要技术参数（国内外对比）

序 号	性能指标	国内目前领先水平	国外领先水平 （意大利 stam 公司）
1	材料厚度	5～10mm	4～8mm
2	钢卷宽度	350～550mm	270～550mm
3	屈服强度	350～700MPa	350～700MPa

（续）

序号	性能指标	国内目前领先水平	国外领先水平 （意大利 stam 公司）
4	抗拉强度	510~800MPa	510~800MPa
5	定尺长度 L	4800~12000 mm	2900~13000mm
6	辊弯成形生产速度	0~20m/min（无级调速）	0~24m/min（无级调速）
7	品种变换模具调整时间	30min~1h（人工、半自动调整）	10~20 分钟（自动调整）

汽车纵梁数控冷弯成形生产线辊型梁的质量指标见表 20-2。

表 20-2　汽车纵梁数控辊弯成形生产线辊型梁的质量指标（国内外对比）

序号	质量指标	国内目前领先水平	国外领先水平 （意大利 stam 公司）
1	翼面成形角度偏差（见图 20-4）	±1°	±0.7°
		两端 200mm 范围内，±1.2°	末端 200mm 范围内，±1.2°
2	翼面外开口宽尺寸 B 的偏差（见图 20-3）	±2mm	±1mm
3	内圆角尺寸 R 的偏差（见图 20-4）	$R+2$mm	$R±1$mm
4	翼面纵向直线度偏差（翼面平放测量） （见图 20-4）	0.05%，12m 范围≤5mm	1mm/m，12m 范围≤5mm
5	腹面纵向直线度偏差（腹面平放测量） （见图 20-4）	0.15%，12m 范围≤8mm	1mm/m，12m 范围≤8mm
6	腹板 D 范围内平面度 （见图 20-3 和图 20-4）	≤0.5mm	≤0.4mm
7	定尺长度 L 的偏差（见图 20-4）	$L±5$mm	4mm
8	最大扭曲挠度（见图 20-4）	5mm	1°/m，最大 8°
9	表面质量	无开裂、无起皱，切断口毛刺 高度小于 0.5mm	无开裂、无起皱，切断口 毛刺高度小于 0.5mm
10	切口实际质量	变形小，不需整形	变形小，不需整形
11	下料码垛	电磁下料装置	有自动下料技术
12	切断方式	随动切断，生产线不停机	随动切断，生产线不停机

3. 结构特点

辊弯成形是一种高效、节能、节材的先进板料加工工艺。该工艺与压机成形工艺的区别在于用局部的连续变形代替整体变形，具有投资少，生产率高，产品表面质量好，尺寸精度高，长度不受限制，可生产形状非常复杂的产品等诸多优点。针对近年来载重卡车纵梁及加强梁（见图 20-3）普遍采用高强度钢的特殊要求，其抗拉强度高（610~810MPa），成形角度困难，易出现纵梁的扭曲、侧弯及纵向弯曲等问题，普遍采用了 COPRA 辊弯成形设计软件进行模具设计，并对材料的变形情况和模具的受力情况进行模拟仿真分析，合理设计孔形，合理应用矫直机

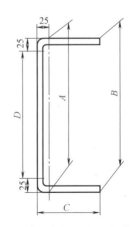

图 20-3　车架纵梁及加强梁截面图

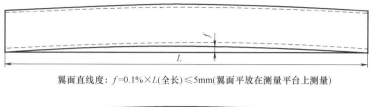

翼面直线度：$f=0.1\%\times L$(全长)$\leqslant$5mm(翼面平放在测量平台上测量)

腹面直线度：$f=0.1\%\times L$(全长)$\leqslant$8m(腹面平放在测量台上测量)

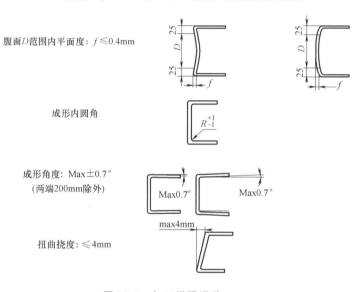

腹面D范围内平面度：$f\leqslant$0.4mm

成形内圆角

成形角度：Max$\pm$0.7°
（两端200mm除外）

扭曲挠度：$\leqslant$4mm

图 20-4　加工纵梁误差

构，确保 U 形梁在成形过程中稳定成形。

（1）成形模具组合化设计技术　载重卡车纵梁及加强梁的生产一般为多批次小批量生产，产品品种更换频繁，要求模具能够适应一定宽度范围的品种变化。按照成形纵梁工艺的孔形设计，将成形轧辊腹面部分分成数片，在中间合理设计剖分式隔垫和固定隔垫，同时在成形轧辊外侧也相应布置剖分式隔垫（在直径方向上剖分成两截）和固定隔垫。当产品腹面宽度变化时，将成形轧辊内、外隔垫按照预先设计的组合进行调换即可，不需拆换辊形模具，即可满足柔性化的纵梁辊弯成形要求。如图 20-5 所示，模具由上成形模具 8、下成形模具 7、固定隔套 5 及外剖分式隔垫 4、内剖分式隔垫 6 组成。剖分式组合垫根据纵梁宽度变化设计，由不同数量及宽度的隔垫组成，并以表格的形式给出。当纵梁腹面宽度变化时，按照既定的表格调换内外剖分式隔套的数量，不需拆换轧辊模具即可调整成形纵梁腹面宽度，实现纵梁生产品种变换，实现成形纵梁生产的柔性化。

（2）辊弯成形模具抗磨损结构设计技术　载重卡车纵梁及加强梁一直在向高强度、大翼面发展。在进行辊弯成形过程中，由于翼面高度较高，成形轧辊直径差距较大，极易造成轧辊因速差而产生磨损。因此，在轧辊设计时采用了内外套式的设计方法，内套比外部成形区部分厚 0.05mm 左右，这样当辊弯成形时，成形部分之间产生摩擦后由摩擦力驱动被动旋

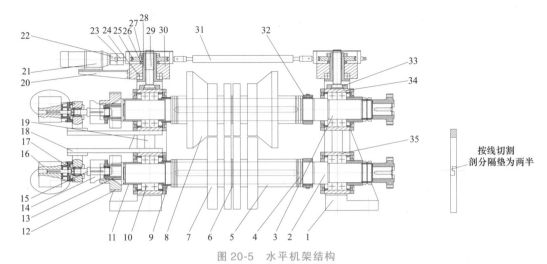

图 20-5 水平机架结构

1—水平机架 2—下辊轴 3—上辊轴 4—外剖分式隔垫 5—固定隔套 6—内剖分式隔垫 7—下成形模具 8—上成形模具 9—轴套 10—轴承 11—隔套 12—齿轮 13—驱动齿轮 14—电磁离合器 15—驱动轴 16—蜗杆减速器 17—减速器连接支架 18—轴承座支架 19—定位块 20—减速机支架 21—电动机减速机 22—扭矩限制器 23—蜗杆 24、26—止推轴承 25—蜗轮 27—键 28—调节螺母 29—压下螺丝杆 30—机架上横梁 31—同步连杆 32—辊轴定位面调节螺母 33—压下螺丝固定法兰 34—上轴承座滑块 35—下轴承座

转，有效降低了轧辊的磨损，延长了模具的使用寿命。

（3）模具快速调整技术 为适应不同产品的生产要求，在成形机架上一般都装有用于辊轴间距的位置调整和辊轴轴向调整机构。

一般车架纵梁的辊弯成形机架（见图 20-5）采用一对龙门式水平机架 1 成组安装，上辊轴 3 和下辊轴 2 由置于两龙门机架中的上轴承座滑块 34 和下轴承座 35 支撑，下辊轴 2 固定，上辊轴 3 的高度位置由两轴承座同步调整机构来调整。两轴承座同步调整机构是通过同步连杆 31 使两侧的蜗杆 23 连为一体，驱动蜗杆 23 使两侧的蜗轮 25 同步旋转；蜗轮通过键 27 连接于调节螺母上，带动调节螺母 28 旋转；调节螺母 28 由止推轴承 24 和 26 定位于水平机架上横梁 30 上，调节螺母 28 旋转带动两侧由压下螺丝固定法兰 33 固定连接于上轴承座 34 上的压下螺丝杆 29 同步升降，即可实现上、下辊轴间的间距调整，辊轴间隙调整是适应加工不同料厚的辊缝间隙调整结构；模具的轴向调整由电动机减速机驱动齿轮 12，齿轮带有内螺纹，其轴向移动推动隔套 11、轴承 10 内圈、轴套 9 轴向移动，使辊轴上的辊片及隔垫等向定位面调节螺母 32 移动，从而达到模具轴向夹紧与调节的目的。

对上述机构的调整，如果采用人工操作，需要较长时间（一般长达 6~8h），采用电动调整可大大节省换模时间（约 60min）。

（4）液压冲切技术 U 形梁的切断较为复杂，现有的汽车纵梁剪断方式一般有锯切、模型剪切及冲切等方式。

锯切方式能适应各种断面尺寸的切断，但刀具（锯片）损耗快、噪声大，不能满足国家环保标准的要求，且锯切断面毛刺大，需人工去除，生产率较低。

模型剪切是错切方式，无剪切废料，主要缺点是切断刀具需按照产品断面尺寸配置，刀具型号多、维护管理不便，造成使用成本大幅提高而且切断断面易出现塌角、变形和撕裂等缺陷。

现在比较先进的是冲切方式。由意大利 STAM 公司提出的采用前后平行布置的两工位随动冲切切断。如图 20-6 所示，一工位冲切成形纵梁中间部分的一段长度，另一工位由左右两把刀具同时切断半圆弧及翼边，切口变形小，针对不同的截面纵梁不必更换模具，实现在线切断，生产率高，切断质量好。但成形制件切断需二次定位，因此中间切口与圆弧段存在微小的不齐，但不影响工件的实际使用。

（5）电气控制技术　该生产线采用连续卷料生产，辊弯成形

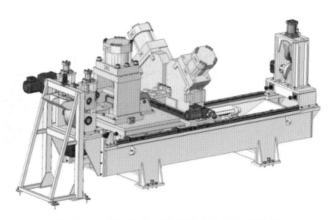

图 20-6　STAM 公司的跟随式液压切断装置

后精确定长切断，制件一次成形，形状规则，长度准确，一致性好。整线经人工上料及引料后即进入自动化生产过程，不停机随动切断，自动下料码垛，自动化程度高，生产率高。该生产线仅需 2~3 人操作，操作简单，劳动强度低。

通过机床的触摸屏，操作者输入每批纵梁首件图号来调用已储存好的加工程序并选择操作模式。可编程控制器实现总控制功能，触摸屏实现人机数据监控交换，送料旋转编码器检测送料长度。可编程控制器采用西门子 S7-300 系列产品，具有故障诊断（电气、机械、液压）、实时报警显示及动态显示动作流程功能，检测显示生产信息（包括计数功能），调整设置工艺参数；可以储存 200 个工件的工艺参数，根据生产的需求可灵活地调整部分工艺参数，有利于大幅度提高生产率。控制采用集中控制工作方式，停车方式分为自动停止和紧急停止。液压系统也采用意大利阿托斯进口控制元件，控制可靠，故障率低，使整线运行平稳，操作简便，自动化程度高。

图 20-7 所示为意大利 STAM 公司的数控辊弯成形生产线的生产设备。图 20-8 所示为济南铸造锻压机械研究所有限公司的数控辊弯成形生产线的生产设备。

图 20-7　意大利 STAM 公司的数控辊弯成形生产线的生产设备

20.2.2　汽车纵梁数控三面冲孔生产线

1. 主要结构

该生产线主要由自动上下料装置、支撑滚道、送料机械手、液压系统以及腹面和翼面冲

图 20-8   济南铸造锻压机械研究所有限公司的数控辊弯成形生产线的生产设备

孔主机等组成，如图 20-9 所示。其结构复杂、技术密集，对程序编制要求高，检测报警系统完备，通过应用计算机控制技术、微电子技术、自动编程技术、远程监控技术及精密制造技术，使整个生产过程达到高效率、高精度的自动化生产。

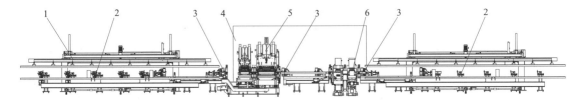

图 20-9   汽车纵梁数控三面冲孔生产线

1—自动上下料装置 2—支撑滚道 3—送料机械手 4—液压系统 5—腹面冲孔主机 6—翼面冲孔主机

2. 主要技术参数（见表 20-3）

表 20-3   汽车纵梁数控三面冲孔生产线的主要技术参数（国内外对比）

序号	技术参数/性能指标	国内目前领先水平	国外领先水平 （比利时 Soenen）
1	可加工 U 形梁抗拉强度	950MPa	1100MPa
2	可加工 U 形梁长度	4000～16000mm	4000～12000mm
3	可加工 U 形梁厚度	4～12mm	4～12mm
4	冲孔直径	板厚≤60mm	板厚≤60mm
5	冲孔精度	±0.5mm	±0.4mm
6	生产节拍	300 孔，6.5min/根	300 孔，5min/根
7	自动编程系统	有（自主开发）	无
8	控制系统	数控系统控制	工业控制计算机+PLC 控制

3. 功能及特点

1）送进方式为接力式送进：共 3 套送料机械手装置，伺服电动机+精密滚珠丝杠驱动。

2）液压主传动采用德国哈雷公司的快速节能型液压系统总成。

3）伺服控制轴为 9+2 轴控制。

4）自动测量纵梁的形状误差并进行精度补偿。

5）采用总线控制，可靠性高。

6）过滤式冲孔方式，即冲孔时纵梁只前进不后退。

7）具有样冲功能。

8）断电续冲功能。

9）孔的基准翼边可指定功能。

10）模具拆装简单。

11）小冲孔机模具采用双排排列，减少 Y 向移动距离，提高冲孔速度。

12）自动编程系统操作简单、功能齐全。

（1）自动编程及程序优化技术　济南铸造锻压机械研究所有限公司的数控三面冲孔生产线有 4 台冲孔主机，3 套送料机械手装置，如何以过滤方式多主机协调高效冲孔，取决于工件加工程序的编制和优化。要求编程简单快捷，人工干预操作少，工件图形能直接转化成加工程序。由于控制轴数多（9+2 轴），生产线复杂，机械装置多，没有现成软件可供选用，使自动编程及程序优化成为数控三面冲孔生产线研制的关键技术之一。其技术难点为：①多主机、多辅机协调；②提高腹面冲孔主机同时冲孔的比率；③图纸错误检查和死区报警；④程序优化；⑤编程简单快捷；

济南铸造锻压机械研究所有限公司自主开发的自动编程系统紧密结合生产线结构和数控系统需要，充分发挥后者的优点，通过利用 ActiveX Automation 技术开发汽车纵梁数控冲孔生产线 CAM 系统的工艺过程，实现了 CAD 和 CAM 一体化。该软件具有以下创新点：

1）具有可以跨平台、跨版本的开发技术。图形设计可以运用 Pro/Engineer、UGII、I-DEAS、Euclid-IS、CATIA 和 Solid Works 等专用 CAD 软件直接设计绘制，通过 DXF、DWG格式放入 CAD 和 CAM 的一体化系统，也可以用 AutoCAD 直接绘制。对于 AutoCAD，可以跨版本，可以安装在 AutoCAD 的各种版本中；

2）自动适配模具算法。在 CAD/CAM 一体化的基础上，通过自动适配模具，合理分配冲孔的模具，避免同一模具用于连续冲孔，产生过热而缩短使用寿命；具有死区识别功能，达到提前预警，避免在冲孔生产线中的死区报警。

3）优化算法。模具优化和路径优化相结合，合理分配腹面的冲孔主机，有效减少空行程、提高了双主机同时冲的比率，冲孔速度快，提高了生产率，从而形成了一整套创新的汽车纵梁数控冲孔生产线的加工工艺流程。

4）具有在计算机上实现 NC 轨迹模拟功能，直观性强。

5）具有删除重复功能，以快速判别绘图中出现的错孔和防止重冲造成模具损坏。

国外同类产品无自动编程软件，汽车纵梁的加工数据靠人工手动输入，很容易出错，并且占用大量的时间。

（2）大模具的大主机和小孔主机对腹面同时冲孔技术　这种一大一小双主机组合同时加工腹面的设备组合和加工方式是首创。

目前研制的四主机快速型三面冲孔生产线是由两台腹面冲主机和两台翼面冲主机构成。其中两台腹面冲主机是由 1 台带 18 个工位的冲孔直径小于 25mm 的小孔主机和 1 台带 21 工位的最大冲孔直径可达 60mm 的大主机组成，小孔主机可沿 X、Y 两个方向移动。在冲孔加工中，经过自动编程的优化处理后，大、小主机可同时进行冲孔的比率最大达腹面总孔数的90%。而国外同类产品是两个小孔主机（冲孔直径小于 25mm）对腹面同时冲孔，而大孔主机不能，因此其产品要想达到 6min 一根梁的节拍，必须采用五主机的结构形式。

济南铸造锻压机械研究所有限公司研制的四主机三面冲孔生产线可达到与 Soenen 公司的五主机效率相当，但占地面积、控制轴数、消耗功率都要少得多，同时结构更简单，因而更节能、更环保。该技术已获发明专利权。

（3）浮动式送料技术　在 U 形梁的送进过程中，由于梁自身的腹面、翼面的直线度误差以及梁的扭曲变形，都会影响送料机械手的正常工作。如果处理不好，送料机械手与梁的导向支撑构件之间就会产生相互作用力，而使送进过程受阻或卡住，影响 U 形梁的准确快速送进。采用可水平和垂直浮动、适应纵梁的弯曲和变形的送料机械手，可大大提高送料可靠性。这种机械手同时配有伺服位置传感器，因此送料位置精度高。该技术已获应用新型专利。

（4）梁自动翻转技术　U 形梁在储运过程中一般开口相对，互相扣住码垛进行运输，这样既节省空间，又能提高梁码垛的稳定性，但在加工时拆垛就比较麻烦。自动翻转装置可在自动上料时根据梁的开口状态判断是否需要将梁翻转。自动翻转装置由 5 组气缸协调动作完成，结构紧凑，方便实用，能够完成各种规格纵梁的翻转，属国内首创，并已获得实用新型专利。

（5）高效节能的液压系统　与德国哈雷公司合作开发了高效节能的液压系统。该液压系统反应快速、节能环保、可靠性高、控制优化，节能 75% 以上。

1）系统采用最新的高低压控制技术。该系统为三联泵工作，高压泵油路（PHD）为系统提供冲裁瞬间所需的高压油，低压泵油路（PND）为各液压缸空行程时提供必要的液压油，第三个低压泵专供油箱内的油液自循环用。

2）液压系统总成包括液压站、蓄能器、液压缸、主缸控制阀块和电子控制卡。

3）液压系统总成进口保证了系统工作的平稳、可靠以及动作的准确、精确。

4）液压站包括电动机、泵、回油过滤器、过滤报警开关、安全阀、加热器、油位检测器、压力检测开关和自动冷却装置。当达到系统设定压力时自动卸荷，断电后液压缸不快速坠落，为冲压系统提供了良好的压力安全和排油减振功能。

系统采用油冷或水冷方式，完全能适应用户的使用环境。

（6）纵梁偏差的实时快速测量与定位补偿技术　高效率和高精度是该生产线追求的主要目标，不能解决快速检测和补偿问题，生产线是不成功的。在冲压过程中，冲孔基准可选择纵梁宽度方向的前后两个翼面，由于纵梁的尺寸和直线度等有误差，所以必须实时检测要冲孔处的纵梁翼面位置。检测元件为直线位移传感器，位移传感器与一滚轮相连，由气缸推动滚轮靠在纵梁翼板上进行测量。当纵梁运动停止冲孔前，位移传感器检测纵梁翼面的实际位置，数控系统根据检测值对主机理论位置进行修正。

对纵梁外形误差的实时检测，采用 PROFIBUS-DP 总线技术通讯现场位移传感器。现场位移传感器把纵梁冲孔过程中的外形误差数据实时动态通过总线传递给主站 CP342-5 模块数据区，主站模块再通过与 PLC 之间的 SIMATIC 网络，将现场数据传给 PLC 数据区，最后通过 840D 数控系统的 NC 与 PLC 高速数据传输通道，将现场数据最终反馈给数控系统，用于补偿定位。实时动态的现场数据采集，很好地保障了每次冲孔的补偿精度。实时检测补偿采用 3 路总线控制器，使每次检测时间缩短为使用单总线控制器时的 1/3。

（7）电气控制技术　本生产线采用多路总线控制、多网络连接应用，其中涉及数控系统的多通道技术、总线通信技术以及系统 NC 与 PLC 之间的数据、变量交互技术等大量的控制技术，技术难度很大。

针对现场生产线比较长、外部采集数据多样化的特点，使用多种硬件组态方式。根据生产线的结构，将现场的 I/O 信号分成多个分站，通过 PROFIBUS 总线进行通讯；PROFIBUS 通讯主站模块通过 SIMATIC 网络与 PLC 建立通讯；人机界面触摸屏通过 PLC 的 MPI 网络连接到系统上；840D 数控系统通过 OPI 网络将 MMC、OP 单元连接到一起。这种对不同功能的硬件分开组网的方式，能高效可靠地实现数据通信。

通过辅助上下料定位与冲孔的双通道控制，实现生产线冲孔不间断加工。为了提高冲孔效率，充分利用生产线的各个工作部分，将生产线的冲孔加工分为一个通道，上下料过程以及纵梁辅助定位过程分配到第二通道。利用通道之间相互独立的特点，使纵梁在冲孔加工过程中也能实现下一个纵梁的上料和辅助定位。这种双通道的控制方式节约了大量工件加工时间。

目前，我国生产的四主机、五主机汽车 U 形纵梁数控三面冲孔生产线的性能与技术指标都有很大提高，接近或达到、有些甚至超过比利时 Soenen 公司产品的水平，而设备售价仅为进口的 1/3 ~ 1/2，性价比高，有较强的市场竞争力。

图 20-10 所示为比利时 Soenen 公司的汽车纵梁数控三面冲孔生产线。图 20-11 所示为济南铸造锻压机械研究所有限公司的汽车纵梁数控三面冲孔生产线。

图 20-10　比利时 Soenen 公司的汽车纵梁数控三面冲孔生产线

图 20-11　济南铸造锻压机械研究所有限公司的汽车纵梁数控三面冲孔生产线

20.2.3　数控机器人等离子切割生产线

数控机器人等离子切割生产线主要用于 U 形纵梁及加强梁冲孔后外形的切割。其结构主要由上下料台车、辅助传输滚道、磁力上料龙门架、夹紧送料机构、除渣机构、切割支撑机构、压紧机构、废料转运小车、小车轨道、切割房、烟尘净化系统、切割机器人及等离子电源等组成，如图 20-12 所示。数控机器人等离子切割生产线的技术参数见表 20-4。

图 20-12　数控机器人等离子切割生产线

切割外形简图如图 20-13 所示。

切割精度包括以下几个方面。

切割表面质量：切割面平面度 ≤ 1.2mm（切割断面与板料平面保持的垂直度），割纹深度 ≤ 210μm（起弧点除外），切割表面平滑，无切割瘤。

表 20-4　数控机器人等离子切割生产线的主要技术参数

参数	数值
工作高度	1100mm
切割厚度	1~20mm
切割速度	≥2.0m/min
切割范围	前、后端腹面、翼面切割,0~2600mm;腹面任意位置切割异形孔
切割节拍	以切割料厚为 8mm、翼面高为 90mm、长度为 11m 的纵梁为例，从纵梁开始进料到纵梁完成出料，并且完成切割翼面长度为 5200mm、腹面外形长度为 500mm、尾端外形为 700mm，所有用时 ≤6min
人机界面	带有 windows XP 专业版操作系统和用户友好软件的 PC,可以执行料宽的调整、生产明细表的输入、警告和报警(诊断)
机床的润滑	集中自动润滑

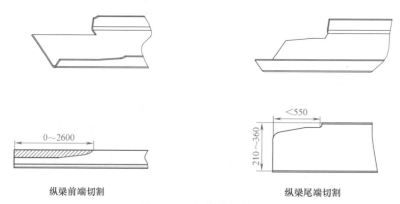

纵梁前端切割　　　　　　　　纵梁尾端切割

图 20-13　切割外形简图

翼面高度、腹面切割尺寸偏差：±1mm。

翼面长度切割尺寸偏差：±2mm。

腹面异形孔切割尺寸偏差：±1mm。

20.2.4　汽车纵梁数控折弯生产线

1. 主要结构

汽车纵梁数控折弯生产线主要用于 U 形纵梁及加强梁的腹面折弯，实现产品的腹面落差，如图 20-14 所示。

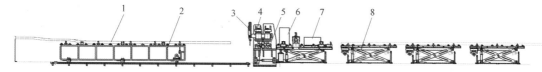

图 20-14　汽车纵梁数控折弯生产线

1—折弯工件　2—上料装置　3—检测系统　4—主机　5—模具　6—电气系统　7—液压系统　8—出料装置

2. 主要技术参数和主要性能指标

汽车纵梁数控折弯生产线的主要技术参数见表 20-5，其主要性能指标见表 20-6。

表 20-5　汽车纵梁数控折弯生产线主要技术参数（国内外对比）

序号	技术参数	国内目前领先水平	国外领先水平 （丹麦 STENHØJ 公司）
1	纵梁料厚	4~12mm	6~10mm
2	纵梁长度	4000~12000mm	4000~12000mm
3	外开口尺寸	180~360mm	190~340mm
4	纵梁翼面高度尺寸	40~108mm	45~95mm
5	纵梁 R_m	480~800MPa	≤800MPa

表 20-6　数控纵梁折弯生产线的主要性能指标（国内外对比）

序号	性能指标	济南捷迈[1]	丹麦 STENHØJ
1	折弯角度	±9°	±9°
2	折弯角度偏差	±0.1°	±0.12°
3	过渡处两折弯线长度偏差	<±0.5mm	无此项指标
4	单件工件折弯点数量	1~4	1~4
5	第一折弯点到端头的最小距离	300mm	500mm
6	两个折弯点之间的最小距离	270mm	500mm

① 济南捷迈数控机械有限公司。

3. 功能及特点

该生产线可实现载重汽车纵梁及加强梁的多品种、多折弯角度的成形柔性化生产，同时可节省载重车改型时专用大型折弯成形模具的全部投入。为适应汽车零部件小批量、多品种、变角度折弯的需求，缩短企业新产品的开发生产周期，解决汽车生产所需的柔性化问题，关键是生产线模具应具有快速更换功能或自动调整功能，为此该生产线模具驱动装置采用非固定方式，可以使模具在规定范围内进行浮动，以适用于不同型号钳形大梁弯曲成形。当更换产品时，模具自动适应，不需对模具进行任何调整，彻底贯彻了柔性化的设计理念。

（1）独特的模具六面夹紧结构　载重汽车纵梁及加强梁的槽形梁在进行车架纵向折弯时，极易出现失稳，形成开裂、褶皱。在进行了大量工艺试验的基础上，创造性地提出了模具全浮动及六面夹紧结构，如图20-15所示。对折弯模具进行了精心设计、精心制造，以确保折弯出来的槽形梁制件形状稳定、质量好，完全符合车架纵梁及加强梁的加工质量要求。

图 20-15　模具结构

（2）工件折弯角度、回弹角度自动测量和自动修正技术（见图20-16）　载重汽车纵梁及加强梁的槽形梁在进行前宽后窄（前窄后宽）车架纵向折弯时，其异形截面弯曲后的回弹角度大小通过理论上的计算不可能提供准确数据，必须由测量机构精确测出。

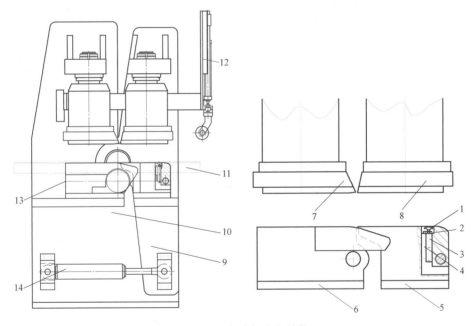

图 20-16　折弯机主机结构

1—测量头　2—安装架　3—气缸　4—光栅尺　5—旋转下模　6—固定下模　7—固定上模　8—旋转上模
9—动床身　10—固定床身　11—加工纵梁　12—测量机构　13—模具　14—弯曲缸

为保证折弯角度的准确性，必须精确测量成形角度和回弹角度。采用比例伺服阀PID控制技术和角度闭环控制技术，可实现折弯角度实时采集；系统与设定角度相比较，若误差值大于设定值，系统发出修正指令。实践证明效果相当显著。

图20-17所示为丹麦STENHΦJ公司的汽车纵梁数控折弯生产线，图20-18所示为济南铸造锻压机械研究所有限公司的汽车纵梁数控折弯生产线。

图 20-17　丹麦 STENHØJ 公司的汽车纵梁数控折弯生产线　　图 20-18　济南铸造锻压机械研究所有限公司的汽车纵梁数控折弯生产线

20.3　今后主要研究与开发的内容

20.3.1　对高强度钢、超高强度钢材料冲孔、折弯及成形的研究

安全、环保、节能是当今汽车工业发展的三大主题。随着人们对环境保护意识的增强，对汽车节能减排的要求日益提升。我国制定的规划目标是到 2020 年商用车油耗降低 30%。

各汽车企业新车型开发已将汽车轻量化作为重要指标纳入开发流程。为了达到减重而不降低强度，高强度钢、超高强度钢在汽车车身、车架的应用将会越来越普遍。目前汽车纵梁材料的屈服强度已达到 700MPa，今后还会有高于 800MPa 的新型超高强度钢应用，而对应于高强度钢、超高强度钢材料，目前所应用的冲孔、折弯及成形设备的床身结构、模具材料在保持现有的精度、生产率的前提下，都有很多需要进一步研究的内容。另外，高强度钢快速冲孔时的振动对设备及模具的使用寿命等的影响，也都是设备制造商下一步要积极研究的内容。

20.3.2　变截面柔性辊弯成形技术的研究

对于汽车制造商来说，把最合理的材料用到最合适的地方，成为设计和制造的追求目标。

与传统的辊弯成形加工的等截面型材不同，变截面辊弯成形的型材截面沿纵向是变化的，因而具有更合理的力学性能。在不减弱使用性能的情况下，可以节省材料 25%～40%，带来整车质量的显著降低；若结合汽车新材料的使用技术，对超高强度材料零部件进行成形加工，整车质量可进一步降低 25%，可以很好地满足汽车制造轻量化的要求，实现汽车节能、减排的目标。变截面柔性辊弯成形技术的研究受到发达国家的高度重视，已经成为下一代辊弯成形技术的发展方向和当前辊弯成形领域研究的前沿课题。

20.4　汽车纵梁数控成套生产线的发展趋势

汽车纵梁柔性数字化制造、集成制造将是汽车纵梁生产的发展趋势。

随着汽车工业的快速发展，各大汽车厂都对车间生产设备进行了大量的升级改进，自动化水平越来越高，对车间的物流管理要求也越来越高。汽车纵梁车间在享受各工位柔性生产自动化带来的方便快捷的同时，实现了产品多样化，但原材料准备、设备分配、工件的程序管理及检验等信息化管理的工作量也大幅增加，严重影响了生产组织的效率和部件的流动性，各设备难以达到高效的利用。汽车纵梁车间数字化物流生产通过对加工工艺进行彻底的梳理、规划，设计出一种适合汽车纵梁柔性生产的物流管理及配套的物料输送系统。

柔性辊弯成形系统集成切割、冲孔、成型、焊接及铆接等工艺，实现终极产品的生产，也将是汽车纵梁发展的新趋势。

伴随着消费者对产品的需求多样化，制造业的生产方式开始由大批量的刚性生产转向多品种少批量的柔性生产；以计算机网络、大型数据库等 IT 技术和先进的通信技术的发展为依托，企业的信息系统也开始从局部的、事后处理方式转向全局指向的、实时处理方式。

汽车纵梁柔性数字化制造及技术能给企业带来的价值包括：

1）提高生产规划效率，降低工艺计划以及一般性的产品开发成本。

2）通过缩短工艺规划时间和从试制到量产的时间，加快新产品投放市场的速度。

3）依靠智能控制、数字化生产及实时检测，保证产品精度，提高产品质量。

按照数字化、集成化的设计理念，采用先进的自动化、数字化、远程化和生产程序标准化技术，使用网络信息化平台，结合数据库、计算机网络、OPC 技术、自动识别和专用组态等各种计算机软硬件技术手段，将上层的管理信息与底层的自动化设备进行有机的结合，对生产全过程实现信息化管理。

目前国内汽车厂纵梁的生产率一般平均为 6~9 根/h，汽车纵梁柔性制造数字化车间生产率为 38 根/h，效率提高 4~6 倍，相应每根纵梁的生产能耗大幅降低。

随着我国廉价劳动力的消失和市场价格竞争的日趋激烈，必须通过采用新工艺、新装备、缩短生产流程、实现生产的自动化和节能低耗，才能使我国汽车零部件的生产由大变强，并取得汽车市场竞争优势。

第21章 CHAPTER 21
多点成形设备及其成形工艺

吉林大学　付文智

21.1 多点成形的工作原理、特点及主要应用领域

随着现代工业的飞速发展，对金属板料成形件的需求量越来越大，特别是在航空航天、轮船舰艇、汽车等生产行业，板料成形更是占有举足轻重的地位。在实际的工业生产中，金属板料三维曲面件主要是通过冲压等工艺手段成形的。在传统的板料成形方法中，需要根据成形零件的形状和材质设计与制造板料成形的相应模具，这就造成了为成形一种板类件需要一套或数套模具的情况，同时设计、制造与调试这些模具又要消耗大量的人力、物力和时间。随着时代的发展，新产品的更新换代越来越快，板类件生产的多品种、小批量趋势越来越明显，而模具的设计制造周期比较长，需要长时间的反复试模，且模具材料和加工成本都比较高，因此传统的模具成形方法很难满足此类要求。开发能够迅速适应产品更新换代需要以及自动化程度高、适应性广的新技术、新设备已成为板料成形领域的迫切需要。

多点成形的构想就是在这种需求下提出的。多点成形是将柔性成形技术和计算机技术结合为一体的先进制造技术。该技术利用了多点成形设备的"柔性"特点，无须换模就可完成不同曲面的成形，从而实现无模成形；并且通过运用分段成形技术，可以实现小设备成形大型件，适合于大型板料的成形，使生产率大大提高。

21.1.1 多点成形的概念

多点成形是金属板料三维曲面成形的新技术，其基本原理是将传统的整体模具离散成一系列规则排列、高度可调的基本体（或称冲头）。在整体模具成形中，板料由模具曲面来成形，而多点成形则由基本体群冲头的包络面（或称成形曲面）来完成，如图21-1所示。在多点成形中，各基本体的行程可分别调节，改变各基本体的位置就改变了成形曲面，也就相当于重新构造了成形模具，由此体现了多点成形的柔性特点。

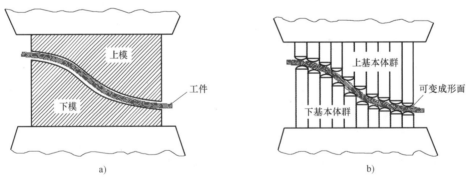

图 21-1 整体模具成形与多点成形的比较
a）整体模具成形 b）多点成形

调节基本体行程需要专门的调整机构，而板料成形又需要一套加载机构，以上、下基本体群及这两种机构为核心就构成了多点成形压力机。一个基本的多点成形设备应由三大部分组成，即 CAD 软件系统、计算机控制系统及多点成形主机，如图21-2所示。CAD 软件系统根据要求的成形件目标形状进行几何造型、成形工艺计算，将数据文件传给计算机控制系统，计算机控制系统根据这些数据控制压力机的调整机构，构造基本体群成形面，然后控制加载机构成形出所需的零件产品。

图 21-2　多点成形设备的基本组成

21.1.2　工作原理

1. 基本体控制类型

多点成形的基本体控制类型可分为固定型、被动型与主动型，如图 21-3 所示。

1）固定型：在成形前即调整到目标位置，成形过程中相邻各基本体之间无相对运动，无须单独控制。

2）被动型：成形过程中在压力或板料成形力的作用下被迫移动，无速度控制功能。

3）主动型：成形过程中可实现速度、加速度及位移等的实时独立控制，控制装置复杂。

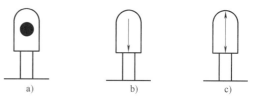

图 21-3　基本体控制类型
a）固定型　b）被动型　c）主动型

2. 典型成形方法

由以上三种不同基本体控制类型的组合可以有六种成形方法，其中具有代表性和实用性的有四种成形方法，即多点模具成形、半多点模具成形、多点压机成形和半多点压机成形。

（1）多点模具成形　多点模具成形是在成形前把基本体调整到所需的适当位置，使基本体群形成制品曲面的包络面，而在成形时各基本体间无相对运动。其实质与传统模具成形基本相同，只是把模具分成离散点。这种成形方法的整个成形过程如图 21-4 所示。多点模具成形的主要特点是其装置简单，而且容易制作成小型设备。

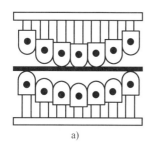
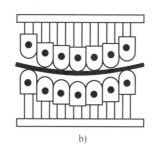
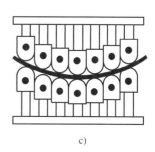

图 21-4　多点模具成形过程
a）　成形开始　b）成形过程中　c）成形结束

（2）半多点模具成形　半多点模具成形是在成形前先把上基本体群（或下基本体群）调成所需曲面的包络面，而另一侧基本体群不调整。在成形时，上基本体群整体发生位移即基本体间无相对运动，起到离散模具的作用，下基本体群（或上基本体群）由于受另一组基本体群的压力而被动地运动，直至成形结束。这种成形方法的整个成形过程如图 21-5 所示。半多点模具成形的主要特点是可以明显减少控制点数目，但控制基本体和板料的接触力比较困难。

（3）多点压机成形　这种成形法为上、下基本体均是主动调整型。在成形前对基本体

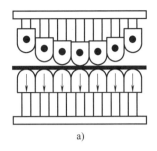 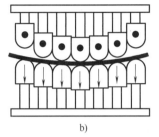 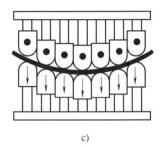

图 21-5　半多点模具成形过程

a）成形开始　b）成形过程中　c）成形结束

并不进行预先调整，而是在成形过程中，每个基本体根据需要分别移动到合适的位置，形成制品的包络面。在这种成形方法中，各基本体间都有相对运动，每个基本体都可单独控制，每对基本体都相当于一台小型压机，故称为多点压机成形法。其整个成形过程如图 21-6 所示。多点压机成形时能够充分体现柔性特点，不但可以随意改变材料的变形路径，而且还可以随意改变板料的受力状态，使被成形件与基本体的受力状态最佳，实现最佳变形。

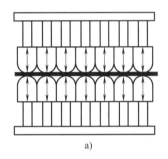 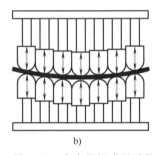 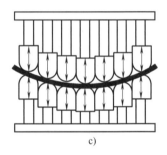

图 21-6　多点压机成形过程

a）成形开始　b）成形过程中　c）成形结束

（4）半多点压机成形　此种为主动型基本体与被动型基本体组成的成形方式，即在成形时，对主动型基本体群根据需要控制其行程，而另一方基本体由于受到主动基本体群的压力而被迫运动，因此称之为半多点压机成形法。图 21-7 所示为此种成形法的整个成形过程。当采用这种方法成形时，可以改变板料的成形路径，但控制被动基本体群和板料间接触力很困难，接触力过大，板料和基本体接触的地方易出凹坑或划痕，影响成形件的表面质量；接触力过小，板料不能成形到所需的形状，影响成形件的使用。所以，这种方法在板料多点成形时不常使用。

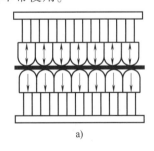 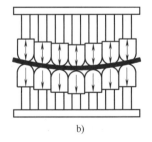 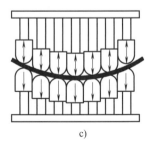

图 21-7　半多点压机成形过程

a）成形开始　b）成形过程中　c）成形结束

21.1.3　多点成形的特点

在多点成形设备中，基本体群及由其形成的"可变模具"是多点成形压力机的主要组成部分。从这个意义上讲，"多点成形"也可称为"无模成形"。这种成形设备具有很多传统成形方式无法比拟的优点，其先进性主要表现为：

1) 实现无模成形，无须另外配置模具。因此，不存在模具设计、制造及调试费用的问题。与整体模具成形方法相比，节省了大量的资金与时间，更重要的是过去因模具造价太高而不得不采用手工成形的单件、小批生产的零件，在此系统上可完全实现规范的自动成形。无疑，这将大大提高成形质量。

2) 该技术由基本体群的冲头包络面成形板料，而成形面的形状可通过对各基本体运动的实时控制自由地构造出来，甚至在板料成形过程中都可随时进行调整。因此，板料成形路径是可以改变的，这也是整体模具成形无法实现的功能。结合有效的数值模拟技术，设计适当的成形路径，即可消除板料的成形缺陷，提高板料的成形能力。另外，根据成形面可变的特点，还能实现反复成形的工艺过程，消除回弹，减小残余应力。

3) 利用成形面可变的特点，可以实现板料的分段、分片成形，在小设备上能成形大于设备成形面积数倍甚至数十倍的大尺寸零件。

4) 这种成形设备的通用性强，适用范围宽。通常整体模具成形方法只适用于指定厚度的板料，而该系统可成形最大厚度与最小厚度之比高达 10 的各种材质板料。

5) 多点成形的几何造型等处理都是由 CAD 软件系统完成的，多点成形压力机又是采用计算机进行控制，因而容易实现自动化。

总之，多点成形技术不仅适用于大批量的零件生产，而且同样适用于单件、小批的零件生产。采用该技术可以节省大量的模具设计、制造及修模调试的费用。所加工的零件尺寸越大，批量越小，这些优越性越突出。

21.1.4　多点成形机的规格

多点成形设备的整体结构是一台压力机，通常由压力机、上下基本体群、柔性压边装置、板料进给装置、基本体调平装置、控制系统、弹性垫及附件等构成。其中，基本体群的包络面构成了加工板类件时的成形曲面，因此其为多点成形设备的核心部分；柔性压边装置可加大板类件的变形量，防止起皱。

多点成形压力机的主要技术参数见表 21-1。其中最佳板料厚度一栏列出的值为最佳可成形厚度 h，设备实际工作时，可成形的板料厚度可以比最佳厚度值大，也可以比这个值小。根据试验经验推得，可成形的板料厚度推荐值 H 的范围可以按 $h/2 \leqslant H \leqslant 2h$ 进行估算。以 YAM5 型设备为例，可成形的板料厚度推荐值为 $2.5\text{mm} \leqslant H \leqslant 10\text{mm}$，如果材料的屈服强度不是很高，而且变形量不是很大，也可以成形厚度值大于 10mm 的板料；如果不产生明显的加工缺陷，也可以成形厚度值小于 2.5mm 的板料。此外，若用户需要其他规格与参数的设备，也可以根据其需求进行相应设计，并选择合适的接送料装置和测试装置。

21.1.5　主要应用领域

多点成形技术在板料三维曲面成形方面有着广阔的应用前景，这种技术无须模具及保存各种模具的大型厂房，特别适合曲面板制品的多品种、小批量生产及新产品的试制。目前，多点成形技术已经应用于高速列车流线型车头制作、船体外板成形、建筑物内外饰板的成形及医学工程等多个领域中。

表 21-1   多点成形压力机的主要技术参数

型号	YAM1	YAM3	YAM5	YAM10	YAM20	YAM40
最佳板料厚度/mm	1	3	5	10	20	40
板料厚度/mm	0.6~3	0.6~6	1~10	2~20	4~40	8~80
板料宽度/m	<0.3	<0.4	<0.8	<1.2	<2.0	<4.0
板料长度/m	<1	<2	<4	<6	<10	<18
曲面高度差/mm	50	100	200	400	500	600
额定成形力/kN	200	630	2000	4000	10000	20000
电动机功率/kW	5	7.5	22	45	110	160

1. 高速列车车头

高速列车流线型车头覆盖件的压制是多点成形技术实际应用的一个例子。流线型车头的外覆盖件通常要分成 50~80 块不同曲面，每一块曲面都要分别成形后进行拼焊。图 21-8 所示为多点成形技术在高速列车中的应用。

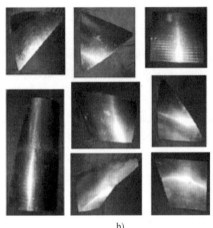

a)   b)

图 21-8   多点成形技术在高速列车中的应用
a) 高速列车车头   b) 高速列车车头覆盖件

2. 奥运鸟巢钢构件

图 21-9 所示为北京 2008 奥运会用国家体育馆—鸟巢建筑工程用箱型弯扭钢构件的加工过程及成形好的单元结构件。"鸟巢"大量采用由钢板焊接而成的箱形构件，其三维弯扭结构不同部位的弯曲与扭曲程度不同，所用材料为 16Mn 高强度钢板，成形厚度从 10mm 变化到 60mm，其回弹量变化很大。如果采用模具成形，将花费巨额的模具制造费用；采用水火弯板等手工方法成形，需要大量的熟练工人，而且还难以保证成形的一致性；而采用多点成形技术，不仅节约了高额模具费用，提高成形效率数十倍，还大大提高了成形精度，使整块钢板的最终综合精度控制在几毫米内。该技术实现了中厚板类件从设计到成形过程的数字化，圆满解决了鸟巢建筑工程钢构件加工的技术难题。

3. 船舶用外板成形

船舶工业是为水上交通、海洋开发及国防建设提供技术装备的现代综合性产业，是军民

图 21-9　多点成形技术在鸟巢工程中的应用

结合的战略性产业，是先进装备制造业的重要组成部分。进一步发展壮大船舶工业，是提升我国综合国力的必然要求，对维护国家海洋权益、加快海洋开发、保障战略运输安全、促进国民经济持续增长、增加劳动力就业具有重要意义。

　　三维曲面船板件的曲面成形加工是船体结构件加工中的重要环节，而船体外板加工的质量与效率将直接影响船舶建造的质量与周期。三维曲面船板件的成形加工一般采用的是机械横向压制成二维形状，再用水火弯板法使工件纵向弯曲的组合加工方法。这种加工方法过于依赖操作人员的技术水平和经验，存在着操作技术复杂、加工效率低、弯板质量稳定性差、劳动强度大、环境友好度小及标准化工艺规程实施困难等问题。采用多点成形技术，利用多点成形的柔性特点，可以很好解决中厚板三维曲面件的成形技术难题，通过多点成形压力机成形的船体外板，三维形状件质量好，成形效率高，对船舶工业的发展具有重要意义。

　　图 21-10 所示为多点成形技术在船舶外板加工中的应用。

　　4. 建筑物内外饰板的成形

　　随着楼宇建筑的多样化，许多楼宇的用户都要求办公楼个性化，在楼内、外进行必要的装饰。图 21-11 所示为用一次成形面积为 140mm×140mm 的 100kN 多点成形压力机，应用单向分段和双向分段技术成形的建筑用装潢外饰板，成形件总高度超过 2.4m。装饰板材质为铝合金板，材料厚度为 3mm。首先进行楼房外观造型设计，再依据多点成形的特点将装饰造型进行分块，一般可将其分成数块（每块尺寸为 280mm×2400mm），分别造型和成形，然

图 21-10　多点成形技术在船舶外板加工中的应用

图 21-11　分段成形的建筑用装潢外饰板

后把合格的成形件按分割顺序进行拼接。楼宇装饰板是窄长条形，利用多点成形的分段成形技术，实现用小设备成形大型件，板料在每次成形时，都要受到未成形区和已成形区的影响，成形区的受力及变形情况比整体成形时要复杂得多，控制较难。

5. 人头颅骨修复

图 21-12 所示为利用多点成形技术成形的医用颅骨骨板实用件。用 CAD 软件可以使用户根据原始数据格式的不同以多种方式输入骨板信息，可与计算机进行交互式设计，以决定骨板的最佳成形位置，完成多点成形过程中必要的计算，并提供多种方式对计算结果进行检验，确保计算结果的正确性。软件所采用的高品质三维彩色图像显示技术及实时交互功能提高了软件的易用性。

尤其对使用钛合金薄板的颅骨骨板（厚度为 0.3 mm）而言，成形过程中需要精确的成形力控制。当成形力较小时，易引起成形不足，回弹也比较大；当成形力过大时，虽然回弹很小，但是由于基本体球头部分对板料局部压力过大而引起成形结果曲率分布不均匀。因此，多点成形与整体模具成形不同，它对成形力的要求较严格，成形力不可过大，否则易于在板料表面产生压痕等缺陷，造成曲率分布不均匀。

图 21-12　医用颅骨骨板实用件

21.1.6　国内外发展状况

多点成形的构想最早是 20 世纪 60 年代由日本人提出的，随后各发达国家都对其开展了相关的研究与开发工作。日本早在数十年前就开始了板料柔性加工方法的研究工作，最早提出的构想是用相对位置可以相互错动的"钢丝束集"代替模具进行板料成形。很多大型造船公司为实现船体外板曲面成形的自动化，对板料柔性加工技术的研究尤为重视。日本造船协会曾经组织多家造船公司的技术力量试制了多点式压力机，但未能解决好成形曲面的光滑度、成形后回弹量的大小与曲面形状关系等问题，最后因无法承担制造这种压力机的高额费用，未能实用化。日本三菱重工业株式会社也研制了一种比较简单的成形设备，但由于其整体设计不周，该压力机只适用于变形量很小的船体外板的弯曲加工，而且成形效率与以前的成形法相比提高不大。另外，东京工业大学及东京大学也进行了多点式压力机及成形试验方面的研究工作，但未取得重大进展。

美国麻省理工学院（MIT）也进行了多年类似的研究，他们称之为 RTFF（Reconfigurable Tooling for Flexible Fabrication，柔性制造的可变形面工具），在柔性成形、形状控制、形状测量及变形模拟与仿真等方面开展了研究工作，1999 年与美国航空部门合作，投资 1400 多万美元，制造了模具型面可变的拉弯成形装置（见图 21-13）。该装置共有 2688 个冲头，一次成形面积为 4ft×6ft，但此装置只能构造单个成形凸模，较适用于单向曲率零件的拉弯成形，很难应用于双向曲率都较大的曲面零件成形，因而应用范围很有限。

吉林大学的李明哲教授在日本日立公司从事博士后研究期间，对无模成形的基本理论与实用技术进行了系统研究。在基本理论研究时，将这种无模成形方法命名为"多点成形法"，并提出了成形原理不同的四种有代表性的多点成形的基本方法（即多点模具成形、半多点模具成形、多点压机成形、半多点压机成形方法），并首次提出了实现无回弹成形的反复成形法，发明了有效防止压痕及起皱的网状结构弹性垫；在实用化方

图 21-13　美国的模具型面可变的拉弯成形装置

面，他主持开发研制出世界上第一台达到实用化程度的无模多点板料成形设备。该机能用于加工较复杂三维曲面形状（如扭曲面等）的零件，工作效率比传统的线状加热等方法提高了数十倍。

李明哲教授回国后组建了无模成形技术开发中心，带领一批年轻的研究人员在多点成形设备、多点成形理论与实用化技术等方面开展了更为全面、系统的研究工作。几年来，吉林大学无模成形技术开发中心在多点成形技术的研究与开发方面取得了一系列具有自主知识产权、达到国际领先水平的成果。该中心在对多点成形技术的研究中，已经取得了多项具有国际领先水平的成果。在有关多点成形法的基础研究方面，对多点成形的理论和技术作了系统的研究。首次提出了用多点分段成形技术实现大尺寸、大变形量、高精度成形的概念和方法，大大地拓展了多点成形的应用领域。该中心还首次利用有限元法对多点成形过程进行数值模拟，对多点成形的受力状态和成形结果进行了分析。在多点成形设备方面，该中心研制成功世界首台商品化多点成形设备，并陆续开发出薄板多点成形用实用机，快速调型多点成形压力机等。在计算机软件方面，该中心开发出世界首套专用于多点成形的 CAD/CAM 一体化软件。该中心目前已经在无模多点成形领域处于国际领先水平，具备了独立研究与自主开发大型、新型多点成形设备的能力，并能根据用户的要求设计相应的装置。

21.2　多点成形设备的主要结构

21.2.1　设备的构成及分类

1. 设备的构成

无论哪种多点成形压力机，其主机结构形式总是由若干不同功能的组件组成。多点成形压力机主要由多点成形主机、工业控制微型计算机、自动控制装置及 CAD 软件系统等构成，如图 21-14 所示。

首先，利用 CAD 软件在工业控制微型计算机上对零件进行造型、工艺设计及板料成形生产的可行性论证。CAD 软件系统根据零件的不同形状和不同要求，对成形件进行力学性能计算、缺陷倾向预测、检测信号处理、冲头与板料接触情况分析等。如果分析结果可以实

现正常的成形过程，则给出相关数据，并传送给自动控制装置；如果不可行，就显示出一系列数据并分析不可行的原因。这时，要通过人机对话，改变设计参数，再重新计算，直到满意为止。其次，工业控制微型计算机主要由单片机和常规电气系统组成，该系统把 CAD 软件系统形成的数据文件转换成主机能执行的控制量，同时对主机执行情况进行在线检测和控制。自动控制装置主要由单片机和其他控制电路组成，可以把 CAD 软件系统形成的数据文件转换成可执行的控制数据，同时对主机执行情况进行在线检测和控制。多点成形压力机的主机部分主要由液压泵站、主机机架、调整用机械手和上、下基本体群组成。在主机部分把电能转换成液压能，液压能转换成机械能，机械能又转换成多点成形能；它的运动精度、基本体调整精度及成形力的大小都对零件的成形结果产生重要的影

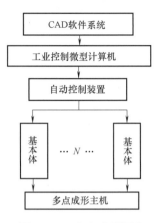

图 21-14　多点成形压力机的构成

响。利用三坐标测量仪对多点成形板类件进行检测，并把所测得的曲面数据反馈到工业控制微型计算机。CAD 软件系统对这些测得的数据进行比较和分析，如果结果未达到给定精度，则可以修改调形用数据，再进行一次调形并压制，直到结果满意为止。最后，实际运动调形部分是由机架、调形系统和基本体群组成，也是多点成形压力的关键部分，它是集传递动力、影响位置精度及平衡各方向作用力的综合体。

2. 设备的分类

按工艺用途分类，多点成形压力机已有多种，但按照多点成形压力机的主机结构分类，则可分为单柱式多点成形压力机、三梁四柱式多点成形压力机和整体框架式多点成形压力机。单柱式多点成形压力机可以分为整体机身和组合机身两种结构，单柱压力机在工作中，由于机身的变形，滑块与工作台会产生一定的夹角，故多用于对精度要求不高的应用场合；三梁四柱式多点成形压力机是通过四根立柱把上、下横梁连接起来，且其带滑块的活动横梁依靠四根立柱导向，该机具有结构简单、制造成本低等特点，故应用较为广泛；整体框架式多点成形压力机采用焊接框架立柱代替四柱压力机中的圆柱立柱，滑块的导向依靠固定在立柱上的导轨导向，具有导向精度高、抗偏载能力大等优点，但制造成本比三梁四柱式压力机高，多用于对精度要求较高的场合。

21.2.2　单柱式结构

单柱式结构又称为"C"形床身或开式结构。单柱式多点成形压力机的结构如图 21-15 所示，主要由工作台、下基本体群、上基本体群、加载缸、机架和泵站组成。单柱式结构最突出

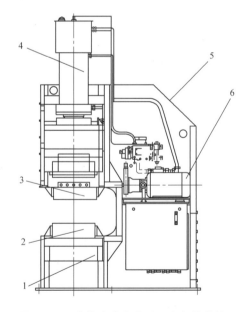

图 21-15　单柱式多点成形压力机的结构
1—工作台　2—下基本体群　3—上基本体群
4—加载缸　5—机架　6—泵站

的特点是机身为开放结构，操作方便，可在 3 个方向接近工件，因此装卸模具和工件均简单方便。目前，单柱式多点成形压力机主要用于校正压装、板料弯曲成形等工艺中。单柱式结构的最大缺点是机身悬臂受力，且受力后变形不对称，使加载缸中心线与工作台的垂直度产生角位移，这样将使模具间隙偏于一侧，一定程度上影响工件压制质量。此外在一般简单的单柱式多点成形压力机设计中，滑块大多没有导轨，完全靠活塞与缸的导向面配合导向，因此，机身变形后将使活塞承受相当的弯曲应力。为了将最大变形控制在允许范围内，设计时许多应力均取的较低。故比相同参数的三梁四柱式和框架式结构压力机的重量大得多。

已开发的 2000kN 多点成形压力机采用机械手调形，主机机架属于单柱式结构，最大成形力为 2000kN，上、下基本体群采用 28×20 的布置方式。该设备是世界首台商品化的多点成形压力机，其参数主要是按照高速列车的流线型车头覆盖件成形的要求而设计的。依据用户的需要，根据分块设计数据，通常成形件的长度与宽度尺寸为 500mm～1000mm，由此确定多点成形机一次成形尺寸为 600mm×840mm。该设备开发成功后运行状态良好，已经应用于高速列车覆盖件成形中，生产了多台份的成形件。

此外，在单柱式多点成形压力机中，通过采用分段成形方式，在宽度方向可以成形一次成形面宽度的 2.5 倍；长度方向只要成形后的工件不与机架干涉，可以成形无限长的工件。这是单柱式多点成形压力机被应用的原因之一。

21.2.3　三梁四柱式结构

三梁四柱式结构为多点成形压力机中最常见的结构形式之一。其主要特点是加工工艺性比其他类型压力机简单。图 21-16 所示为三梁四柱式多点成形压力机的典型结构。它的机身是由上横梁、活动横梁、工作台（下横梁）和四根立柱组成。工作缸安装在上横梁内，活动横梁与工作缸的活塞连接成一个整体，以立柱为导向上、下运动，并传递工作缸内产生的力，完成对板料的压力加工。由于机身连接成为一整体框架，所以机身承受了整个工作力。

按照工作缸安装方式（垂直位置及水平位置）的不同，可以分为立式压力机及卧式压力机两种，也可发展成立卧联合式。三梁四柱式多点成形压力机的组成部分可以分为工作部分（包括工作缸、活动横梁等）、机身部分（包括上横梁、工作台及立柱）和辅助部分（包括顶出缸、移动工作台等）。

三梁四柱式结构最显著的特点是工作空间宽敞，便于四个方向观察和接近基本体群。整机结构简单，工艺性较好，但四个柱需由大型圆钢或锻件制成。三梁四柱式多点成形压力机的最大缺点是承受偏心载荷能力较差，最大载荷下偏心距一般为跨度（即左右方向的中心距）的 3% 左右；由于立柱刚度较差，在偏载下活动梁与工作台间易产生倾斜和水平位移，同时立柱导向面磨损后不能调整和补偿。这些缺点在一定程度上限制了它的

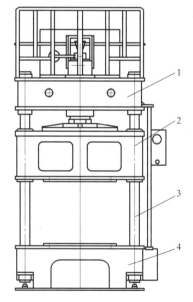

图 21-16　三梁四柱式多点成形
压力机的典型结构
1—上横梁　2—活动横梁
3—立柱　4—工作台

应用范围。

21.2.4 整体框架式结构

整体框架式结构在各种多点成形压力机中的应用情况较好。整体框架式多点成形压力机的结构如图 21-17 所示。从主要零部件布置和承载情况来看，机身结构由三部分组成，即上横梁、工作台和左、右支柱。一般情况下，上横梁布置主缸和侧缸，工作台上固定模具，左、右支柱内侧作为导轨的安装定位基准。在中小型压力机上，还可利用支柱内部空间做布置电气元件和液压元件之用。整体框架式结构多用于小型多点成形压力机，可分为焊接结构和铸造结构两种结构形式。由于机架在工作中承受拉力和弯曲应力，因此大多采用型钢、钢板焊接和整体铸钢结构，只有小吨位和小台面的多点成形压力机才采用铸铁铸造的整体结构。

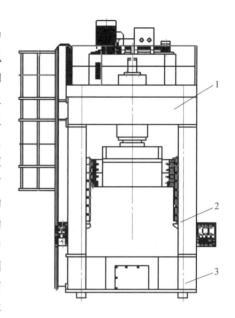

图 21-17 整体框架式多点成形压力机的结构

1—上横梁 2—立柱 3—工作台

整体焊接式结构的优点是省去了整个铸造工序，制造周期短；在结构设计上，可根据受力情况，合理布置和选用不同厚度的钢板，因此重量最轻。缺点是个钢板焊前加工量较大，需要相应的焊接设备和熟练的焊接技术，以尽量减少焊接变形和残余内应力；焊后一般必须进行去应力退火；同时，焊后加工也较为复杂。

整体框架式结构的特点是零件数量少、重量轻、刚度大，但是零件单件重量较大，焊后加工工艺较为复杂，有时甚至需要专门设备加工，以保证工作台面的平面度和导轨支承面对工作台的垂直度。由于单件重量较大，设计时应仔细考虑吊运和加工设备的工作能力。

21.2.5 四种典型多点成形压力机

1. 630kN 薄板多点成形压力机

630kN 薄板多点成形压力机是具有压边功能的薄板成形用多点成形压力机。该设备采用机械手进行调形，最大成形力为 630kN，上、下基本体群采用 40×32 布置方式。

主机机架为三梁四柱式结构，工作缸偏心布置，目的是增加设备的成形尺寸。该设备上、下基本体群各由 1280 个基本体组成，其一次成形尺寸为 320mm×400mm。其宽度方向可成形一次成形面宽度的 2.5 倍，长度方向对成形件没有严格的长度限制。630kN 满板多点成形压力机及局部放大如图 21-18 所示。

630kN 多点成形压力机的最大特点是基本体横截面尺寸很小，并具有压边装置。在上、下基本体群的四周各布置有 40 个压边缸，可以用于柔性压边，因此可以实现薄板的曲面成形。

2. 30000kN 中厚板多点成形压力机

最新开发的 30000kN 中厚板多点成形压力机的所有基本体可以同时调形，调形效率提

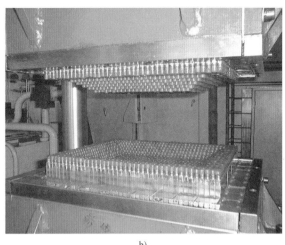

a)　　　　　　　　　　　　　　b)

图 21-18　630kN 满板多点成形压力机及局部放大

a）630kN 多点成形压力机　b）局部放大区域

高了数十倍。其主机机架采用整体框架式结构。设备的最大成形力为 30000kN，上基本体群采用 20×18 布置方式，下基本体群采用 20×21 布置方式，基本体截面尺寸为 150mm×150mm，一次成形尺寸为 3000mm×2700mm。当采用分段成形方式时，在宽度方向可以成形的成形面宽度为 3000mm；长度方向对成形件没有严格的长度限制，只要成形后的工件不与机架干涉，就可以成形无限长的工件。30000kN 中厚板多点成形压力机及其应用如图 21-19 所示。

　　该机是针对船舶外板厚度为 15~30mm 而开发成的中厚板多点成形压力机，上、下基本体群可以同时调形。这种结构的调形时间与基本体数量无关，只与基本体的行程和调形电动机的转速有关。与机械手调形相比，调形效率得到明显提高。

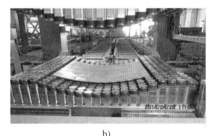

a)　　　　　　　　　　　　　　c)

图 21-19　30000kN 中厚板多点成形压力机及其应用

a）30000kN 多点成形压力机　b）加工区域　c）压力机的应用

3. 3000kN 拉压复合式多点成形压力机

3000kN 拉压复合式多点成形压力机的所有基本体可以同时调形，调形效率提高了数十倍。其主机架采用移动框架式结构，设备的最大拉深力为 9000kN，上压成形力为 3000kN，上基本体群采用 30×30 的布置方式，下基本体群采用 30×65 的布置方式，基本体截面尺寸为 40mm×40mm，一次成形尺寸为 3000mm×2700mm。当采用分段成形方式时，在宽度方向可以成形的成形面宽度的 3000mm；长度方向对成形件没有严格的长度限制，只要成形后的工件不与机架干涉，就可以成形无限长的工件。3000kN 多点成形压力机及其应用如图 21-20 所示。

该机在生产实际中的优秀制备成果，使得多点成形技术实现了从理论到实践的广泛推广，在缩短产品开发周期的同时，降低了生产成本，并且大大提高了成形精度，产生了良好的经济效益和社会效益。

a)   c)

图 21-20   3000kN 多点成形压力机及其应用
a）3000kN 多点成形压力机 b）加工区域 c）压力机的应用

4. 3000kN 拉压复合式多点成形压力机

开发的 3000kN 拉压复合式多点成形压力机、柔性拉深成形机与多点柔性成形压力机相融合为拉压复合多点成形压力机，主要是针对复杂形状零件，如凸凹变化的复杂形状零件的成形。所有基本体可以同时调形，调形效率提高了数十倍。属于移动框架式结构。设备的最大拉深力为 9000kN，上压成形压力为 3000kN，上下基本体群采用 30×40 布置方式，基本体截面尺寸为 40×40mm，一次成形尺寸为 1200mm×1600mm。压力机照片如图 21-21 所示。

韩国东大门设计广场由两万余张各不相同的三维曲面组成。应用柔性拉深成形机与多点成形压力机配套的柔性成形设备，圆满实现了大量铝合金板料的柔性成形，节约了巨额模具费与人工费，缩短了工期，并提高了工程质量。

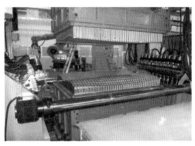

图 21-21　25000kN 拉压复合式多点成形压力机及其应用

a）25000kN 拉压复合式多点成形压力机　b）加工区域　c）压力机的应用

21.3　今后主要研究与开发的内容

随着现代工业的发展，金属板料成形件的需求量越来越大，要求越来越高，传统的板料成形方法已不能适应这种发展的要求，三维板件的生产需要更加先进的制造技术。目前，多点成形技术正在向大型化、精密化及连续化方向发展，这对提高生产率和加工精度具有重要的理论价值和现实意义。

21.3.1　多点成形应用过程

1. 板类件可成形性分析

首先要对零件图纸（或软件形式）在多点成形设备上的可成形性进行分析，主要应考虑如下几个方面：

1）多点成形压力机的最大可成形能力，如基本体群的数目或一次成形的最大面积等。

2）多点成形压力机允许的加工程度，如各基本体最大行程和许用轴向作用力。

要考虑的基本体主要参数有横向数量、纵向数量、间距、最大行程、许用载荷和基本体球头半径等。

2. 确定成形工艺方案

确定某一零件的多点成形工艺，主要是依据零件原始坯料尺寸。根据其毛坯尺寸大小，判定需要采用整体成形工艺，还是采用分段逐次成形工艺。对同一零件形状，两种成形工艺的调形是不同的，分段成形要考虑过渡成形区。

3. 基本体与工件接触点的计算

在成形过程中，被成形零件与加载基本体头部之间的接触点与接触状态时刻变化。为准确地控制多点成形压力机的各基本体，得到理想的成形效果，还要精确地计算成形时的接触点变化。

4. 计算基本体的行程

要实现位移控制，就需要准确计算所有基本体的行程。得到了基本体与成形件的接触点后，就可以通过基本体球头半径、各基本体轴线的位置坐标等参数分别计算出上、下各基本体的行程。

5. 其他相关工艺计算

可根据所给的材料特征计算出压力机所需的总成形力及各基本体所承受的成形力，可计算出每个冲头处成形件各方向曲率、该处成形件位置等信息，以便于对成形结果进行分析。

对于工艺计算的结果，软件提供了采用表格或直接标注在基本体上等多种方式进行显示，方便用户查看。

21.3.2　多点成形缺陷分析

由于多点成形特有的点接触成形方式，多点成形中会出现压痕等特殊的成形缺陷，这些缺陷与冲压成形中常见的回弹、起皱等缺陷一起影响多点成形件的表面质量和尺寸精度，制约着多点成形技术的实用化和大范围的推广应用。同时，多点成形的柔性成形特点也为消除这些不良现象提供了新途径。

大量的试验表明，多点成形中产生的主要缺陷有压痕、起皱、直边效应与回弹等。

1. 压痕

压痕是多点成形中所特有的成形缺陷。在多点成形中，板料受到的外力来自单元体对板料的接触作用力。凸模一般都是球形，二者的接触区域是球面的一部分，接触面积极小，基本上为点接触。在接触处，板料将会受到很大的作用力，必定要在板料上留下压痕，从而影响成形零件的外观和精度。这种压痕通常包括凸凹压痕和表面凹坑两种情况，如图 21-22 和图 21-23 所示。

图 21-22　凸凹压痕　　　　　　　　　　　图 21-23　表面凹坑

压痕产生于接触压力的高度集中，因此增大接触面积，均匀分散接触压力的措施都有抑制压痕的效果。经过实践探索，目前在工艺上主要采用以下方法。

1）采用大半径的冲头：这种方法增大了接触面积，降低了接触压强，对减轻压痕比较有效，但有时受所成形零件形状的限制，如对于大曲率的零件，大半径的冲头是无法成形的。

2）使用弹性垫：这种方法对于抑制压痕特别有效，对于防止其他不良现象也有一定效果。

另外，调整冲头的排列，采用多点压机成形方式，使板料各部分尽量均匀地变形，也是抑制压痕的有效办法。

2. 起皱

无论是传统的冲压成形还是多点成形，起皱都是其共有的缺陷。在薄板冲压成形过程中，当切向压应力达到或超过板料的临界应力时，板料就可能产生起皱。实际冲压成形时，常采用压边或拉深筋控制拉深过程中的冲压件起皱，但由此会导致板料成形过程中流动性差，使冲压件过早地发生拉裂。毛坯材料中如果包含压边部分，会造成材料浪费，还要求生产过程增加工序，降低生产率。因此，研究无压边成形是很有意义的工作。采用无压边成形探讨起皱的规律，很多学者做过大量的研究，但是关于薄板成形件如何防止起皱的发生，以及传统模具成形和多点成形时产生起皱的对比还鲜有报道。

多点成形的塑性失稳主要表现为起皱、横向折线和折叠等，如图 21-24 所示。

起皱起因于成形过程中的变形不均，压痕也与变形不均有关。如果在保证零件最终形状的前提下，调整板料的变形路径，使各部分在成形过程中保持变形均匀或者最大限度地减小不均匀程度，则可以减少甚至完全避免这些变形缺陷的出现。在变形过程中改变变形路径，这在整体模具成形中是很难做到的，但在多点成形中是完全能够实现的。

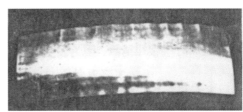
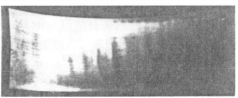

图 21-24　多点成形中的起皱

由于多点压机成形时，冲头与工件随时保持接触，因此只要优选变形路径，将使板料各部分的变形在成形过程中都将最大限度地均匀化，这样也就减小了出现变形缺陷的可能性。这种成形技术称之为最佳变形路径成形。

如果多点压机成形方式不能实现，可采用多道多点模具成形的方法，来模拟多点压机成形方式，既逐次改变多点模具的成形面形状，进行多道次成形，逼近最佳变形路径。成形试验表明，按这种成形方法，能够明显地抑制起皱等缺陷，提高材料的成形极限。另外，使用弹性垫，或使用压边圈也是防止成形件起皱的有效方法。多点成形时的压边又可以分为刚性压边与柔性压边。

3. 回弹

回弹是板料成形不可避免的现象，当回弹量超过公差时，就成为成形缺陷，影响零件的几何精度。因此，回弹一直是影响、制约模具和产品质量的重要因素。在过去 30 年的时间中，许多人就弯曲回弹分析与工程控制问题进行了研究，但由于问题的复杂性，目前仅能在一定程度上预报出近似的回弹值，再经过修模或采取其他措施控制、补偿回弹。在对回弹问题的大多数基础研究中，均作以下假设：①变形前，垂直于轴的横截平面在弯曲后仍为平面；②弯曲半径与板料厚度相比很大，沿板厚方向应变呈线性分布，并且径向应力可以忽略；③板料初始变形时为平面，未施加预应力。

二维回弹理论通常在板料的横截面上由给定的材料本构方程以及弯曲半径算出合力和弯矩，用来确定残余应力和回弹后半径。其中有代表性的是基于弹塑性弯曲的工程理论。在有限元算法上普遍采用显式算法计算成形过程，再用隐式算法计算回弹。由于影响因素较多，过程复杂，今后回弹计算仍将是板料成形研究的主攻方向之一。

4. 直边效应

由多点成形方法成形出的样件，特别是对于柱面类成形件，中心部位的变形量往往大于边缘部位，在边缘部位产生所谓的直边效应。直边效应主要产生于柱面类件的成形中，成形后两端存在未变形区,卸载后未变形区仍为直边。这种现象在整体模具成形中也同样存在,但多点成形又有其不同的特点,而且多点成形中有办法使之消除。

多点成形中产生直边效应的原因主要有以下两种:

1) 由多点成形的变形过程(见图 21-25)可以看出,上面的最外基本体 E 不对板料施加作用,否则将导致板料反向弯曲,因此自下模基本体 e 的接触点之外再没有弯矩作用,必然是直边。

2) 从受力特点上看,越是靠近边部,弯矩越小,而且开始接触时间也越晚,接触作用的时间也越短。因此,相对于中间部位来说,靠近边部的板料变形小,弹性变形的成分所占比例较大,卸载后弹性回复也较大,因此曲率半径也变得越大。

利用多点成形柔性化的特点,直边效应是完全可以消除的。克服直边效应最有效的方法是分段成形法,如图 21-26 所示。采用这种方法,将使板料的各个部位均经历基本相同的变形过程,因此各个部位所受的弯矩、所受的接触作用时间、所产生的塑性变形以及所产生的回弹也基本相同,从而消除了由于变形不均匀引起的直边效应。

21.3.3　多点成形实用技术

1. 无缺陷成形的弹性垫技术

压痕、滑伤、粘着、折线和起皱等缺陷产生的原因主要是板料与基本体接触面积小,受到集中载荷的作用。例如,若一个基本体对板料施加的成形力为 1kN,板料与基本体的接触面积只有 $1mm^2$ 时,则平均压力可达到 1GPa。如此大的压力,很容易使板料产生上述缺陷。

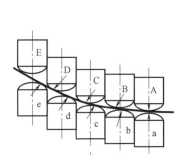

图 21-25　多点成形的变形过程

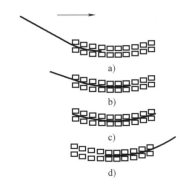

图 21-26　分段成形消除直边效应

防止产生压痕缺陷最简单的方法是用和板料相同大小的上下两块板(简称夹板),把板料夹于其中进行成形。但是,如果夹板材质较软(如橡胶垫等),并且夹板厚度也比较薄,就不能抑制起皱的产生,控制压痕也无太大的效果;若夹板比较厚,由于其自身弹性变形不均匀,对加工精度的影响也较大。

以硬金属材质为夹板,虽容易防止压痕的产生,可当其较薄时,因为夹板在板料之前产生失稳变形,对起皱和折线的防止无太大的效果,并且因为夹板本身也产生塑性变形,不能重复使用;若夹板较厚时,不仅造成大量浪费,而且在成形时所需载荷也将大幅度提高。

图 21-27 所示为使用弹簧钢的正交形弹性垫的结构。上、下带钢进行正交重叠,在相当于冲头中心部位、仅交点中黑圆点部分用铆钉或点焊固定。也就是说,正交部分的数量与试验装置中的上或下冲头数相同,只固定垫内长宽方向中心列。这种弹性垫能自由发生弯曲、

扭曲等变形，对于不固定的交叉点，允许在重叠的两带板间发生滑移变形。弹性垫起到均布载荷的作用，改善了板料的受力状态，使制品的表面质量更好。

当进行成形时，把图 21-27 所示的两块正交形弹性垫重合，把板料夹于其间（见图 21-28）使用。因为在成形过程中，弹簧钢带板产生目标形状的变形，并且将冲头集中载荷分散地传递给板料，所以能显著抑制压痕的产生。另外，板料和弹性垫总是接触的，且大都全部接触，所以起到抑制起皱的作用。成形后，弹性垫完全恢复到原来的形状，成为平整状态。经过试验已经证实，这种弹性垫是防止不良现象非常有效的工具。

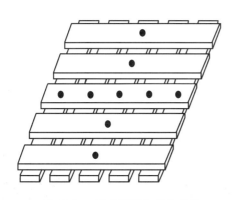

图 21-27　正交形弹性垫的结构

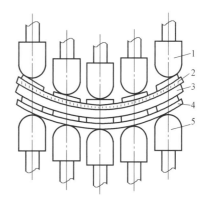

图 21-28　使用弹性垫时的成形情况
1—上冲头　2—上垫　3—板料　4—下垫　5—下冲头

2. 高柔性压边技术

对于薄板类零件而言，拉深毛坯的法兰变形区在切向压应力的作用下，易发生失稳、起皱现象，严重影响拉深件的质量。通常的解决方式是使用压边装置产生足够的摩擦抗力，以增加板料中的拉应力、控制材料的流动，避免起皱。压边装置是通过调节正向压力而改变毛坯与模具接触面的摩擦力，增加板料中的拉应力，从而减小毛坯的切向正应力，达到控制金属流动、避免起皱的目的。生产中传统的压边装置有两类，即弹性压边装置和刚性压边装置。弹性压边装置多用于普通压力机，通常有三种形式，即橡胶压边装置、弹簧压边装置和气垫式压边装置。这三种压边装置的压边力与行程的关系有很大不同，橡胶压边装置的压边力与行程是非线性关系，弹簧压边装置的压边力与行程是线性增加关系，气垫式压边装置的压边力受行程影响比较小，压边力接近常数。橡胶压边装置和弹簧压边装置的压边力随行程的增加而增加，与所需的压边力要求相反，因此橡胶压边装置及弹簧压边装置通常只用于浅拉深。气垫式压边装置的压边效果较好，但是气垫结构复杂，制造、维修困难，而且需要压缩空气，故限制了其应用的范围。刚性压边装置的特点是压边力不随行程变化，拉深效果较好，且模具结构简单。

多点成形压力机是柔性成形设备，不用专门的模具，一台多点成形压力机可以成形多种尺寸、多种材质及多种板厚不同形状的薄板类零件。针对多点成形压力机的这些特点，无论是橡胶压边装置、弹簧压边装置和气垫式压边装置，还是刚性压边装置都不适合应用于多点成形压力机。多点成形压力机的压边装置应该满足以下几个特点：①压边力应该可无级调节；②易于实现压边力适时控制；③压边面位置要能变化；④压边面要能变形。针对这样的要求，研制了一种适合于多点成形的新型高柔性压边装置，它可以根据成形件的工艺特点、变形大小、材料特性及其弹性模量以及成形零件形状确定压边力的大小，且与板料直接接触，可随成形零件的形状不同而有所变形。

图 21-29 所示为针对多点成形柔性特点的柔性压边原理制备的带压边缸设备的成形示意，即在上、下基本体群的周围布置 40 个液压缸，并适当设置液压缸的压力，使压边面的高度可以在一定范围内变化，这时如果选择较薄的压边圈，还可以获得非等高的压边面，以此实现高柔性压边，获得最好的成形效果。带压边缸设的成形部分如图 21-30 所示。

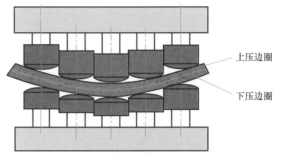

上压边圈

下压边圈

图 21-29 带压边缸设备的成形示意

压边力是为了防止起皱、保证成形过程顺利进行而施加的力，它的大小直接关系成形能否顺利进行，是影响薄板多点成形件质量的重要工艺因素，也是控制板料成形缺陷的重要手段。在板料多点压机成形中，起皱、破裂等主要缺陷都可以通过柔性压边力的调整来消除或减少。

现以 08AL 汽车用钢板为例，板料尺寸为 480mm×400mm×1mm，其物理参数取材料弹性模量为 207GPa，屈服极限为 200MPa，泊松比为 0.3。在一次最大成形

图 21-30 带压边缸设备的成形部分

尺寸为 400mm×320mm 的多点成形压力机上，进行长、宽方向曲率半径均为 400mm 的马鞍形曲面的试验，最大成形力为 630kN。利用压边力的可调性，在马鞍形目标形状不变的条件下，选取不同的压边力进行成形，图 21-31 中的 a~c 所示为压边力是 10kN、40kN 和 45kN 时所取得的试验结果。从试验结果可见，在薄板多点成形时，通过设置不同的压边力，对成形件的起皱有不同程度的缓解。其中，压边力为 10kN 时的成形件起皱特明显，压边力为 40kN 时的成形件起皱明显减小，压边力为 45kN 时的成形件起皱消失。

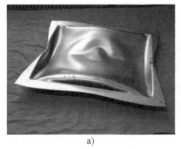
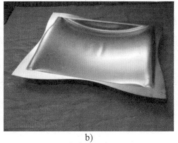
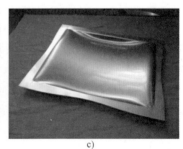

a)   b)   c)

图 21-31 不同压边力作用下的试验结果

a）10kN   b）40kN   c）45kN

3. 多道成形技术

对于变形量很大的制品，通过选取最佳路径多道成形，使成形过程中板料各部分变形尽量均匀，以消除起皱等成形缺陷，提高板料的成形能力。此方法的基本思想是以小均匀变形积聚到大变形，以小应变积累到有限应变。其基本特点是把变形量很大的工件分成数次压制，每次只压制很小的变形量。实际上，前几步压制可视为预成形（制坯）过程，最后一步可视为终成形。这种成形方法效率较低，成形效果却很好，一般适用于变形量比较大的工件。此方法的关键是确定每道成形时的压下量，以获取适当的变形路径。

这种成形方法能够成形变形量很大的较为复杂的形状，而且从接送料的角度讲，这种方法很容易控制。由于多点成形设备的柔性成形特点比模具成形方式提供了更多的成形路径选择，因此会获得更好的效果。

4. 分段成形技术

多点分段成形充分利用了多点成形设备的柔性特点，把工件在不分离的情况下分成若干个成形区域分别成形，从而能够实现利用小设备对大型板料的成形（见图 21-32）。这种成形方法可以减小设备尺寸，实现以往只能利用手工完成的特大型板料的压制，从而大大降低产品的成本；同时，多点分段成形方法也可以提高板料的成形极限。但由于分段成形时，板料

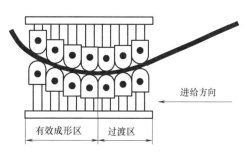

图 21-32　分段成形技术

在每次成形过程中，都要受到未成形区及已成形区的影响，成形区的受力及变形情况比整体成形时要复杂得多，控制较难。

分段成形时，在一块板料上即有强制变形区，又有相对不产生变形的刚性区，而且在产生变形的强制变形区与不产生变形的刚性区之间必然形成一定的过渡区。图 21-33 所示为分段成形时的变形分布。可以看出，在过渡区中，与基本体接触的区域，因其受刚性区的影响，使板料的变形结果与基本体所控制的形状产生较大差别；而不与基本体接触的区域，也会受到强制变形区的影响，使其产生一定的塑性变形。这样即使目标形状是最简单的二维变形，在过渡区中也会变成复杂的三维变形。

5. 无回弹反复成形技术

回弹是板料冲压成形中不可避免的现象，在多点成形中，可采用反复成形的方法，减小回弹与降低残余应力。

（1）反复成形法减小回弹的分析（见图 21-34）：

1）首先使板料沿其与回弹方向相反的方向变形，使其超过目标形状，其变形量比目标形状变形量大，这时所增加的变形量应比目标形状应有的回弹值还大。由于三维变形较其简化后的二维变形的回弹量小，因此所增加的变形量完全可参考简化后的二维变形的回弹量。第一次变形时沿其厚度方向的应力分布如图 21-35a 和图 21-35b 所示。

2）在第一次成形状态下，使材料往相反方向变形，即沿其与回弹方向相同方向继续变形，使其超过目标形状，这时所增加的变形量应小于第一次成形所增加的变形量。第二次变形沿其厚度方向的应力分布如图 21-35c 和图 2-35d 所示。

3）继续反向加载，即沿其与回弹方向相反方向继续变形，使其超过目标形状，这时所

增加的变形量应小于第二次成形所增加的变形量，此时的应力分布如图 21-35 所示。

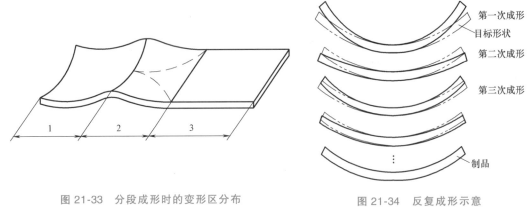

图 21-33　分段成形时的变形区分布

1—强制变形区　2—过渡区　3—刚性区

图 21-34　反复成形示意

这样，以目标形状为中心，重复上述成形过程，使板料逐渐地靠近目标形状，最后在目标处结束成形。

（2）反复成形中的残余应力　在多次反复成形过程中，残余应力的峰值逐渐变小（见图 21-35），周期变短，最后可实现无回弹变形，这是最根本的原因。

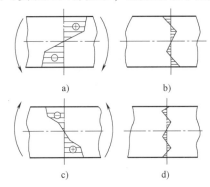

图 21-35　反复成形时的应力分布

a）第一次成形时的应力　b）第一次成形卸载时的残余应力　c）第二次反向成形时的应力

d）第二次反向成形卸载时的残余应力

21.4　多点成形技术的发展趋势

随着航空航天、海运、高速铁路及化工等行业的发展，对三维曲面板件的需求也在不断地增加，传统的板料成形方法已不能适应这种发展的要求，三维板件的生产需要更加先进的制造技术。目前，多点成形技术正在向大型化、精密化及连续化方向发展。

1）大型化：多点成形作为一种柔性制造新技术，特别适于三维板件的多品种、小批量生产及新产品的试制，所加工的零件尺寸越大，其优越性越突出。已开发的鸟巢工程用多点成形装备的一次成形尺寸为 1350mm×1350mm，成形面积接近 2m²，而分段成形件的长度达10m。随着多点成形技术的推广与普及，设备的一次成形尺寸也在逐渐增大，甚至可达到

$10m^2$ 左右。

2）精密化：在若干年以前，多点成形技术只能用于中厚板料的简单形状曲面成形，很多人都认为多点成形不可能实现薄板成形及复杂形状工件的成形。目前，多点成形技术在薄板成形与复杂工件成形方面取得了明显进展，已经能够用厚度为 0.5mm 甚至 0.3mm 的板料成形曲面类工件，而且能够成形像人脸那样比较复杂的曲面（见图 21-36）。随着多点成形技术的逐渐成熟，目前正在向精细化方面发展，其成形精度也将得到更大提高。

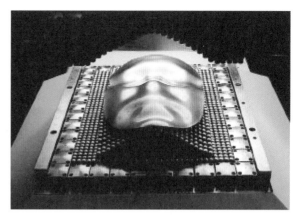

图 21-36　用多点成形技术成形的人脸曲面

3）连续化：多点成形技术与连续成形技术的结合可以实现连续柔性成形。其主要思路如下：在可随意弯曲的成形辊上设置多个控制点，构成多点调整式柔性辊，通过调整控制点形成所需要的成形辊形状；结合柔性辊的旋转，实现工件的连续进给与塑性变形，进行工件的无模、高效、连续及柔性成形。

第22章 CHAPTER 22
精密下料技术与装备

西安交通大学　赵升吨　范淑琴　任芋见　董渊哲

22.1　传统下料的工艺及下料技术的国内外研究现状

22.1.1　传统下料的工艺特点及不足

将加热和锻造前的原材料制成所需长度或所需几何尺寸的工序称为下料。金属棒料的切断分离下料应用量大面广，是装备制造业、汽车和轴承等行业中的齿轮、螺栓、螺母、销钉等金属标准件，摩托车、自行车链条销，滚动轴承的内外圈和滚子，金属轴和非标齿轮，模锻件和冷热挤压件，石油和化工装备中的管件以及航空航天精密管接头等常用机械零部件整个生产工艺流程中必备的第一道工序。

工业生产中金属棒料的下料通常采用高速带锯锯切和压力机剪切下料相结合的传统下料工艺，这两种下料工艺各有优缺点。相对于圆锯和弓锯下料工艺而言，高速带锯锯切下料工艺的断面质量好、尺寸精度高、工艺适应性强，不同材质规格和尺寸的棒料均可采用锯切下料，操作自动化程度高，锯口窄，但高速带锯锯切下料工艺的材料浪费严重、下料效率低，且带锯片制造成本昂贵，无法满足工业生产中大批量、低成本的要求，并且生产过程中往往需要良好的冷却润滑，环境污染比较严重。以直径为 60mm 的 45 钢圆棒下料为例，带锯锯切一次所需时间约为 1min，假设锯片的宽度为 0.6~0.8mm，由于高速带锯自身的振动，直接造成切口损耗宽度约为 1.5~1.8mm，按每天满负荷工作 6h，每年以 300 天计算，一台带锯床每天仅锯口的耗材至少有 540mm，每年耗材约为 162m，浪费的材料折合重量为 3.6t。我国带锯床按拥有量为 8000 台计算，一年将浪费 28567t 的优质钢。对于压力机剪切下料工艺而言，该下料工艺没有切口损耗、生产率高、操作简单、工具费用较低，适合于大批量生产，但普通剪切下料方法所制的毛坯端部变形较大，呈现明显的"马蹄形"断面，尺寸精度低。为了满足后续工序的加工要求，在剪切下料之后，需要额外的进行平整断面的切削加工工序，造成材料浪费的同时降低了生产率，增加了生产成本。

下料工艺及装备中的研究理论涉及弹塑性力学、动态断裂力学、损伤力学、金属材料学、金属疲劳理论及机电液控制理论等多个学科领域。就相关理论而言，以含有微裂纹的物体为研究对象的静态断裂理论已经形成了比较系统、完善的理论体系。但当时断裂理论的试验研究大多建立在脆性材料、简单载荷历程及试件几何形状理想规则的基础上，而实际加工生产过程中的下料过程及下料条件复杂，再加上下料工艺中动态断裂这方面的理论研究还不是很成熟，所以很难准确地确定合理的下料工艺参数，搞不清楚影响下料断面质量的一些因素，因此很难保证下料断面质量和下料效率，阻碍了该下料工艺的发展。

22.1.2　棒管料下料技术的研究现状

目前，国内外金属棒料、管料下料技术研究主要包括以下几类方法：锯切下料、车削下料、旋转楔入法下料、剪切下料、特种下料、低应力下料及低周疲劳下料等。下面分别对这些棒料、管料下料技术的研究现状及技术特点进行详细说明。

1. 锯切下料

（1）带锯下料　带锯床又分为半自动带锯床、自动带锯床、斜切带锯床、特种自动斜切带锯床、巨型带锯床、立式带锯床以及配置不同辅助设备的数控锯切系统。而所谓的数控锯切系统，就是除了机械结构还配有电控系统，能够完成自动上料、自动落料和分拣等辅助装置的高速带锯床。我国带锯床制造商有浙江锯力煌锯床股份有限公司、上海闵川带锯床制造有限公司及山东法因数控机械有限公司等，图 22-1a 所示为山东法因数控带锯床。国外带锯床制造商有德国贝灵格公司、瑞典 HAKANSSON 和日本 Amada 等。图 22-1b 所示为日本 Amada 带锯床。

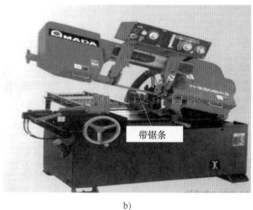

a)

b)

图 22-1　带锯床

a）山东法因数控带锯床　b）日本 Amada 带锯床

采用锯切系统，只需将棒料、管料或型材堆放到机器的料架上，系统自动完成上料、定尺、切割及分拣，随后自动续料，提高了生产率。常用带锯的锯片厚度一般为 1.0mm 左右，并且锯缝宽度大于锯片厚度，所以每下料一次，就会使宽度约 1.5mm 的材料被浪费掉，从而造成下料过程中材料的大量浪费，并且生产率仍然偏低。

（2）圆锯片下料　圆锯片下料方法很简单，也是最常用的棒料、管料下料方法之一。首先将管料夹持住，固定不动，以旋转的锯盘进行锯切。我国圆锯片切管机制造商有：东莞市晋诚机械有限公司、济南雷德锯业有限公司及张家港市福龙机械有限公司等。图 22-2a 所示为晋城锯片切管机。国外锯片切管机制造商有德国罗森博格、美国力得、日本坂田等，图 22-2b 所示为美国里奇切管机。

a)

b)

图 22-2　圆锯片切割机

a）晋诚锯片切管机　b）美国里奇切管机

通用材料圆锯片主要针对拥有低硬度碳素钢及有色金属的管料下料，超硬材料的切管圆锯片可以用于难切削材料、如耐热铁、高硬度钢的切削加工。

该种切管机装有硬质钨合金钢锯片，能高效、高质量地切割不锈钢、铜、铝材及合金等各类金属及非金属型材；多角度快速固定与切割，能够满足多种工况需求；但是下料过程中材料利用率非常低，同时还存在另一个和带锯下料同样的缺点，下料效率太低。

2. 车削下料

采用车刀车削进行切断的下料方式也是普遍采用的下料方式之一。这种切管机分为钢管转动、车刀不动和钢管不动、车刀转动两种。虽然切管机切口断面质量较好，但是生产率较低，属于有屑切断，金属材料损耗量较大，材料利用率太低。金华畅能全自动刀旋式切管机如图 22-3 所示。该下料机的待加工棒料、管料固定不动，刀具旋转，根据下料长度，逐段车削下料。

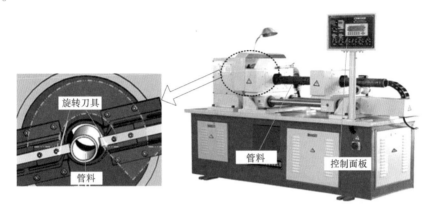

图 22-3　金华畅能全自动刀旋式切管机

3. 旋转楔入法下料

旋转楔入法下料的工作原理如图 22-4a 所示。在管材外围有两个支承辊和一个楔形圆盘刀片（即切断辊）一起绕钢管旋转，钢管不动。楔形圆盘刀片做径向移动，逐渐楔入管壁将管料切断。楔形圆盘刀片可以替代两支承辊。由于此刀片是楔形的，并是逐渐楔入管壁，因而切口倾斜呈坡口状，而且在刀刃楔入管壁时，切口处的金属向管壁的内外两侧流动，使切口的外周和内周均呈隆起状，即切口边缘附近的外径增大、内径减小，破坏了管壁的原有尺寸。图 22-4b 所示为下料断面。

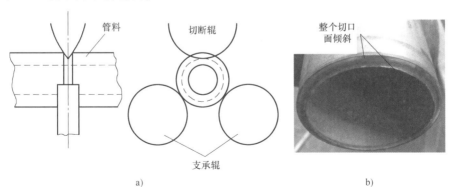

a)　　　　　　　　　　　　　　b)

图 22-4　旋转楔入法下料
a）工作原理　b）下料断面

旋转楔入法在旋转楔入时没有金属损耗，圆度也较好，但切削效率非常低，并且切口面倾斜，特别是当切断薄管材时会产生飞边；当切削厚壁管料时，在管材外周会产生隆起，完成下料后仍然需要对断口进行二次修整。

4. 剪切下料

剪切下料也是目前下料领域研究较多的一类下料方法，主要包括冲剪法下料、偏心渐进剪切下料、轴向加压剪切下料和高速剪切下料。

（1）冲剪法下料　在切口两侧钢管被固定刀片夹持住，切口处有活动刀片，如图 22-5 所示（图中固定刀片未表示）。当刀刃压向管料时，刀尖使管壁局部应力集中而破裂。刀刃首先压入管壁，然后刀片的两刃口在固定刀片的配合下向两边扩展，将管壁切下刀片厚度的一条切屑，从而切断管料。由压力机执行活动刀片的剪切动作。此方法为有屑切断，剪切过程速度快，噪声小，但由于切断过程开始时，刀尖在管壁上压出一个凹坑，该凹坑最后会残留在切口附近。因此，必须设置用扩展法的修整工序，以恢复断面的圆度。即使如此，凹坑仍不能完全消除，所以严重影响了此方法的推广。

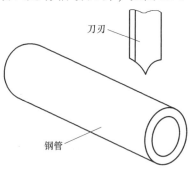

图 22-5　冲剪法下料

冲剪法下料适用于相对厚度较薄（厚度/外径<0.1）的管料，更常见于直径小于 50mm、壁厚小于 3mm 的薄壁管。冲剪法下料的最大缺点是切断面欠佳，即切刀开始冲切时，管壁易被压扁、畸变，导致管料切断面圆度降低，刀尖压处的凹坑需要后续修补，并且活动刀片具有一定的厚度，因此每次冲切都有材料损耗。

（2）偏心渐进剪切下料　偏心渐进剪切下料法是由西安交通大学陈金德教授等在 1987 年提出的。偏心渐进剪切下料工艺如图 22-6 所示。从图 22-6a 可以看出，剪切力沿着棒料、

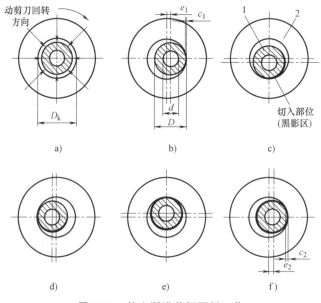

图 22-6　偏心渐进剪切下料工艺

a）动剪刀初始位置　b）动剪刀极左位置　c）动剪刀极上位置　d）动剪刀极右位置　e）动剪刀极下位置　f）加大切入深度

1—管料　2—动剪刀

管料径向依次作用在棒料、管料截面圆周上；图 22-6a~f 分别表示动剪刀的初始位置和在剪切过程中的瞬时位置，以及沿棒料、管料圆周切入的情形。图 22-6 中的 D_k 为动剪刀内径，D、d、e_1、e_2、c_1 和 c_2 分别为棒料或管料外径、棒料或管料内径、初始偏心距、加大切入深度后偏心距以及初始、加大切入深度后的切入深度。如果剪切深度能得到合理控制，则当动剪刀运动至图 22-6f 所示位置时，棒料、管料渐进剪切完成。动剪刀在切入棒料、管料时，其环形刀刃的工作位置是依次改变的。随着环形刀刃位置的改变，使得棒料、管料的不同位置得到剪切。

偏心渐进剪切下料方法的特点是动剪刀相对于静剪刀做偏心旋转，剪切力随之在改变，并使动剪刀依次沿棒料、管料截面的圆周切入。由于偏心渐进剪切下料的剪切方向在不断变化，从而改善了被剪切件的受力方式，这样就避免了不对称变形的发生，并提高了剪切面的垂直度和平整度，但是下料效率有待提高。

（3）轴向加压剪切下料　这种剪切方法是为了提高棒料、管料的静水压力和材料的塑性，在剪切过程中对管料施加一定的轴向压力，从而抑制剪切裂纹的产生，使剪切变形能延续到剪切的全过程。轴向加压剪切下料如图 22-7 所示。

轴向加压剪切下料所得断面的剪切质量与多种因素有关，包括所施加的轴向压力大小、动静剪刃之间的轴向间隙、剪切速度和被剪材料本身的力学性能等。材料在三向压应力状态下，其静水压力升高提高了材料的断裂韧度，从而有效抑制了剪切过程中裂纹的萌生和扩展，使塑性剪切能够延续整个剪切过程；同时，轴向压力可以限

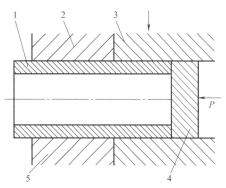

图 22-7　轴向加压剪切下料
1—管料　2—夹具　3—活动刀
4—轴向加载块　5—固定刀

制材料的轴向移动，改变被剪材料的速度场，阻止剪切区的拉深应力产生，从而减小坯料的几何畸变，促使剪切面光滑而平整。通过减小动静剪刃之间的轴向间隙、增大轴向压力和提高剪切速度，更有利于高静水压应力的产生，有助于获得更好的断面质量。轴向加压剪切下料通常用于轮廓面形状比较复杂的厚壁片状零件的生产，下料长度与管料径向高度比值一般较小，适用于塑性很好的材料，如铜、铝等管料。

（4）高速剪切下料　研究表明，当高速剪切下料的剪切速度大于 4.5m/s 时，材料变形区及其影响区的面积很小，坯料的剪断面轴线基本垂直，断面平面度与圆度较好，剪切质量明显提高。然而，高速剪切下料也存在许多不足之处，如能量传递效率低、冲击振动噪声大、设备昂贵及剪切模具寿命较短，为了在较小的剪切力下获得较好的剪切质量，剪切模具的刃口必须时刻保持锋利。该方法也主要用于板料和棒料的剪切下料。

5. 特种下料

特种下料主要包括气体火焰切割、等离子弧切割、激光切割和高压水射流切割等。

（1）气体火焰切割　利用气体火焰的热能将金属材料分离的方法称为气体火焰切割法，简称气割。气割是利用气体火焰将钢材表面加热，直至能够在氧气流中燃烧的温度（即燃点），然后送入高纯度、高速度的切割氧，使钢中的铁在燃烧生成氧化铁熔渣的同时放出大量的热，这些燃烧热和熔渣可以不断加热钢材的下层和切口前缘，使之也达到燃点，直至工件的

底部，此时切割氧流把氧化铁熔渣吹掉，从而完成钢材的切割。气体火焰切割如图 22-8 所示。

我国气体火焰切割机的制造商有上海通用企业数控气割机公司、上海集力焊接有限公司和广州奥菲达焊割设备有限公司等；国外品牌有日本小池、美国飞马特等。气割的优点是设备简单，使用灵活；缺点是对切口两边的成分和组织产生一定的影响，以及容易引起工件的变形等，在大批量的棒料、管料切割时，整体效率也较低。

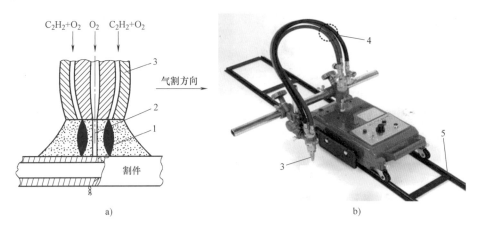

图 22-8　气体火焰切割

a）工作原理　b）气体火焰切割机

1—预热火焰　2—切割氧流　3—割嘴　4—通气软管　5—导轨

（2）等离子弧切割　20 世纪 60 年代，等离子弧切割下料技术最早于美国的企业得到应用。等离子弧切割是将电弧和惰性气体强行穿过小直径孔以产生这种高速射流来进行的。等离子弧切割的原理如图 22-9 所示。

电弧能量集中在一个小区域内使钢材熔化，同时高温膨胀的气体射流迫使熔化金属穿过切口。等离子弧切割一般不用保护气体，所以工作气体和切割气体从同一个喷嘴内喷出。当切割碳素钢或铸铁时，在气流中加入氧气更有助于切割。引弧时，喷出小气流的离子气体作为电离介质；切割时，则同时喷出大气流的气体以排除熔化金属。德国伊萨 Numorex NXB 等离子切割机如图 22-10 所示。

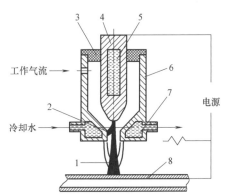

图 22-9　等离子弧切割的原理

1—等离子弧主弧　2—等离子弧小弧　3—绝缘块
4—钨电极　5—轴向冷却水　6—喷嘴
7—轴向冷却水　8—工件

（3）激光切割　激光切割是当前材料加工中一种先进的且应用较为广泛的切割工艺。它是一种热切割加工方法，利用高能量密度的激光束作为"切割刀具"对材料进行切割。激光切割的原理如图 22-11 所示。

激光切割时利用高功率密度激光束照射工件，使被照射的材料迅速达到燃点或熔化、烧蚀，与此同时，借助与光束同轴的高速气流吹除熔融物质，从而完成工件切割。影响激光切割质量的因素主要包括工件的材料性能、激光束的光学特性及激光切割工艺参数等。激光切割是一种非常复杂的工艺过程，还有待进一步的深入研究。我国激光切割机制造厂商有武汉高能激光设备制造有限公司（GNLASER）、武汉法利莱切焊系统工程有限公司和东莞市、大汉激光机械设备有限公司等。武汉高能激光管料专用切割机如图 22-12a 所示。国外制造商有德国通快（TRUMPF）、瑞士百超（BYSTRONIC）和日本田中（TANAKA）等，瑞士百超激光切割机如图 22-12b 所示。

图 22-10　德国伊萨 Numorex NXB 等离子切割机

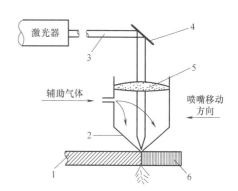

图 22-11　激光切割的原理

1—被割材料　2—喷嘴　3—激光束
4—反光镜　5—透镜　6—切割面

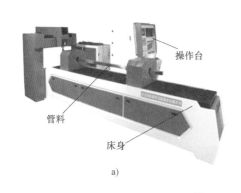

a)

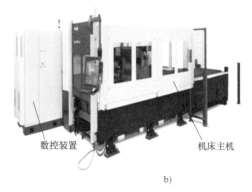

b)

图 22-12　激光切割机

a）武汉高能激光管料专用切割机　b）瑞士百超激光切割机

激光切割的优点是由于激光刀头的机械部分与工件没有接触，在工作中不会对工件表面造成划伤，切割质量好，切缝窄（0.1~0.3mm），切割效率高。缺点是激光切割只能切割中、小厚度的板料和管料，而且随着工件厚度的增加，切割效率较低；设备费用高。

（4）高压水射流切割　高压水射流切割是一种新型的切割方法，弥补了热切割方法的不足，可以切割金属和非金属材料。在切割过程中，由于不会产生热影响区，所以切口边缘的材质不发生热变形，这种切割方法适用于加工高精度的零部件。高压水射流切割设备一般由高压水发生装置（包括给水装置、增压器、高压泵和储压器等）、割枪组合件（包括喷嘴等）、割枪驱动装置（包括数控装置、机器人等）以及其他装置（如集水器、磨料储罐、水过滤器等）。其工作原理如图 22-13 所示。

切割作用所产生的热由水带走，金属温度仅为 50~60℃，再加上由喷射水流在金属上所产生的力，就可以防止变形，提高切割精度。高压磨料水射流切割技术在石材加工中的应用非常广泛。

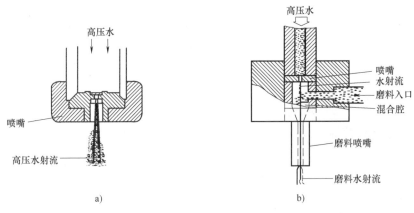

图 22-13　高压水射流切割的工作原理

a）纯水型高压水射流　　b）磨料水射流

6. 低应力下料

低应力下料指人为在棒料、管料上制造缺口，生成应力集中源，使得应力集中源处萌生微裂纹，并逐步扩展直至完全断裂，完成一次下料。由于应力集中源的存在，能够在大大降低外加载荷幅值情况下完成下料，低应力下料由此而得名。由于低应力下料采用的是裂纹扩展技术，下料过程中几乎不存在材料浪费，不仅材料利用率高，而且降低了下料机的能耗，因此近几十年来得到了持续广泛的关注。

22.2　低应力变频振动精密下料

22.2.1　低应力变频振动精密下料系统的工作原理

变频振动精密下料系统是从人们传统的避免裂纹产生的反方向出发，在棒料上预制出有利于裂纹萌生的环境——环状 V 形槽，利用裂纹扩展总是在局部发生的特点，降低下料所需的力和能量，并获得能使裂纹以期望的方向和速度扩展，直至棒料断裂的加载条件，实现材料的规则分离，以达到精密下料的目的。

利用裂纹的第一步是产生裂纹。裂纹是在晶界、孪晶界、夹杂、微观结构或成分不均匀区以及微观或宏观的应力集中部位形核。由于工业中对宏观应力集中的理论已经相当成熟，而且对它的控制也相对容易，因此本系统采用车削加工环状 V 形槽的办法来产生应力集中区域，为裂纹的产生提供有利条件。根据应力集中部位的疲劳理论，要产生裂纹还需要有较大的局部应变，因此还需要找到能在小区域内产生大变形的方法。

控制裂纹的生长是科学利用裂纹的关键。裂纹的生长包括生长的方向、速度以及终止条件，裂纹具体生长状况受到工件所处的周围环境、所受载荷的情况及材料的性能等因素的影响，因此控制裂纹生长的大环境是控制裂纹的根本。相比以上各种因素，载荷是相对便于控制和测量的，所以在此采用控制载荷的方法来控制裂纹。而对于新型变频振动精密下料系统，载荷应包括激振力和动模具刃口的位移振幅，通过合理控制激振频率，即可实现激振力和动模具刃口的位移振幅按实际需要进行变化。

整个变频振动精密下料系统正是按照上述的思路来设计的。本下料系统的工作流程如图

22-14 所示。它是利用自动开槽机在棒料表面的规定位置加工出沿轴向等间距的环形 V 形槽之后，通过液压系统和夹紧送进装置将棒料送入变频振动精密下料机进行变频振动精密下料。

低应力变频振动精密下料的受载原理如图 22-15 所示。当载荷使得棒料上产生微小的理想裂纹后，裂纹将在振动下料机产生的变化载荷作用下快速而又相对均匀地扩展，如图 22-16 所示。当裂纹扩展得足够深时，连接区域已经很小，棒料因不能承受外载而瞬间断裂，下料过程结束。棒料在最后脆断时的断面质量一般都不高，为提高整体断面的质量，应使施加于棒料的激振力随着裂纹的扩展而减小；为了维持裂纹扩展并最终可靠地断裂，激振力作用点的位移振幅，

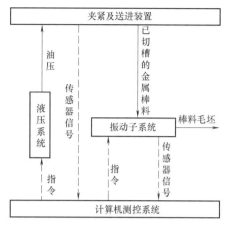

图 22-14　低应力变频振动精密
下料系统的工作流程

即动模具刃口的位移振幅应该越来越大。为此，振动下料系统采用了变频器控制振动电动机转速的方法，通过调节频率，即可以达到控制激振力大小、频率和动模具刃口位移振幅大小的目的，从而实现变频振动精密下料。

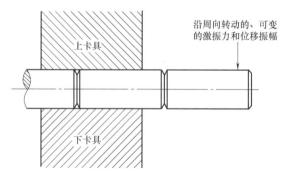

图 22-15　低应力变频振动精密下料的受载原理

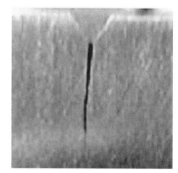

图 22-16　振动载荷形成的裂纹

研制开发的新型变频振动精密下料机如图 22-17 所示。

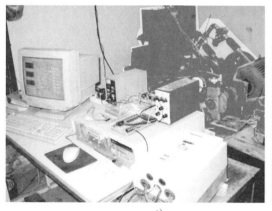

a)

b)

图 22-17　新型变频振动精密下料机
a）计算机监控系统　b）液压系统和机械振动部分

22.2.2　新型低应力变频振动精密下料系统的结构设计

变频振动精密下料机的机械部分简图如图 22-18 所示。它包括变频振动子系统和夹紧及送进装置两大部分。其中，变频振动子系统用于给图 22-15 中左端被悬臂夹持的棒料的右端施加沿周向转动的、可变的激振力和位移振幅载荷；夹紧及送进装置能够在变频振动精密下料前将棒料送进到指定位置，并在下料时固定棒料，控制棒料在受力过程中力臂的大小。下面对这两大部分的详细结构加以说明。

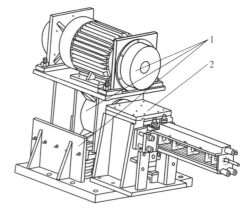

图 22-18　变频振动精密下料机的机械部分简图
1—变频振动子系统　2—夹紧及送进装置

1. 变频振动子系统的基本构成及工作原理

变频振动子系统主要由电动机、两个扇形激振块、振动体、动模具、弹簧支撑及机座等六部分构成，其结构如图 22-19 所示。

变频振动子系统依靠交流异步电动机（7.5kW、3000r/min）驱动，分别安装于其两端的两个扇形的偏心激振块，依靠偏心激振块的旋转离心力，产生图 22-15 所示施加于棒料右端上的沿周向转动的、可变的激振力和位移振幅载荷，这些载荷均通过图 22-19 所示的动模具施加给棒料，从而诱发理想裂纹的萌生并使其迅速扩展直至断裂。为了使负责给棒料加载的动模具的位移振幅随下料阶段的改变而可变且可控，在系统的机座上有 9 个对称安装的弹簧。激振力的大小、加载频率和动模具的位移振幅是通过变频器控制电动机的转速来实现的。动模具采用球轴承支撑在振动体上，可防止棒料承受扭转力矩，从而保证在下料过程中棒料表面不会与动模具发生剧烈摩擦，避免模具和工件的磨损。

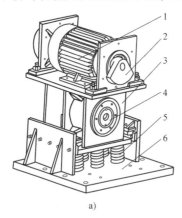
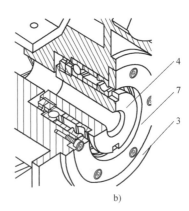

a)　　　　　　　　　　　　b)

图 22-19　变频振动子系统的基本结构
a) 变频振动子系统总体结构　b) 动模具的内部结构
1—电动机　2—扇形激振块　3—振动体　4—动模具　5—弹簧支撑　6—机座　7—动压环

2. 夹紧及送进装置的基本构成及工作原理

夹紧及送进装置主要包括一个自制的夹紧装置、送进装置和限位及导向装置，其结构如图 22-20 所示。

在变频振动精密下料过程中，需要将棒料的一端固定，而另一端加载激振力和位移载

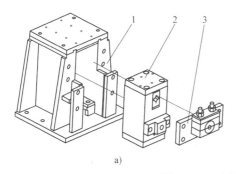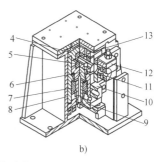

a)　　　　　　　　　　　　　　　　b)

图 22-20　夹紧及送进装置的结构

a) 夹紧及送进装置总体结构　b) 夹紧及送进装置的内部结构

1—送进导向架　2—夹紧缸　3—防退装置　4—上端盖　5—下夹紧模具　6—活塞杆　7—活塞
8—夹紧缸体　9—下端盖　10—连接器　11—轴瓦　12—橡胶弹簧　13—上夹紧模具

荷，因此夹紧力必须满足一定的水平，才能保证在载荷的作用下棒料不会窜动。此外，棒料的自动进给和载荷在棒料上的加载位置将决定下料效率及质量，送进装置必须具有快速、准确的特点。夹紧及送进装置的工作原理如图 22-21 所示。

该装置采用液压装置来实现夹紧和送进功能。夹紧动作由夹紧缸完成，夹紧缸采用上下贯穿的活塞杆结构，整个活塞杆用两个圆螺母和活塞紧固连接而成，活塞上采用两个密封圈进行密封。活塞杆中心加工了出油通道，以实现对油缸上腔进、出油。活塞杆顶端与下夹紧模具用两个内六角螺钉相连接，组成夹紧装置的可动部分。夹紧缸体的侧面开有油孔，液压油从该孔进入和排出以实现活塞下腔的进、出油。当活塞下腔 B 进油时，下夹紧模具向上运动而夹紧棒料；当液压油从 a 处通过位于活塞杆中心的通道进入活塞上腔 A 后，下腔 B 将油从 b 处排出，下夹紧模具向下移动从而松开棒料。送进动作由送进缸沿导轨推动整个夹紧装置来实现，送进缸通过连接器与夹紧装置连接。为了降低摩擦阻力、减少磨损，在导向架内采用铜导轨。

在图 22-21 中，当夹紧缸松开送进缸后退时，如果不能使棒料保持静止不动，棒料的位置可能发生改变，从而造成下次的棒料送进长度不准确。因此，在夹紧缸的右侧设计了一个防退装置，其结构如图 22-22 所示。装置中的上盖与基板焊接在一起，下盖浮动，通过调节装置上部的螺母，始终提供一个可以防止棒料轴向窜动的很小的夹持力。当夹紧缸后退时，由于其处于松开状态，只有上夹紧模具对棒料有少许的摩擦力，此时依靠防退装置就可以抵

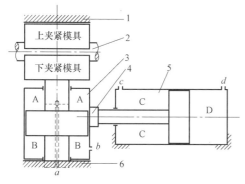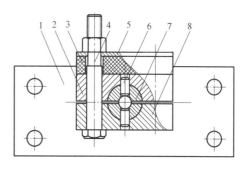

图 22-21　夹紧及送进装置的工作原理

1—铜导轨　2—预制有 V 形槽的棒料　3—夹紧缸
4—连接器　5—送进缸　6—铜导轨

图 22-22　防退装置的结构

1—基板　2—上盖　3—橡胶弹簧　4—孔用螺栓
5—盖板　6—销钉　7—轴瓦　8—下盖

消这个摩擦力，并且使得棒料固定不动。当夹紧缸夹紧、送进缸前进时，送进力要远远大于防退装置的夹持力，棒料将随夹紧装置一同被送进缸向前推进，从而使得棒料到达特定位置。此外，调节螺母还可以改变防退装置施加给棒料的夹持力的大小。

22.3 管料偏心旋转加载低周疲劳精密下料

22.3.1 偏心旋转加载低周疲劳精密下料的工作原理

金属管料偏心旋转加载低周疲劳精密下料工艺采用了疲劳断裂原理。图 22-23 所示为管料偏心旋转加载低周疲劳精密下料的工作原理。图中 1 是管料固定支架，2 是下料模具，3 是主轴，4 是偏心模具固定盘，B 是管料，O_1O_1 和 O_2O_2 分别为管料的中心线和偏心模具固定盘的中心线。在下料初始状态，管料固定端被管料固定支架固定，且保证将管料夹持在管料的环状缺口处，管料 B 的中心线 O_1O_1 与下料模具的中心线重合且与偏心模具固定盘的中心线 O_2O_2 平行，并存在偏心距 e。下料时，下料模具绕中心线 O_2O_2 以速度 ω 做循环运动，这样就迫使管料的下料段（L 段）受到径向力的作用，也就等于给被固定的管料下料端施加了载荷，并且该载荷的循环施加会在管料的环状缺口处产生最大的应力集中效应。

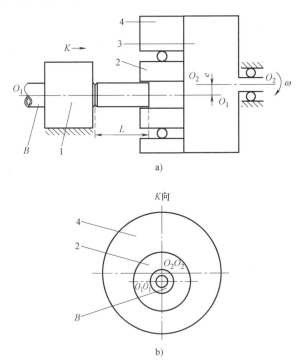

a)

K向

b)

图 22-23 管料偏心旋转加载低周疲劳精密下料的工作原理
a）轴向布置方式 b）断面偏心安放情况
1—管料固定支架 2—下料模具 3—主轴 4—偏心模具固定盘 B—管料

当下料模具对管料施加径向力时，就会使管料的环状缺口处根部局部材料发生明显的应力集中效应，当材料变形达到不可逆的塑性变形阶段，并且塑性变形量达到材料的断裂临界值时，该处的金属材料便会萌生微裂纹；在连续不断的循环疲劳载荷的作用下，疲劳裂纹沿着一定的方向起裂，并按一定的扩展速率稳定扩展，直到疲劳裂纹的长度达到管料所承能受临界断裂长度时，疲劳裂纹进入失稳扩展阶段使管料发生瞬断，进而完成一次精密下料。

22.3.2 管料偏心旋转加载低周疲劳精密下料机

管料偏心旋转加载低周疲劳精密下料机由两大主要部分组成，即机械结构部分和计算机控制与检测部分。机械结构部分主要指下料机和管料加紧装置，计算机控制与检测部分主要包括转动频率控制和下料声音检测。下面对下料机的设计过程进行详细叙述。

1. 机械结构部分

金属管料偏心旋转加载低周疲劳精密下料机的机械结构部分主要包括：升速传动机构、径向加载机构、异步电动机以及机身四部分。升速传动机构主要包括大带轮、小带轮、传动带、传动轴和主轴，径向加载机构主要包括下料模具、轴承和偏心模具固定盘。管料径向加载低周疲劳精密下料机机械结构部分的三维结构如图 22-24 所示。

异步电动机安装在机身顶部；传动轴和主轴装配在机身上，传动轴两端分别安装有小带轮（从动带轮）和齿轮，齿轮连接主轴，主轴固定于机身上，主轴是空心轴，方便下料后的坯料出料；传动带连接大带轮

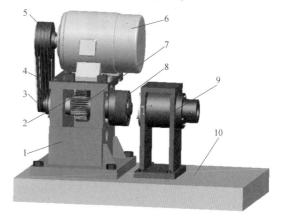

图 22-24　机械结构部分的三维结构
1—机身　2—传动轴　3—小带轮　4—传动带
5—大带轮　6—异步电动机　7—主轴　8—径向加载机构
9—管料固定装置　10—下料机固定底座

（主动带轮）与从动带轮。下料模具通过轴承连接于偏心模具固定盘上，并且通过定位圆柱销和螺钉固定连接于主轴的另一端。管料固定装置包括固定支架、套筒定位套和管料固定套筒。固定支架固定在下料机固定底座上，在固定支架上固定有套筒定位套，管料固定套筒紧配合于套筒定位套内。管料下料端放置在下料模具中，固定端固定在管料固定套筒上，管料尾端被管料尾端夹具固定加紧。

该下料机在进行下料时，偏心模具固定盘固定在主轴上，会随着主轴的转动而转动，偏心模具固定盘的偏心距为 3mm。由于偏心结构的设计，下料模具在随偏心模具固定盘的转动过程中就会对管料径向进行加载，每转一周是一个加载周期。由于管料表面环状缺口的应力集中效应，快速持续的管料径向循环加载力会使管料环状缺口处萌生疲劳裂纹，疲劳裂纹在循环力的作用下快速扩展，然后完成断裂。

2. 计算机控制与检测部分

计算机控制与检测部分的主要设备（见图 22-25），包括计算机、研华 PCI-1712 型高速多功能数据采集卡、12 位 A-D 转换器、红外光电传感器、声级计、数据采集与分析仪以及变频器等。

12 位 A-D 转换器的采样速率可达 1MHz，具有 16 路单端或 8 路差分或组合输入方式，采用 PCI 总线数据传输；红外光电传感器选用的型号为博光 E18-D50NK，工作电压 5V（DC），测量精度为 3~50cm；声级计选用国营红声器材厂生产的 MPA231 型，自动测试系统的频率范围是 20~20000Hz，灵敏度为 50mv/Pa；数据采集与分析仪选用杭州亿恒科技有限公司的 MI-7008，具有独立 160dB/Oct 数字滤波器，其分辨率为 24 位模数转换器（A-DC），幅值精度为 0.5mV；变频器的型号为 M1XA54BSA。计算机控制与检测系统的工作流程如图 22-26 所示。

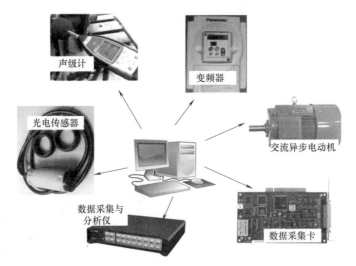

图 22-25　计算机控制检测部分的主要设备

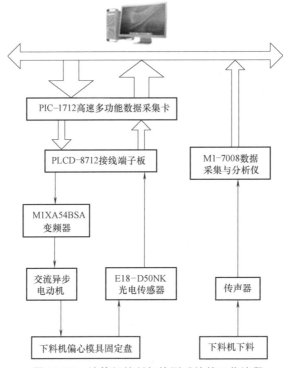

图 22-26　计算机控制与检测系统的工作流程

22.4　气动式弯曲疲劳下料工艺及设备

22.4.1　气动式弯曲疲劳下料装置的工作原理

　　金属棒料的气动式弯曲疲劳下料是一种综合利用预制环状 V 形槽的缺口效应、起裂微结构裂纹的裂尖应力集中效应及宏观疲劳裂纹扩展技术的低应力精密下料工艺技术。对于棒料的精密下料而言，评价下料方法的主要依据仍然是所下坯料的断面质量及下料所用的总时间，为了最终能够获得较为理想的断面质量和下料时间，该下料方法的关键技术在于利用疲劳裂纹并实现疲劳裂纹的可控性扩展，包括疲劳裂纹的扩展方向和扩展速率的控制。而利用裂纹首先得有裂纹存在，因此产生微结构裂纹群是一步关键的工序。众所周知，零部件中最脆弱的地方通常位于应力集中的地方（如轴肩、缺口及刻痕处等）。在工业生产中，利用棒料外周环状 V 形槽的缺口效应产生人为的应力集中源是常用的做法，环状 V 形槽不仅可以在其根部产生较大的应力集中效应，使缺口根部附近局部区域内的材料首先进入屈服状态，发生不可逆的塑性变形；同时，环状 V 形缺口改变了缺口根部前方局部区域内材料的应力状态，使该部分材料出现多轴应力状态效应；最后缺口根部附近局部区域内的材料因缺口的存在而出现塑性强化效应。除此之外，预制有环状 V 形槽的棒料还可以控制微结构裂纹由槽底局部区域内产生并扩展，实现坯料的精确位置下料。为此，首先将金属棒料通过车床等加工机床，在棒料的特定位置上车削加工出含有特定几何参数的环状 V 形槽，使环状 V 形槽根部局部区域内产生期望的缺口效应。将预制好环状 V 形槽的金属棒料固定于棒料气动式弯曲疲劳下料试验装置的打击位置，在缺口根部快速打击，萌生出微结构裂纹群。一旦微结构裂纹群萌生，将形成众多的裂尖应力集中源，加速宏观裂纹的萌生和扩展；最后，利用该下料机以特定的载荷打击次序和载荷幅值对其进行连续的打击，使微结构裂纹群逐步缓慢地扩展，形成宏观的疲劳裂纹，再由疲劳裂纹不断地朝着棒料断面的截面中心点方向扩展，直至残余的韧带部分材料无法承受载荷值而发生最终瞬断，形成坯料段，完成一次精密下料。

综上所述，该下料方法主要由预制含特定几何参数的环状 V 形槽、环状 V 形槽缺口根部微结构裂纹群起裂及宏观疲劳裂纹扩展，直至最终瞬断几道工序组成，其工艺流程如图 22-27 所示。

金属棒料气动式弯曲疲劳下料装置的工作原理如图 22-28 所示。预制含特定几何参数环状 V 形槽的金属棒料一端被固定于上、下夹持模具之间，另一端伸入棒料套筒内一定距离，处于悬臂状态；在棒料套筒的另一端外周上均匀分布有 6 个打击锤头，每个打击锤头由独立的气缸和活塞驱动，通过改变气缸内流体的压力和流量，输出不同大小及速度的打击力，对棒料套筒施加周向可变的位移载荷。一旦某个打击锤头对棒料套筒进行打击，棒

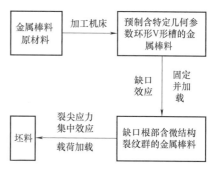

图 22-27　气动式弯曲疲劳下料的工艺流程

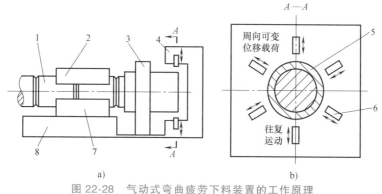

图 22-28　气动式弯曲疲劳下料装置的工作原理

1—金属棒料　2—上夹持模具　3—套筒夹具　4—缸体　5—棒料套筒　6—打击锤头　7—下夹持模具　8—机身底座

料套筒内悬臂一端的金属棒料便进入弯曲状态，使得棒料环状 V 形槽槽底根部的金属材料发生变形。当变形进入不可逆的塑性变形阶段，并且塑性变形量累积达到材料的断裂临界值时，该处局部区域内的金属材料便发生断裂萌生裂纹；在连续不断的周向可变位移疲劳载荷的作用下，疲劳裂纹沿着一定的起裂方向，按一定的扩展速率不断起裂扩展，直到疲劳裂纹的长度达到所承受载荷的临界断裂长度时，疲劳裂纹进入高速失稳扩展阶段，使棒料发生瞬断，得到坯料，完成一次精密下料。

22.4.2　气动式弯曲疲劳下料装置的组成

根据气动式弯曲疲劳下料装置的工作原理，结合试验场地的空间及样机的生产制造成本，完成了对气动式弯曲疲劳下料试验装置的整体设计和制造。整个下料装置按功能模块主要包括电气控制系统和气动系统两大主体结构，如图 22-29 所示。其中，电气控制系统是整个下料系统的大脑，通过预先设定的或实时发送的控制信号对整个下料系统的所有电气元器件进行实时有效的控制，使气动系统及其

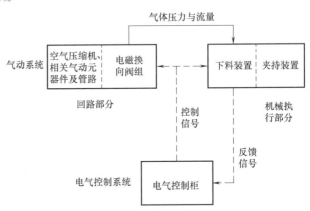

图 22-29　气动式弯曲疲劳下料试验装置的组成

机械执行部分按既定的工作模式进行工作，为节约空间及便于统一操作，将所有的电器元器件集中安装于电气控制柜中；气动系统是整个下料系统的动力输出源，也是整个下料系统的核心部分，包括气动系统回路部分及机械执行部分。气动系统回路部分利用气动控制元器件对系统内的压力和流量进行控制，为机械执行部分的执行元器件提供可调节的气动力，主要由提供气源的空气压缩机、相关气动元器件及管路和电磁换向阀组组成；机械执行部分主要由棒料的下料装置和夹持装置两部分组成，其中下料装置是唯一与金属棒料直接接触并对其完成下料的执行元器件，由 6 个周向对称分布的双作用气缸组成，能实现打击锤头的往复直线变速运动。

22.4.3　气动式弯曲疲劳下料装置的气动系统

根据下料系统的工作原理及对气动系统的功能要求，棒料气动式弯曲疲劳下料试验装置的气动系统回路部分的结构如图 22-30 所示。主要由各种气动元器件和管路组成，包括三相异步电机带动的空气压缩机、气罐、空气干燥器、闸阀、气动三联件、电磁调压阀、压力表、电磁调速阀、6 个二位四通（五口）电磁阀及与之相对应的 6 个消声器、6 个双作用单活塞式气缸及与气缸活塞相连的 6 个打击锤头。自由空气经空气压缩机转换为具有一定工作压力的压缩空气，储存于大的气罐中，在气动回路中加入气罐的目的主要是为了增加气源容量，克服由于气体介质的可压缩性引起的系统压力波动，尽量保持系统处于稳定工作状态。由于空气压缩机出口的压缩空气具有一定的湿度，需经空气干燥器及气动三联件对其进行干燥及油气分离。

根据下料工艺的要求，需要对金属棒料施加实时可变的周向位移载荷，因此气动系统回路中引入电磁调压阀对压缩空气进行二次调压，使经调压后的压缩空气达到负载压力的要求；经二次调压后的压缩空气利用电磁调速阀最终对打击锤头的运动速度进行调节，然后利用与下料装置相连的二位四通（五口）电磁阀按下料载荷加载次序的要求对压缩空气进行分流，使压缩空气能准确地进入规定的气缸，利用打击锤头进行打击或使打击锤头回退，同

时调节二位四通（五口）电磁阀的切换速度对打击频率进行控制，以达到下料工艺要求的输出载荷和打击频率。由于气动系统在高速排气状态下噪声较大，因此在每个二位四通（五口）电磁阀的排气口连接消声器，适当降低工作噪声。

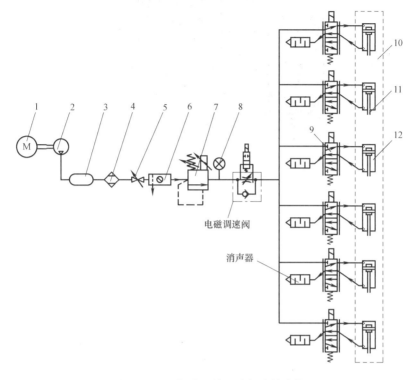

图 22-30　气动系统回路部分的结构

1—三相异步电动机　2—空气压缩机　3—气罐　4—空气干燥器　5—闸阀　6—气动三联件　7—电磁调压阀
8—压力表　9—二位四通（五口）电磁阀　10—下料装置　11—打击锤头　12—气缸

由于下料过程中需要对金属棒料施加可变的周向位移载荷，鉴于双作用单活塞式气缸能利用往复式直线运动输出直线位移载荷，因此气动式弯曲疲劳下料试验装置的气动系统机械执行部分的结构布局如图 22-31 所示。为确保金属棒料在下料初始阶段能顺利在棒料套筒中进给到位，并处于自由状态，夹持装置与下料装置的中心线位于同一水平高度上，整个夹持装置及下料装置均采用焊接式结构固定于支架底座上。利用棒料套筒加长受载力臂从而间接降低系统回路中的工作气压，棒料套筒置于下料装置与夹持装置之间，由内部安装有弹性材料的套筒支架固定安装，弹性材料的回复作用使得棒料套筒在每次受载后均能自动复位。下料装置主要由 6 个均匀分布于缸体周向的双作用单活塞式打击气缸及与气缸活塞相连的 6 个打击锤头组成，其结构如图 22-32 所示。利用变径式活塞杆在每个气缸内形成独立的回退腔和进给腔，结合独立的进气和排气回路完成打击锤头的进给和回退。在活塞杆的不同位置利用组合密封隔离两个腔体及腔体与环境之间的泄露，利用活塞导向环对打击锤头进行导向的同时减少密封圈的硬磨损。为方便后续管路的安装和拆卸，进气口设置于活塞盖的底部，排气口设置于与回退腔等半径的缸体侧壁，进气口与排气口均采用标准焊接式接头体与管路连接。由于打击锤头在下料过程中要经历不断重复的高载荷作用，其材料需先经过锻造及相应的热处理后再进行加工，以提升其力学性能。

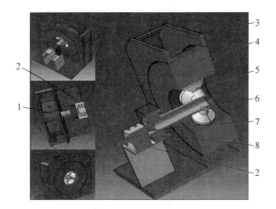

图 22-31　气动系统机械执行部分的结构布局

1—下料装置　2—夹持装置　3—支架底座　4—缸体　5—打击锤头　6—棒料套筒　7—金属棒料　8—套筒支架

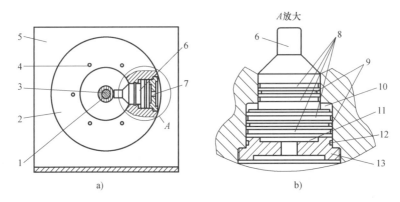

图 22-32　气动系统机械执行部分下料装置的结构

a）机械执行部分下料装置结构　b）双作用单活塞式气缸

1—棒料套筒　2—缸体　3—棒料　4—排气口　5—支架底座　6—打击锤头　7—进气口
8—活塞导向环　9—密封圈　10—回退腔　11—进给腔　12—活塞盖密封圈　13—活塞盖

22.5　径向锻冲疲劳下料工艺及设备

22.5.1　径向锻冲疲劳下料的工作原理

径向锻冲疲劳下料的工作原理如图 22-33 所示。金属棒料一端被安装在夹具内夹紧，另外一端承受周向均匀分布的载荷（位移、力或扭矩）。周向载荷使金属棒料 V 形切口底部产生微裂纹，或者促使已有微裂纹发生稳定扩展，当裂纹扩展至临界尺寸时，便发生瞬间断裂，从而完成下料。因此，从材料断裂角度来讲，金属棒料下料过程就是 V 形切口底部材料由产生微裂纹、发生稳定裂纹扩展，到瞬断的全过程。

径向锻冲疲劳下料需要完成的主要功能包括金属棒料的夹持和载荷施加。其中，载荷施加是决定金属棒料断裂的主要因素，也是各种下料方法的重要区别。通过借鉴径向锻工作原理，本文提出了径向锻冲疲劳下料方法，该下料方法的结构原理如图 22-34 所示。金属棒料置于径向锻冲下料装置的传动主轴中心轴线处，在垂直金属棒料轴线的平面内均匀布置着镶嵌于主轴端部导向滑槽内并和主轴同步旋转的 4 个下料锤头和静止不动的奇数个（本文设计为 7 个）进给圆柱滚子。在某一时刻，只有一个下料锤头和进给圆柱滚子相接触，使得金属棒料处于径向受载状态，下料锤头之间的运动互不干涉，从而保证了金属棒料只在一个方向承受径向载荷，且各个时刻的载荷是沿周向均匀分布。普通径向锻造的进给圆柱滚子是对称分布，因此每次总有两对锤头同时沿径向运动锤打处于中心的工件。由此可以看出径向锻造与径向锻冲下料的区别。

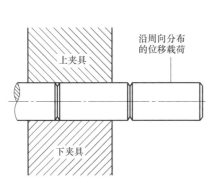

图 22-33　径向锻冲疲劳下料的工作原理

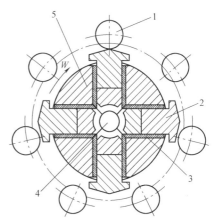

图 22-34　径向锻冲疲劳下料方法的结构原理
1—进给圆柱滚子　2—下料锤头　3—下料模具
4—金属棒料　5—传动主轴

在径向锻冲下料过程中，传动主轴在电动机的带动下驱使下料锤头及下料模具围绕传动主轴的轴心转动。当下料锤头与进给圆柱滚子接触后被径向压下，对棒料施加径向载荷，下料锤头在离心力作用下甩开，即实现卸载。可见，本文提出的径向锻冲疲劳下料方法是一种位移载荷下料法，它是通过径向位移载荷促使金属棒料 V 形切口底部应力集中区产生微裂纹，导致棒料断裂。通常情况下，位移载荷比作用力、弯矩、扭矩等载荷形式易于测量和控制。通过合理设计机构，可以准确地保证所需的位移载荷，而其他载荷则需要相应的转换计算或间接测量，这将降低载荷精确性。因此，从这个角度来讲，径向锻冲疲劳下料比其他下料方法的载荷施加方式更为合理，其下料结果更易控制，这也是径向锻冲疲劳下料的一个重要特点。

为实现径向行程调节，本文设计开发了径向行程伺服控制微调机构。径向行程伺服控制微调机构的传动原理如图22-35 所示。为了实现径向行程调节的自锁性，采用了蜗轮蜗杆传动方式。微调

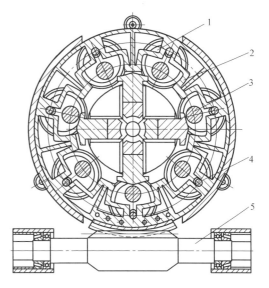

图 22-35　径向行程伺服控制微调机构的传动原理
1—微调基座　2—微调蜗轮　3—进给圆柱滚子
4—微调杆　5—微调蜗杆

基座的外圆柱面与机身通过固定孔相连，两个内圆柱面分别与进给圆柱滚子和微调杆相连。微调杆可在微调蜗轮的滑动槽内做径向相对运动，微调蜗轮带动微调杆运动，并驱动微调基座围绕自身轴线转动。由于进给圆柱滚子和微调杆都在微调基座上偏心放置，因此当进给圆柱滚子和棒料之间距离发生变化时，下料锤头的径向行程便得以相应调节。微调蜗杆由伺服电动机驱动，可准确地控制蜗轮转动角度，以达到有效控制下料锤头径向行程的目的。

22.5.2 径向锻冲疲劳下料系统的设计开发

依据径向锻冲疲劳下料的工作原理，径向锻冲下料系统的设计开发主要包括整机设计、关键零部件设计、传动系统设计以及电气控制系统等内容。

1. 径向锻冲疲劳下料系统整机结构及关键零部件设计

整机结构设计的主要目的是依据实际生产现场的空间大小、工作性能、生产成本、制造流程及操作规程等要求，确定整机结构和外形尺寸，建立功能模块，分解实施计划，为零部件设计开发提供总体设计框架。为实现主轴传动和径向行程精确调节，根据工作要求，分别采用了异步电动机和伺服电动机的驱动方式。为节约实际生产空间，采用了主电动机上置机身的整体布局结构，通过可调式支架调节传动带预紧程度，主电动机和传动主轴之间采用带传动方式，这样使得整机结构紧凑，从而有效地节约生产空间。按径向锻冲下料的工作机理，将整机结构分解为径向锻冲下料机构、行程微调结构、传动机构和机身等组成部件。由于本文首次提出径向锻冲下料方法，考虑到生产成本和试验目的，机身采用板焊接结构，这样既可以节约试制成本和时间，又便于采购备料。最终完成的整机结构如图 22-36 所示。

在径向锻冲下料过程中，首先，将金属棒料沿右侧放置在夹持装置的棒料固定孔内，当 V 形切口中心面和下料套筒前端面对齐后，棒料停止送进；然后，启动主电动机带动传动主轴旋转，使径向锻冲下料机构运转工作；下料锤头端面的工作廓线和下料套筒的后端外圆柱面循环接触，完成径向位移载荷施加；由于下料套筒的前端内圆柱面与棒料配合，因此在棒料 V 形切口底部产生较大的应力场；伺服电动机驱动蜗轮蜗杆行程微调机构运转工作，调节径向行程，促使棒料断裂，完成径向锻冲疲劳下料。

2. 径向锻冲疲劳下料控制系统设计

由径向锻冲下料工作原理可知，控制系统的控制对象包括径向锻冲下料机构的主电动机和径向行程微调机构的进给电动机。其中，径向锻冲下料的主电动机采用了三相异步电动机，行程微调进给电动机采用了伺服电动机。主电动机的主要功能包括电动机起停、正反转、变频调速/恒速两种速度控制方式、快进/慢退、相关报警、故障提示和工作状态检测等。进给电动机完成伺服电动机的起停、正反转、调速和位置控制、快进/慢退等，通过控制器控制伺服电动机按照下料要求完成径向位移载荷的变化调节，如圆弧曲线、过渡二次曲线等，从而获得相应的下料断面，可见，伺服电动机是径向锻冲疲劳下料获得较好断面质量的重要调节装置。进给电动机和主电动机之间的运动相互独立，通过控制操作台实现两者之间的协调工作。主电动机的运动包括变频调速和恒速两种运动方式，具有互锁功能，由控制器的模拟量输出模块实现无级调速。经计算可得：主电动机的型号为 7.5kW 的 YM132M-4 三相异步电机，进给电动机为 3.5kW 的四通伺服电动机。

考虑工业生产的实际情况，本文采用了 PLC 控制方式。其中，PLC 采用了 SIEMENS 公司生产的 SIMATIC S7-200（CPU 226）系统，并配置了相应的模拟量输出模块和伺服电动机控制模块。PLC 的输出接口分别与按钮、接触器等控制元器件相连接，用于控制径向锻冲

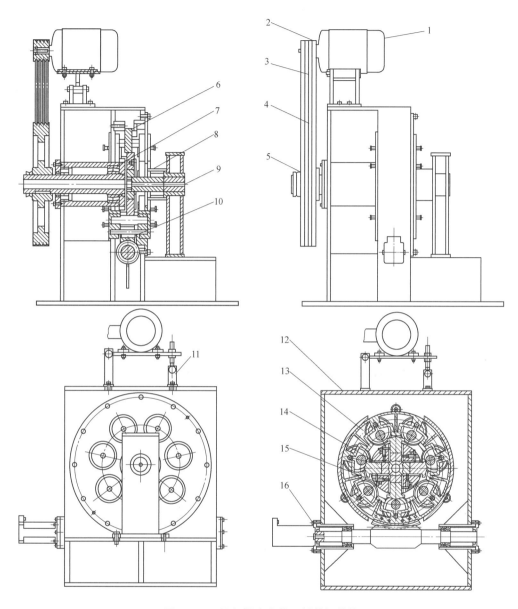

图 22-36　径向锻冲疲劳下料整机结构

1—主电动机　2—主动带轮　3—传动带　4—从动带轮　5—锁紧螺母　6—微调蜗轮　7—传动主轴　8—下料套筒
9—夹持装置　10—微调蜗杆　11—支架　12—机身　13—固定盘　14—下料锤头　15—进给圆柱滚子　16—伺服电动机

下料主电动机和径向行程微调伺服电动机的运动。同时，在每条控制线路上都布置有相应的指示灯，用来显示 PLC 和径向锻冲下料系统工作情况。模拟量输出模块（EM232）与变频器的电压控制接口相连，用来控制径向锻冲下料主电动机运动。主电动机的正反转由交流接触器 KM2 控制。行程微调伺服电动机由数字输出模块（EM253）控制，通过产生相应脉冲完成伺服电动机的转速控制，以上全部控制元器件被固定安装在电气柜中电木上。按下料系统的工作要求，编写相关的控制软件，便可实现下料系统的工作运转。

第23章 CHAPTER 23
开卷线的现状与发展

济南铸造锻压机械研究所有限公司　徐济声　张波

23.1 开卷线的工作原理、特点及主要应用领域

23.1.1 开卷线的工作原理及特点

开卷线是用来把卷料展开矫平后，定尺剪切成单张板料，并堆垛捆扎包装，或者纵向剪成若干条窄带，再重新卷成若干个窄卷并且捆扎包装，其基本组成和工艺线路如图 23-1 和图 23-2 所示。

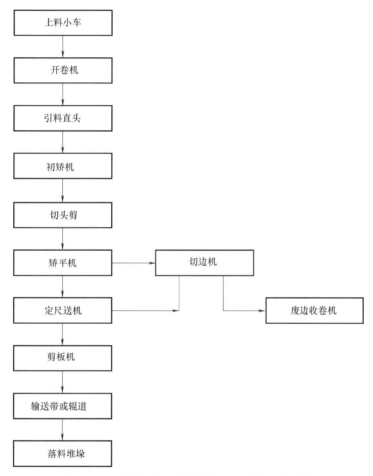

图 23-1 典型横剪开卷线的基本组成和工艺路线

开卷线的用户主要有两类：一类是大型钢铁企业在全国各地建立的钢材配送中心以及各地的钢材经销商，他们为当地企业提供所需规格尺寸的板料或者窄带卷；另一类是大量使用板料、带料的汽车、家电、装饰、厨具、电机和电器等企业。这也是工业发达国家普遍采用的模式，具有物流路线最短、中间流通环节最少及材料利用率最高的优点。

23.1.2 开卷线的主要应用领域

开卷线的主要用途是将冷轧、热轧金属卷材平整剪切成各种规格的定尺板料，适用于板料零售业、货架制造、车辆制造、家用电器、开关电柜、钢结构办公用品、不锈钢厨房用品及机器制造等行业。开式双点压力机加装多工位送料装置、开卷装置和矫平装置，组成多工

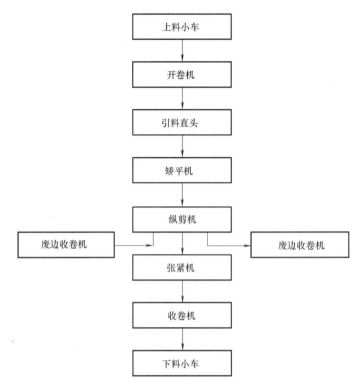

图 23-2　典型纵剪开卷线的基本组成和工艺路线

位连续冲压生产线，由于占地少、工序间搬运小，所以正日益被冲压生产看好；高速压力机加装凸轮分割型送料机、开卷矫平装置成线，冲制专用零件，如电动机硅钢片等。

23.2　开卷线的种类

开卷线是板带加工剪切设备的一个泛称，其分类方法很多，根据不同的分类方法可将其分为不同的产品类型。

1）根据待加工产品厚度的不同，可将开卷线分为薄板开卷线、中厚板开卷线和厚板开卷线等类型。

2）根据下游需求行业的不同，可将开卷线分为汽车制造行业用开卷线、轻工行业用开卷线、家电行业用开卷线、机电行业用开卷线、冶金行业用开卷线、造船行业用开卷线和农机行业用开卷线等类型。

3）根据待加工产品宽度的不同，可将开卷线分为加工板宽为 200~800mm 的开卷线、加工板宽为 500~1300mm 的开卷线、加工板宽为 500~1600mm 的开卷线、加工板宽为 800~1850mm 的开卷线、加工板宽为 800~2000mm 的开卷线等类型。

4）根据加工工艺流程的不同可分为以下五个方面，分别是：开卷矫平横剪生产线（见图 23-3）、开卷矫平纵剪生产线（见图 23-4）、开卷矫平纵横剪复合生产线（见图 23-5）、开卷矫平落料生产线（见图 23-6）和拉矫修边重卷机组（含钢厂重卷机组、修边机组）（见图 23-7）。

图 23-3 12×2000 开卷矫平横剪生产线（国机铸锻制造）

图 23-4 3×1650 开卷矫平纵剪生产线（国机铸锻制造）

图 23-5 16×1850 开卷矫平纵横剪复合生产线
（国机铸锻制造）

图 23-6 3×1850 开卷矫平落料生产线
（国机铸锻制造）

图 23-7　1.2×1450 拉矫修边重卷机组（国机铸锻制造）

23.3　开卷线的现状

23.3.1　市场发展状况

随着我国经济的高速发展，中国已经成为世界制造大国，冶金工业也相应迅速扩大产能和加速产品结构调整。2013 年，我国钢产量已达到 7.8 亿 t。开卷线既是冶金工业生产的卷料的最后一道加工工序，也是众多使用板带材行业的第一道加工工序必不可少的设备，在过去 20 年中得到了迅速发展和长足进步，已经形成了一个具有相当规模的市场。

在计划经济年代，开卷线作为轧钢生产中的竞争设备，划归冶金工业所属企业生产。20 世纪 90 年代初，由于冶金工业发展速度太快，以及进口卷料的猛增，使得这些企业根本无力招架，因此一些锻压机床厂和民营企业乘虚而入，从零开始摸索生产开卷线。当时开卷线市场几乎被进口产品完全垄断，现在我国的开卷线已经能够在中、低档市场中占据主导地位，并正在向高档产品市场进军。

2011 年，我国钢产量为 6.9 亿 t，其中板带材产量为 1.4 亿 t，钢材中的板带比为 42%；近年来，板带比已经接近 50%，而发达国家的板带比均保持在 60% 以上。从长远看，增加钢材生产中的板带比仍是我国冶金工业产品结构调整的重要方向，因此在今后相当一段时间内，我国的开卷线市场仍将有一定的发展空间。

23.3.2　开卷线企业当前存在的问题

尽管我国开卷线的产量和技术水平取得了很大的进步，但是在性能和功能上与国外产品还存在着相当大的差距。目前我国的开卷线绝大多数属于中低档，而我国的中低档开卷线市场已经趋于饱和, 正在形成的高档开卷线市场被进口产品牢牢盘踞, 我国开卷线想要打入还有很大的难度。这是因为我国的开卷线企业还存在着一些不容忽视的问题。

1) 我国的开卷线企业可谓是鱼龙混杂, 一些不具备生产开卷线条件的企业蜂拥而上, 导致竞相压价的恶性竞争。这些企业没有必需的加工设备, 外协加工既不能保证周期, 也不能保证质量, 开卷线所用的材料、热处理及配套件等都令人担忧, 严重影响了开卷线的性能、精度、可靠性和使用寿命。

2) 我国的开卷线企业的设计研发力量普遍不足, 而且青黄不接, 缺少领军人才。与一般单机类的锻压机床不同, 一条开卷线包含了多台主要设备和辅助设备, 而且开卷线用户的需求五花八门, 甚至稀奇古怪, 无论是卷材的参数 (板厚、板宽、卷重、卷材内径和外径及材质的力学性能等), 还是运行速度、生产率、矫平精度、定尺长度范围、贴纸覆膜、落料堆垛方式和出料方式等, 很少有两条开卷线的各项参数和配置是完全相同的, 这使得开卷线设备规格繁多, 图样满天飞, 一个企业里只是矫平机就有 100 多种型号, 技术部门与生产部门所承受的压力之大可想而知。当务之急, 就是要对开卷线中的主要设备和辅助设备尽快定型, 实现三化。不做好这项工作, 生产开卷线的企业是不能做大做强的, 只能小打小闹, 疲于应付。

3) 一般说来, 无论是横剪线还是纵剪线, 都是辅助时间大于工作时间, 进口的开卷线是如此, 我国的开卷线更是如此。因此, 像钢材配送中心这样的用户, 除了关心开卷线的生产率指标 (横剪线中的剪板机的剪切次数、纵剪线的运行速度等), 更关心的是开卷线的年总产能, 即在一年 3800h 内加工各种规格卷料的总重量。这就要求开卷线应具备很高的可靠性, 应高度重视如何缩短开卷线的辅助时间, 而不是只关注有关开卷线生产率的一些表面指标。应该说, 一些国内生产开卷线的企业对这个问题的认识是不够的, 而这也是我国与国外企业的一个重要差距。

23.4 开卷线的发展趋势与研发重点

23.4.1 剪板机

如上所述, 停剪式横剪线国内外的差距不大, 其中关键设备 (剪板机) 的水平与国外产品差不多, 甚至更好, 但是尚需开发精密剪板机和摆动剪板机。

近年来, 我国的汽车企业已经大量采用高强汽车板 ($R_m = 790MPa$), 国外已经开始采用更高强度的 AHSS 汽车板 ($R_m = 1400MPa$), 这就要求开卷线中的剪板机应具有更高的强度和刚度, 并配备性能更好的刀片。

激光拼焊是汽车行业近年来迅速发展的新颖加工技术, 它将不同厚度、材质、强度、冲压性能和不同表面处理状况的板材用激光拼焊在一起, 称为拼焊板, 然后冲压成形。拼焊板具有很多的优点, 我国现在也已经开始大量采用。激光焊接对拼焊板提出了很高的要求:

1) 剪切断面直线度 <0.03mm/m。

2) 毛刺高度 ≤0.03h (h 为板厚)。

3) 光亮带与撕裂带之比 ≥70/30。

4) 塌角塑性变形高度 <0.1/h。

以上要求, 开卷线中现有的剪板机与飞剪机都无法满足, 因此我国的激光拼焊板以前都只能采用激光切割。经过努力，我国已经有了能用于剪切拼焊板的横剪线，线中的精度剪板机采用了以下措施：

1) 提高剪切速度，避免剪切结束时由于重力造成剪切断面的变形。

2) 减小剪切角和增大压料力。

3) 采用无间隙四点滚动导轨，并能精确调整刀片间隙。

4) 加强剪板机机身和刀架的刚度。

精密剪板机以后应进一步采用现代设计方法予以优化并形成系列。

摆动剪横剪线是汽车生产厂的一种专用横剪线。为了节省材料，要求一些用于冲压成形的板坯形状是各种梯形或菱形，这样就对横剪线中的剪板机提出了特殊要求，每剪切一次，剪切模具或整个剪板机摆动一次，最大摆角为±35°。为了满足这个要求，现有两种结构的摆动剪板机，这两种摆动剪板机都采用了机械传动，具有很高的剪切次数。一种是普遍形式的剪板机，它安装在一个可回转的底盘上，由伺服电动机通过减速器驱动底盘，带动剪板机做摆动；伺服电动机和减速器可以安装在地面上，也可以安装在剪板机上面的框架上。另一种是采用四导柱式底传动压力机的结构，工作台有较大的空间，可用于安装可做摆动的剪切模具，只是剪切模具摆动而剪板机固定不动。剪切模具的摆动由安装在工作台下方的伺服电动机和减速器驱动。相比较而言，前者摆动部分的重量大，需要较大规格的伺服电动机和传动系统，因此成本较高，占地面积大，摆动所需时间长，但是结构简单；后者则正好相反。

作为汽车生产大国，摆动剪横剪线有相当的市场，目前只有个别企业引进国外技术生产摆动剪板机，因此值得有实力的开卷线生产企业投入力量去研制，去占领市场。

23.4.2　飞剪机（见图23-8）

与停剪式横剪线相比，飞剪线不但每分钟的剪切次数有很大的提高，而且由于带料一直以设定的速度匀速送进，没有加减速和停止，不需要设置活套来缓冲，不但减少了开卷线的占地面积，也消除了带料在活套内及复弯曲产生的残余应力，避免了送料装置急停、急送对带料表面产生的擦伤和压痕。对于表面有油的带料，匀速送进减少了打滑，提高了定尺剪切精度。

随着大功率低速交流伺服电动机和电气控制技术的迅速发展，回转式飞剪机应运而生。它没有钢厂中传统飞剪机复杂烦琐的匀速机构和空切机构，机械结构十分简单，制造成本大幅度下降，而定尺剪切精度达到±0.3mm，甚至更小，比传统飞剪机至少提高了一个数量级。

回转式飞剪机（以下简称飞剪机）按结构可以分为两类：一类是单曲拐式，即下刀架由两端的曲拐轴驱动，在垂直平面内做轨迹为圆的平动，同时下刀架通过两端的导轨架带动上刀架做前后往复直线运动，下刀架运动360°进行一次剪切。另一类是双曲拐式，上、下刀架各自由两端的曲拐轴驱动，在垂直平面内做半径相同、转速相同而回转方向相反的轨迹为圆的平动，每运动360°进行一次剪切。

这两种飞剪机比较起来，单曲拐式飞剪机结构简单，外形尺寸小，成本较低，但是运行时振动冲击较大，限制了运料速度和剪切次数的提高；双曲拐式飞剪机结构稍为复杂，加工精度要求较高，外形尺寸较大，成本也有所上升，但是运行时振动冲击相对较小，允许较高的送料速度和剪切次数。因此，单曲拐式飞剪机适合大多数对生产率要求不是很高的用户，双曲拐式飞剪机则适合少数要求生产率较高的用户。在6~7年前，我国好几家较有实力的开卷线生产企业陆续研制了飞剪机，迅速打破了国外飞剪线在中国市场上的垄断地位，迫使进口飞剪线大幅度降价。现在国产飞剪线已经牢固占据了国内飞剪市场的半壁江山。

由于目前大功率低速交流伺服电动机的最大功率为 200kW，因此飞剪机一般只在板厚小于 3.5mm 的薄板飞剪线上应用。

我国生产飞剪机的时间较短，基本上处于仿制阶段，取得以上成绩实属不易，但是还存在以下问题有待解决：

1）我国尚没有开发出成熟定型的飞剪机用的低速大功率交流伺服电动机和飞剪机专用控制系统，因此大多数开卷线企业都是购买日本 RELIANCE 公司和 NUSCO 公司的飞剪机控制系统和伺服电动机，不但价格昂贵，核心技术完全掌握在日方手里，而且接线和调试也都依赖日方人员。目前，我国有个别企业正在与生产控制系统的企业合作，积极进行这方面的研制工作，取得了一定成绩。

2）运用现代设计方法，在保证强度和刚度的前提下，优化配置上、下刀架的结构，减轻重量，并使截面形心尽量靠近曲拐轴的曲拐颈中心，以减少飞剪机运行时的振动冲击。

图 23-8　飞剪机

23.4.3　移动剪

移动式剪板机（简称移动剪）的主机是一台普通剪板机，可以是机械传动的，也可以是液压传动的。它在剪切过程中由伺服电动机通过滚珠丝杠或齿轮齿条驱动，与送进的板或带同步向前匀速运动进行剪切，然后退回原处等待下一次剪切。移动剪可以在任何板厚的不停剪生产线上应用，只是移动剪的剪切次数不及飞剪机高，所以移动剪一般用于板厚为 6～25mm 的飞剪线，而在薄板飞剪线上用的少一些。

从结构上来说，移动剪与横剪线中的机械剪板机或液压剪板机没有本质的区别，只是为了减少往复直线运动中的加减速转矩，剪板机应该尽量减轻重量，而为了缩短往复直线运动行程，剪板机的剪切时间应该尽量缩短。要满足前一个要求，剪板机应尽量采用液压传动，因为液压剪板机重量较轻，而且可以把电动机、液压泵和油箱等放在地上，通过拖链用软管向液压缸供油。而要满足后一个要求，应该采用机械剪板机，因为机械剪板机的剪切时间要比液压剪板机短。所以在移动剪设计中采用什么传动方式往往左右为难。从国外移动剪的现状来看，小规模的较多采用液压传动，大规模的较多采用机械传动。

移动剪的主机是用普遍交流异步电动机驱动的剪板机，结构上成熟可靠，成本较低。它的往复直线运动是由交流伺服电动机通过滚珠丝杠或者齿轮齿条在直线滚动导轨上实现的，这种典型的伺服进给驱动在技术上很成熟，应用广泛。所用的普通交流伺服电动机功率小于飞剪机伺服电动机的功率，因此驱动和控制系统的价格也是可以接受的。综上所述，移动剪的研制和进入市场应该比飞剪机容易。

图 23-9　10×800 移动剪生产线

目前济南铸造锻压机械研究所有限公司已在移动剪的研制开发方面取得了很大进展，图 23-9 所示为 10×800 移动剪生产线。

与采用飞剪机的薄板飞剪线一样，采用移动剪的飞剪线与停剪式的横剪线相比具有明显的优势，预计在未来几年内，液压传动移动剪的飞剪线将在薄板横剪线市场中占有一定的地位，而液压传动和机械传动移动剪将在中厚板横剪线中异军突起，占领其半壁江山。

23.4.4　矫平机

近年来，进口开卷线中的矫平机已经比较普遍地具有快速换辊装置，同时国外生产矫平机的一些著名企业在提高矫平精度上投入很大力量，取得了显著效果。

1. 辊系的快速更换

矫平机实现辊系的快速更换是为了把矫平机的上下辊系从矫平机中拉出来，及时把矫平过程中聚集在矫平辊系中的脏物和金属碎屑彻底清除，避免损伤带料和矫平辊系，并保证稳定的矫平精度。另外，还可以更换不同辊径的辊系，扩大矫平机矫平带料厚度的范围，使带料得到更好的矫平精度。设计矫平机时，设定的板厚范围，一般为 1：4，但是开卷线加工卷料的板厚范围经常为 1：5~6，为此有的开卷线配置两台矫平机，分别矫平不同厚度的带料，也有的开卷线在剪板机后面再配置矫平机，对剪下的单张板料再进行一次矫平。

这样一套快速换辊装置对于矫平机来说，结构不很复杂，生产成本也增加不多。换辊时间一般在 30min 以内，而进一步改进的半自动换辊装置的换辊时间已经缩短到 5min，操作工人的劳动强度也显著减轻。我国生产的开卷线中的矫平机有些已具有快速换辊装置，尚有待进一步推广普及。

2. 提高矫平精度

薄板开卷线中的矫平机基本上都是 17~21 辊的四重式或六重式矫平机，每根矫直辊均由多组支承辊从入口到出口全面支撑。下排支承辊可以上下调整，因此在整个矫平辊长度范围内，上下矫平辊的缝隙可以在不同点被控制，从而调整了矫平辊的辊形。根据即将进入矫平机带料横向的翘曲程度，操作人员凭经验调整各组下支承辊的上下位置，实时地控制上下矫平辊不同点的缝隙，对带料进行矫平。

　　国内外已有一些开卷线中的矫平机实现了上述矫平辊的辊型和上下辊缝的迅速精确调整，并在控制屏上有各组支承辊位置的数字显示和直观的高度显示，这样有助于经验不够丰富的操作人员对各组下支承辊上下位置的迅速调整。带料的板形与矫平机矫平辊的辊型和辊缝调整这两者的关系非常复杂，以前只能依靠操作人员的经验。国外一些企业在大量工艺试验的基础上开发了矫平机专家系统。具有专家系统的矫平机号称为高性能矫平机，在它的数控系统中存有大量的矫平工艺参数，可以根据不同的带料和板料自动设定矫平压力和初始工作参数，并可以随时修改、储存并调用。

　　近年来，国外开发了多种在线激光三维测量装置，可以对移动中的板料和带料在宽度方向全长上对其平直度进行实时测量。这种装置最早用在高速轧钢机组上，后来移植到矫平机上。在 2008 年汉诺威板材加工设备展览会上，德国 UNGERER 公司、SUNDWIG 公司和美国 BRADBURY 公司都展出了配置有激光三维测量装置的矫平机。这样的矫平机与矫平专家系统结合，实现了对矫平辊的辊形和上下辊缝的实时快速精确调整，代表了当前矫平机的最高水平。

23.4.5　切边机（见图 23-10）

　　国产横剪线中使用的切边机大多结构陈旧、技术落后，主要体现在上、下刀片的轴向间隙和重叠量的调整费时费力，而且缺乏准确的显示。左右两端的刀片间隙和重叠量如果调得不一致，切边后的带料会跑偏，所以切边机的换刀时间（包括换刀后刀片间隙和重叠量调整时间）一般长达4~12h。当务之急，切边机的结构改进首先是要实现刀片间隙和重叠量能够迅速准确地调整并保持稳定，以及

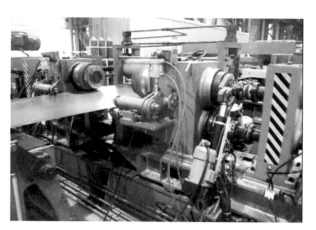

图 23-10　切边机

能够准确可靠地显示，否则对于一条横剪线来说，带料进给速度和剪切次数再高，面对切边机 4~12h 的换刀时间，也只能望洋兴叹。

　　借鉴进口的连续酸洗线、退火线中的双头回转式切边机的结构，我国已经开发出适合薄板横剪线使用的具有较高自动化程度的精密切边机，望之使人耳目一新。

　　在双头回转式切边机上，左右机架上各设置两对刀片，其中一对刀片处于剪切位置，进行剪切作业；另一对刀片处于备用位置，可以更换刀片以及调整刀片间隙和重叠量。左右机架上各有电动机驱动的机架回转装置，需要交换时只需要 1min 即可使机架回转 180°，并准确定位。每对刀片都有各自的刀片间隙调整机构和重叠量调整机构，从而实现切边机不停机换刀和调整，大大缩短了辅助时间。由于实现了刀片间隙和重叠量的精确调整，只要输入带料的参数，就能实现调整目标值的自动计算、调整位置的自动反锁和调整过程的逻辑控制。

23.4.6　定尺送进装置

　　横剪线的定尺送进装置的定尺精度决定了横剪线的剪切精度。国产横剪线的定尺剪切精度在用户验收时一般都能达到±0.3mm，但是绝大多数都只能保持几个月就会迅速下降。这也是我国开卷线与国外的差距之一。

究其原因，主要是定尺送进装置的精度保持性差。首先是一对定尺送进辊的传动齿轮齿面硬度低、精度等级低，没有润滑，因此齿面很快磨损，齿侧间隙迅速增大；其次是由于加速减速转矩大，导致膜片联轴器、万向联轴器和平键产生塑性变形而出现间隙。出现以上问题，一是齿轮材质、热处理和加工精度要求太低，而且没有消隙措施；二是对这一伺服进给系统计算有误，甚至根本不计算，照猫画虎，造成参数不匹配，元器件选择不合理，从动部分转动惯量太大。

23.5　展　　望

开卷线是工业基础配套装置，目前已处于基本成型且平稳发展的阶段。虽然老牌较发达国家市场扩张减缓，但是发展中国家的市场需求不断扩大，具有很大的发展空间。因此，国内外的开卷线生产和消费仍会保持稳定增长的势头。

随着世界工业化过程的不断深入，开卷线未来的发展方向主要是遵循下游市场的需求发展。汽车等高精度下游产业对开卷线性能要求明显提高，对其产品精度、表面质量及生产率等都有了更高的要求，市场要求开卷线应有更快的速度和更可靠的性能，有效缩短工件的加工周期。

从世界开卷线发展来看，大而全、小而全的企业是没有竞争力的，高技术含量、高可靠性、高速和高精度是今后企业的发展方向。

第24章 CHAPTER 24
锻造操作机

中国重型机械研究院股份公司　张营杰

24.1　概　　述

锻造操作机是一种广泛应用于锻造行业的重型机械手，用于夹持坯料，与锻造设备配合完成各种锻造工艺，是锻造行业改善产品质量、提高劳动生产率、减轻劳动强度以及 实现锻造生产自动化操作控制的重要配套设备。

按照运行方式，锻造操作机分为有轨锻造操作机和无轨锻造操作机；按照驱动方式，锻造操作机分为机械式锻造操作机、机械液压混合式锻造操作机和全液压式锻造操作机。

现代化锻造生产对锻造操作机提出了新的要求，锻造操作机除具备其基本功能外，还应具有更高的运行速度和转换频率，更高的控制精度，良好的缓冲性能，可实现自动化控制，配合压机设备协调工作，具有强大的在线检测与故障诊断功能，以及锻造过程的数据处理功能。因此，液压有轨锻造操作机，成为锻造操作机发展的主导形式，得到了快速的发展。

本章重点讨论先进的液压有轨锻造操作机。

24.1.1　锻造操作机的基本动作及功能

锻造操作机主要由机械本体、液压控制系统、电气控制系统三大部分组成，如图 24-1所示。

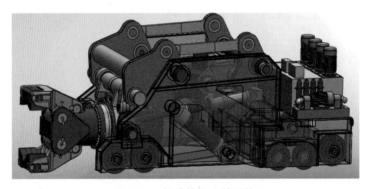

图 24-1　锻造操作机的结构

锻造操作机一般具有以下五种基本动作：

1）钳口夹紧和松开。

2）钳头旋转。

3）大车行走。

4）钳杆垂直方向的提升、下降与上仰、下俯。

5）钳杆水平方向的侧向移动与摆动。

同时，为满足先进的自由锻液压机的锻造工艺要求，提高锻造生产率，先进锻造操作机应具有如下功能：

1）垂直和水平方向的缓冲功能。

2）强劲的动力，可提供大的行走和旋转加速度。

3）高精度的步进行走和旋转控制。

4）钳杆高度位置可控，可实现自动调平和复位。

5）钳杆水平方向具有自动对中功能。

6）与压机配合可以实现手动、半自动、自动及联动等操作功能。

7）完善的在线检测、故障诊断和数据处理功能。

24.1.2　锻造操作机的基本技术参数

1）公称载重量 G（kN）：指操作机夹持锻件的最大重量，是表征锻造操作机规格的主要参数。

2）公称夹持力矩 M（kN·m）：指操作机夹持锻件重量与长度的最大综合能力，一般指锻件重力对钳口销轴中心的力矩，也是表征操作机规格的主要参数。

3）夹持锻件范围 $D_{min} \sim D_{max}$（mm）：指操作机钳口夹持圆料的直径范围或方料边长的最小及最大尺寸。

4）钳头最大旋转直径 D（mm）：指操作机钳头结构旋转时的最大尺寸，与其配合压机的开档相关，表示操作机接近压机的能力。

5）钳杆中心高 $H_{min} \sim H_{max}$（mm）：指操作机钳杆中心线距轨顶的相对高度，表示钳杆在高度方向的位置和提升能力。

6）夹钳伸出量 L（mm）：指操作机钳口前端面至前轮中心的距离，表示操作机与其配合压机的接近能力。一般应保证钳口前端面可以接近或接触压机砧子。

7）钳杆上、下倾角 $\alpha_{up}/\alpha_{down}$（°）：指操作机钳杆的上仰、下俯能力，一般要求下俯时钳头能够接触零平面（地面）。

8）钳杆左右移动距离 $\pm c$（mm）：指操作机钳杆相对于压机中心左右平移的距离。

9）夹钳左右摆动角度 $\pm \beta$（°）：指操作机钳头相对于压机中心左右摆动的角度。

10）钳头旋转速度 n（r/min）：指操作机钳头每分钟旋转的圈数，表示旋转送进速度。

11）夹钳旋转控制精度 γ（°）：指操作机钳头旋转步进的控制精度。

12）大车行走速度 v（m/min）：操作机大车行走时的运动速度，表示锻件轴向送进的快慢。

13）大车行走定位精度 $\pm e$（mm）：指操作机大车步进走时的定位控制精度。控制精度越高，对锻造工艺越有利。

14）大车行走加速度 a（m/s^2）：指操作机大车行走起动的加速能力，是先进锻造操作机的一个重要性能指标。加速度大，设备反应迅速，可显著提高生产率。

15）轨距 S（mm）：指操作机车轮或轨道中心的距离，与其配套压机的工作台宽度尺寸有关。

24.1.3　锻造操作机的结构形式及规格

20 世纪 80—90 年代，随着我国制造业的发展，国内自由锻行业开始引进和制造 30MN 以下的中小型锻造油压机组（或称快锻油压机组），与之配套使用的全液压锻造操作机得到发展机遇。当时的锻造操作机主要采用摆杆式四点吊挂结构、拉杆式夹紧液压缸、预应力组合机架及链轮链条驱动机构，具有一定的运行速度和控制精度，部分设备操作可以实现手动、半自动和自动控制，为自由锻生产率的提高起到了重要作用。

100kN/250kN·m、200kN/400kN·m 摆杆式四点吊挂结构全液压锻造操作机如图 24-2 和图 24-3 所示。

当时，我国进口的操作机设备供货厂商主要以日本三菱重工为代表，国产的主要由油压机供货厂商设计和制造，缺少专业化的全液压锻造操作机供货厂商。其中供货数量相对较多的制造商有中国重型机械研究院股份公司、兰州兰石重工新技术有限公司。

图 24-2　100kN/250kN·m 锻造操作机

图 24-3　200kN/400kN·m 锻造操作机

摆杆式四点吊挂结构全液压锻造操作机系列规格的主要技术参数见表 24-1。

进入 21 世纪，我国钢铁产能进一步放大，自由锻行业随之得到快速发展，新建自由锻设备数量和保有量不断增加，而且大型自由锻设备越来越多。到目前为止，仅万吨以上自由锻液压机就有近 20 台。作为重要配套设备的锻造操作机，也迎来了新的发展机遇。为了适应新型锻造液压机的锻造工艺要求，锻造操作机应具备更高控制精度和快速反应能力，因而要求锻造操作机具有更紧凑的结构形式，广泛采用具有更高力学性能的合金材料，以减小设备外形尺寸和运动质量。悬吊式三点吊挂结构锻造操作机应运而生，并迅速在业内得到推广应用。

悬吊式三点吊挂结构锻造操作机结构紧凑、运动灵活，钳杆提升高度大，锻件夹持范围广，且具有更大的夹紧力与夹持力矩；一般采用整体焊接机架、链轮与销齿条驱动，具有良好的刚性和更高的控制精度；更重要的是强调动力，具有足够的起动加速度和合理的运行速度。该机除具有手动、半自动、自动和联动操作功能外，还具有一般的的程序锻造功能，具有数字化装备的基本要素。

300kN/800kN·m、1250kN/3000kN·m 悬吊式三点吊挂结构全液压锻造操作机如图 24-4 和图 24-5 所示。

我国进口的操作机设备制造供货厂商主要以德国梅尔公司为代表；国内制造供货厂商众多，供货能力和设备质量参差不齐。其中青岛华东工程机械有限公司占有了重要的市场份额。以中国重型机械研究院股份公司为代表的重型机械行业，掌握了设备的核心技术，成功设计制造了性能先进、质量可靠的大型锻造操作机。

悬吊式三点吊挂结构全液压锻造操作机系列规格的主要技术参数见表 24-2。

图 24-4　300kN/800kN·m 锻造操作机

图 24-5　1250kN/3000kN·m 锻造操作机

表 24-1 摆杆式四点吊挂结构全液压锻造操作机系列规格的主要技术参数

称载重量 G/kN	20	30	50	80	100	160	200	250	400	500	600
最大夹持力矩 M/kN·m	40	60	100	160	200	320	400	500	800	1000	1200
夹持锻件尺寸范围 $D_{min} \sim D_{max}$/mm	70~400	90~520	90~720	140~900	170~950	180~1050	190~1300	380~1400	600~1600	650~1750	700~1900
钳头最大旋转直径 D/mm	800	970	1270	1550	1750	2000	2200	2500	2900	3150	3200
钳杆中心线至砧顶高度 $H_{min} \sim H_{max}$/mm	550~1100	720~1240	820~1420	900~1580	1000~1700	1100~1820	1230~1950	1300~2100	1500~2400	1600~2550	1700~2700
夹钳上下倾角 $\alpha_{up}/\alpha_{down}$/(°)			±7						±8		
夹钳左右移动距离 ±c/mm	±110	±140	±160	±180		±200				±280	±300
夹钳左右摆动角度 ±β/(°)						±5					
钳杆伸出量 L/mm	1100	1300	1370	1680	1950	2250	2460	2550	2650	2730	2800
钳杆旋转转速 n/(r/min)				1~18						1~16	
钳杆旋转控制精度 γ/(°)						±1					
大车行走速度 v/(m/min)				0~36						0~30	
大车行走控制精度 ±e/mm				±10						±15	
轨距 S/mm	1900	2150	2500	2700	2900	3100	3200	3750	4250	4500	4750
装机功率/kW	≈50	≈60	≈92	≈130	≈140	≈250	≈300	≈360	≈400	≈450	≈500
设备外形尺寸（长×宽×高）/(mm×mm×mm)	5600×2550×2450	6500×2750×2800	7200×3050×3200	8200×3750×3680	8820×4030×3670	9500×3800×3000	11150×4320×3680	12500×4500×4000	13600×4950×4300	14500×5350×4500	15300×5550×4650

表24-2　悬吊式三点吊挂结构全液压锻造操作机系列规格的主要技术参数

公称载重量 G/kN	10	20	30	50	80	100	160	200	300	400	500	600	800	1000	1250	1600	2500	3000
最大夹持力矩 M/kN·m	25	50	80	125	200	250	400	500	800	1000	1250	1500	2000	2500	3150	4000	6300	7500
支持锻件尺寸范围 D_{min}~D_{max}/mm	50~550	50~650	80~750	80~810	110~920	120~1000	120~1200	130~1300	165~1450	165~1600	175~1700	175~1860	200~2000	250~2200	300~2325	300~2500	390~2840	400~3500
钳头最大旋转直径 D/mm	890	1050	1170	1270	1480	1600	1950	2100	2260	2530	2650	2860	3100	3500	3700	3980	4320	5560
钳杆中心线至轨顶高度 H_{min}~H_{max}/mm	450~1200	500~1350	550~1500	580~1680	620~1900	690~2130	815~2470	900~2700	920~2720	950~2750	1090~2990	1250~3250	1350~3350	1400~3600	1500~3700	1600~4120	1700~4400	2500~6300
夹钳上下倾角 α_{up}/α_{down}/(°)									7/到地面									
夹钳左右移动距离±c/mm	±100	±100	±120	±140	±150	±150	±180	±200	±200	±225	±250	±300	±300	±300	±340	±400	±400	±400
夹钳左右摆动角度±β/(°)								±5							±8			
钳杆伸出量 L/mm	1150	1350	1400	1450	1770	1920	2050	2170	2200	2270	2490	2540	2670	2700	2750	2860	3265	4000
钳杆旋转速度 n/(r/min)	1~25	1~25	1~25	1~22	1~20	1~20	1~18	1~18	1~16	1~16	1~14	1~14	1~12	1~12	1~12	1~10	1~8	1~8
钳杆旋转控制精度 γ/(°)										±1								
大车行走速度 v/(m/min)		0~60					0~48						0~36				0~25	0~20
大车行走控制精度±e/mm			±3												±8			
轨距 S/mm	1800	1900	2000	2200	2500	2800	3000	3300	3600	3800	4000	4400	5000	5300	5700	6200	6500	6800
装机功率/kW	≈40	≈60	≈90	≈125	≈150	≈180	≈210	≈260	≈300	≈360	≈380	≈500	≈650	≈700	≈820	≈1000	≈1500	≈1800
设备外形尺寸(长×宽×高)/(mm×mm×mm)	4500×1750×1800	5550×2150×2000	6150×2400×2200	6500×2800×2550	7750×3100×2700	8600×3600×3500	9600×4600×3800	10500×4800×3900	10800×5100×4000	10950×5200×4150	11500×5600×4300	13000×5800×4700	15500×6300×5500	16000×6600×5600	16100×6900×5650	16200×7550×5800	16500×7700×6050	22900×10300×9500

24.2　锻造操作机的结构与控制

在锻造操作机的结构演变进程中，悬吊式三点吊挂结构显示出明显的优势，得到了全球自由锻行业的认可，是近阶段锻造操作机的优选结构。本章重点介绍该结构形式操作机的机械结构与液压电气控制方法。

24.2.1　锻造操作机的机械结构

悬吊式三点吊挂结构锻造操作机的机械结构主要由钳杆装置、吊挂装置、机架、行走驱动装置、车轮组件、检测装置、润滑装置及水电拖链等组成，如图 24-6 所示。

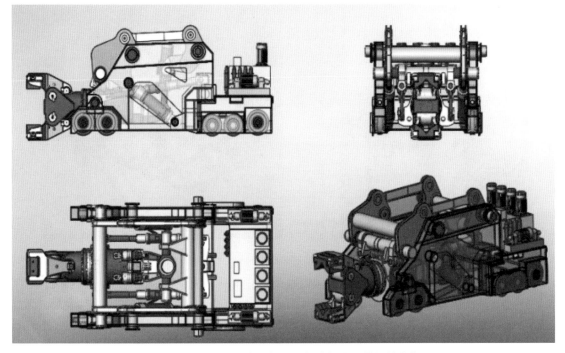

图 24-6　悬吊式三点吊挂结构锻造操作机的机械结构

1. 钳杆装置

钳杆装置是锻造操作机的核心部件。通过钳杆进行锻件的夹持与松开、钳头旋转等主要功能。钳杆装置在结构上又分为钳头和钳杆两部分，如图 24-7 和图 24-8 所示。

钳头部分采用长杠杆形式驱动，夹持锻件时只需要相对较小的液压缸力量，而且钳头结构允许夹紧液压缸具有较大的行程，钳口夹持范围大。

钳杆轴内置缸动式夹紧液压缸，钳杆夹紧力由液压缸的活塞大腔提供，可以提供较大的夹紧力。夹紧或松开时缸体相对于钳杆轴进退，旋转时缸体随钳杆一起转动，通过回转接头解决操作机夹紧缸的配油问题。钳杆旋转机构采用两套成 90° 布置的斜轴式柱塞马达，通过回转减速器驱动钳杆上面的大齿轮，带动钳杆正反方向连续旋转。

2. 吊挂装置

吊挂装置是操作机的重要部件，操作机钳杆的升降与仰俯动作、侧向移动与摆动作以及垂直与水平缓冲功能的实现，均离不开吊挂装置。其结构如图 24-9 所示。

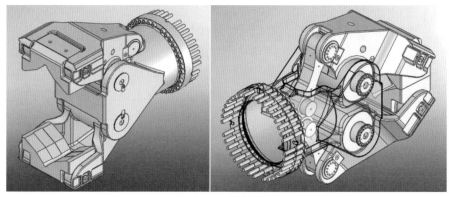

图 24-7 钳头部分

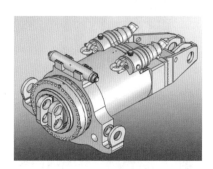

图 24-8 钳杆部分

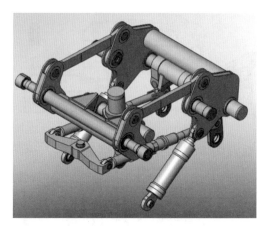

图 24-9 吊挂装置

吊挂装置中的钳杆升降液压缸斜置在墙板内侧，对称布置，可有效增大钳杆提升高度。一只活塞式倾斜缸垂直倒装在后转臂上侧移装置的中心位置，活塞杆端与钳杆架后部相连。液压缸驱动转臂绕安装在机架两侧墙板上的铰轴转动，通过布置在转臂上端的两侧拉杆连接前后转臂，前部转臂上的两个吊杆和倾斜缸活塞杆共同连接钳杆构成吊挂机构。

当平动缸升降时，倾斜缸保持不变，通过与转臂相连接的吊杆来带动钳杆机构提升或下降，在运动过程中，钳杆中心线在升降过程中一直保持水平状态，不会出现倾斜现象。当倾斜缸进排液时，通过活塞杆带动钳杆后部上升或下降，从而使钳杆向下或向上倾斜。

钳杆提升缸与蓄能器连接，允许钳杆在锻造过程中具有一定的垂直缓冲量，并具有自动快速弹跳功能。水平缓冲缸为双作用液压缸，安装在前吊杆与转向臂之间，通过液压系统组成缓冲弹簧，保持工作时钳杆稳定，并允许钳杆相对于大车有一定的缓冲量，以满足快速锻造工作要求。

钳杆侧移液压缸布置在与转臂相连接的前、后横杆上方（前后侧移缸的缸体兼作前后横杆）。钳杆侧移液压缸柱塞与转臂固定连接，缸体（即横杆）通过转臂滑套左右移动带动钳杆运动，实现钳杆的水平侧移及摆动。吊杆通过销轴与钳杆架实现紧凑连接。

所有液压缸、吊杆的连接均采用关节轴承，工作时每个运动副灵活不憋劲。

3. 机架

钳杆通过吊挂系统与操作机机架连接，机架是载体；同时机架也是操作机行走与支撑的载体，在设备中有承上启下的作用。机架要求结构紧凑、刚性好、重量轻，其结构如图 24-10所示。

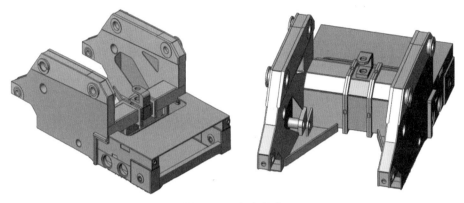

图 24-10　机架结构

由于运输和安装限制，大中型操作机机架由前部机架和后部机架两部分组成，通过直角连接方式安装在一起。前部机架用于安装吊挂装置和前部车轮，后部机架用于安装行走装置、后部车轮装置和油箱管道总成等。

前部机架为机架中的关键部件，其刚性对设备性能影响大，且结构复杂，对焊接和加工工艺要求较高。一般将前部机架分成左右两部分进行焊接和加工，组装时通过在后下部的连接桥架进行机械连接，现场安装调整后对连接桥架连接面进行焊接，组成整体结构机架，以确切保证机架的整体刚性。

4. 行走驱动装置

操作机行走驱动装置采用链轮与销齿条机构，如图 24-11 所示。小型锻造操作机采用一组液压马达驱动的行走减速机装置；大中型锻造操作机则采用两组独立控制的液压马达，通过行走减速机驱动链轮，实现大车的行走驱动。每组驱动含有两套马达减速机装置，左右对称安装在后部机架内，保证操作机的平稳运行。采用前后两组驱动装置驱动大车行走，定位过程中两组驱动相互支撑，有效地消除运行时销轮的齿间啮合间隙，运行精度高，同时降低了销轮轴的磨损。

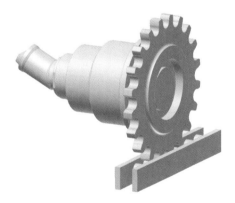

图 24-11　操作机行走驱动装置

采用对称布置的双轮驱动，通过变量泵和比例阀联合控制，运动全过程均可以实现无级调速。制动前先减速，保证平稳停住，操作机车体行走平稳，易于实现较高的精度控制。

采用合理的驱动转矩，可以获得较大的加速度，满足锻造工艺的快速性要求。

5. 车轮组件

锻造操作机中的驱动轮是链轮，车轮是从动轮，前、后轮分别安装在机架上，在轨道上行走，对大车起支撑作用。锻造操作机的车轮组件如图 24-12 所示。

6. 检测装置

锻造操作机通过光电编码器对钳杆转角、大车行走位移进行检测与控制；通过位移传感

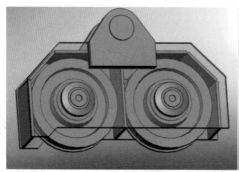

图 24-12　锻造操作机的车轮组件

器对钳杆位置（如提升高度、侧移距离和缓冲缸行程等）进行检测与控制；通过接近开关等非接触检测，实现关联设备的连锁与安全保护。

7. 润滑装置

根据运动副的工作、负荷特征，各运动副的润滑分别采用集中润滑、分散油杯润滑（如钳杆旋转部分中的销轴）及油浴润滑（如齿轮箱、减速器箱）等几种形式进行。集中润滑装置采用双路高压润滑系统，通过甘油分配器将润滑油脂加入到各润滑部位。

8. 水电拖链

锻造操作机的油箱、执行机构、控制和检测元器件全部布置在大车上，其电线电缆、冷却水管等均需要通过拖链机构接到大车上。

24.2.2　锻造操作机的液压控制系统

液压控制水平直接决定着液压锻造操作机的性能和可靠性，先进的锻造操作机液压控制系统采用恒压比例控制技术。由恒压变量泵、比例方向阀组成的电液比例控制系统，配置先进的泵、阀液压元器件和各类检测传感器，通过电气控制系统的集中处理与控制，实现锻造操作机的各种动作，提高控制精度，保证其快速性、平稳性；同时，恒压比例控制系统更容易实现操作机多动作复合功能，保证锻造生产的连续性，提高生产率。

1. 液压控制系统的组成及布置

锻造操作机的液压控制系统由油箱装置、循环装置、主辅泵及其泵头控制装置、动作控制阀块以及压力、温度、液位等检测元件和液压附件等构成，以油箱管道总成方式集中布置，整体安装在锻造操作机后部机架上。对于大型锻造操作机，根据空间位置和控制性能需要，动作控制阀块如钳杆控制和行走控制阀块可就近布置在相应执行机构附近。

图 24-13 所示为典型的锻造操作机油箱管道总成结构。泵及其驱动电动机装置安放在油箱顶部，负责为系统提供工作油源与动力；循环装置围绕油箱布置，包括带有安全阀的供液螺杆泵、

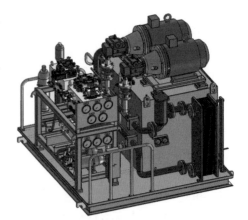

图 24-13　典型的锻造操作机
油箱管道总成结构

冷却器、加热器及过滤器等液压附件，负责对油箱油液进行处理；泵头控制阀块和动作控制

阀块集中安放在前端支架上，方便与执行元件的连接；锻造操作机运动和工作时会受到较大的冲击和振动，所以应合理设计高低压管道的连接方式和管夹的布置；为方便维护保养，一般应设有走台和梯子围栏。

2. 典型动作液压控制回路

锻造操作机具有以下五组基本动作，即钳口的夹紧与松开、钳头旋转、大车行走、钳杆垂直方向的升降与仰俯以及钳杆水平方向的侧向移动与摆动。按照工艺要求，在与压机配合锻造的过程中，钳口的夹紧与松开、钳头旋转、大车行走、钳杆的升降与仰俯等三组动作的控制至关重要，其运动速度、控制精度和力量直接影响着锻造生产率和锻件产品质量。

（1）钳口夹紧与松开动作控制　钳口的夹紧与松开由夹紧缸实现，锻造过程中有夹紧、松开和保压三种状态，其液压控制回路如图 24-14 所示。图中粗实线表示主进油管路，细实线表示控制油管路，虚线表示回油和泄油管路。

该液压控制回路主要由比例方向阀、隔离阀、保压蓄能器、夹紧端比例溢流阀及松开端溢流阀组成。其中，比例方向阀用于控制夹紧和松开动作的起停及运行速度；隔离阀主要用于保压时油路隔离，减少系统泄露；夹紧端比例溢流阀可以根据锻件情况方便地设定与调整夹紧工作压力；松开端溢流阀用于钳口松开动作压力的设定；保压蓄能器用于钳口夹紧时的压力保持。

动作实现方法如下：当钳口夹紧时，比例方向阀左侧电磁铁和隔离阀电磁铁得电，高压油液进入夹紧缸大腔，夹紧缸小腔油液经背压回油管路排回油箱；当钳口松开时，比例方向阀右侧电磁铁和隔离阀电磁铁得电，高压油液进

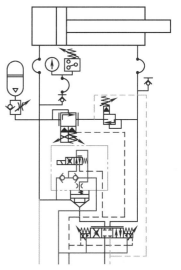

图 24-14　钳口夹紧与松开的液压控制回路

入夹紧缸小腔，夹紧缸大腔油液经背压回油管路排回油箱；当钳口保压时，比例方向阀与隔离阀关闭，由专门的保压油路给钳口夹紧缸大腔供油，以保证钳口处于夹紧状态。

（2）大车行走和钳头旋转动作液压控制　大车行走和钳头旋转的执行元件都是液压马达，其液压控制回路基本相同，如图 24-15 所示。

该液压控制回路主要由比例方向阀、插装式隔离阀、安全补油阀及蓄能器组成。其中，比例方向阀用于控制动作的起停及运行速度；插装式隔离阀主要用于停止时完全切断马达进出口回路，保证动作可靠停止；安全补油阀用于限定动作的工作压力，并在被动受力时向马达补油，防止吸空；蓄能器用于吸收动作过程中的峰值压力。

动作实现方法如下：当比例方向阀一侧电磁铁和隔离阀电磁铁得电时，油路打开，压力油通过马达进油腔进入，从回油腔排出，实现旋转与行走动作。在动作、起停过程中，比例方向阀按照预设曲线打开和关闭，可以实现动作起停的快速性与平稳性，保证其角度和位置控制精度；通过设定程序或操作手柄调整比例方向阀的开口比例，可以方便地控制其运动速度。

（3）钳杆的升降与仰俯动作控制　悬吊式三点吊挂结构中的钳杆升降与仰俯动作分别实行独立控制，工作时既要保证钳杆垂直方向高度和状态满足工艺要求，又要承受锻造时压机传递的被动力。其控制回路包含了提升缸控制回路和仰俯缸控制回路两部分，

如图 24-16 所示。

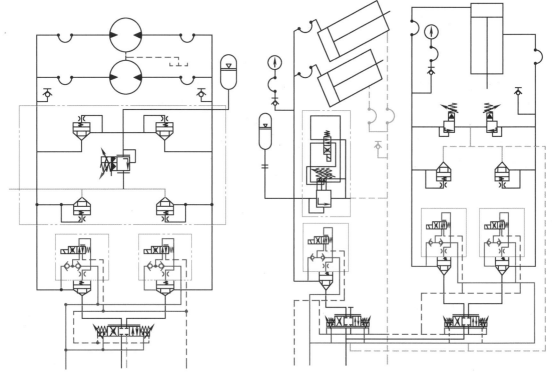

图 24-15　大车行走和钳头旋转的　　　　图 24-16　钳杆的升降与仰俯的液控制回路
　　　　　　液压控制回路

钳杆升降动作控制回路由比例方向阀、隔离阀、两级电磁溢流阀及蓄能器组成。比例方向阀用于控制钳杆升降动作的启闭动作及其运动速度；隔离阀用于隔离油路，防止因泄露引起钳杆下降；两级电磁溢流阀可以实现高、低两种压力的转换，电磁铁不得电时提供较低的压力，电磁阀得电时实现较高的动作压力。较低的动作压力保证在压机常锻加压时钳杆以较小的被动受力随锻件中心下降；较高的压力保证钳杆提升时有足够的动作力量，而且在精锻状态时保证钳杆的自动快速回弹。

仰俯动作控制回路由比例方向阀、隔离阀、溢流阀和补油单向阀组成。比例方向阀用于控制钳杆仰俯动作的启闭及其速度；隔离阀用于隔离油路，防止在停止过程中由泄露引起钳杆俯仰；溢流阀用于限制钳杆俯仰动作的工作压力；补油单向阀在钳杆被动受力时给液压缸补油，防止吸空。

动作实现方法如下所述。

当钳杆提升时，比例方向阀左侧电磁铁和隔离阀电磁铁得电，压力油进入提升缸下腔，上腔油液经背压回油管路排回油箱；当钳杆下降时，比例方向阀右侧电磁铁和隔离阀得电，下腔压力油经比例方向阀及背压回油管路排回油箱，上腔由背压回油管路吸油。

当钳杆上仰时，比例方向阀左侧电磁铁和隔离阀得电，压力油进入俯仰缸上腔，下腔油液经背压回油管路排回油箱；当钳杆下俯时，比例方向阀右侧电磁铁和隔离阀电磁铁得电，压力油进入俯仰缸下腔，上腔油液经背压回油管路排回油箱。

当压机精锻工作时，两级电磁溢流阀得电，提供较高工作压力，钳杆随锻件中心被动下降，提升缸下腔压力油进入蓄能器；当压机回程时，进入蓄能器的压力油返回提升缸下腔，钳杆快速回弹至原来高度，实现快速送进。

24.2.3　锻造操作机的电气控制系统

锻造操作机动作复杂、控制变量多，为满足锻造工艺要求，锻造过程中需要对钳口夹紧、大车运行、钳头旋转、钳杆提升等动作的力量、速度、位置等参数进行实时精确控制。针对上述要求，电气控制采用现场总线控制系统结构，从高控制精度、高可靠性、抗干扰及易维护的目的出发，将控制系统按功能分布，实现集中监控、分片管理、分散控制。

锻造操作机的电气控制系统由可编程控制器（PLC）、工业控制计算机（IPC）、控制阀组、传感器及检测元件联网组成，如图 24-17 所示。

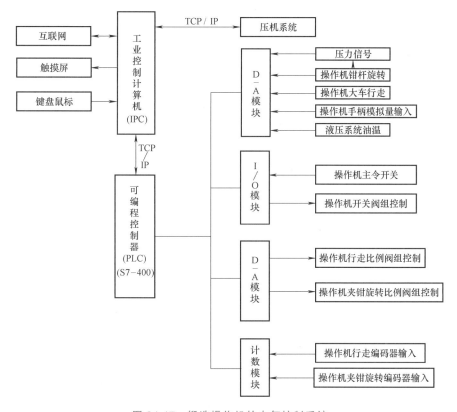

图 24-17　锻造操作机的电气控制系统

可编程控制器（PLC）是整个控制系统的核心，通过现场控制通信总线连接各个部件，实现 PLC 主站与分布式 I/O 从站之间快速通信。工业控制计算机（IPC）作为人机操作界面，对系统的压力、位移、温度的参数进行实时采集、实时显示，接受操作台的信息，协调压机和操作机的运动关系。PLC 与 IPC 协调工作，实现操作机动作的手动、半自动和自动操作；通过以太网通信实现操作机与锻造压机的联动控制，执行机组设备各种辅机动作、进行参数检测与监控、模拟显示、故障报警与诊断等任务。

锻造操作机执行元件动作可以分为两大部分，即液压马达的旋转运动和液压缸的直线运动。大车的直线步进决定了锻造时坯料的纵向送进量，钳头旋转的转角误差会影响锻件的几何形状和尺寸，钳杆的提升速度与高度位置也会影响锻件轴向质量和锻造生产率。根据工艺要求，各种动作的运动速度和动作压力应实现无级调节。典型的全液压锻造操作机采用的恒压电液比例控制系统，是由控制元件电液比例阀，执行元件液压缸或马达、检测元件位移传感器或光电编码器以及可编程控制器（CPU）等组成的闭环位置控制系统，可保证锻造操作机动作响应迅速、运行平稳、定位精确。其控制框图如图24-18所示。

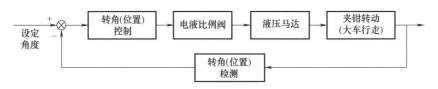

图 24-18   锻造操作机动作控制框图

锻造操作机夹持负载能力越强，其自身结构重量就越大，动作时运动质量和转动惯量就越大。以钳杆旋转控制为例，随着锻件的伸长，转动惯量随之发生改变，控制系统应具有快时变性的特性，采用传统的PID控制很难满足其精度控制要求，而采用多模式预测型控制系统，则可以满足这种需求，其结构框图如图24-19所示。多模式预测控制系统主要包括预测部分、Bang-Bang控制、Fuzzy速度控制、Fuzzy位置控制、控制对象以及传感器，以上五部分组成实时闭环系统。根据操作机的工作特性确定控制方式，大偏差范围内采用Bang-Bang控制（开关控制），在趋向目标时采用Fuzzy速度控制，在接近目标时采用Fuzzy位置控制，预测模型决定控制方式的切换时机。运用这三种控制方法，既能缩短过渡时间，提高运行速度，又能保证系统超调量小，进行无超调量控制，使控制精度得到迅速提高。

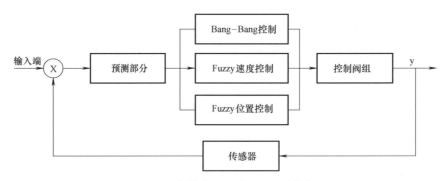

图 24-19   多模式预测控制系统结构框图

24.2.4   锻造操作机的选用

锻造操作机是自由锻液压机的重要配套设备，合理地选择锻造操作机可有效地发挥压机的锻造能力，提高生产率。

锻造液压机的锻造能力和性能特点决定了其适配操作机的合理选择范围，表24-3列出了一般情况下液压机系列规格镦粗和拔长锻件的能力，并以锻件重量为依据，给出了匹配操作机的主要技术参数，可供进行初步选型参考。需要说明的是，本表所列液压机的镦粗能力是按普通碳素钢锭全断面镦粗确定的，拔长重量一般按照镦粗钢锭重量的2倍左右考虑。

在实际选择过程中，由于锻造产品材料和工艺的不同，会存在较大的差异，应区别对待。盲目追求最大配置，不仅增加设备投资成本，而且由于操作机自身运动质量的增加，还会带来能源浪费和生产率低下等弊端。如果操作机配置过小，虽然操作机动作灵活，适配锻造时效率较高，但难以充分发挥液压机的全部锻造能力，造成设备资源浪费。正确的做法是：对计划锻造产品及工艺进行认真分析，正确处理锻造产品适应性与锻造工作效率的关系，锻造操作机能力选择以满足大部分锻造产品的正常锻造为主，以确保机组设备的高效节能运行；对可能存在的少量超能力范围锻件，通过其他工艺措施或辅助手段进行解决。

表 24-3　液压机锻造能力及其匹配锻造操作机的主要技术参数

公称力/MN	5	6.3	8	10	12.5	16	20	25	31.5
镦粗钢锭重量/t	1	1.8	2	3	4	10	14	20	25
拔长钢锭重量/t	2	3.5	5	8	10	20	25	30	40
操作机额定夹持力/kN	20	30	50	80	100	200	250	300	400
操作机额定夹持力矩/kN·m	50	75	125	200	250	500	630	750	1000
公称力/MN	40	50	63	80	100	125	160	200	
镦粗钢锭重量/t	30	50	75	100	120	150	200	250	
拔长钢锭重量/t	60	100	150	200	250	300	400	500	
操作机额定夹持力/kN	500	600	800	1000	1250	1600	2500	3000	
操作机额定夹持力矩/kN·m	1250	1500	2000	2500	3150	4000	6300	7500	

24.2.5　先进的大型锻造操作机

最近十年，伴随中国制造业的快速发展，我国自由锻行业得到了极大的发展，自由锻设备在数量、能力和控制水平等方面均有显著的提高，仅万吨以上的自由锻液压机的 8 保有量就接近二十台。与此同时，1600kN 以上的大型液压锻造操作机也装备了十台多，包括全球能力最大、结构最先进、控制水平最高的液压锻造操作机，代表着当今操作机技术发展水平。本节重点介绍德国 MEER 公司的 2500kN/6300kN·m 锻造操作机、德国 DDS 公司的 2500kN/7500kN·m 锻造操作机和中国重型机械研究院股份公司的 3000kN/7500kN·m 锻造操作机，其技术参数对比见表 24-4。这几种锻造操作机的夹持能力与控制水平分别在不同时间段内处于国际领先水平。

表 24-4　典型大型锻造操作机的技术参数对比

序号	参数名称	单位	3000/7500 中国重型院[1]	2500/7500 德国 DDS 公司	2500/6300 德国 MEER 公司
1	公称载重量 G	kN	3000	2500	2500
2	公称夹持力矩 M	kN·m	7500	6300	6300
3	夹钳锻件范围 D_{max}/D_{min}	mm	3500/400	3000/560	3000/630
4	抱钳夹持尺寸	mm	ϕ5500	ϕ4500	—
5	夹钳最大旋转直径 D	mm	5560	4600	5700
6	钳头旋转速度 n	r/min	0~10	0~10	5
7	夹钳旋转控制精度 γ	°	±0.5	±0.5	±0.5
8	钳杆中心线高度（距±0 地面）	mm	6300 /2500	5500/2000	5150/1500

（续）

序号	参数名称		单位	3000/7500 中国重型院[1]	2500/7500 德国 DDS 公司	2500/6300 德国 MEER 公司
9	钳杆提升高度		mm	3800	3500	3650
10	钳杆垂直倾角		°	+7/-9	+8/-10	10
11	钳杆提升速度		mm/s	120	125	90
12	钳杆左右移动距离		mm	±350	±350	±300
13	夹钳左右摆动角度		°	±5	±4	±5
14	大车行程		m	30	20	28
15	大车行走速度 v	锻压状态	m/min	0~24	0~24	15
		非锻压状态	m/min	0~48	0~48	30
16	大车行走加速度 a		m/s²	1.2	1.2	—
17	大车行走精度		mm	±5	±4	±5
18	大车轨距 S		mm	6800	6800	6900
19	设备外形尺寸	总长度	mm	23000	20000	23804
		最大高度	mm	9500	8400	9336
		宽度	mm	10500	7.000	8374

① 中国重型机械研究院股份公司。

1. 德国 MEER 公司的 2500kN/6300kN·m 锻造操作机

中国第一重型机械股份公司和上海重型机器厂有限公司先后引进了由德国 MEER 公司设计供货的 2500kN/6300kN·m 锻造操作机（见图 24-20），分别为 150MN 水压机和 165MN 油压机配套，于 2009 年前后投入使用。

该操作机采用摆杆式四点吊挂结构形式，其重要特点是吊挂装置通过前后四只吊杆连接钳杆装置，四只提升缸垂直安装，前后转臂之间没有机械连接。其优点是易于实现钳杆的侧移和摆动动作；缺点是后提升缸受力不合理，钳杆夹持锻件或承受压机锻造力时，后提升缸环形腔需要对钳杆提供拉力，液压缸布置不尽合理，同时钳杆升降时

图 24-20 德国 MEER 公司的
2500kN/6300kN·m 锻造操作机

要求液压电气系统控制前后提升缸实现运动速度和位移同步，对液电控制系统要求高，可靠性难以保证。

2. 德国 DDS 公司的 2500kN/7500kN·m 锻造操作机

中信重工机械股份有限公司引进的由德国 DDS 公司设计供货的 2500kN/7500kN·m 锻造操作机（见图 24-21），为 185MN 锻造油压机配套，于 2011 年 6 月投产使用。

该操作机采用悬吊式三点吊挂结构形式，其特点是钳杆前部由两只吊杆连接，钳杆后部由倒置安装在后转臂中部的一个仰俯缸直接连接，前后转臂通过下部拉杆连接，形

成平行四边形提升机构。仰俯缸保持位置不变，只要控制提升缸下腔进、排油，即可实现钳杆的垂直提升与下降；同样，提升缸位置保持不变，控制仰俯缸活塞杆的伸缩，即可实现钳杆的仰俯动作。该结构通过机架上的缓冲缸转臂装置，巧妙地解决了钳杆侧移与摆动问题。该布置方式结构紧凑，受力合理，控制方便。

图 24-21　德国 DDS 公司 2500kN/7500kN·m 锻造操作机

3. 中国重型机械研究院股份公司的 3000kN/7500kN·m 锻造操作机

由中国重型机械研究院股份公司开发研制的 3000kN/7500kN·m 锻造操作机（见图 24-22），为 195MN 锻造油压机配套，于 2014 年 4 月在江苏国光重型机械制造有限公司投产使用。

该操作机采用悬吊式三点吊挂结构，前后转臂之间用上部推杆连接，提升缸和仰俯缸分别控制钳杆的垂直升降与仰俯。采用先进的恒压电液比例控制系统，既可以实现多机构的复合运动，又可以方便地调整动作速度，实现精度控制。

图 24-22　中国重型机械研究院股份公司
3000kN/7500kN·m 锻造操作机

该操作机属于国家"高档数控机床与基础制造装备"科技重大专项研究项目，是中国重型机械研究院股份公司在多年研究基础上，与"产学研用"团队密切合作的结晶，拥有完全自主知识产权，也是目前全球最大的、唯一的 300t 级大型全液压锻造操作机。经过现场测试和生产实践证明，该操作机实际夹持能力达 350t，夹持力矩达 1000t·m，该操作机的主要技术性能和控制精度指标达到或超过国际先进水平。

24.3　全液压锻造操作机发展展望

我国国民经济的高速发展，极大地促进了我国航空航天、交通运输、船舶及海洋工程、发电设备和石油化工等装备制造领域的发展，对自由锻件的需求，无论在规格、数量和质量上都提出了新的要求。提高和加速产品开发能力，加速锻造现代化；提高锻件质量，延长产品寿命；提高锻件和毛坯的精度，减少机械加工量，提高经济效益；安全环保，改善环境和劳动条件，提高劳动生产率，已成为自由锻件生产行业的共识。自由锻装备正朝着精密化、数字化、高效化、重型化、轻量化及低耗化的方向发展。

锻造操作机是自由锻压机的关键配套设备，其发展变化与锻造压机息息相关。

加强锻造操作机工作机理研究，掌握锻造操作机多自由度协调与同步控制方法，实现锻造操作机的数字化控制与自动化操作，进行自由锻件的精密化锻造，以达到减轻工人劳动强度、提高生产率的目的。

针对自由锻件的大型化发展趋势，必将出现更新、更大的操作机设备，创新设计新型锻造操作机结构和高性能材料的应用是实现设备轻量化的有效途径，以提高动作的可控性和灵活性。

加强自由锻生产线的数字化建设，对设备运行状况进行显示与监控，确保设备可靠运行；进行锻造工艺的数字化模拟与编程，对锻件进行在线检测，实现联动操作和程序化锻造生产；进行锻造工艺数据采集与处理，建立锻件档案，以保持锻件生产的稳定性，并显著提高锻件质量，降低能耗，实现绿色锻造。

参 考 文 献

[1] 蔡墉. 我国自由锻液压机和大型锻件生产的发展历程 [J]. 大型铸锻件, 2007 (1): 84-88.

[2] 陈超, 赵升吨, 崔敏超, 等. 伺服式热模锻压力机关键技术的探讨 [J]. 机床与液压, 2017, 45 (7): 158-161.

[3] 陈超, 赵升吨, 韩晓兰, 等. 轻质合金无铆塑性连接方式及其关键技术的探讨 [J]. 锻压技术, 2016, 41 (1): 1-5.

[4] 陈明安, 陈金德. 轴向加压剪切过程中静水应力场及其作用分析 [J]. 湖南大学学报, 1993, 20 (1): 71-75.

[5] 陈琼, 李明哲. 三维曲面柔性卷板成形过程的数值模拟研究 [D]. 长春: 吉林大学, 2008. 3.

[6] 崔敏超, 赵升吨, 陈超, 等. 伺服压力机新型减速机构发展趋势 [J]. 锻压装备与制造技术, 2015 (1): 8-10.

[7] 成先飚, 张建华, 郭晓锋. 国内大型自由锻造液压机的技术特点 [J]. 重型机械, 2012 (3): 121-124.

[8] 单宝德, 徐会彩, 庞东平, 等. 辗环机测量装置设计研究 [J]. 锻压装备与制造技术, 2013 (1): 26-28.

[9] 邓文琦, 钟波, 宋兴源. 汽车纵梁及加强梁机器人等离子切割生产线 [J]. 电焊机, 2008, 38 (8): 68-72.

[10] 丁雪生. 日本 AIDA 和山田 DOBBY 公司的直线电机压力机 [J]. 世界制造技术与装备市场, 1999 (3): 64-65.

[11] 董晓娟, 符志祥. 铜合金反向挤压技术应用与研究 [J]. 重型机械, 2011 (2): 10-14.

[12] 董晓娟, 权晓惠, 张立波. 挤压机的液压控制系统 [J]. 重型机械, 2012 (3): 82-85.

[13] 杜二虎. 三角肘杆式伺服压力机主传动系统研究 [D]. 武汉: 华中科技大学, 2012.

[14] 杜学斌, 韩炳涛, 葛东辉, 等. φ5000mm 径向数控轧环机 [J]. 锻压装备与制造技术, 2007, 42 (3): 34-37.

[15] 范赵斌, 韩冬, 段述苍, 等. T-250 马氏体时效钢旋压时薄壁圆筒变形研究 [J]. 材料科学与工程学报, 2011.

[16] 高俊峰. 我国快锻液压机的发展与现状 [J]. 锻压技术, 2008, 33 (6): 1-5.

[17] 郭晓锋, 成先飚, 张建华. 自由锻造液压机的发展与展望 [J]. 重型机械, 2012 (3): 29-32.

[18] 高峰, 郭为忠, 宋清玉, 等. 重型制造装备国内外研究与发展 [J]. 机械工程学报, 2010, 146 (19): 92-107.

[19] 韩冬, 陈辉. 温度梯度对 TA1 旋压圆筒质量的影响 [J]. 固体火箭技术, 1999, 22 (1): 72-74.

[20] 韩冬, 杨合, 詹梅, 等. 工艺参数对 Ti75 合金筒形件旋压成形的影响 [J]. 宇航材料工艺, 2011, 41 (4): 48-50.

[21] 韩冬, 杨合, 詹梅, 等. 铝合金锥体喷管剪切旋压参数模拟与工艺试验 [J]. 塑性工程学报, 2011, 18 (1): 32-35.

[22] 韩冬, 杨合, 张立武, 等. 3A21 铝合金热处理及旋压温度对其组织性能的影响 [J]. 固体火箭技术, 2010, 33 (2): 225-228.

[23] 韩冬, 赵升吨, 张立武. TC4 钛合金复杂型面工件薄壁旋压成形工艺探索 [J]. 锻压装备与制造技术, 2005. 6 (3): 66-68.

[24] 韩飞, 刘继英, 艾正青, 等. 变截面辊弯成型工艺在轻量化中的应用前景 [J]. 汽车与配件, 2010 (10): 28-28.

[25] 韩江, 黄迪森, 夏链, 等. 基于模糊 PID 控制的新型伺服液压机位置控制系统研究 [J]. 液压与气动, 2012 (2): 87-90.

[26] 韩江, 肖扬, 夏链, 等. 新型伺服液压机泵控液压缸液压系统的建模与仿真 [J]. 液压与气动, 2011 (10): 12-15.

[27] 郝永江. 变频高速压力机新型传动机构及动态特性的研究 [D]. 西安: 西安交通大学, 2007.

[28] 何宝杰. 重型商用车车架纵梁的柔性化制造技术研究 [J]. 汽车工程, 2003 (s1): 32-35.

[29] 何德誉. 曲柄压力机 [M]. 2 版. 北京: 机械工业出版社, 1987.

[30] 何予鹏, 赵升吨, 杨辉, 等. 机械压力机低速锻冲机构的遗传算法优化设计 [J]. 西安交通大学学报, 2005, 39 (5): 490-493.

[31] 华林, 黄兴高, 朱春东. 环件轧制理论和技术 [M]. 北京: 机械工业出版社, 2001.

[32] 贾先, 赵升吨, 范淑琴, 等. 新型 200kN 双电机螺旋副直驱式回转头压力机运动学和动力学研究 [J]. 机械科学与技术, 2017, 36 (8): 1205-1211.

[33] 荆云海, 权晓惠, 郑文达, 等. 卧式双动锆挤压生产线 [J]. 重型机械, 2012 (3): 37-40.

[34] 李耿轶, 王宇融. 数控机床多轴同步控制方法 [J]. 制造技术与机床, 2000, 454 (5): 23-25.

[35] 李贵闪, 严建文, 翟华. 伺服液压机研究现状及关键技术 [J]. 液压与气动, 2011 (5): 39-41.

［36］ 李继贞，李志强，余肖放. 我国旋压技术的现状与发展［J］. 锻压技术，2005，增刊：17-20.

［37］ 李磊，赵升吨，范淑琴. 电磁直驱式大规格电液伺服阀的研究现状和发展趋势［J］. 重型机械，2012（3）：17-24.

［38］ 李世平，孙小元. 国内首台数控成型四辊卷板机在长锻问世［J］. 锻压装备与制造技术，2004，39（2）：11-12.

［39］ 李旭. 新型开式快速伺服液压机及其动态特性的研究［D］. 西安：西安交通大学，2008.

［40］ 李永堂，杜诗文. 我国液压模锻锤的研究、开发与展望［J］. 机械工程学报，2003，39（11）：43-46.

［41］ 李泳峰，赵升吨，范淑琴，等. 花键轴动力增量式滚轧成形工艺数值分析［J］. 材料科学与工艺，2013，21（3）：26-32.

［42］ 李泳峰，赵升吨，孙振宇，等. 花键轴高效精密批量化生产工艺的合理性探讨［J］. 锻压技术，2012，37（3）：1-6.

［43］ 林峰，林智琳，张磊，等. 预应力钢丝缠绕技术在锻造/挤压压机上的应用［J］. 锻压装备与制造技术，2010，45（1）：37-42.

［44］ 林峰，颜永年，吴任东，等. 现代重型模锻液压机的关键技术［J］. 机械工程学报，2006，42（3）：9-14.

［45］ 林峰，颜永年，吴任东，等. 重型模锻液压机承载结构的发展［J］. 锻压装备与制造技术，2007，42（5）：27-30.

［46］ 林峰，张磊，孙富，等. 多向模锻制造技术及其装备研制［J］. 机械工程学报，2012，48（18）：13-20.

［47］ 刘积才，张学莲，刘立伟. 多级电机传动系统同步控制理论与应用研究［J］. 控制工程，2002，9（4）：87-90.

［48］ 马海宽. 大型覆盖件冲压用 JS39-1600 交流伺服压力机及其关键技术的研究［D］. 西安：西安交通大学，2007.

［49］ 莫健华，张宜生，吕言，等. 大型机械多连杆式伺服压力机的性能与生产应用［J］. 锻压装备与制造技术，2009（5）：35-40.

［50］ 牟少正，韩冬，杨丽英，等. 铸造钛合金管坯的旋压成形及性能研究. 锻压装备与制造技术. 2009（2）：98-100.

［51］ 邱积粮. 多向模锻工艺［J］. 机械工人，1983（9）：52-54.

［52］ 权晓惠，董晓娟，裴志强. 国内最大的铜挤压机生产线—40MN 铜挤压机生产线［J］. 重型机械，2002（5）：7-10.

［53］ 权晓惠，杨大祥. 铝材挤压装备技术及发展［J］. 重型机械，2006（s1）：1-4.

［54］ 尚万峰. 开关磁阻电动机伺服直驱机械压力机的关键技术研究［D］. 西安：西安交通大学，2009.

［55］ 宋涛，赵升吨，刘洪宝. 径向锻技术的应用及其发展［J］. 重型机械，2012（3）：11-16.

［56］ 孙胜. 弧线下调式三辊卷板机功能及卷筒方法［J］. 锻压装备与制造技术，2000，35（4）：9-10.

［57］ 孙廷波. 特大型四棍卷板机的研制［D］. 北京：中国石油大学，2009.

［58］ 汤世松，仲太生，项余建，等. 热模锻压力机生产线控制系统的设计［J］. 锻压装备与制造技术，2016，51（2）：44-47.

［59］ 万胜狄，王运赣，沈元彬，等. 锻造机械化与自动化［M］. 北京：机械工业出版社，1983.

［60］ 王敏，方亮，赵升吨，等. 材料成形设备及自动化［M］. 北京：高等教育出版社，2010.

［61］ 王卫东，李建朝，刘福海. 锻造设备的发展过程及发展趋势［J］. 安阳工学院学报，2009，（2）36-38.

［62］ 王卫东. 精密模锻设备的选择［J］. 锻造与冲压，2012（7）：76-80.

［63］ 王勇勤，戴文军，严兴春，等. 大型锻压机预应力结构受力-变形的分析与研究［J］. 锻压装备与制造技术，2008，43（5）：29-31.

［64］ 夏卫明，李辉，骆桂林，等. 125t 混合伺服液压机的特点、技术方案及应用［J］. 锻压技术，2014，39（9）：74-85.

［65］ 肖作义. 对轮旋压工艺［J］. 新技术新工艺，2000（6）：23-24.

［66］ 谢嘉，赵升吨，沙郑辉. 用于机械压力机驱动的电动机发展趋势探讨［J］. 锻压装备与制造技术，2009（12）：13-17.

［67］ 邢伟荣，原加强，郭永平. 水平下调式结构在大型三辊卷板机上的应用［J］. 锻压装备与制造技术，2006，41（5）：20-23.

［68］ 徐会彩，单宝德，庞东平. 400/315t 大型数控径轴向辗环机关键技术研究［J］. 锻造与冲压. 2013. 11：40-46.

［69］ 严建文，刘家旭，陈汝昌，等. 智能液压机研究现状及关键技术［J］. 锻压装备与制造技术，2013（2）：15-17.

［70］ 颜永年，刘长勇，张磊，等. 坎合技术与航空模锻液压机［J］. 航空制造技术. 2010（8）：26-28.

［71］ 杨固川，胡孟君，于江，等. 大型模锻液压机机架 C 形板设计研究［J］. 锻压技术，2012，37（2）：89-93.

[72] 杨树平, 马悦山. 四辊卷板机的数控实现 [J]. 沈阳化工大学学报, 2005, 19 (2): 110-112.

[73] 余俊, 张李超, 史玉升, 等. 伺服压力机电容储能系统设计与试验研究 [J]. 锻压技术, 2014, 39 (11): 47-52.

[74] 俞新陆. 液压机 [M]. 北京: 机械工业出版社, 1982.

[75] 俞新陆. 液压机的设计与应用 [M]. 北京: 机械工业出版社, 2006.

[76] 苑世剑. 现代液压成形技术 [M]. 2 版. 北京: 国防工业出版社, 2016.

[77] 苑世剑. 精密热加工新技术 [M]. 北京: 国防工业出版社, 2016.

[78] 苑世剑, 王小松. 内高压成形技术研究与应用新进展 [J]. 塑性工程学报, 2008, 15 (2): 22-30.

[79] 苑世剑, 韩聪, 王小松. 空心变截面构件内高压成形工艺及装备 [J]. 机械工程学报, 2012, 48 (18): 21-28.

[80] 詹梅, 李虎, 杨合, 等. 大型复杂薄壁壳体多道次旋压过程中的壁厚变化 [J]. 塑性工程学报, 2008, 15 (2): 115-121.

[81] 张超, 赵升吨, 董渊哲, 等. 矿用液压软管接头芯子径向锻造工艺的研究 [J]. 精密成形工程, 2015, 7 (2): 30-34.

[82] 张大伟, 赵升吨, 王利民. 复杂型面滚轧成形设备现状分析 [J]. 精密成形工程, 2019, 11 (1): 1-10.

[83] 张大伟, 赵升吨. 行星滚柱丝杠副滚柱塑性成形的探讨 [J]. 中国机械工程, 2015, 26 (3): 385-389.

[84] 张大伟, 赵升吨. 螺纹花键同轴零件高效同步滚压成形研究动态 [J]. 精密成形工程, 2015, 7 (2): 24-29, 40.

[85] 张大伟, 赵升吨. 外螺纹冷滚压精密成形工艺研究进展. 锻压装备与制造技术, 2015, 50 (2): 88-91.

[86] 张猛, 肖曦, 李永东. 基于区域电压矢量表的永磁同步电机直接转矩预测控制 [J]. 清华大学学报 (自然科学版), 2008, 48 (1): 1-4.

[87] 张瑞, 赵婷婷, 罗功波. 伺服直驱型电动螺旋压力机的综合刚度分析 [J]. 现代制造工程, 2017 (2): 142-148.

[88] 张晓胜, 王治富. 纵梁三面冲孔机的应用 [J]. 汽车工艺与材料, 2003 (4): 34-35.

[89] 张新生, 刘长勇, 杨毅勇. 汽车纵梁冷弯成形生产线的研制 [J]. 锻压装备与制造技术, 2006, 41 (2): 28-30.

[90] 张亦工, 郭玉玺, 李翔. 现代新型自由锻造液压机 [J]. 锻造与冲压, 2009 (1): 52-58.

[91] 张亦工. 基于 ITI-SimulationX 的快锻液压机液压系统仿真 [J]. 机械工程与自动化, 2012 (5): 49-51.

[92] 张营杰, 卫凌云, 牛勇, 等. 锻造操作机发展现状与研究方向 [J]. 锻压装备与制造技术, 2012, 47 (2): 11-13.

[93] 赵国栋, 王丽薇, 刘振宇, 等. 锻造液压机成套设备可视化集成平台开发 [J]. 锻压技术, 2015, 40 (6): 79-83.

[94] 赵加蓉. 汽车底盘纵梁数控冲孔生产线的应用与发展 [J]. 汽车制造业, 2006 (4): 62-64.

[95] 赵升吨, 李泳峰, 范淑琴, 等. 汽车花键轴零件的生产工艺综述 [J]. 锻压装备与制造技术, 2012 (3): 74-77.

[96] 赵升吨, 贾先. 智能制造及其核心信息设备的研究进展及趋势 [J]. 机械科学与技术, 2017, 36 (1): 1-16.

[97] 赵升吨, 景飞, 赵仁峰, 等. 金属管料下料技术概述 [J]. 锻压装备与制造技术, 2015 (2): 11-14

[98] 赵升吨, 梁锦涛, 赵永强, 等. 机械压力机伺服直驱式新型永磁电动机的设计与应用研究 [J]. 锻压技术, 2014, 39 (4): 59-66.

[99] 赵升吨, 王朝明, 高民, 等. 新型低能耗中速棒料精密剪切机 [J]. 机械科学与技术, 1997, 16 (1): 144-147.

[100] 赵升吨, 闫伍超, 王二郎, 等. 机械压力机 PLC 控制仿真硬、软件的研制 [J]. 制造业自动化, 2001, 23 (1): 53-57.

[101] 赵升吨, 张鹏, 范淑琴, 等. 智能锻压设备及其实施途径的探讨 [J]. 锻压技术, 2018, 43 (07): 32-48.

[102] 赵升吨, 张玉亭. 旋锻技术的研究现状及应用 [J]. 锻压装备与制造技术, 2010, 2: 16-20.

[103] 赵升吨, 张志远, 何予鹏, 等. 机械压力机交流伺服电动机直接驱动方式合理性探讨 [J]. 锻压装备与制造技术, 2004, 39 (6): 19-23.

[104] 赵升吨, 赵承伟, 王君峰, 等. 现代旋压设备发展趋势的探讨 [J]. 中国机械工程, 2012, 23 (10): 1251-1255.

[105] 赵仁峰, 赵升吨, 钟斌, 等. 低周疲劳精密下料新工艺及试验研究 [J]. 机械工程学报, 2012, 48 (24): 38-43.

[106] 郑建明, 赵升吨, 尚万峰. 电机调速与伺服驱动技术在压力机行业中的应用 [J]. 锻压装备与制造技术, 2007, 10 (6): 11-14.

[107] 郑雄. 伺服压力机控制系统关键技术研究 [D]. 武汉: 华中科技大学, 2012.

[108] 株式会社. 不二越 [EB/OL]. [2014-8-15]. http://www.nachi-china.com.cn/.

[109] 邹军. 新型交流伺服直接驱动双点压力机设计理论及其关键技术的研究 [D]. 西安: 西安交通大学, 2007.

[110] 中国机械工程学会塑性工程学会. 锻压手册 第三卷: 锻压车间设备 [M]. 北京: 机械工业出版社, 2008.

[111]   中国机械工程分会塑性工程分会. "数控一代"案例集 [M]. 北京: 中国科学技术出版社, 2016.

[112]   Altan, Taylan, et al. Metal forming: fundamentals and applications [M]. [S. L.] American Society for Metals, 1983.

[113]   Bai Y, Gao F, Guo W. Design of mechanical presses driven by multi-servomotor [J]. Journal of Mechanical Science & Technology, 2011, 25 (9): 2323-2334.

[114]   Bodurov P, Penchev T. Industrial rocket engine and its application for propelling of forging hammers [J]. Journal of Materials Processing Technology, 2005, 161 (3): 504-508.

[115]   Boerger D. Servo Driven Mechanical Presses [J]. AIDA TECH, 2003, 37 (6): 1-4.

[116]   Chen C, Zhao S D, Cui M C, et al. Mechanical properties of the two-steps clinched joint with a clinch-rivet [J]. Journal of Materials Processing Technology, 2016, 237: 361-370.

[117]   Chen C, Zhao S D, Han X L, et al. Investigation of mechanical behavior of the reshaped joints realized with different re-shaping forces [J]. Thin-walled Structures, 2016, 107: 266-273.

[118]   Cui M C, Zhao S D, Chao C, et al. Study on warm forming effects of the axial-pushed incremental rolling process of spline shaft with 42CrMo steel [J]. Proceedings of the Institution of Mechanical Engineers, Part E: Journal of Process Mechanical Engineering, 2018, 232 (5): 555-565.

[119]   Cui M C, Zhao S D, Zhang D W, et al. Finite element analysis on axial-pushed incremental warm rolling process of spline shaft with 42CrMo steel and relevant improvement [J]. International Journal of Advanced Manufacturing Technology, 2017, 90: 2477-2490.

[120]   Cui M C, Zhao S D, Zhang D W, et al. Deformation mechanism and performance improvement of spline shaft with 42CrMo steel by axial-infeed incremental rolling process [J]. International Journal of Advanced Manufacturing Technology, 2017, 88: 2621-2630.

[121]   Ding W, Liang D. Modeling of a 6/4 Switched Reluctance Motor Using Adaptive Neural Fuzzy Inference System [J]. IEEE Transactions on Magnetics, 2008, 44 (7): 1796-1804.

[122]   Domblesky J P, Shivpuri R, Painter B. Application of the finite-element method to the radial forging of large diameter tubes [J]. Journal of Materials Processing Technology, 1995, 49 (1-2): 57-74.

[123]   Domblesky J P, Shivpuri R. Development and validation of a finite-element model for multiple-pass radial forging [J]. Journal of Materials Processing Technology, 1995, 55 (3-4): 432-441.

[124]   Escofier Company. Process [EB/OL]. [2014-8-15]. http://www.escofier.com/.

[125]   Exlar Company. PRS/PRR Component Roller Screws [EB/OL]. [2013-5-18]. http://www.exlar.com/product_lines/26-PRS-PRR-Series-Roller-Screws.

[126]   Fatemi-Varzaneh S M, Zarei-Hanzaki A, Naderi M, et al. Deformation homogeneity in accumulative back extrusion processing of AZ31 magnesium alloy [J]. Journal of Alloys and Compounds, 2010, 507 (1): 0-214.

[127]   Fulland M, Richard H A, Sander M, et al. Fatigue crack propagation in the frame of a hydraulic press [J]. Engineering Fracture Mechanics, 2008, 75 (3): 892-900.

[128]   Gee A M, Robinson F V P, Dunn R W. Analysis of Battery Lifetime Extension in a Small-Scale Wind-Energy System Using Supercapacitors [J]. IEEE Transactions on Energy Conversion, 2013, 28 (1): 24-33.

[129]   Ger L C T D, Jones J R. A Design Guide for Hybrid Machine Applications [J]. Turkish Journal of Engineering & Environmentalences, 1997, 21 (1): 1-11.

[130]   Ghaei A, Movahhedy M R, Taheri A K. Study of the effects of die geometry on deformation in the radial forging process [J]. Journal of Materials Processing Technology, 2005, 170 (1-2): 156-163.

[131]   Ghaei A, Taheri A K, Movahhedy M R. A new upper bound solution for analysis of the radial forging process [J]. International Journal of Mechanical Sciences, 2006, 48 (11): 1264-1272.

[132]   Hojas. H, Metals Handbook: vol. 14 Radial Forging [M], 9th ed. Materials Park, Ohio: ASM International, 1987.

[133]   Han D, Yang H, Zhan M, et al. Influences of Heat Treatment on Spinning Process with Large Thinning Rate and Performance of 30CrMnSiA [J]. Applied Mechanics and Materials, 2012, 160: 6.

[134]   Han D, Zhan M, Yang H. Deformation Mechanism of TA15 Shells in Hot Shear Spinning under Various Load Conditions [J]. Rare Metal Materials and Engineering, 2013, 42 (2): 243-248.

[135] He J, Gao F, Zhang D. Design and performance analysis of a novel parallel servo press with redundant actuation [J]. International Journal of Mechanics and Materials in Design, 2014, 10 (2): 145-163.

[136] He X. Recent development in finite element analysis of clinched joints [J]. The International Journal of Advanced Manufacturing Technology, 2010, 48 (5-8): 607-612.

[137] He Y P, Zhao S D, Zou J, et al. Study of utilizing differential gear train to achieve hybrid mechanism of mechanical press [J]. Science in China, Series E: Technological Sciences, 2007, 50 (1): 69-80.

[138] Hlaváč J, Čechura M. Direct drive of 25 MN mechanical forging press [J]. Procedia Engineering, 2015, 100: 1608-1615.

[139] Hsieh W H, Tsai C H. On a novel press system with six links for precision deep drawing [J]. Mechanism & Machine Theory, 2011, 46 (2): 239-252.

[140] Hua C J, Zhao S D. Investigation on the dynamic characteristic of a new type of precision cropping system with variant frequency vibration [J]. International Journal of Mechanical Sciences, 2006, 48 (12): 1333-1340.

[141] Ibrahim H, Belmokhtar K, Ghandour M. Investigation of Usage of Compressed Air Energy Storage for Power Generation System Improving-Application in a Microgrid Integrating Wind Energy [J]. Energy Procedia, 2015, 73: 305-316.

[142] Ilic-Spong M, Marino R, Peresada S, et al. Feedback linearizing control of switched reluctance motors [J]. IEEE Transactions on Automatic Control, 1987, 32 (5): 371-379.

[143] Isogawa S, Suzuki Y, Uehara N. Temperature Transition and Deformation Process of Inconel 718 During Radial Forging. [J]. DENKI-SEIKO, 1992, 63: 119-126.

[144] Itoh M. Vibration suppression control for a twin-drive geared win on study on effects of model-based system: simulation control integrated into the position control loop [C]. International Conference on Intelligent Mechatronics & Automation. IEEE, 2004.

[145] Jang D Y, Liou J H. Study of stress development in axi-symmetric products processed by radial forging using a 3-D non-linear finite-element method [J]. Journal of Materials Processing Technology, 1998, 74 (1-3): 74-82.

[146] Kascak L, Spisak E, Mucha J. Evaluation of properties of joints made by clinching and self-piercing riveting methods [J]. Acta Metallurgica Slovaca, 2012, 18 (4): 172-180.

[147] Kinefac Corporation. Kine-Roller@ cylindrical die rolling machines [EB/OL]. [2014-8-15]. http://www.kinefac.com/.

[148] Klepikov V V, Bodrov A N. Precise shaping of splined shafts in automobile manufacturing [J]. Russian Engineering Research, 2003, 23 (12): 37-40.

[149] Koike Y, Fujiki N, Ito Y, et al. Development of an Electrically Driven Intelligent Brake System [J]. SAE International Journal of Passenger Cars-Mechanical Systems, 2011, 65 (1): 399-405.

[150] Kwon O S, Choe S H, Heo H. A study on the dual-servo system using improved cross-coupling control method [C]. International Conference on Environment & Electrical Engineering. IEEE, 2011.

[151] Lahoti G D, Altan T. Analysis of the radial forging process for manufacturing of rods and tubes [J]. Journal of Engineering for Industry, 1976, 98 (1): 265-271.

[152] Lahoti G D, Liuzzi L, Altan T. Design of dies for radial forging of rods and tubes [J]. Journal of Mechanical Working Technology, 1977, 1 (1): 99-109.

[153] Lambiase F. Influence of process parameters in mechanical clinching with extensible dies [J]. International Journal of Advanced Manufacturing Technology, 2013, 66 (9-12): 2123-2131.

[154] Lee C J, Kim J Y, Lee S K, et al. Design of mechanical clinching tools for joining of aluminum alloy sheets [J]. Materials and Design, 2010, 31 (4): 1854-1861.

[155] Lennon R, Pedreschi R, Sinha B P. Comparative study of some mechanical connections in cold formed steel [J]. Construction & Building Materials, 1999, 13 (3): 109-116.

[156] Li J X, Qiu H, Zhang D W, et al. Acoustic emission characteristics in eccentric rotary cropping process of stainless steel tube [J]. International Journal of Advanced Manufacturing Technology, 2017, 90: 2477-2490.

[157] Lin Z, Reay D S, Williams B W, et al. Torque Ripple Reduction in Switched Reluctance Motor Drives Using B-Spline Neural Networks [J]. IEEE Transactions on Industry Applications, 2006, 42 (6): 1445-1453.

［158］　Liu G , Zhou J , Duszczyk J. Prediction and verification of temperature evolution as a function of ram speed during the extrusion of AZ31 alloy into a rectangular section ［J］. Journal of Materials Processing Technology, 2007 （186）: 19-199.

［159］　Masiala M , Vafakhah B , Salmon J , et al. Fuzzy Self-Tuning Speed Control of an Indirect Fied-Oriented Control Induction Motor Drive ［J］. IEEE Transactions on Industry Applications, 2008, 44 （6）: 1732-1740.

［160］　Mclallin K , Fausz J. Advanced energy storage for NASA and US AF-missions ［R］. AFRL/NASN Flywheel Program, 2000.

［161］　Manabe K. Advanced in-process control system for sheet stamping and tube hydroforming processes ［J］. Key Engineering Materials, 2014, 622-623: 3-14.

［162］　Meng F , Labergere C , Lafon P. Methodology of the shape optimization of forging dies ［J］. International Journal of Material Forming, 2010, 3 （1 Supplement）: 927-930.

［163］　Meschut G , Janzen V , Olfermann T. Innovative and Highly Productive Joining Technologies for Multi-Material Lightweight Car Body Structures ［J］. Journal of Materials Engineering & Performance, 2014, 23 （5）: 1515-1523.

［164］　Mitsantisuk C , Katsura S , Ohishi K. Force control of human-robot interaction using twin direct-drive motor system based on modal space design ［J］. Industrial Electronics IEEE Transactions on, 2010, 57 （4）: 1383-1392.

［165］　Miyoshi K. Current trends in free motion presses ［A］ //Proceedings of 3rd International Conference on Precision Forging. Nagoya, Japan ［s. n.］, 2004: 69-74.

［166］　Mucha J , L. KAŠČÁK, E. SPIŠÁK. Joining the car-body sheets using clinching process with various thickness and mechanical property arrangements ［J］. Archives of Civil & Mechanical Engineering, 2011, 11 （1）: 135-148.

［167］　Ngaile G, Welch G. Optimal load path input in tube hydroforming machines. Proceedings of the Institution of Mechanical Engineers, Part B ［J］. Journal of Engineering Manufacture, 2012, 226 （4）: 694-707.

［168］　Neugebauer R , Kraus C , Dietrich S. Advances in mechanical joining of magnesium ［J］. CIRP Annals-Manufacturing Technology, 2008, 57 （1）: 283-286.

［169］　Noda N A , Nisitani H , Harada S , et al. Fatigue strength of notched specimens having nearly equal sizes of ferrite ［J］. International Journal of Fatigue, 1995, 17 （4）: 237-244.

［170］　Ohba Y , Ohishi K. A force-reflecting friction-free bilateral system based on a twin drive control system with torsional vibration suppression ［J］. IEEJ Transactions on Industry Applications, 2010, 159 （1）: 72-79.

［171］　Osakada K , Mori K , Altan T , et al. Mechanical servo press technology for metal forming ［J］. CIRP Annals-Manufacturing Technology, 2011, 60 （2）: 651-672.

［172］　Patnude F , Warwick RL. Rotary Swaging Machine: US, 2433152 ［P］. 1947-12-23.

［173］　Pedreschi R F , Sinha B P , Davies R. Advanced Connection Techniques for Cold-Formed Steel Structures ［J］. Journal of Structural Engineering, 1997, 123 （2）: 138-144.

［174］　Peper H. More flexibility: servo as standard ［J］. TEC TRENDS-SCHULER SPECIAL EDITION, 2006 （10）.

［175］　Profiroll Technologies. Machines ［EB/OL］. ［2014-8-15］. http: //www. profiroll. de/en/Unternehmen/.

［176］　S. J. Yuan, G. Liu. 3. 04-Tube Hydroforming （Internal High-Pressure Forming） ［J］. Comprehensive Materials Processing, 2014, 3: 55-80.

［177］　S. Saberi, N. Enzinger, R. Vallant, et al. Influence of plastic anisotropy on the mechanical behavior of clinched joint of different coated thin steel sheets ［J］. International Journal of Material Forming, 2008, 1 （1）: 273-276.

［178］　Semiatin S L , Lampman S R. ASM Handbook Volume 14A Metalworking: Bulk Forming ［M］. Ohio, USA: The Materials Information Society, 2005: 156-157.

［179］　Shang WF, Zhao SD, Shen YJ, et al. A Sliding Mode Flux-Linkage Controller With Integral Compensation for Switched Reluctance Motor ［J］. IEEE Transactions on Magnetics, 2009, 45 （9）: 3322-3328.

［180］　SKF Group. Roller Screws ［EB/OL］. ［2013-5-18］. http: //www. skf. com/files/779280. pdf.

［181］　Sun P, Grácio JJ, Ferreira J A. Control system of a mini hydraulic press for evaluating springback in sheet metal forming ［J］. Journal of Materials Processing Technology, 2006, 176 （1-3）: 55-61.

［182］　Tang Y, Zhao S D, Wang W Z. A novel type of precision cropping machinery using rotary striking action ［J］, Proc. IMechE, Part C: Journal of Mechanical Engineering Science, 2009, 223 （9）: 1965-1967.

［183］　Thompson E G , Hamzeh O , Jackman L A , et al. A quasi-steady-state analysis for radial forging ［J］. Journal of Materials Processing Technology, 1992, 34 (1-4): 1-8.

[184] Toyosada M. Fatigue crack propagation for a through thickness crack-a crack propagation law considering cyclic plasticity near the crack tip [J]. International Journal of Fatigue, 2004, 26 (9): 983-992.

[185] Varis J. Economics of clinched joint compared to riveted joint and example of applying calculations to a volume product [J]. Journal of Materials Processing Technology, 2006, 172 (1): 130-138.

[186] Varis J. Ensuring the integrity in clinching process [J]. Journal of Materials Processing Technology, 2006, 174 (1-3): 277-285.

[187] Wang C L, Cui Y X, Cui L. Investigation of pitting corrosion damage of a hydraulic press trunk piston [J]. Engineering Failure Analysis, 2003: 251-254.

[188] Wang Z W, Zhao S D, Yu Y T. Study on the dynamic characteristics of the low-stress vibration cropping machine [J]. Journal of Materials Processing Technology, 2007, 190 (1-3): 89-95.

[189] Xu F, Zhao SD, Cai J, et al. The experimental analysis of the shear strength of round joints [J]. Proceedings of the Institution of Mechanical Engineers, Part B: Journal of EngineeringManufacture. 2014. 228 (10): 1280-1289.

[190] Xu F, Zhao S D, Han X L. Use of a modified Gurson model for the failure behaviour of the clinched joint on Al6061 sheet [J]. Fatigue & Fracture of Engineering Materials & Structures, 2014, 37 (3): 335-348.

[191] Yang S. Research into the GFM forging process [J]. Journal of Materials Processing Technology, 1991, 28 (3): 307-319.

[192] Yoneda T. Development of high precision digital servo press ZENFormer: Features of direct drive 4-axis parallel control system [J]. Journal of the Japan Society of Electrical-machining Engineers, 2007, 41: 28-31.

[193] Yuzhou L, Yutao L, Kegan Z, et al. Internal Model Control of PM Synchronous Motor Based on RBF Network optimized by Genetic Algorithm [C]. IEEE International Conference on Control & Automation. IEEE, 2007.

[194] Zeitschrift A I D. Rotary swaging technology-applications of a versatile process [J]. Shell Metal Industries, 1998, 1.

[195] Zhang D W, Li Y T, Fu J H, et al. Mechanics analysis on precise forming process of external spline cold rolling [J]. Chinese Journal of Mechanical Engineering. 2007, 20 (3): 54-58.

[196] Zhang D W, Li Y T, Fu J H. Tooth curves and entire contact area in process of spline cold rolling [J]. Chinese Journal of Mechanical Engineering. 2008, 21 (6): 94-97.

[197] Zhang D W, Li Y T, Fu J H, et al. Rolling force and rolling moment in spline cold rolling using slip-line field method [J]. Chinese Journal of Mechanical Engineering, 2009, 22 (5): 688-695.

[198] Zhang D W, Zhao S D. New method for forming shaft having thread and spline by rolling with round dies [J]. The International Journal of Advanced Manufacturing Technology, 2014, 70 (5-8): 1455-1462.

[199] Zhang D W, Zhao S D. Deformation characteristic of thread and spline synchronous rolling process [J]. International Journal of Advanced Manufacturing Technology, 2016, 87 (1-4): 835-851

[200] Zhang D W, Zhao S D, Ou H A. Analysis of motion between rolling die and workpiece in thread rolling process with round dies [J]. Mechanism and Machine Theory, 2016, 105: 471-494.

[201] Zhang D W, Zhao S D, Ou H A. Motion characteristic between die and workpiece in spline rolling process with round dies [J]. Advances in Mechanical Engineering, 2016, 8 (7): 1-12.

[202] Zhang D W, Zhao S D, Wu S B, et al. Phase characteristic between dies before rolling for thread and spline synchronous rolling process [J]. International Journal of Advanced Manufacturing Technology, 2015, 81 (1-4): 513-528.

[203] Zhang J, Zhan M, Yang H, et al. 3D-FE modeling for power spinning of large ellipsoidal heads with variable thicknesses [J]. Computational Materials Science, 2012, 53 (1): 303-313.

[204] Zhang L J, Zhao S D, Lei J, et al. Investigation on the bar clamping position of a new type of precision cropping system with variable frequency vibration [J]. International Journal of Machine Tools and Manufacture, 2007, 47 (7-8): 1125-1131.

[205] Zhang L J, Zhao S D, Hua C J, et al. Investigation on a new type of low-stress cropping system with variable frequency vibration [J]. International Journal of Advanced Manufacturing Technology, 2008, 36 (3-4): 288-295.

[206] Zhao R F, Zhao S D, Zhong B, et al. Experimental investigation on new low cycle fatigue precision cropping process [J].

Proceedings of the Institution of Mechanical Engineers, Part C: Journal of Mechanical Engineering Science, 2015, 229 (8): 1470-1476

[207] Zhao S D, Xu F, Guo J H, et al. Experimental and numerical research for the failure behavior of the clinched joint using modified Rousselier model [J]. Journal of Materials Processing Technology, 2014, 214 (10): 2134-2145.

[208] Zhao S D, Zhang L J, Lei J, et al. Numerical study on heat stress prefabricating ideal crack at the bottom of V shaped notch in precision cropping [J]. Journal of Materials Processing Technology, 2007, 187-188: 363-367.

[209] Zhong B, Zhao S D, Zhao R F, et al. Investigation on the influences of clearance and notch-sensitivity on a new type of metal-bar non-chip fine-cropping system [J]. International Journal of Mechanical Sciences, 2013, 76: 144-151

[210] Zhu C C, Meng D A, Zhao S D, et al. Investigation of groove shape variation during steel sheave spinning [J]. Materials, 2018, 11 (6): 960.